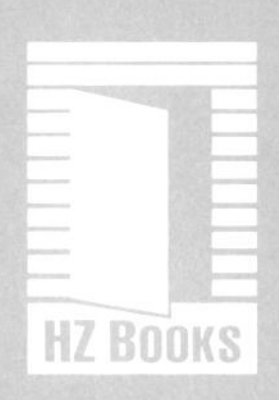

华章图书

一本打开的书，
一扇开启的门，
通向科学殿堂的阶梯，
托起一流人才的基石。

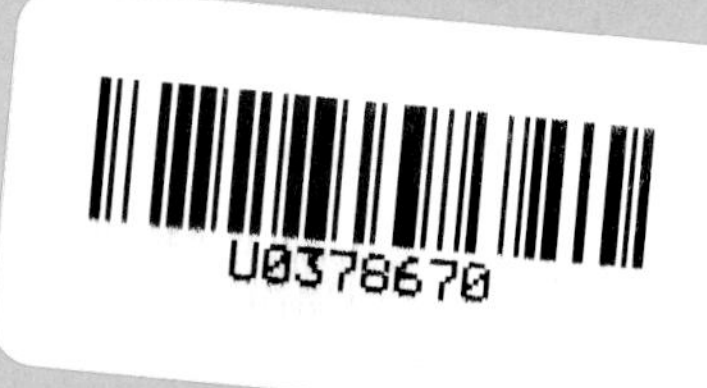

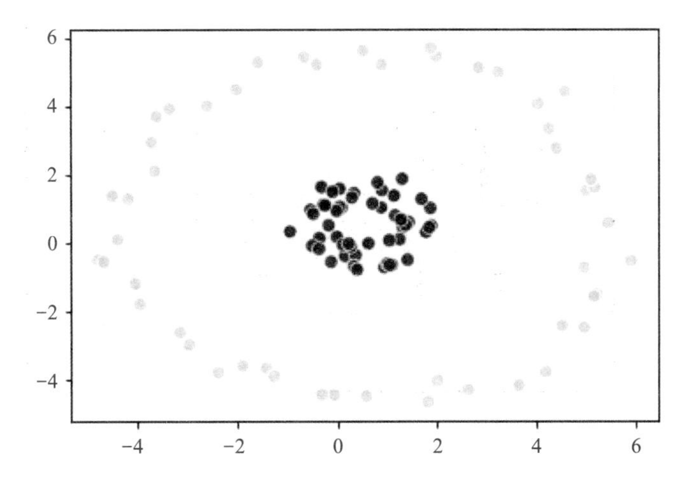
6
4
2
0
−2
−4
−4 −2 0 2 4 6

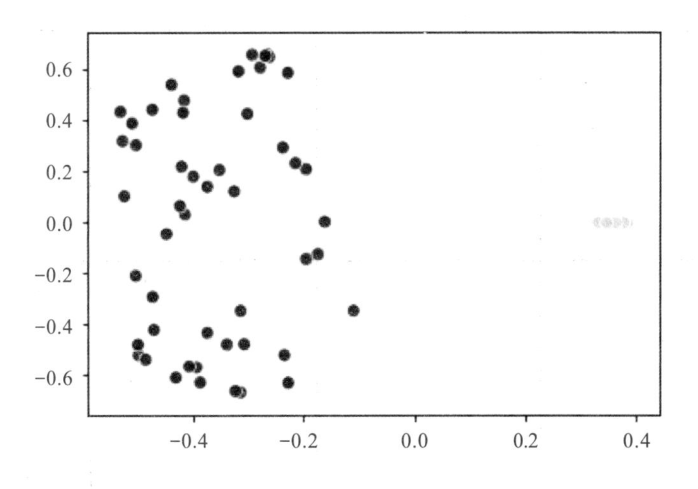
0.6
0.4
0.2
0.0
−0.2
−0.4
−0.6
−0.4 −0.2 0.0 0.2 0.4

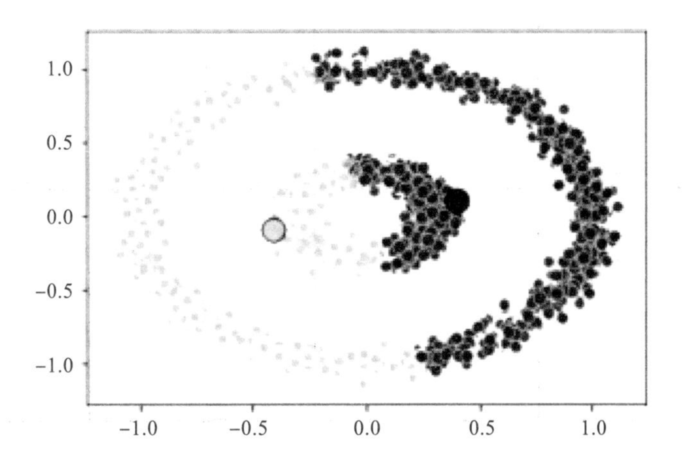
1.0
0.5
0.0
−0.5
−1.0
−1.0 −0.5 0.0 0.5 1.0

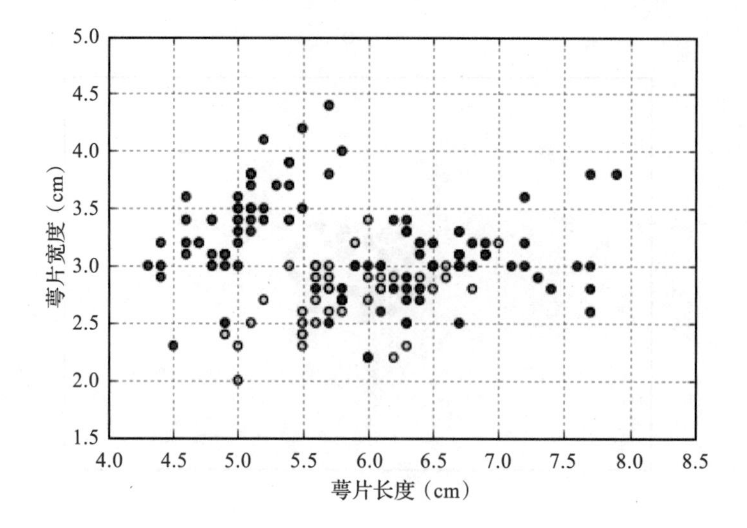

萼片宽度（cm）
萼片长度（cm）

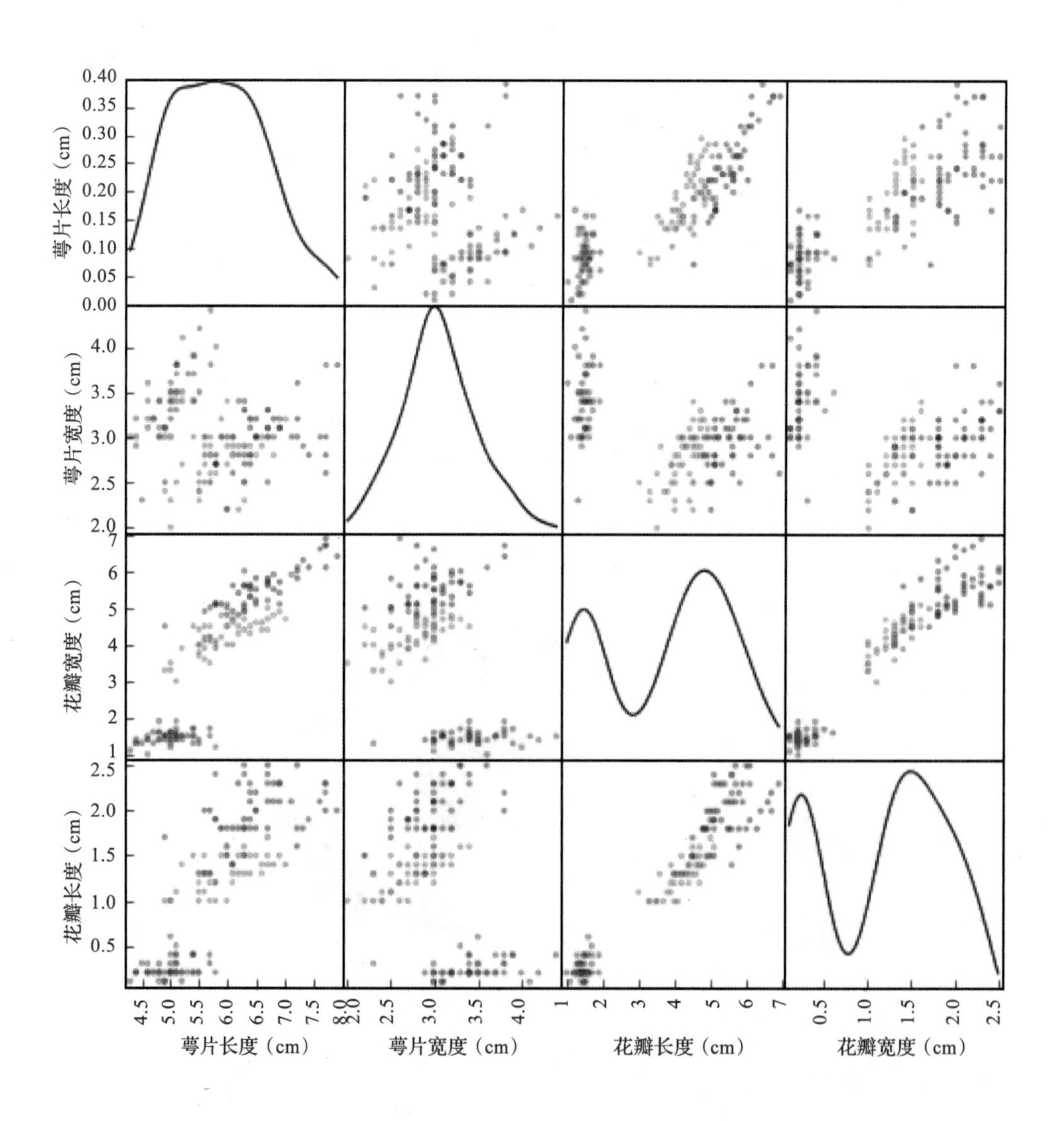

萼片长度（cm）
萼片宽度（cm）
花瓣宽度（cm）
花瓣长度（cm）
萼片长度（cm）
萼片宽度（cm）
花瓣长度（cm）
花瓣宽度（cm）

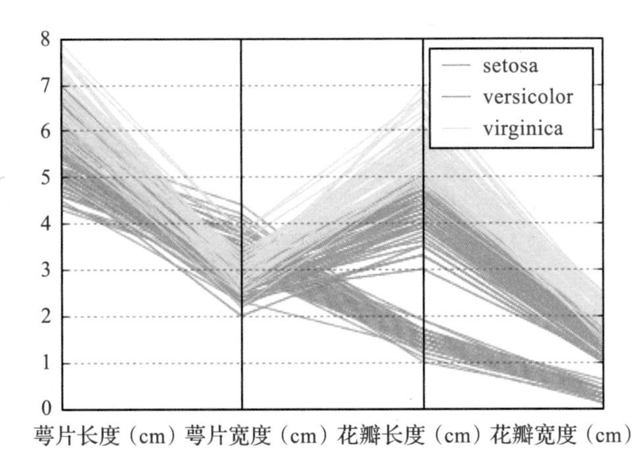
setosa
versicolor
virginica
萼片长度（cm）萼片宽度（cm）花瓣长度（cm）花瓣宽度（cm）

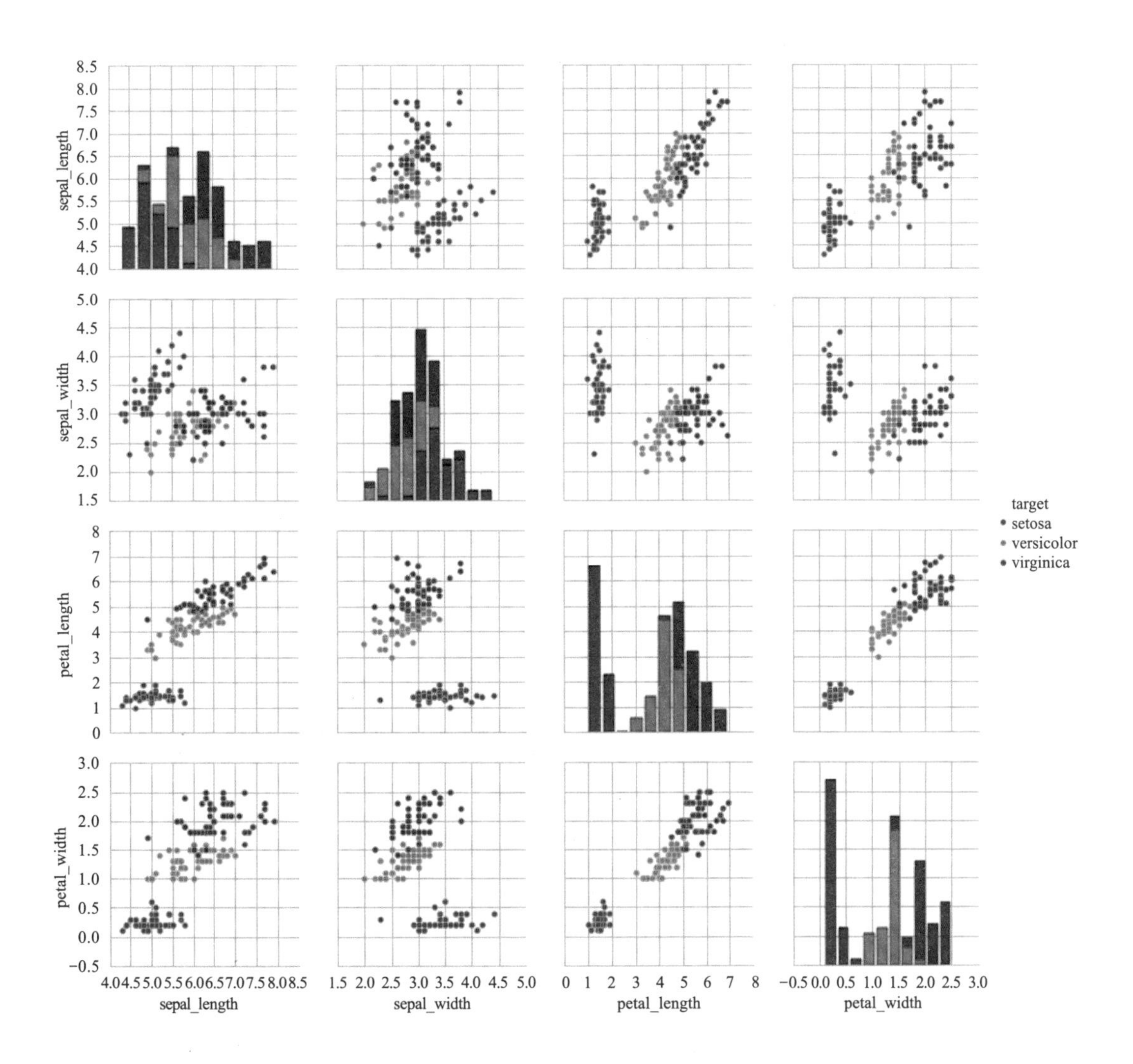
sepal_length
sepal_width
petal_length
petal_width
target
setosa
versicolor
virginica

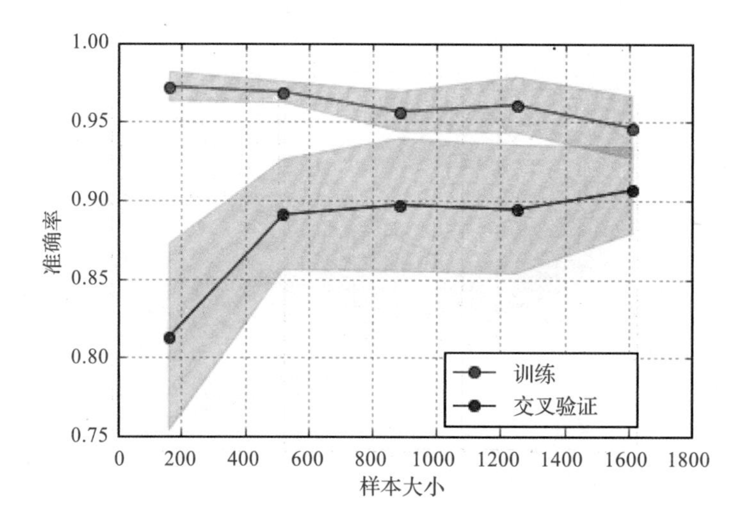
1.00
0.95
0.90
0.85
0.80
0.75
准确率
0
200
400
600
800
1000
1200
1400
1600
1800
样本大小
训练
交叉验证

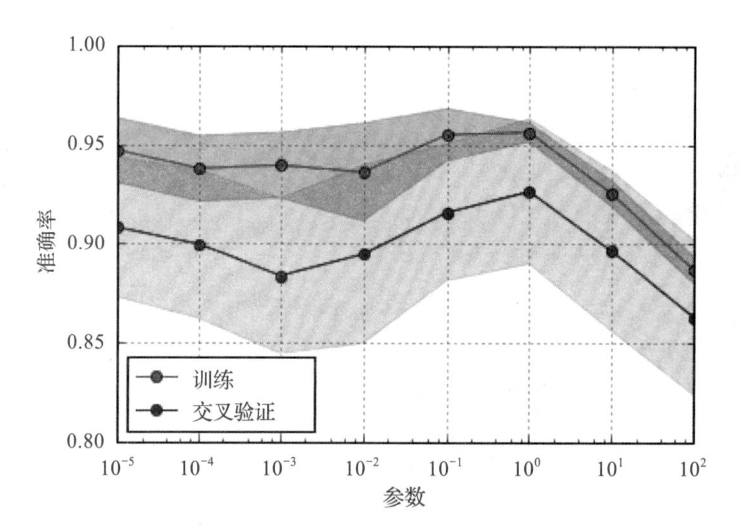
1.00
0.95
0.90
0.85
0.80
准确率
10^{-5}
10^{-4}
10^{-3}
10^{-2}
10^{-1}
10^{0}
10^{1}
10^{2}
参数
训练
交叉验证

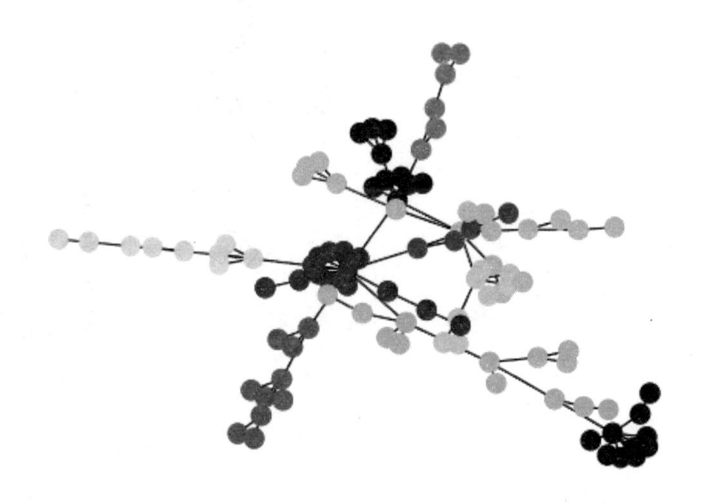

数据科学与工程技术丛书

PYTHON DATA SCIENCE ESSENTIALS

THIRD EDITION

数据科学导论

Python语言

（原书第3版）

[意] 阿尔贝托·博斯凯蒂（Alberto Boschetti）
卢卡·马萨罗（Luca Massaron） 著
于俊伟 译

机械工业出版社
China Machine Press

图书在版编目（CIP）数据

数据科学导论：Python 语言（原书第 3 版）/（意）阿尔贝托·博斯凯蒂，（意）卢卡·马萨罗著；于俊伟译．—北京：机械工业出版社，2020.2
（数据科学与工程技术丛书）
书名原文：Python Data Science Essentials, Third Edition

ISBN 978-7-111-64669-3

I. 数…　II. ① 阿…　② 卢…　③ 于…　III. 软件工具－程序设计　IV. TP311.561

中国版本图书馆 CIP 数据核字（2020）第 023683 号

本书版权登记号：图字　01-2018-8349

数据科学导论：Python 语言（原书第 3 版）

出版发行：机械工业出版社（北京市西城区百万庄大街 22 号　邮政编码：100037）

责任编辑：罗丹琪　　责任校对：李秋荣

印　刷：大厂回族自治县益利印刷有限公司　　版　次：2020 年 3 月第 1 版第 1 次印刷

开　本：185mm × 260mm　1/16　　印　张：18.75（含彩插 0.25 印张）

书　号：ISBN 978-7-111-64669-3　　定　价：79.00 元

客服电话：（010）88361066　88379833　68326294　　投稿热线：（010）88379604

华章网站：www.hzbook.com　　读者信箱：hzit@hzbook.com

译　者　序

我们正处于一个快速发展的信息化时代，人们每天都会和各种各样的数据打交道，与此同时，数据也在极大地影响着我们的生活。数据科学就是这样一种涉及数据获取、处理、建模、分析和应用的新兴学科，吸引了众多科技公司、从业人员的关注和研究。

工欲善其事，必先利其器。那么，什么才是数据科学家最值得信赖的专业工具呢? Python 无疑是众多数据分析语言中最适合的一个。Python 是一种通用的、解释性和面向对象的语言，具有强大的数据分析和机器学习软件包，为解决各种数据科学问题提供了快速、可靠、成熟的开发环境。它易学易用，便于快速开发，有很好的交互式体验，并且已经征服了科学界，堪称解决数据科学问题的神器。

本书介绍了进行数据科学分析和开发的所有关键要点，包括：Python 软件及相关工具包的安装和使用；数据加载、运算和改写等基本数据准备过程，以及特征选择、维数约简等高级数据操作方法；由训练、验证、测试等过程组成的数据科学流程，并结合示例深入浅出地讲解多种机器学习算法；数据可视化工具及数据学习表示方法；基于图模型的社交网络创建、分析和处理方法；当前最热的深度学习和大数据处理技术。

考虑到深度学习和大数据处理技术在图像识别、自然语言处理、物联网等领域的应用，本书第 3 版增加了两章单独对它们进行详细介绍。新增加的第 7 章深入介绍了深度学习原理，结合 Keras 库便捷地搭建各种深度学习网络，通过实例演示了深度学习在交通标志分类和电影评论情感预测中的应用。新增加的第 8 章介绍了基于 Spark 的大数据获取和处理方法，涵盖了大数据处理的分布式框架、数据格式、变量共享等内容，并在 KDD99 数据集上构建有效的机器学习算法。

本书提供了简洁的示例代码和多种实用数据集，可帮助你快速掌握数据科学和机器学习相关过程和算法原理。翻译过程中我们对第 2 版中的部分表述和代码格式进行了改进，对书中的代码和链接进行了测试和验证。本书可以作为高等院校数据科学、信息处理、机器学习和人工智能等学科的学习教材，也可以作为 Python 数据科学开发和应用人员的参考书。

本书由河南工业大学信息科学与工程学院于俊伟博士翻译。同时，感谢靳小波博士在前两版中文版中对机器学习部分做出的贡献；感谢薛程和赵胜等同学对新增加两章内容的整理和讨论；感谢刘琼、宋雪菲两位同学认真阅读了本书初稿，耐心细致地找出了本书相对于第 2 版的改进，她们的工作很大程度上使本书避免了漏译和错译。本书翻译工作得到了河南省研究生教育教学改革研究与实践项目（2017SJGLX046Y）和河南工业大学第二批（2015 年）青年骨干教师培育计划项目的资助。感谢机械工业出版社华章公司对本书出版的高度重视，特别感谢刘锋编辑对本书翻译和出版提供的帮助。

最后，还要感谢家人的爱和包容，谢谢你们的陪伴和支持！

于俊伟

2019 年 8 月

前　言

“千里之行，始于足下。”

——老子（公元前 604 年—公元前 531 年）

数据科学属于一门相对较新的知识领域，它成功融合了线性代数、统计建模、可视化、计算语言学、图形分析、机器学习、商业智能、数据存储和检索等众多学科。

Python 编程语言在过去十年已经征服了科学界，现在是数据科学实践者不可或缺的工具，也是每一个有抱负的数据科学家的必备工具。Python 为数据分析、机器学习和算法求解提供了快速、可靠、跨平台、成熟的开发环境。无论之前在数据科学应用中阻止你掌握 Python 的原因是什么，我们将通过简单的分步化解和示例导向的方法帮你解决，以便你在演示数据集和实际数据集上使用最直接有效的 Python 工具。

作为第 3 版，本书对第 2 版的内容进行了更新和扩展。以最新的 Jupyter Notebook 和 JupyterLab 界面（结合可互换的内核，一个真正的多语言数据科学系统）为基础，本书包含了 Numpy、pandas 和 Scikit-learn 等库的所有主要更新。此外，本书还提供了不少新内容，包括新的梯度提升机器（GBM）算法（XGBoost、LightGBM 和 CatBoost)、深度学习（通过提供基于 Tensorflow 的 Keras 解决方案)、漂亮的数据可视化（主要使用 seaborn）和 Web 部署（使用 bottle）等。

本书首先介绍了如何在最新版 Python 3.6 中安装基本的数据科学工具箱，本书采用单源方法（这意味着本书代码也可以在 Python 2.7 上重用)。接着，将引导你进入完整的数据改写和预处理阶段，主要阐述用于数据分析、探索或处理的数据加载、变换、修复等关键数据科学活动。最后，本书将完成数据科学精要的概述，介绍主要的机器学习算法、图分析技术、所有可视化工具和部署工具，其中可视化工具更易于向数据科学专家或商业用户展示数据处理结果。

读者对象

如果你有志于成为数据科学家，并拥有一些数据分析和 Python 方面的基础知识，本书将助你在数据科学领域快速入门。对于有 R 语言或 MATLAB/GNU Octave 编程经验的数据分析人员，本书也可以作为一个全面的参考书，提高他们在数据操作和机器学习方面的技能。

本书内容

第 1 章介绍 Jupyter Notebook，演示怎样使用教程中的数据。

第 2 章介绍所有关键的数据操作和转换技术，重点介绍数据改写的最佳实践。

第 3 章讨论所有可能改进数据科学项目结果的操作，使读者能够进行高级数据操作。

第 4 章介绍 Scikit-learn 库中最重要的机器学习算法。向读者展示具体的实践应用，以及为了使每种学习技术获得最佳效果，应重点检查什么和调整哪些参数。

第 5 章为你提供基础和中高级图形表示技术，这对复杂数据结构和机器学习所得结果的表示和视觉理解是必不可少的。

第 6 章向读者提供处理社交关系和交互数据实用而有效的技术。

第 7 章演示了如何从零开始构建卷积神经网络，介绍了行业内增强深度学习模型的所有工具，解释了迁移学习的工作原理，以及如何使用递归神经网络进行文本分类和时间序列预测。

第 8 章介绍了一种处理数据的新方法——水平缩放大数据。这意味着要运行安装了 Hadoop 和 Spark 框架的机器集群。

附录包括一些 Python 示例和说明，重点介绍 Python 语言的主要特点，这些都是从事数据科学工作必须了解的。

阅读准备

为了充分利用本书，读者需要具备以下知识：

- 熟悉基本的 Python 语法和数据结构（比如，列表和字典）。
- 具有数据分析基础知识，特别是关于描述性统计方面的知识。

通过阅读本书，也可以帮你培养这两方面的技能，尽管本书没有过多地介绍其中的细节，而只提供了一些最基本的技术，数据科学家为了成功运行其项目必须了解这些技术。

你还需要做好以下准备：

- 一台装有 Windows、MacOS 或 Linux 操作系统的计算机，至少 8GB 的内存（如果你的计算机内存只有 4 GB，还是可以运行本书大部分示例的）。
- 如果加速第 7 章中的计算，最好安装一个 GPU。
- 安装 Python 3.6，推荐通过 Anaconda 来安装（https://www.anaconda.com/download/）。

下载示例代码及彩色图像

本书的示例代码及彩图，可以从 http://www.packtpub.com 通过个人账号下载，也可以访问华章图书官网 http://www.hzbook.com，通过注册并登录个人账号下载。

作者简介

阿尔贝托·博斯凯蒂（Alberto Boschetti）数据科学家、信号处理和统计学方面的专家。他是通信工程专业博士，现在在伦敦居住和工作。他主要从事自然语言处理、行为分析、机器学习和分布式处理等方面的挑战性工作。他对工作充满激情，经常参加学术聚会、研讨会及其他学术活动，紧跟数据科学技术发展的前沿。

我要感谢我的家人、朋友和同事！同时，也非常感谢开源社区！

卢卡·马萨罗（Luca Massaron）数据科学家、市场营销研究主导者，是多元统计分析、机器学习和客户洞察方面的专家。有十年以上解决实际问题的经验，使用推理、统计、数据挖掘和算法为利益相关者创造了巨大的价值。他是意大利网络受众分析的先锋，并在Kaggler上获得排名前十的佳绩，随后一直热心参与各种与数据及数据分析相关的活动，积极给新手和专业人员讲解数据驱动知识发现的潜力。他崇尚大道至简，坚信理解数据科学的精要能给你带来巨大收获。

致Yukiko和Amelia，谢谢你们的爱和包容。

“前路无止境，星云作伴长，双脚虽远行，终归还家乡。”

审阅者简介

Pietro Marinelli一直致力于人工智能、文本分析和其他数据科学技术的研究，曾为多个行业的企业工作，在数据产品设计方面拥有10多年的经验。他提出了多种算法，从预测建模到高级仿真算法，以支持不同跨国公司高级管理者的业务决策。多年来，他一直名列Kaggle世界顶尖数据科学家之列，在意大利数据科学家中排名第三。

Matteo Malosetti是一名数学工程师，在保险行业担任数据科学家。他热衷于自然语言处理应用和贝叶斯统计方面的研究工作。

目　录

第1章
新手上路

无论你是热切的数据科学学习者，还是基础扎实的数据科学从业者，都能从本书关于Python数据科学精要的介绍中受益。如果你已经具备一些前期经验，如基础编程、用Python语言编写通用的计算机程序、熟悉MATLAB或R等数据分析语言，那么阅读本书你的收获会更大。

本书直接探究Python数据科学，使用Python语言及其强大的数据分析和机器学习软件包，可帮你解决各种数据科学问题的快捷途径。本书提供的示例代码不要求你精通Python语言。不过，本书假定你至少了解一点Python脚本的基本知识，比如列表和字典等数据结构、类对象的工作原理。如果你对这些主题不够熟悉，或者掌握的Python语言知识极其薄弱，建议在阅读本书之前先学习一下在线教程。你可以选择一些不错的在线教程，比如Code Academy提供的免费课程https://www.codecademy.com/learn/learn-python，Google公司的Python课程https://developers.google.com/edu/python/，或者Jake Vanderplas著作的图书*Whirlwind tour of Python*，（https://github.com/jakevdp/WhirlwindTourOfPython）。这些教程都是免费的，只需学习几个小时，就能获得本书所需的全部基础知识。为了整合上述两门免费课程的资源，我们也准备了自己的教程，可以在本书附录中查看。

在任何情况下都不要被本书开头提到的要求所吓倒；掌握Python数据科学应用不像你想象的那样困难。这只是我们认为的读者应该具备的一些基础知识，我们的目的是直接进入使用数据科学的重点，而无须对所使用语言的概况解释太多。

那么，准备好了吗？让我们开始吧！

本章只是一个简短的介绍，我们将从一些基础知识开始，逐步展开并介绍以下主题：

- 如何创建Python数据科学工具箱。
- 在浏览器中使用交互式Notebook，使用Jupyter进行Python编程。
- 本书要使用的数据集的概述。

1.1 数据科学与Python简介

数据科学是相对较新的知识领域，尽管它的核心内容已经被计算机科学界研究了很多年。它的研究内容包括线性代数、统计建模、可视化、计算语言学、图形分析、机器学习、商务智能、数据存储与检索。

数据科学作为一个新的领域，读者必须考虑到目前对它的界定还不是很清晰，并且它在不断地变化。由于该领域由多种学科组成，数据科学家各自的专业领域和能力不同，因此他们对这一领域的认识也不尽相同（比如，你可能读过 Harlan D Harris 的文章 “There’s More Than One Kind of Data Scientist”，见 http://radar.oreilly.com/2013/06/theres-more-than-one-kind-of-data-scientist.html，或者深入讨论过 A 型、B 型和其他有趣的数据科学家分类法，见 https://stats.stackexchange.com/questions/195034/what-is-a-data-scientist）。

在这种情况下，作为职业数据科学家，什么才会是你高效地学习和使用的行业工具呢？我们相信 Python 会是最好的工具，本书将向你提供快速使用 Python 的所有重要信息。

另外，其他的工具（如 R 和 Matlab）是数据科学家解决统计分析和矩阵操作等具体问题的专用工具。然而，只有 Python 完整包含了数据科学家所需要的技能集合。这种多功能语言适合开发与演示，它可以处理各种规模的数据问题，不管你是什么背景和专业都很容易学习和掌握。

Python 于 1991 年创建，是一种通用的、解释性的和面向对象的语言，已经逐渐征服了科学界，成长为一个成熟的用于数据处理和分析的专业软件。它能够使你进行无数次的快速体验，轻松地进行理论扩展，并促进多种形式的科学应用的部署。

目前，Python 已成为数据科学不可或缺的工具，它的主要特性如下：

- Python 为数据分析和机器学习提供了一个大型的、成熟的软件系统。确保提供数据分析课程需要的一切工具，甚至会更多。
- Python 可方便地集成不同的工具，为多种编程语言、数据策略和学习算法提供真正的统一平台。这些学习算法结合在一起，能帮助数据科学家制定功能强大的解决方案。有些工具包可以通过其他语言（如 Java、C、Fortran、R 和 Julia 等）进行调用，由这些语言分担一些计算任务，从而来提高 Python 脚本的性能。
- Python 是通用的。不管你是什么编程背景和风格（面向对象、面向过程或者函数式编程），都会喜欢使用 Python 编程。
- Python 是跨平台的。Python 解决方案完美兼容 Windows、Linux 和 Mac OS 等操作系统，不用担心它的可移植性。
- 虽然 Python 是解释性语言，但与其他主流数据分析语言（如 R 和 MATLAB）相比具有毋庸置疑的速度优势（尽管还不能与 C、Java 和新出现的 Julia 语言的速度相媲美）。此外，还可以通过静态编译器 Cython 或者及时编译器 PyPy 将 Python 代码转换成效率更高的 C 代码。
- 由于 Python 具有极小的内存占用和优秀的内存管理能力，它可以处理内存中的大数据。当进行数据加载、转换、切块、切片、保存或丢弃时，它会使用循环或再循环垃圾回收器自动清理内存中的数据。
- Python 非常简单，易学易用。掌握了基础知识之后就可以立即开始编程，没有比这更好的学习方式了。
- 另外，使用 Python 的数据科学家在不断增多。Python 社区每天都会发布新的工具包或者相应改进，这使得数据科学中的 Python 生态系统日益丰富。

1.2　Python 的安装

首先，我们继续介绍所需要的环境设置，以便创建一个完整的数据科学工作环境，确保能对本书后面提供的示例代码和实验进行测试。

Python 是一种开源的、面向对象的、跨平台的编程语言，与其直接竞争对手（比如 C++ 和 Java）相比非常简明，能在非常短的时间内创建工作软件原型。然而，它能成为数据科学家工具箱中最常用的语言并不仅仅因为这个特点。它还是一种通用语言，能为一系列问题和需求提供各种各样的软件包，的确非常灵活。

1.2.1　Python 2 还是 Python 3

Python 版本有两个主要分支：Python 2.7.x 和 Python 3.x。在本书第 3 版撰写时，Python 基金会（https://www.python.org/）提供下载的版本是 2.7.15（2018 年 1 月 5 日发布）和 3.6.5（2018 年 1 月 3 日发布）。尽管 Python 3 是最新的版本，但相对较旧的 Python 2 在 2017 年仍然在科学领域（采用率 20%）和商业领域（采用率 30%）使用，JetBrains 在其调查报告中进行了详细描述 https://www.jetbrains.com/research/python-developers-survey-2017。如果你还在使用 Python 2，可能很快就会遇到问题，因为 2020 年开始 Python 2 就将“退休”，相关维护也会停止（pythonclock.org/ 将提供倒计时，但是正式的官方声明请参阅 https://www.python.org/dev/pep/pep-0373/），目前两个版本的库实际上已经很少不兼容（py3readiness.org/），因此没有足够的理由继续使用旧版本了。

此外，Python 3 和 Python 2 之间不具有直接的向后兼容性。事实上，如果尝试在 Python 3 解释器上运行用 Python 2 开发的代码，可能没法运行。最新的版本做了重大改变，这影响了以前版本的兼容性。有些数据科学家的大部分工作和软件包都是在 Python 2 上完成的，因此不愿意切换到新版本。

本书第 3 版的读者，主要是那些正在成长的数据科学家、数据分析师和开发人员，他们可能不会对 Python 2 有强大的依赖性。因此，我们将继续使用 Python 3，并建议使用 Python3.6 或更新的版本。毕竟，Python 3 才是 Python 的现在和未来。在未来，Python 3 将是 Python 基金会进一步开发和改进的唯一版本，也将是许多操作系统上的默认版本。

不管怎样，如果你正在使用并且希望继续使用 Python 2，仍然可以使用本书及其示例。在大多数情况下，只需在代码之前加入如下导入过程，本书代码就可以在 Python 2 上工作了。

```
from __future__ import (absolute_import, division,
                        print_function, unicode_literals)
from builtins import *
from future import standard_library
standard_library.install_aliases()
```

提示：from __future__ import 命令必须是模块或程序的第一句，否则 Python 将会报错。

正如 Python future 模块的网站（http://python-future.org/）所述的，这些导入将帮助那些 Python 3 特有的新功能转换成 Python 3 和 Python 2 都兼容的形式。当然，即便没有上述导入过程，大部分 Python 3 的代码也能直接在 Python 2 环境下运行。

为了成功运行上述导入命令，如果系统中没有安装 future 模块（0.15.2 及以上版本），应该使用如下 shell 命令进行安装：

```
$> pip install -U future
```

如果想进一步了解 Python 2 和 Python 3 之间的区别，建议阅读 Python 基金会提供的

wiki 页面（https://wiki.python.org/moin/Python2orPython3）。

1.2.2　分步安装

没有使用过 Python 的数据科学新手（假定他们还没有安装 Python），需要先从 Python 主页下载安装程序（https://www.python.org/downloads/），然后安装在本地机器上。

提示：本节提供了 Python 的分步安装方法，你能完全控制安装什么软件包。当需要进行单机安装以处理不同数据科学任务时，这非常有帮助。无论如何，逐步安装确实需要花费时间和精力。相反，安装 Anaconda 等科学发行版将减轻程序安装的负担。这样可以节省时间，甚至避免很多麻烦，因而非常适合初学者，尽管它会在你的机器上一次性安装大量的软件包（其中大部分都不会用到）。因此，如果想通过简单的安装过程就立即开始使用，可跳过这一部分，直接进入下一节。

Python 是一个多平台的编程语言，你要为 Windows 系统或者类 UNIX 操作系统寻找相适应的安装程序。

需要注意的是，大多数最新的 Linux 发行版（如 CentOS、Fedora、Red Hat Enterprise、Ubuntu 以及其他较少使用的系统）已经在库中封装了 Python 2。由于我们的示例运行在 Python 3 上，如果你使用上述 Linux 系统或者本机上已经安装了其他版本的 Python，首先需要检查一下 Python 版本号，步骤如下：

1）打开 Python shell 脚本，在终端输入“python”，或者直接点击系统中的 Python 图标。

2）启动 Python 后，在 Python 交互式 shell 或 REPL（交互式解释器环境）中运行如下代码，进行安装版本测试：

```
>>> import sys
>>> print (sys.version_info)
```

3）如果得到的 Python 版本信息包含属性“ major=2”，则说明你正在运行的是 Python 2。否则，如果版本信息出现“major=3”，或者 print 命令返回类似 v3.x.x（比如 v3.5.1）这样的结果，说明你运行了正确的 Python 版本，现在你可以进行下一步工作了。

对刚才的操作需要做一点说明，在终端命令行输入命令时，命令前的系统提示符为“$>”。如果是在 Python REPL 环境中，命令前的系统提示符为“>>>”。

1.2.3　安装必要的工具包

Python 本身不会绑定所有你需要的工具包，除非你使用的是专门的定制版本。因此，安装所需要的工具包可以使用工具包管理工具“ pip”或者“ easy_install”。在命令行运行这两个命令，就能轻松愉快地进行 Python 工具包的安装、升级和移除。要查看本地计算机上安装了哪些工具，可以运行命令：

```
$> pip
```

注意：请根据 https://pip.pypa.io/en/latest/installing/ 上的说明安装 pip。

或者，也可以运行如下命令：

```
$> easy_install
```

如果这两个命令运行后都提示错误，你需要使用其中一个进行软件安装。建议使用“pip”，因为它被认为是“easy_install”的改进版。另外，Python将来可能会抛弃“easy_install”，相对来说“pip”拥有很多重要的优势，优先使用“pip”安装工具包的原因如下：

- 它是Python 3推荐的包管理工具。从Python 2.7.9和Python 3.4开始，Python安装包中默认包含了这个工具。
- 它提供了卸载功能。
- 不管什么原因造成工具包安装失败，它都能回滚到原来的状态并且保持系统清洁。

注意：在Windows系统下尽量使用easy_install，尽管pip确实有很多优点，但它并不总是能安装预编译的二进制包。有时候pip会尝试直接从C源文件编译包的扩展，因此需要一个正确配置的编译器（在Windows上这可不是一个简单的任务）。这取决于所运行软件包的版本是eggs还是wheels，在eggs版本上Python分发代码的元数据文件是bundle（pip不能直接使用它的二进制文件，需要通过源代码进行编译），在wheels版本上Python分发代码的元数据文件是新标准wheels（在后一种情况下，pip可以直接安装可用的二进制文件，可以参考http://pythonwheels.com/）。相反，easy_install总是从eggs和wheels上安装可用的二进制文件。因此，如果你总是在安装软件包时遇到意想不到的困难，使用easy_install可以避免不少麻烦（当然也会付出上文提到的一些代价）。

大多数Python的最新版本会默认安装“pip”，所以，你的系统可能已经安装了“pip”。如果没有安装，最好的方式是从https://bootstrap.pypa.io/get-pip.py下载get-pi.py脚本，然后使用如下命令运行它：

```
$> python get-pip.py
```

以上脚本也可从https://pypi.python.org/pypi/setuptools上下载安装工具，它包含了easy_install。

现在就可以安装运行本书示例需要的工具包了。安装通用工具包< package-name >，只需要运行如下命令：

```
$> pip install < package-name >
```

或者，也可以运行命令：

```
$> easy_install < package-name >
```

需要注意的是，为了强调它们管理的是Python 3工具包，在有些系统中“pip”可能命名为“pip3”，“easy_install”可能命名为“easy_install-3”。如果不太确定，可以通过如下命令检查pip版本：

```
$> pip -V
```

查看easy_install版本号的命令格式稍有不同：

```
$> easy_install --version
```

此后，工具包< pk >及其所有依赖项将被下载并安装。如果你不确定某个库是否已经安装，只需尝试导入其中的一个模块。如果Python解释器产生“ImportError”错误，可以断定还没有安装此库。

当 NumPy 库已经安装时，情况如下：

```
>>> import numpy
```

当 NumPy 库没有安装，会发生如下情况：

```
>>> import numpy

    Traceback (most recent call last):
    File "<stdin>", line 1, in <module>
    ImportError: No module named numpy
```

对于后一种情况，需要通过“pip”或“easy_install”先安装相应的工具包。

注意：小心不要将工具包（package）和模块（module）弄混淆。使用 pip 安装的是工具包，在 Python 中导入的是模块。有时候工具包和模块的名字相同，但是多数情况下，它们并不一样。例如，“sklearn”模块就包含在名为“Scikit-learn”的工具包中。

最后，要搜索并浏览适合 Python 的工具包，请查看网站 pypi.org。

1.2.4 工具包升级

很多时候，因为有些依赖项需要新版本支持，或者你会用到新版本的附加功能，所以你不得不更新自己的工具包。首先，查看 __version__ 属性，检查所安装的库的版本，下面以 numpy 为例：

```
>>> import numpy
>>> numpy.__version__ # 2 underscores before and after
    '1.11.0'
```

现在如果要将它升级到较新的版本，比如 1.12.1 版，可以在命令行运行如下命令：

```
$> pip install -U numpy==1.12.1
```

或者，使用命令：

```
$> easy_install --upgrade numpy==1.12.1
```

最后，如果你想将它升级到最新版本，只需运行如下命令：

```
$> pip install -U numpy
```

或者，也可以使用命令：

```
$> easy_install --upgrade numpy
```

1.3 科学计算发行版

正如前面已经介绍的，创建工作环境对于数据科学家来说是相当费时的操作。首先，你需要安装 Python，然后逐个安装所需要的库。有时候，安装过程可能不会像你想象的那么顺利。

如果你想节省时间和精力，同时确保有一个完整的 Python 工作环境，那么你只需要下载、安装并运行 Python 科学计算发行版就可以了。除了 Python，科学计算发行版还包括各种预安装的工具包，有时候甚至会提供附加工具和 IDE（集成开发环境）。其中有些工具包是数据科学家所熟知的，在后面的章节中会介绍这些工具包的关键特性。

建议你先下载、安装一个科学发行版，例如 Anaconda 版（这是工具包最齐全的版本）。将本书的示例练习完后，可以完全卸载发行版，再单独安装 Python，只附带少数几个工程需要的工具包就可以了。

1.3.1 Anaconda

Anaconda（https://www.anaconda.com/download/）是由 Continuum Analytics 提供的科学计算发行版，包括近 200 个工具包，常见的包有 NumPy、SciPy、pandas、Jupyter、Matplotlib、Scikit-learn 和 NLTK 等。它是一个跨平台版本，可以与其他现有的 Python 版本一起安装。其基础版本是免费的，其他具有高级功能的附加组件需要单独收费。Anaconda 自带二进制的包管理器 conda，通过命令行来管理包安装。正如其网站上所介绍的，Anaconda 的目标是提供企业级的 Python 发行版，进行大规模数据处理、预测分析和科学计算。

1.3.2 使用 conda 安装工具包

如果你已经决定要安装 Anaconda 发行版，可以充分利用前面提到的二进制安装程序 conda。conda 是一个开源的工具包管理系统，因此可以与 Anaconda 发行版分开安装。conda 与 pip 的核心区别在于它可以在 conda 环境中安装任何包（不只是基于 Python 语言的软件包），其中 conda 环境是指安装了 conda 并用它提供软件包的环境。正如 Jack VanderPlas 在他著名的博客中所述，使用 conda 会比使用 pip 有很多优点：https://jakevdp.github.io/blog/2016/08/25/conda-myths-and-misconceptions/。

系统是否安装了 conda，可以直接通过如下方式进行测试，打开 shell 并输入命令：

```
$> conda -V
```

如果系统已经安装了 conda，会输出 conda 的版本号，否则会给出错误提示。如果系统没有安装 conda，可以到 https://conda.io/miniconda.html 网站，选择合适的 Miniconda 软件进行快速安装。Miniconda 是体积最小的 conda 软件，只包含 conda 及其依赖项。

conda 能帮助你完成两项任务：安装工具包和创建虚拟环境。本节主要探讨怎样使用 conda 轻松安装数据科学项目会用到的大多数工具包。

开始之前，需要检查使用的 conda 是否是最新版本：

```
$> conda update conda
```

现在，可以安装任何你需要的工具包了。假设通用工具包名称为 < package-name >，可运行如下命令安装工具包：

```
$> conda install <package-name>
```

也可以通过指定版本号的方式安装特定版本的工具包：

```
$> conda install <package-name>=1.11.0
```

同样，也可以一次安装多个工具包：

```
$> conda install <package-name-1> <package-name-2>
```

如果只需要对已经安装的工具包进行更新，同样可以使用 conda：

```
$> conda update <package-name>
```

对所有可用的工具包更新，只需要设置参数“--all”：

```
$> conda update --all
```

最后，conda 也可以为你卸载工具包：

```
$> conda remove <package-name>
```

如果想了解更多关于 conda 的内容，可以阅读 http://conda.pydata.org/docs/index.html 上的说明文档。总之，处理二进制文件是 conda 的一个主要优势，这方面甚至比 easy_install（总是在 Windows 上不需要源码编译的情况下成功安装工具包）更好，而且还没有问题和局限性。使用 conda 很容易进行工具包的安装、更新和卸载。另一方面，conda 不能直接从 git 服务器上安装工具包（因此，它不能访问很多正在开发的工具包的最新版本），它也不像 pip 一样能够安装 PyPI 上的所有工具包。

1.3.3 Enthought Canopy

Enthought Canopy（https://www.enthought.com/products/canopy/）是 Enthought 公司推出的 Python 发行版，包含 200 多个预装软件包，如 NumPy、SciPy、Matplotlib、Jupyter 和 pandas（后面内容多是基于这些工具包的）。该发行版主要是针对工程师、数据科学家、定量数据分析师和企业用户。它的基础版本是免费的（名为 Canopy Express），如果需要高级功能，必须付费购买。Enthought Canopy 是一个跨平台的发行版，其命令行安装工具是 canopy_cli。

1.3.4 WinPython

WinPython(http://winpython.github.io/) 是免费和开源的 Python 发行版，同样由社区维护。它是专为科学家设计的，具有许多工具包，如 NumPy、SciPy、Matplotlib 和 Jupyter 等。它也使用 Spyder 作为 IDE。WinPython 更关注用户的便携式安装体验，可以安装在任何目录甚至 U 盘里，能在系统中同时维护多个版本或副本。它只能在 Windows 系统下工作，命令行工具是 WinPython 包管理器（WPPM）。

1.4 虚拟环境

不管你是单独安装的 Python，还是使用科学计算发行版，实际上已经将系统和已安装的 Python 版本绑定了。唯一的例外是使用 WinPython 发行版的 Windows 用户，因为 WinPython 能够便携安装，系统中可以安装任意多个不同的 Python 软件。

一个简单的解决方案是使用“virtualenv”，它是一种创建独立的 Python 运行环境的工具。这意味着，通过不同的 Python 环境可以轻松实现以下目标：

- 在测试新安装的工具包或进行实验时，不会害怕以不可弥补的方式破坏任何 Python 环境。在这种情况下，你需要一个充当沙盒的 Python 版本。
- 假如系统装有多个 Python 版本（比如 Python 2 和 Python 3），它们与不同版本的工具包相适应。virtualenv 可以帮助你使用不同版本的 Python 实现不同的目的（例如，在 Windows 系统上用到的一些工具包，就只能使用 Python 3.4 而不是最新版本）。

- 轻松复制 Python 环境，使你的数据科学原型在其他计算机或产品上顺利工作。在这种情况下，主要关注的是工作环境的不变性和可重复性。

为了方便你立即启用 virtualenv，可以在 http://virtualenv.readthedocs.io/en/stable/ 上找到 virtualenv 的说明文档，我们也将全面介绍它的使用方法。为了使用 virtualenv，首先要在系统中安装它：

```
$> pip install virtualenv
```

virtualenv 安装完成后，就可以开始创建虚拟环境了。在进入下一步之前，需要做出几个选择：

- 如果系统上安装了多个版本的 Python，必须决定选择哪个版本。否则，系统将会选择安装了 virtualenv 的那个 Python 版本。为了设置不同的 Python 版本，必须在你想选择的 Python 版本后面加上参数“-p”（例如，-p python2.7），或者插入要使用的 Python 可执行文件的路径（例如，-p c:\Anaconda2\python.exe）。
- 当需要安装某个工具包时，virtualenv 会重新安装它，即便它已经在系统中了（在你创建虚拟环境的 Python 目录下）。这种默认行为是有意义的，因为它允许你创建一个完全分离的空环境。为了节省磁盘空间、节约所有包的安装时间，使用参数“--system-site-packages”能够很好地利用系统中已有的工具包。
- 你以后或许希望能够在不同 Python 版本甚至不同机器之间移动虚拟环境。因此，需要使用参数“--relocatable”，将所有环境脚本设置为相对路径。

经过确定 Python 版本、连接到已有的公用工具包、设置虚拟环境的可复制性，你就可以从 shell 启动命令行，给新创建的虚拟环境命名：

```
$> virtualenv clone
```

在实际启动命令所在的路径中，virtualenv 用你提供的环境名称创建一个新目录。只需把它设置为当前目录并使用命令 activate，就可以开始使用了：

```
$> cd clone
$> activate
```

这时，就可以开始在“隔离”的 Python 环境中工作，安装自己的工具包、编码。

如果你需要一次安装多个工具包，可以使用 pip 的专门命令 pip freeze，这将获取系统上安装的所有工具包及其版本，可以通过如下命令将整个工具包列表记录在文本文件中：

```
$> pip freeze > requirements.txt
```

将列表保存在文本文件后，把它放到虚拟环境中，只需一个命令就可以轻松地安装所有工具包：

```
$> pip install -r requirements.txt
```

按照工具包在列表中的顺序进行安装，工具包名称排序不区分大小写。如果有的包依赖列表中后面的包，这也没关系，pip 能够自动处理这种情况。因此，如果一个包需要 Numpy 而 Numpy 尚未安装，pip 会先安装它。

使用虚拟环境完成脚本编写和实验后，为了返回默认系统，只需使用 deactivate 命令即可退出虚拟环境：

```
$> deactivate
```

如果想彻底删除虚拟环境，退出并离开虚拟环境目录后，使用递归删除命令把虚拟环境目录删除就可以了。例如，在 Windows 系统上的操作如下：

```
$> rd /s /q clone
```

在 Linux 和 Mac 系统上，命令格式如下：

```
$> rm -r -f clone
```

提示：如果你有很多工作要在虚拟环境下完成，应该考虑使用 virtualenvwrapper，它是一组 virtualenv 的包装器，可以帮助你轻松管理多个虚拟环境。它的网址是 https://bitbucket.org/dhellmann/virtualenvwrapper。如果你使用的是 Unix 操作系统（Linux 或 MacOS），我们要使用的另一个解决方案是 pyenv（https://github.com/yyuu/pyenv），它可以设置主 Python 版本，允许安装多个 Python 版本并创建虚拟环境。它的特点是不依赖于已安装的 Python，它完美地运行在用户层（不需要 sudo 命令）。

使用 conda 管理虚拟环境

如果你已经安装了 Anaconda 发行版，或者使用 Miniconda 安装了 conda，那么也可以使用 conda 代替 virtualenv 来运行虚拟环境。让我们看看如何在实践中使用 conda。首先，可以这样查看现有的工作环境信息：

```
>$ conda info -e
```

该 conda 命令将列出系统中所有的 Python 环境。很可能你的系统中只有 root 开发环境，它指向 Anaconda 发行版所在的文件夹。

例如，我们可以创建一个基于 Python 3.6 的开发环境，环境中已经安装了所有 Anaconda 库。例如，需要为数据科学项目安装一组特定软件包时，这很有意义。要创建这样的环境，只需执行以下操作：

```
$> conda create -n python36 python=3.6 anaconda
```

该命令要求指定 Python 版本为 3.6，安装 Anaconda 发行版中所有工具包（通过参数 anaconda）。使用参数 -n 命名新的环境为 python36。由于 Anaconda 有大量的包需要安装，完成这一安装过程需要一段时间。完成所有安装后，激活新环境：

```
$> activate python36
```

激活环境后，如果需要安装另外的工具包，方法如下：

```
$> conda install -n python36 <package-name1> <package-name2>
```

也就是说，要在环境名称后面加上所需包的列表。当然，和 virtualenv 环境中的操作一样，你也可以使用 pip 进行安装。

也可以使用文件进行安装，而不是将所有包的名称一一列出。你可以使用 list 参数创建一个环境列表，并将结果存到文本文件中：

```
$> conda list -e > requirements.txt
```

然后，在目标环境中，使用文件安装整个列表中的工具包：

```
$> conda install --file requirements.txt
```

甚至可以根据需求列表文件创建环境：

```
$> conda create -n python36 python=3.6 --file requirements.txt
```

最后，开发环境使用完毕，可以通过如下方式离开虚拟环境：

```
$> deactivate
```

和 virtualenv 不同，conda 可以使用专门的参数彻底删除虚拟环境：

```
$> conda remove -n python36 --all
```

1.5 核心工具包一瞥

Python 有两个最主要的特征，一个是与其他语言相融合的能力，另一个是成熟的软件包系统。后者很好地体现在 PyPI（Python 软件包索引：pypi.org）中，PyPI 是大多数开源 Python 软件包的仓库，有人经常维护和更新。

下面将要介绍的软件包具有很强的数据分析能力，组成了完整的数据科学工具箱。它们由广泛测试和高度优化的函数组成，内存使用和性能都经过了优化，易于进行任何能成功执行的脚本操作。下一节将介绍软件的具体安装过程。

受 R 和 MATLAB 等类似工具的启发，我们将一起探讨怎样使用少数 Python 命令来处理数据，这样不需要写太多代码或者重新开发，就可以对数据进行探索、转换、实验和学习。

NumPy

Numpy 是 Travis Oliphant 的作品，是 Python 语言真正的主力分析工具。它为用户提供了多维数组，以及对这些数组进行多种数学操作的大型函数集。数组是沿多个维度排列的数据块，它实现了数学的向量和矩阵。数组以优化内存分配为特点，不仅仅用来存储数据，还用于矩阵和矢量快速运算，是解决特殊数据科学问题必不可少的。

- 网站地址：http://www.numpy.org/
- 本书出版时的版本：1.12.1
- 推荐安装命令：pip install numpy

Python 社区的一般惯例是导入 NumPy 模块时，建议使用其别名 np：

```
import numpy as np
```

这样的模块引用方法将贯穿本书。

SciPy

SciPy 是 Travis Oliphant、Pearu Peterson 和 Eric Jones 等人的原创作品，它完善了 NumPy 的功能，为多种应用提供了大量科学算法，如线性代数、稀疏矩阵、信号和图像处理、最优化、快速傅里叶变换等。

- 网站地址：http://www.scipy.org/
- 本书出版时的版本：1.1.0
- 推荐安装命令：pip install scipy

pandas

pandas 工具包能处理 NumPy 和 SciPy 所不能处理的问题。由于其特有的数据结构 DataFrames（数据框）和 Series，pandas 可以处理包含不同类型数据的复杂表格（这是 NumPy 数组不能做到的）和时间序列。感谢 Wes McKinney 的创作，使用 pandas 可以轻松又顺利地加载各种形式的数据。然后，根据随意对数据进行切片、切块、处理缺失元素、添加、重命名、聚合、整形和可视化等操作。

- 网站地址：http://pandas.pydata.org/
- 本书出版时的版本：0.23.1
- 推荐安装命令：pip install pandas

通常，pandas 模块的导入名称为 pd：

```
import pandas as pd
```

pandas-profiling

这是一个 Github 项目，它可以让你轻松地从 pandas DataFrame 生成数据探索报告。该软件包在交互式 HTML 报告中显示以下度量，这些信息用于评估数据科学项目的数据。

- 基础信息：如类型、唯一值和缺失值。
- 分位数统计量：如最小值、Q1、中位数、Q3、最大值、范围和四分位范围。
- 描述性统计量：如平均值、模式、标准差、和、中位绝对偏差、变异系数、峰度和偏度。
- 最常出现的值。
- 直方图。
- 相关系数：高度相关的变量、斯皮尔曼和皮尔森矩阵。

下面是该软件包的所有信息。

- 网站地址：https://github.com/pandas-profiling/pandas-profiling
- 本书出版时的版本：1.4.1
- 推荐安装命令：pip install pandas-profiling

Scikit-learn

Scikit-learn 最初是 SciKits（SciPy 工具包）的一部分，它是 Python 数据科学运算的核心。它提供了所有机器学习可能用到的工具，如数据预处理、监督学习和无监督学习、模式选择、验证和误差指标等。我们将在本书中详细讨论这个工具包。Scikit-learn 是谷歌编程之夏（Google Summer of Code）的一个项目，由 David Cournapeau 于 2007 年发起。自 2013 年开始，被 INRIA（法国国家信息与自动化研究所）的研究人员接管。

- 网站地址：http://scikit-learn.org/stable/
- 本书出版时的版本：0.19.1
- 推荐安装命令：pip install scikit-learn

注意：Scikit-learn 导入模块名为“sklearn”。

Jupyter

科学方法需要对不同假设可再现地进行快速验证。Jupyter 是由 Fernando Perez 创建的，最初命名为 IPython，而且限定只能使用 Python 语言。Jupyter 满足了多语言交互式命令 shell 编程的需要（基于 shell、Web 浏览器和应用程序接口），具有图形化集成、自定义指令、丰富的历史记录（JSON 格式）和并行计算等增强功能。Jupyter 是本书最为推崇的工具包，它通过脚本、数据和相应结果清晰又有效地演示了各种操作。

- 网站地址：http://jupyter.org/
- 本书出版时的版本：4.4.0(ipykernel=4.8.2)
- 推荐安装命令：pip install jupyter

JupyterLab

JupyterLab 是 Jupyter 项目的下一代用户界面，当前处于 beta 版测试阶段。它是一个为交互式和可重复计算而设计的环境，支持所有常用的记事本、终端、文本编辑器、文件浏览器、富文本输出等，多种文件可以集中在更加灵活和强大的用户界面中。等到 JupyterLab 发布 1.0 版，它就会取代经典的 Jupyter Notebook。下面介绍该软件包，使你了解其功能。

- 网站地址：https://github.com/jupyterlab/jupyterlab
- 本书出版时的版本：0.32.0
- 推荐安装命令：pip install jupyterlab

Matplotlib

Matplotlib 由 John Hunter 原创开发，是一个包含各种绘图模块的库，能根据数组创建高质量的图形，并交互式地显示它们。

matplotlib 提供了 pylab 模块，pylab 包含许多像 MATLAB 一样的绘图组件。

- 网站地址：http://matplotlib.org/
- 本书出版时的版本：2.2.2
- 推荐安装命令：pip install matplotlib

使用如下命令，可以轻松导入可视化所需要的模块：

```
import matplotlib.pyplot as plt
```

Seaborn

使用 matplotlib 绘制漂亮的图形非常耗时，因此，Michael Waskom 开发了 Seaborn (http://www.cns.nyu.edu/~mwaskom/)。Seaborn 是一种基于 matplotlib 的高级可视化软件包，它与 pandas 数据结构（比如：Series 和 DataFrame）相结合，能够产生信息丰富、美观的统计可视化结果。

- 网站地址：http://seaborn.pydata.org/
- 本书出版时的版本：0.9.0
- 推荐安装命令：pip install seaborn

使用如下命令，就可以轻松导入可视化所需要的模块：

```
import seaborn as sns
```

Statsmodels

Statsmodels 以前是 SciKits 的一部分，是 SciPy 统计函数的补充。Statsmodels 模块的特性包括一般线性模型、离散选择模型、时间序列分析、一系列描述统计学以及参数和非参数检验等。

- 网站地址：http://statsmodels.sourceforge.net/

- 本书出版时的版本：0.9.0
- 推荐安装命令：pip install statsmodels

Beautiful Soup

Beautiful Soup 由 Leonard Richardson 创建，是一个很棒的 HTML/XML 解析器，用来分析从互联网上抽取的 HTML 和 XML 文档。甚至在网页有异常、矛盾和不正确的标签时，即出现“tag soups”（因此得名）情况下，它的效果也是出奇的好。感谢 Beautiful Soup，选择解析器之后（一般情况下，Python 标准库中的 HTML 解析器效果就很好），就可以对页面上的对象定位，并提取文本、表格以及其他有用的信息。

- 网站地址：http://www.crummy.com/software/BeautifulSoup/
- 本书出版时的版本：4.6.0
- 推荐安装命令：pip install beautifulsoup4

注意：Beautiful Soup 的导入模块名为“bs4”。

NetworkX

NetworkX 由洛斯阿拉莫斯国家实验室（Los Alamos National Laboratory）开发，是一个专门进行现实生活网络数据创建、操作、分析和图表示的软件包，它可以轻松地进行具有百万个节点和边的图操作。除了专门的图数据结构和良好的可视化方法（2D 和 3D），它还为用户提供了许多标准的图的度量方法和算法，如最短路径、中心性、成分、群体、聚类和网页排名。本书第 5 章主要使用这个包。

- 网站地址：https://networkx.github.io/
- 本书出版时的版本：2.1
- 推荐安装命令：pip install networkx

通常，NetworkX 导入名称为“nx”：

```
import networkx as nx
```

NLTK

自然语言工具箱（NLTK）能够访问语料和词汇库，提供从分词到词性标注、从树模型到命名实体识别等统计自然语言处理（Natural Language Processing，NLP）的一整套函数。最初，该软件是 Steven Bird 和 Edward Loper 为他们在宾夕法尼亚大学的自然语言处理课程开发的。现在，它已经成为自然语言处理原型开发和系统搭建的奇妙工具。

- 网站地址：http://www.nltk.org/
- 本书出版时的版本：3.3
- 推荐安装命令：pip install nltk

Gensim

Gensim 是由 Radim Řehůřek 开发的开源软件包，在并行分布式在线算法的帮助下，能进行大型文本集合分析。它具有许多高级功能，例如实现潜在语义分析（Latent Semantic Analysis，LSA）、通过 LDA（Latent Dirichlet Allocation）进行主题建模等。Gensim 还包含功能强大的谷歌 word2vec 算法，能将文本转换为矢量特征，再使用此矢量特征进行有监督和无监督的机器学习。

- 网站地址：http://radimrehurek.com/gensim/

- 本书出版时的版本：3.4.0
- 推荐安装命令：pip install gensim

PyPy

PyPy 不是软件包，它是 Python3.5.3 的替代产品，支持大多数常用的 Python 标准包（遗憾的是，目前不完全支持 NumPy）。PyPy 的一个主要优势是提高了运行速度及内存处理能力，因此，非常适用于大型数据上的繁重操作，它应该是你的大数据处理策略的一部分。

- 网站地址：http://pypy.org/
- 本书出版时的版本：6.0
- 下载网页：http://pypy.org/download.html

XGBoost

XGBoost 是一个可扩展、便携式和分布式的梯度提升库（一种树集成算法）。最初是由华盛顿大学的陈天奇创建的，后来又经过 Bing Xu 的 Python 语言包和 Tong He 的 R 语言接口进行的补充。你可以从主要创建者的网页上阅读 XGBoost 之后的故事（https://homes.cs.washington.edu/~tqchen/2016/03/10/story-and-lessons-behind-the-evolution-of-xgboost.html）。XGBoost 适用于 Python、R、Java、Scala、Julia 和 C++ 等多种语言，它可以在单机上通过多线程形式工作，也能在分布式计算系统 Hadoop 和 Spark 集群上实现。

- 网站地址：https://xgboost.readthedocs.io/en/latest/
- 本书出版时的版本：0.80
- 下载网页：https://github.com/dmlc/xgboost

XGBoost 的详细安装说明见如下网页：https://github.com/dmlc/xgboost/blob/master/doc/build.md。

XGBoost 在 Linux 和 MacOS 系统上的安装过程很简单，但对于 Windows 用户却有点困难，不过最近发布的 Python pre-built binary wheel，使 XGBoost 安装对每个人来说都是“小菜一碟”。只需要在 shell 中输入如下命令：

```
$> pip install xgboost
```

如果想从头开始安装 XGBoost，你需要最新的 bug 修复或 GPU 支持，首先需要从 C++ 代码中构建共享库（针对 Linux/MacOS 系统的是 libxgboost.so，针对 Windows 系统的是 libxgboost.dll），然后安装 Python 包。在 Linux/MacOS 系统上，只需通过 make 命令编译可执行文件就可以了，但是在 Windows 系统上，情况会复杂一些。

通常，参考网页 https://xgboost.readthedocs.io/en/latest/build.html#，该网页提供了从零开始构建 XGBoost 的最新说明。这里作为快速参考，我们提供了 Windows 系统上 XGBoost 的具体安装步骤：

1）下载并安装 Windows 版 Git（https://git-for-windows.github.io/）。

2）计算机系统上需要安装一个 MINGW 编译器。根据你使用的操作系统的不同，可以从 http://www.mingw.org/ 或者 http://tdm-gcc.tdragon.net/ 网站上下载。

3）在命令行执行如下命令：

```
$> git clone --recursive https://github.com/dmlc/xgboost
$> cd xgboost
$> git submodule init
$> git submodule update
```

4）从命令行复制 64 位系统配置，把它设置成默认配置：

```
$> copy make\mingw64.mk config.mk
```

5）或者，只复制平常的 32 位系统配置：

```
$> copy make\mingw.mk config.mk
```

6）运行编译器，为了加快编译过程设置使用线程数为 4：

```
$> mingw32-make -j4
```

7）在 MinGW 中，make 命令和 mingw32-make 命令作用相同。如果你使用其他的编译器，前面的命令可能不工作，可以尝试如下命令：

```
$> make -j4
```

8）如果编译过程没有报错，就可以在 Python 中安装工具包了：

```
$> cd python-package
$> python setup.py install
```

提示：经过上述操作，如果导入 XGBoost 模块时仍然不能加载并报错，这很可能是 Python 无法找到 MinGW 的 g ++ 运行库。

这时需要找到 MinGW 的 bin 文件目录（本例中该目录路径为 C:\mingw-w64\mingw64\bin，你需要在代码中修改并插入自己的 bin 文件路径），将如下代码段放在导入 XGBoost 代码之前：

```
import os
mingw_path = 'C:\mingw-w64\mingw64\bin'
os.environ['PATH']=mingw_path + ';' + os.environ['PATH']
import xgboost as xgb
```

LightGBM

LightGBM 是微软开发的一个梯度提升框架，与其他 GBM 不同，它使用基于树的学习算法，它更倾向于探索更有前途的叶子（leaf-wise），而不是进行水平方向的开发（level-wise）。

提示：在图论术语中，LightGBM 采用深度优先的搜索策略，而不是宽度优先的搜索策略。

LightGBM 是分布式的（支持并行和 GPU 学习），其独特之处是以更低的内存使用量实现更快的训练速度，从而允许处理更大规模的数据。

- 网站地址：https://github.com/Microsoft/LightGBM
- 本书出版时的版本：2.1.0

XGBoost 的安装比平常的 Python 包需要更多的操作。如果你在 Windows 系统上操作，请打开一个 shell 并输入以下命令：

```
$> git clone --recursive https://github.com/Microsoft/LightGBM
$> cd LightGBM
$> mkdir build
$> cd build
$> cmake -G "MinGW Makefiles" ..
$> mingw32-make.exe -j4
```

提示： 你可能需要先在系统上安装 CMake（https://cmake.org）。如果系统报错“sh.exe was found in your PATH”，你还需要运行命令：cmake -G "MinGW Makefiles"。

如果你使用的是 Linux 系统，你只需要在 shell 上输入：

```
$> git clone --recursive https://github.com/Microsoft/LightGBM
$> cd LightGBM
$> mkdir build
$> cd build
$> cmake ..
$> make -j4
```

软件包编译完成后，无论是 Windows 还是 Linux 系统，只要在 Python 命令行中导入该包即可：

```
import lightgbm as lgbm
```

提示： 还可以使用 MPI 创建并行计算架构、HDFS 或 GPU 版本的软件包。你可以在以下网页找到所有关于 LightGBM 的详细说明：https://github.com/Microsoft/LightGBM/blob/master/docs/Installation-Guide.rst。

CatBoost

CatBoost 是由 Yandex 的研究人员和工程师开发的，CatBoost（categorical boosting）是一种基于决策树的梯度提升算法，它无须太多预处理就能很好地处理分类特征（如颜色、品牌或类型等表示质量的非数值特征）。由于大多数数据库中的主要特征都是分类特征，CatBoost 确实可以提高你的预测结果。

- 网站地址：https://catboost.yandex
- 本书出版时的版本：0.8.1.1
- 推荐安装命令：pip install catboost
- 下载网页：https://github.com/catboost/catboost

提示： CatBoost 需要使用 msgpack 库，使用命令 pip install msgpack 很容易完成该库的安装。

TensorFlow

TensorFlow 最初是由 Google Brain 团队开发，在 Google 公司内部使用，然后才发布给公众使用。2015 年 11 月 9 日，它在 Apache2.0 开源许可下发布，从此成为使用最广的高性能数值计算开源软件库（主要用于深度学习）。它能够进行跨平台计算（具有多 CPU、GPU 和 TPU 的系统），从台式机到服务器集群，再到移动设备和边缘计算设备。

在本书中，我们将使用 TensorFlow 作为 Keras 的后端。也就是说，我们不会直接使用它，但需要在我们的系统上运行它。

- 网站地址：https://tensorflow.org/
- 本书出版时的版本：1.8.0

在 CPU 系统上安装 TensorFlow 非常简单，只需使用命令：pip install tensorflow。但是，如果你系统上有 NVIDIA GPU（实际上你需要一个 CUDA 计算能力为 3.0 或更高的 GPU 卡），那么要求就会增加，首先需要安装以下软件：

- CUDA Toolkit 9.0
- 支持 CUDA Toolkit 9.0 的 NVIDIA 驱动程序
- cuDNN v7.0

根据你的系统的不同，每一个操作都需要完成不同的步骤，请参考 NVIDIA 网站上的详细介绍。对于 Ubuntu、Windows 或 MacOS 等操作系统，可以在以下页面上找到所有的安装说明：https://www.tensorflow.org/install/。

完成所有必要的步骤后，使用命令：pip install tensorflow-gpu，将安装为 GPU 计算优化的 TensorFlow 软件包。

Keras

Keras 是一个简洁、高度模块化的神经网络库，它由 Python 语言编写，可以运行在 TensorFlow（谷歌发布的用于数值计算的软件库）、Microsoft Cognitive Toolkit（以前称为 CNTK）、Theano、MXNet 之上。Keras 主要由 Google 的机器学习研究员 François Chollet 创建、维护。

- 网站地址：https://keras.io/
- 本书出版时的版本：2.2.0
- 推荐安装命令：pip install keras

或者，你可以使用如下命令安装最新版本（由于软件在持续开发，建议安装最新版）：

```
$> pip install git+git://github.com/fchollet/keras.git
```

1.6　Jupyter 简介

该项目最初的名称 IPython，是 Fernando Perez 于 2001 年发起的自由项目。作者通过这项工作，旨在解决 Python 堆栈的不足，向公众提供用于数据调查的用户编程接口，这样很容易将科学方法（主要是指实验和交互发现方法）融入数据发现和数据科学方案开发过程中。

所谓科学方法是指以可再现的方式对不同假设进行快速实验，就像数据科学中的数据探索和数据分析一样。使用此接口，你在代码编写过程中将能更自然地实现探索、迭代、尝试和误差的研究策略。

近年来，IPython 项目的大部分工作已经转移到新项目 Jupyter 上。Jupyter 拓展了 IPython 的可用性，能适用于多种编程语言，例如：

- R(https://github.com/IRkernel/IRkernel)
- Julia(https://github.com/JuliaLang/IJulia.jl)
- Scala(https://github.com/mattpap/IScala)

了解 Jupyter 可使用的更多内核包，请访问网页：https://github.com/ipython/ipython/wiki/IPython-kernels-for-other-languages。

举例来说，如果你已经安装 Jupyter 和 IPython 内核，你可以轻松添加其他有用的内核，比如 R 内核，这样就可以通过同样的接口访问 R 语言了。你只需要安装 R，运行 R 界面，然后输入以下命令：

```
install.packages(c('pbdZMQ', 'devtools'))
devtools::install_github('IRkernel/repr')
devtools::install_github('IRkernel/IRdisplay')
devtools::install_github('IRkernel/IRkernel')
IRkernel::installspec()
```

上述命令将在 R 中安装 devtools 库，然后从 GitHub 上下载并安装所有必要的库文件（运行这些命令时需要连接网络），最终在 R 和 Jupyter 上都注册 R 内核。之后，每次调用 Jupyter Notebook 都会让你选择运行 Python 或 R 内核，使你在所有数据科学项目中使用相同的格式和方法。

提示：不要混淆不同内核所使用的 Notebook 命令，每个 Notebook 只指向一个内核，也就是它最开始创建的内核。

借助强大的内核概念，运行用户代码的程序与前台接口会话，代码运行结果也反馈给前台接口，不管你使用什么开发语言都要使用同一个接口和交互编程形式。

在这种背景下，IPython 就是第一个内核，也是最起始的内核。虽然整个项目中不再刻意使用，但它仍然存在于系统中。

因此，Jupyter 可以简单地描述为由控制台或网络 Notebook 操控的交互式工具，它提供一些特殊的命令，帮助开发者更好地理解和编辑代码。

IDE（集成开发环境）用于编写脚本、运行脚本，然后评价运行结果。Jupyter 与 IDE 正好相反，它允许在名为单元（cell）的块中编写代码，按顺序运行它们，单独评价每一个单元的运行结果，检验文本和图形结果。除了图形化的集成形式，它还能提供更多的帮助，例如个性化的命令、丰富的历史记录（JSON 格式）、提升大规模数值计算的并行计算等。

Jupyter 对于那些基于数据的代码开发任务也是特别有成效的，因为它能自动完成那些常被忽视的工作，例如生成程序文档、演示如何进行数据分析、说明它的前提和假设、显示中间结果和最终结果。如果工作中要求展现你的成果，并呈现给项目内部或外部的相关人员，Jupyter 稍做努力就能完成像讲故事一样的魔幻工作。

Jupyter Notebook 很容易将代码、注释、公式、图表、交互绘图和图像、视频等丰富的媒体信息组合在一起，它就像一个能够融合所有实验和结果的科学画板。

Jupyter 在你喜欢的浏览器上工作（可能是 IE、Firefox、Chrome），启动浏览器后，显示一个单元（cell）等待写入代码。封装在单元中的每个代码块都可以运行，运行结果就显示在代码后面的空间中。绘图也可以在 Notebook（嵌入式绘图）或者单独的窗口中显示。在我们的示例中，将通过嵌入式绘图方式绘制图表。

另外，Markdown 语言（https://daringfireball.net/projects/markdown/）是一种非常简单、能够快速掌握的标记语言，使用 Markdown 语言能够轻松标注笔记。可以使用 MathJax（https://www.mathjax.org/）处理数学公式，显示 HTML 或 Markdown 语言中的 LaTex 脚本。

在单元中插入 LaTex 代码的方式有多种。其中最简单的方式是使用 Markdown 语法，嵌入式 LaTex 公式使用单 $ 符号包裹等式，单行居中的等式使用双 $ 符号包裹等式。为了得到正确的输出结果，单元必须设置为 Markdown，示例如下。

在 Markdown 中：

```
This is a $LaTeX$ inline equation: $x = Ax+b$

And this is a one-liner: $$x = Ax + b$$
```

输出如下结果：

This is a $LaTeX$ inline equation: $x=Ax+b$

and this is a one-liner:

$$x=Ax+b$$

如果你进行更精细的操作，比如跨行公式、表格、一组需要对齐的公式或者只是使用特殊的 LaTex 函数，最好使用 Jupyter Notebook 提供的 %%latex 魔术命令。这种情况下，单元必须设置为代码模式，魔术命令作为代码的首行，接下来的几行要定义一个完整的 LaTex 解释器能够编译的 LaTex 环境。

这里通过两个示例告诉你如何做：

```
In:%%latex
   [
    |u(t)| =
     begin{cases}
      u(t) & text{if } t geq 0 \
     -u(t)       & text{otherwise }
     end{cases}
   ]
```

第一个示例的输出结果如下：

$$|u(t)|=\begin{cases} u(t) & \text{若 } t\geqslant 0 \\ -u(t) & \text{其他} \end{cases}$$

```
In:%%latex
   begin{align}
   f(x) &= (a+b)^2 \
        &= a^2 + (a+b) + (a+b) + b^2 \
        &= a^2 + 2cdot (a+b) + b^2
   end{align}
```

运行第二个示例得到新的输出结果如下：

$$\begin{aligned} f(x) &= (a+b)^2 \\ &= a^2+(a+b)+(a+b)+b^2 \\ &= a^2+2(a+b)+b^2 \end{aligned}$$

需要注意的是，使用 %%latex 魔术命令，整个单元格都必须符合 LaTex 语法。因此，如果你只是在文本中写几个简单的公式，我们强烈推荐使用 Markdown 方法（在 Aaron Swartz 的帮助下，John Gruber 开发了轻量级标记语言 Markdown，网络作者常把它当作文本到 HTML 的转换工具：https://daringfireball.net/projects/markdown/）。能够在 Markdown 中融入科技公式，这对那些基于数据的开发任务是特别有效的。

在 https://github.com/ipython/ipython/wiki/A-gallery-of-interesting-IPython-Notebooks 网页上还有很多例子，其中一些会对你的工作很有启发，这一点我们已经深有体会。事实上，我们必须承认保持整洁、最新的 Jupyter Notebook 非常重要，当经理或客户突然出现，要求匆忙展示工作进展时，这样的习惯曾经救了我们无数次。

总而言之，Jupyter Notebook 能够使你做到以下几点：

- 对于分析过程的每一步都能查看中间（调试）结果；
- 只运行代码的某些部分或单元；
- 以 JSON 格式存储中间结果，能对中间结果进行版本控制；
- 展示你的工作（可以是文本、代码和图像的组合），通过 Jupyter NotebookViewer 服务器（http://nbviewer.jupyter.org/）分享，输出为 Python 脚本、HTML、LaTex、Markdown、PDF 甚至是幻灯片。

下面，我们将详细讨论 Jupyter 的安装，并通过示例演示它们在数据科学任务中的应用。

1.6.1　快速安装与初次使用

本书从始至终，Jupyter 都是我们青睐的选择。Jupyter 使用代码、数据及其结果，能够清晰有效地演示相关操作，这一切都像讲故事一样。

尽管我们强力推荐使用 Jupyter，但如果你使用的是 REPL 或者 IDE，你可以使用相同的指令并得到同样的结果（返回结果的打印格式和扩展名可能不太相同）。

如果系统中没有安装 Jupyter，可以使用如下命令进行快速安装：

```
$> pip install jupyter
```

可以从网页上找到完整的 Jupyter 安装说明（包括不同的操作系统版本），网页地址是 http://jupyter.readthedocs.io/en/latest/install.html。

安装完成后就可以立即使用了，Jupyter 的命令行调用格式为：

```
$> jupyter notebook
```

一旦 Jupyter 实例在浏览器中打开，点击“New”按钮，在 Notebook 分区选择 Python 3（如果系统中安装了其他内核，本分区也会显示）。

此时，新的空 Notebook 如下图所示：

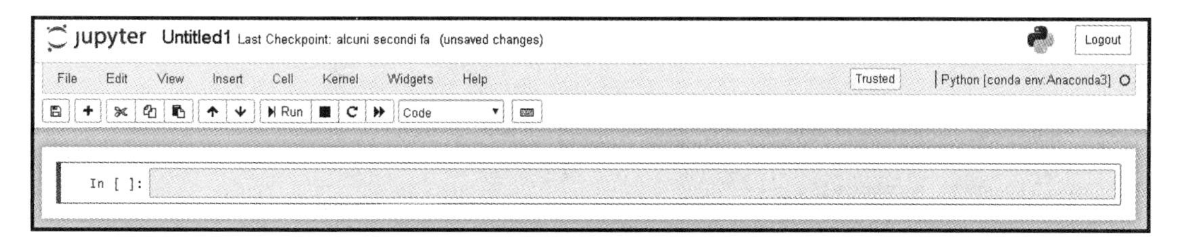

这时，可以开始在单元格内输入命令了。例如，你可以在光标闪烁处输入以下命令：

```
In: print ("This is a test")
```

在单元内输入完毕，只需要按下单元格下面的“play”按钮，或者同时按下 Shift 和 Enter 键，即可运行代码并得到输出结果。然后，将会出现另一个等待输入的单元格。在单元格中写代码时，如果按下菜单栏上的加号按钮，将出现一个新的单元格，使用菜单上的箭头可以在单元格之间移动。

大多数其他功能都很直观，希望你能够尝试使用。为了更好地了解 Jupyter 是如何工作的，你可以使用如 http://jupyter-notebook-beginner-guide.readthedocs.io/en/latest/ 给出的快速入门指南，或者阅读专门介绍 Jupyter 功能的书。

注意： Jupyter 运行 IPython 内核时，其功能的完整论述可以参考以下两本图书：

- Cyrille Rossant 编写的 *IPython Interactive Computing and Visualization Cookbook*，Packt 出版社 2014 年出版。
- Cyrille Rossant 编写的，*Learning IPython for Interactive Computing and Data Visualization*，Packt 出版社 2013 年出版。

为了演示，每个 Jupyter 指令块的输入和输出都标记有序号。因此，如果不是输出忽略不计的话，你会发现本书代码都会包含如下形式的两个部分，否则就只有输入部分了：

```
In: <the code you have to enter> Out: <the output you should get>
```

通常，你需要在单元格中的“In:”符号后面输入代码，然后运行它。你可以将结果与我们使用“Out：”提供的输出结果进行比较，“Out：”符号后面的结果是测试代码时计算机上实际获得的输出结果。

提示： 如果你使用的是 conda 或 env 环境，在 Jupyter 界面中有可能找不到新的环境。如果有这种情况发生，只需在命令行运行 conda install ipykernel，重新启动 Jupyter Notebook。你的内核就会出现在“New”按钮下的 Notebook 选项中。

1.6.2 Jupyter 魔术命令

Jupyter 是交互任务的专用工具，它的特殊命令能够帮助开发人员更好地理解正在编写的代码。

例如，有这样一些命令：

- <object>? 和 <object>??：输出 <object> 的详细描述（使用“??”能得到更详细的帮助信息）。
- %<function>：这是魔术函数 <magic function> 的特殊调用格式。

让我们通过示例演示这些命令的用法。首先使用“jupyter”命令启动交互式控制台，从命令行运行 Jupyter，如下所示：

```
$> jupyter console
   Jupyter Console 4.1.1

In [1]: obj1 = range(10)
```

然后，第一行代码（Jupyter 编号为“[1]:”）创建了包含 10 个数字（从 0 到 9）的列表，将结果赋值给对象 obj1。

```
In [2]: obj1?
        Type:        range
        String form: range(0, 10)
        Length:      10
        Docstring:
        range(stop) -> range object
        range(start, stop[, step]) -> range object
        Return an object that produces a sequence of integers from
        start (inclusive)
        to stop (exclusive) by step.  range(i, j) produces i, i+1, i+2,
        ..., j-1.
        start defaults to 0, and stop is omitted!  range(4) produces 0,
        1, 2, 3.
        These are exactly the valid indices for a list of 4 elements.
        When step is given, it specifies the increment (or decrement).

In [3]: %timeit x=100
        The slowest run took 184.61 times longer than the fastest.
        This could mean that an intermediate result is being cached.
        10000000 loops, best of 3: 24.6 ns per loop

In [4]: %quickref
```

在编号为 [2] 的命令行，使用 Jupyter 命令“?”查看 obj1 对象。Jupyter 进行对象内省，输出对象的详细信息（obj1 是一个 range 对象，包含 [0, 1, 2…, 9] 的 10 个数值元素），最后输出 range 对象的通用说明文档。这不是这个例子的重点。然而，对于复杂的对象，使用“??”而不是“?”命令，能得到更详细的输出。

在编号为 [3] 的命令行，对 Python 赋值语句（x=100）使用魔术函数“timeit”。函数 timeit 多次运行赋值指令，存储执行指令需要的运算时间。最后，输出运行 Python 函数的平均时间。

在编号为 [4] 的命令行，运行帮助函数“quickref”，显示 Jupyter 特殊函数的快速参考，输出所有可能函数的列表。

你已经看到，每次使用 Jupyter 都会有一个输入单元，如果有结果要通过“stdout”输出，还会有一个输出单元。每个输入都有序号，这样输入就可以在 Jupyter 环境内部进行引用。本书代码不需要提供这样的引用，因此，我们只使用“In:”和“Out:”提示符表示输入和输出单元，而不需要标记它们的序号。只需要在 Jupyter 单元“In:”后面复制命令，就能在输出单元“Out:”后显示结果。

因此，基本的输入输出符号格式如下：

- In：命令
- Out：输出结果

否则，如果直接在 Python 控制台操作，将使用下面的命令形式：

```
>>> command
```

根据需要，有时候命令行输入和输出将采用如下形式：

```
$> command
```

此外，在 IPython 控制台运行 bash 命令，需要在命令前面加一个感叹号“!”：

```
In: !ls
    Applications    Google Drive    Public          Desktop
    Develop
    Pictures        env             temp
    ...

In: !pwd
    /Users/mycomputer
```

1.6.3 直接从 Jupyter Notebook 安装软件包

Jupyter 魔术命令在完成不同的任务时非常有效，但有时候你会发现在 Jupyter 会话期间很难安装新的包（如果你使用的是基于 conda 或 env 的环境，这种情况会经常发生）。正如 Jake VanderPlas 在他的博客“Installing Python Packages from a Jupyter Notebook”（https://jakevdp.github.io/blog/2017/12/05/installing-python-packages-from-jupyter/）中解释的一样，事实上，Jupyter 内核与你开始时使用的 shell 不同。也就是说，当你发出诸如 !pip install numpy 或者 !conda install --yes numpy 这样的魔术命令时，你可能在升级一个错误的环境。

提示：除非你使用的是默认的 Python 内核，已在 Notebook 的 shell 上激活，否则这些命令不会成功运行，因为 Jupyter Notebook 指向的内核与 pip 和 conda 在 shell 上操作的内核不同。

以 NumPy 安装为例，使用 pip 命令在 Jupyter Notebook 上正确安装的方法是创建如下单元格：

```
In: import sys
    !"{sys.executable}" -m pip install numpy
```

相反，如果要使用 conda，则需要创建以下单元格：

```
In: import sys
    !conda install --yes --prefix "{sys.prefix}" numpy
```

只需将 numpy 替换成你想安装的软件包，然后运行，就可以保证安装成功。

1.6.4　查看新的 JupyterLab 环境

如果你喜欢使用 JupyterLab，想成为使用 JupyterLab 的先驱，它在不久之后就会成为标准，只需将命令 $> jupyter notebook 替换为 $> jupyter lab。JupyterLab 将自动启动，在浏览器上的地址为：http://localhost:8888。

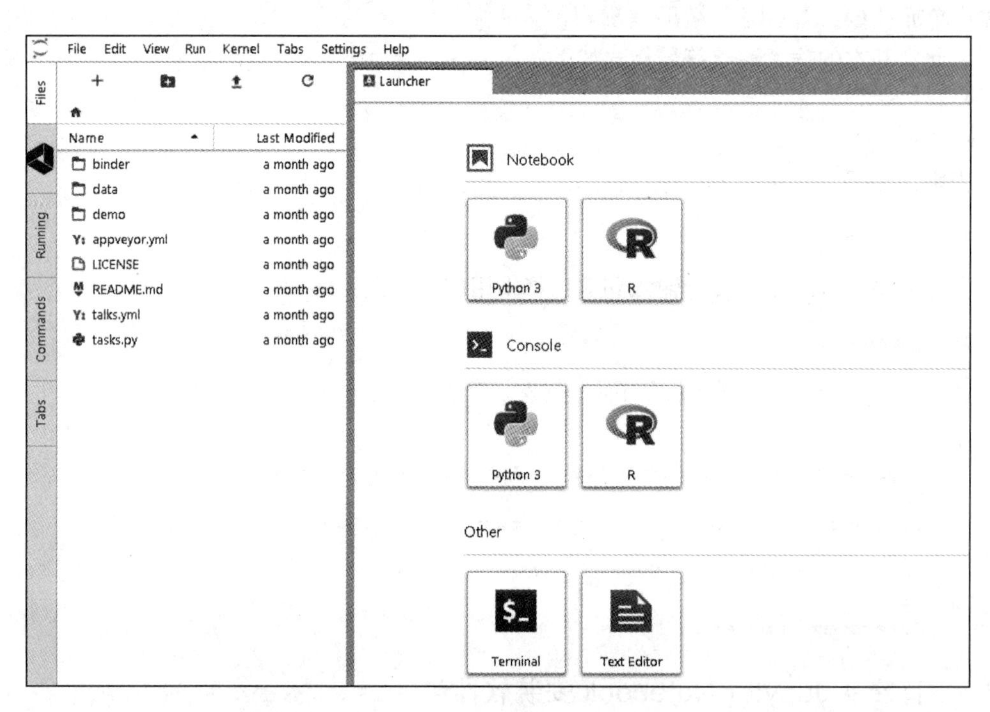

用户欢迎界面由启动程序（Launcher）、标签（Tabs）和命令（Commands）等选项卡组成，如上图所示。启动程序界面中有许多图标形式的启动选项（在原始界面中它们是菜单项）。标签选项卡可直接访问磁盘或 Google Drive 上的文件，显示正在运行的内核和 Notebook。命令选项卡可以进行 Notebook 配置并格式化其中的信息。

从根本上来说，它是一个高级且灵活的接口。如果在远程服务器上访问这样的资源，它显得尤其好用，使你能在同一个工作台上查看所有内容。

1.6.5　Jupyter Notebook 怎样帮助数据科学家

Jupyter Notebook 的主要目标是易于“讲故事”，“讲故事”是数据科学的关键，因为你必须有能力做到以下几点：

- 查看算法每步运行的中间（调试）结果；
- 只运行代码的部分片段或单元；

- 存储中间结果，并能修改它们；
- 展示你的成果（可以是文本、代码和图像等形式）。

因此就有了 Jupyter，它能全部实现以上功能。

1）启动 Jupyter Notebook，只需要运行如下命令：

```
$> jupyter notebook
```

2）桌面会弹出一个 Web 浏览器窗口，该窗口由 Jupyter 服务器支持。Web 浏览器主窗如下图所示。

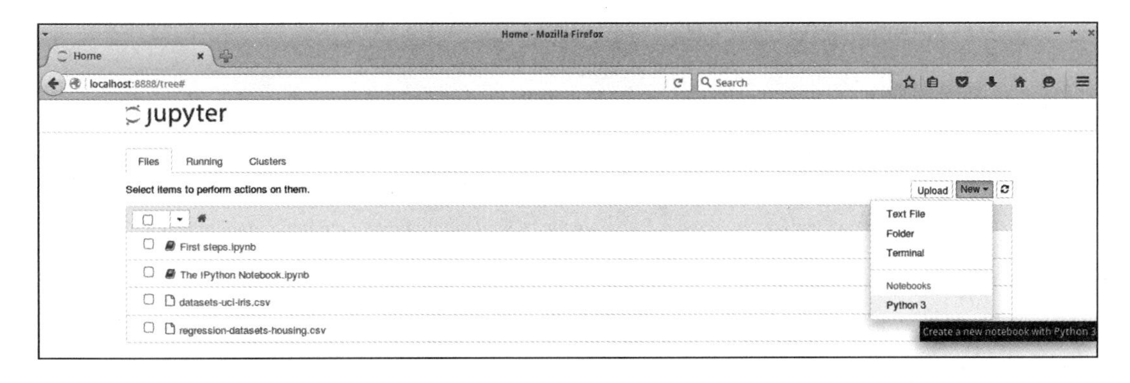

3）然后，点击“New Notebook”打开一个新的窗口，如下面的截图所示。如果内核准备就绪，你可以开始使用 Notebook 了。窗口右上角、Python 图标下方的小圆圈表示内核的状态，如果圆圈是填满状态，表示内核正忙；如果圆圈是空的（如下图所示），表示内核空闲，可以运行任何代码。

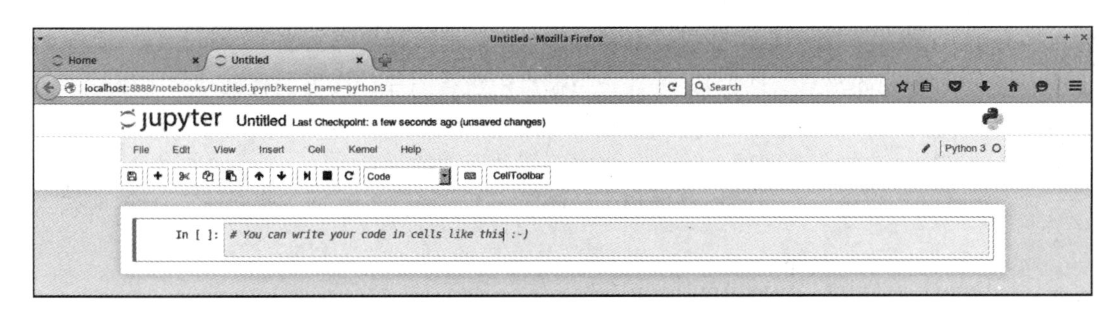

这就是你用来创作自己故事的 Web 应用程序。它和 Python IDE 非常相似，窗口底部由可以编写代码的单元组成。

这里的单元既可以是一段文本（标记语言格式），也可以是一段代码。如果是后一种情况，你可以直接运行代码，任何最终结果（标准输出）都将在此单元下方显示。下面是一个非常简单的例子。

```
In: import random
    a = random.randint(0, 100)
    a

Out: 16

In: a*2

Out: 32
```

在有标识符“In:”的单元中导入 random 模块，生成一个 0 到 100 之间的随机数，将该数值赋给变量 a，再进行屏幕输出。运行该单元，显示在“Out:”后的结果是一个随机数。在下一个单元中，输出变量 a 的两倍。

正如你所看到的，这是一个很好的调试工具，能决定给定运算中最合适的参数。现在，如果我们再运行第一个单元中的代码会出现什么情况呢？由于变量 a 的变化，第二个单元的输出会不同吗？其实，不会，这是因为每一个单元都是独立的。但是，当再次运行第一个单元时，会陷入这种变量不一致的状态：

```
In: import random
    a = random.randint(0, 100)
    a

Out: 56

In: a*2

Out: 32
```

注意：我们发现单元序号也发生了变化，方括号中的数字从 1 变为 3，因为这是自 Notebook 打开后第三次运行代码。由于每个单元都是独立的，通过查看这些序号，就能知道每个单元的执行顺序。

Jupyter 是一个简单、灵活又强大的工具。然而，正如前面例子中所看到的，对 Notebook 中要用到的变量更新时必须注意，更新代码后记得运行其后的所有单元，这样才能得到一致的状态。

保存 Jupyter Notebook 时，产生的 .ipynb 文件是 JSON 格式，它包含所有的单元及其内容，还有输出结果。这使得事情变得更容易，因为不需要运行代码来查看 Notebook（实际上也不需要安装 Python 及其工具包）。特别是当输出中包含图片、代码中有耗时的例程时，这显得非常方便。Jupyter Notebook 的一个缺点是其 JSON 结构的文件格式，这种格式不便于人们阅读。其实，它能包含图像、代码、文本等多种形式的信息。

现在，让我们讨论一个与数据科学相关的例子（先不要担心能否全部理解），如下所示。

```
In: %matplotlib inline
    import matplotlib.pyplot as plt
    from sklearn import datasets
    from sklearn.feature_selection import SelectKBest, f_regression
    from sklearn.linear_model import LinearRegression
    from sklearn.svm import SVR
    from sklearn.ensemble import RandomForestRegressor
```

在这个单元中，导入了一些 Python 模块：

```
In: boston_dataset = datasets.load_boston()
    X_full = boston_dataset.data
    Y = boston_dataset.target
    print (X_full.shape)
    print (Y.shape)

Out:(506, 13)
    (506,)
```

然后，在第二个单元中加载数据集，并显示数据集的大小。该数据集是著名的波士顿房价数据集，包含波士顿郊区 506 个房子的数据，各自房子的数据按列组织。每列数据表示一种特征，特征是观测量的特性。机器学习使用特征建立模型，然后将特征转变为预测值。如果你具有统计方面的背景，可以增加一些能作为模型变量的特征（数值随着观测量的变化而变化）。

可以通过以下命令查看数据集的完整描述：print boston_dataset.DESCR。

加载观测数据及其特征之后，为了演示 Jupyter 是如何高效地形成数据科学方案的，要对数据集进行一些转换和分析。这里要用到一些类（比如：SelectKBest）和方法（例如：.getsupport() 或者 .fit()）。不用担心现在还不能完全理解这些内容，本书稍后还将展开详细讨论。

尝试运行如下代码：

```
In: selector = SelectKBest(f_regression, k=1)
    selector.fit(X_full, Y)
    X = X_full[:, selector.get_support()]
    print (X.shape)

Out:(506, 1)
```

这里，我们选择最具判别能力的 SelectKBest 类作为特征，采用 .fit() 方法进行数据拟合。在数据所有行及所选特征上进行索引操作，然后通过 .get_support() 方法将数据集缩减成一个向量。

由于目标是一个向量，因此，我们可以看看输入（特征）和输出（房价）之间是否存在线性关系。当这两个变量之间存在线性关系时，输出将随输入以相同的比例和方向不断变化。

```
In: def plot_scatter(X,Y,R=None):
        plt.scatter(X, Y, s=32, marker='o', facecolors='white')
        if R is not None:
                plt.scatter(X, R, color='red', linewidth=0.5)
        plt.show()

In: plot_scatter(X,Y)
```

执行上述命令得到的输出如下：

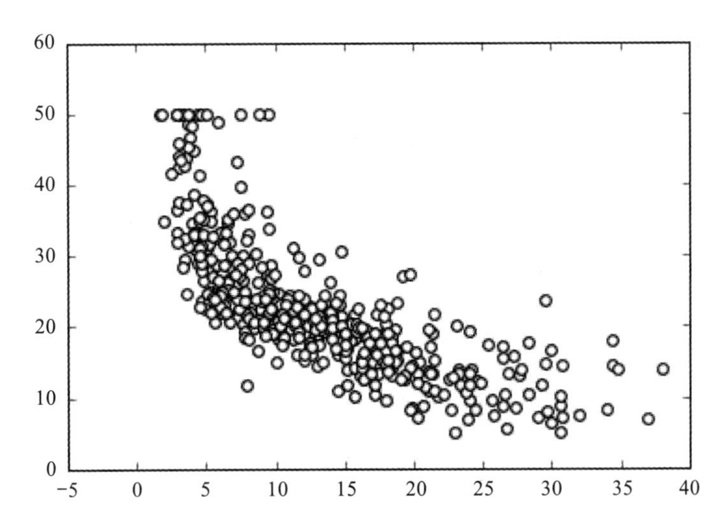

在这个例子中，随着 X 的增加，Y 在减少。然而，这个变化比率却不是恒定的，因为

变化率一开始非常强烈，逐步减小到一个常数。这是一个非线性情况，我们可以用一个回归模型来进一步将它可视化。该模型假设 X 和 Y 之间是形如 Y = a+bX 的线性关系，根据一定的标准，可以估计模型的参数 a 和 b。

在第四个单元格中，用散点图来表示输入和输出之间的关系：

```
In: regressor = LinearRegression(normalize=True).fit(X, Y)
    plot_scatter(X, Y, regressor.predict(X))
```

执行上述代码，得到输出结果如下：

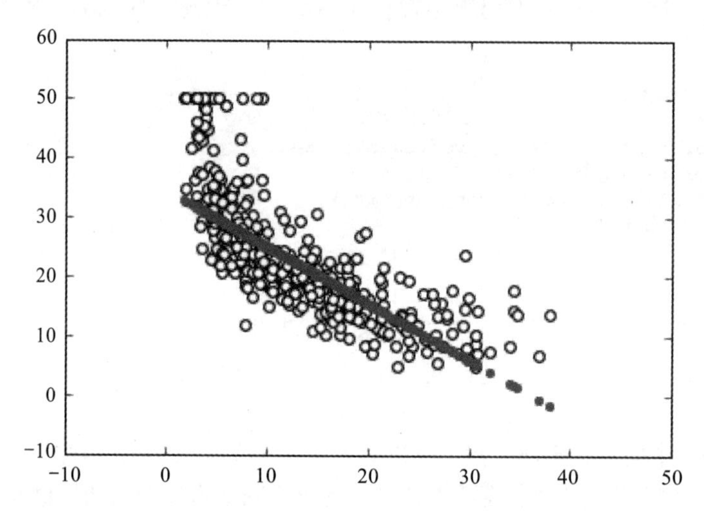

在接下来的单元中，我们创建并训练了一个回归模型（使用归一化特征的简单线性回归），最后画出输入和输出之间的最佳线性关系（即线性回归模型）。显然，线性模型只是一个近似，效果并不是特别好。现在有两种方法，一是进行变换使变量成为线性关系，第二就是采用非线性模型。支持向量机（Support Vector Machine，SVM）就是一种用来解决非线性问题的模型。此外，随机森林（Random Forest）是另一种自动解决类似问题的模型。让我们看看它们在 Jupyter 中的实际表现：

```
In: regressor = SVR().fit(X, Y)
    plot_scatter(X, Y, regressor.predict(X))
```

执行上述代码，得到输出结果如下：

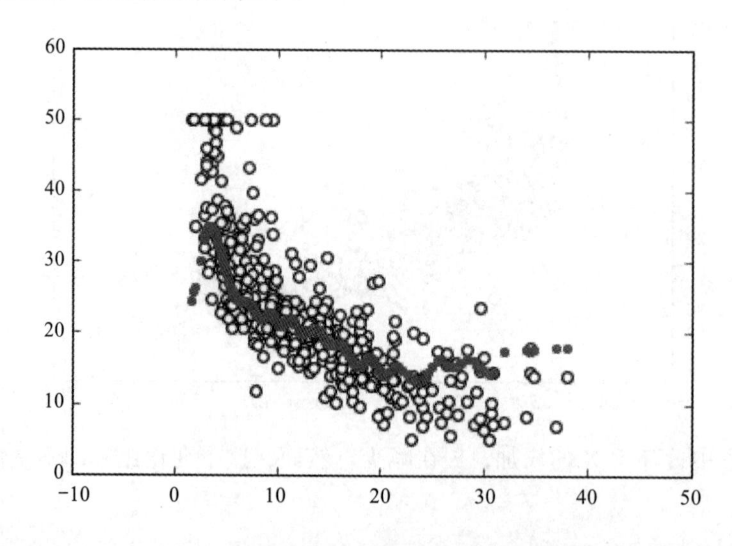

现在我们继续使用更复杂的算法：随机森林回归。

```
In: regressor = RandomForestRegressor().fit(X, Y)
    plot_scatter(X, Y, regressor.predict(X))
```

执行上述代码，得到输出结果如下：

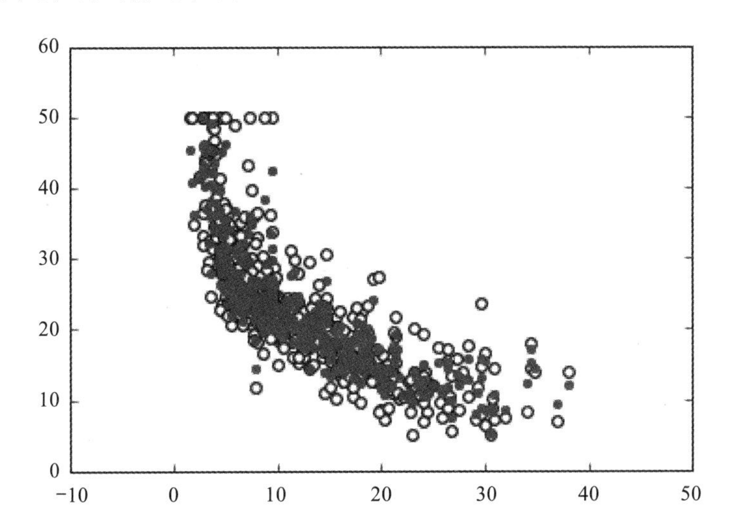

最后，在两个单元格中我们进行了两种类似的处理过程，分别使用了两种非线性方法：基于 SVM 和基于随机森林的回归。

该演示代码解决了这个非线性问题。因此，只需要简单修改各单元上的脚本，就能轻松改变所选择的特征、回归器、训练模型的特征数量等。所有操作都可以交互完成，根据所看到的交互结果就能决定哪些操作应该保持或改变，哪些操作应该随后完成。

1.6.6　Jupyter 的替代版本

如果你不喜欢用 Jupyter，实际上还可以选择其他几种替代软件帮助测试本书中的代码。如果你有 R 语言编程经验，RStudio（https://www.rstudio.com/）布局文件也许对你更有吸引力。为决策 API 提供数据科学解决方案的 Yhat 公司，免费提供了他们的数据科学 Python IDE。Rodeo（http://www.yhat.com/products/rodeo）运行时后台使用 Jupyter 的 IPython 内核，它能提供不同的用户接口，因而是一个有趣的替代方案。Rodeo 的主要优点如下：

- 视觉布局设置有四个窗口：编辑、控制台、绘图和环境。
- 编辑和控制台窗口具有自动完成功能。
- 绘图总是可见的，在应用内部以特定窗口的形式出现。
- 在环境窗口中很容易查看工作变量。

Rodeo 安装方法简单，可直接从网站上下载安装文件，然后在命令行运行如下命令：

```
$> pip install rodeo
```

安装完成后，可以立即运行 Rodeo IDE：

```
$> rodeo .
```

如果有 Matlab 的编程经验，你会发现使用 Spyder（http://pythonhosted.org/spyder/）更加容易。Spyder 是一个科学版的 IDE，已包含在大多数 Python 科学发行版中（像本书推荐的 Anaconda、WinPython 和 Python(x,y) 等发行版均已包含）。如果你使用的不是 Python 发行版，可以根据下面网页上的说明安装 Spyder: http://pythonhosted.org/spyder/installation.html。Spyder 具有高级编辑、交互编辑、调试和内省等特点，脚本运行就像在 Jupyter 控制台或 shell 编程环境一样。

1.7 本书使用的数据集和代码

我们在介绍本书的相关概念时，为了方便读者理解、学习和记忆，将利用各种数据集说明 Python 数据科学应用的实用性和有效性。对我们推荐的指令和脚本，读者总能立即进行复制、修改，并在本书使用的数据集上验证。

至于本书要用到的代码，我们仅限于讨论那些最精要的命令，以此来激发读者开启 Python 数据科学之旅，利用前面提到的包中的关键函数解决更多问题。

基于前面的介绍，我们提供能够交互式运行的代码，这些代码可以在 Jupyter 控制台或 Notebook 上使用。

本书提供的所有代码都是在 Notebook 环境下运行的，代码可以在华章网站（www.hzbook.com）上下载。至于数据，我们将提供多种数据集示例。

1.7.1 Scikit-learn 小规模数据集

Scikit-learn 小规模数据集内嵌在 Scikit-learn 工具包中。这样的数据集可以通过 Python 导入命令直接加载，不需要从任何外部网络资源中下载。有很多这种类型的数据集被无数出版物和图书提及，其中几个最主要的数据集是 Iris、Boston 和 Digits 等，还有一些用于分类与回归的经典数据集。

这些数据集具有字典一样的对象结构，除了特征和目标变量之外，还提供了数据本身的完整描述和上下文。

例如，要加载 Iris 数据集，输入以下命令：

```
In: from sklearn import datasets
    iris = datasets.load_iris()
```

数据集加载后，我们可以考察数据的描述，了解特征和目标是如何存储的。基本上，所有 Scikit-learn 数据集都提供以下方法：

- .DESCR：提供数据集的总体描述。
- .data：包含所有的特征。
- .feature_names：描述特征的名称。
- .target：包含用数值或类别号表示的目标值。
- .target_names：记录目标中的类别名称。
- .shape：可同时用于 .data 和 .target 方法，它描述的是观测数据（第一个值）和特征（第二个值，如有）的数量。

现在，让我们运行以上方法。这里只给出输入命令，不记录具体的输出结果，print 命令能够提供足够多的输出信息。

```
In: print (iris.DESCR)
    print (iris.data)
    print (iris.data.shape)
```

```
    print (iris.feature_names)
    print (iris.target)
    print (iris.target.shape)
    print (iris.target_names)
```

现在，你应该了解数据集的更多信息了，例如数据集包含多少例子和变量、它们的名称是什么等。

注意，Iris 对象包含的主要数据结构是两个数组：data 和 target。

```
In: print (type(iris.data))

Out: <class 'numpy.ndarray'>
```

Iris.data 提供了变量 sepal length、sepal width、petal length 和 petal width 的数值，这四个变量组成形式为（150，4）的矩阵，150 代表观测数量，4 代表特征数量。变量的顺序就是 iris.feature_names 所呈现的顺序。

Iris.target 是一个整数向量，每个数字代表一个不同的类别（也就是 target_names 的内容；类别名称与索引数字及 setosa 有关，setosa 是列表中的零元素，表示目标向量中的 0）。

为了演示线性判别分析在小型数据集上的性能，1936 年现代统计分析之父罗纳德·费希尔（Ronald Fisher）第一次使用了鸢尾花卉数据集（Iris flower dataset），该数据集包含 150 个数据的鸢尾花样本。这些样本组成了平衡的物种类别树（每个类别占样本总数的三分之一），具有四个描述性测量变量，这些变量结合起来能够区分鸢尾花类别。

使用这个数据集的优点是，它非常易于进行数据加载、处理及探索，能应用于从监督学习到图形表示等多种不同的目的。不管具体建模过程怎样，在任何计算机上建模几乎都不费时间。此外，类别与解释变量之间的关系是众所周知的。因此，任务虽然具有挑战性，但也不会太困难。

例如，利用散点图矩阵方法，联合使用四个变量中两个以上的变量，就能将 Iris 数据集中的类别区分开，让我们看一下它的具体过程。

散点图矩阵按矩阵的形式进行组织，它的行和列都是数据集中的变量。矩阵的元素是单个散点图，散点图的 x 坐标由数据集的行变量确定，y 坐标由数据集的列变量确定。散点图矩阵的对角元素可以是直方图，或者是变量在相同位置上的其他单变量表示。

pandas 库提供了现成的函数，能快速绘制散点图矩阵，帮助分析数据集变量之间的关系和分布。

```
In: import pandas as pd
    import numpy as np
    colors = list()
    palette = {0: "red", 1: "green", 2: "blue"}

In: for c in np.nditer(iris.target): colors.append(palette[int(c)])
        # using the palette dictionary, we convert
        # each numeric class into a color string
    dataframe = pd.DataFrame(iris.data,  columns=iris.feature_names)

In: sc = pd.scatter_matrix(dataframe, alpha=0.3, figsize=(10, 10),
    diagonal='hist', color=colors, marker='o', grid=True)
```

执行上述代码，得到输出结果如下：

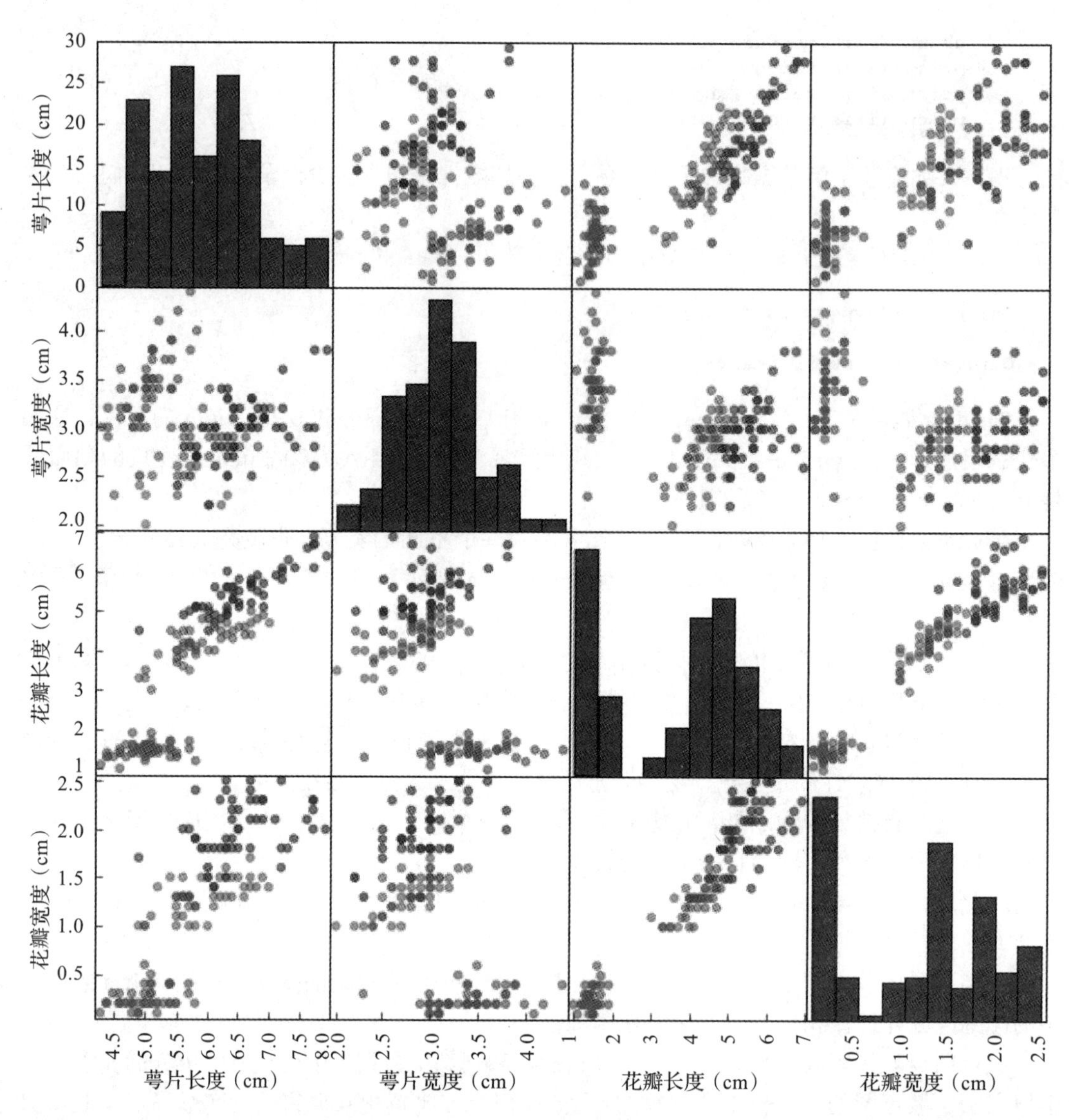

在处理更复杂的实际问题之前，鼓励读者多利用 Scikit-learn Toy 及其他类似的数据集进行实验。因为聚焦一个易于获得又不复杂的数据问题，能帮助你快速建立数据科学的基础。

然而，尽管 Toy 数据集在学习过程中显得有用又有趣，它也会限制你从不同实验中获得的多样性。除了这些工具包自带的数据集外，为了继续进步，我们需要进入复杂和现实的数据科学主题，因此必须求助于一些外部数据。

1.7.2　MLdata.org 和其他公共资源库

我们将要呈献的第二种样本数据集，可以从机器学习数据资源库或者 LIBSVM 数据网站上直接下载。与前面介绍的工具包自带数据集不同，这种情况需要访问互联网。

首先，mldata.org 是机器学习数据集的公共资源库，该库由都柏林大学建设，还得到了由欧盟资助的 PASCAL（Pattern Analysis, Statistical Modelling, and Computational Learning）网站的支持。可以从这个资源库免费下载任何数据集并进行实验。

例如，如果要分析地震数据并寻找预测模式，可以下载自 1972 年开始美国地质调查局记录的所有地震数据，可以在如下网站找到数据资源及其详细说明：http://mldata.org/repository/data/viewslug/global-earthquakes/。

请注意，包含数据集的目录是“global-earthquakes”，可以使用如下命令直接获得数据。

```
In: from sklearn.datasets import fetch_mldata
    earthquakes = fetch_mldata('global-earthquakes')
    print (earthquakes.data)
    print (earthquakes.data.shape)

Out: (59209L, 4L)
```

和 Scikit-learn 工具包的 Toy 数据集一样，得到的对象是一个复杂的类似字典的结构，预测变量是 earthquakes.data，预测目标是 earthquakes.target。由于这个例子使用的是真实数据，数据集将会包含很多样本而只有少数可用的变量。

1.7.3 LIBSVM Data 样本

LIBSVM Data（http://www.csie.ntu.edu.tw/~cjlin/libsvmtools/datasets/）是一个网页聚合数据集。它由 LIBSVM 的作者林智仁（Chih-Jen Lin）维护，LIBSVM 是一种用于预测的支持向量机学习算法（Chih-Chung Chang and Chih-Jen Lin, LIBSVM : a library for support vector machines. ACM Transactions on Intelligent Systems and Technology, 2:27:1--27:27, 2011）。它提供了多种回归、二值化、多标号分类等 LIBSVM 格式的数据集。如果要用支持向量机方法进行实验，这个资源库相当有用，而且这些数据也可以免费下载和使用。

如果想加载数据集，先要访问数据集所在的网页。本例中，需要先访问 http://www.csie.ntu.edu.tw/~cjlin/libsvmtools/datasets/binary/a1a，并记录网页地址（a1a 数据集最初来自另一个开源数据库：UCI 机器学习库）。然后，就可以直接下载数据集了：

```
In: import urllib2
    url =
    'http://www.csie.ntu.edu.tw/~cjlin/libsvmtools/datasets/binary/a1a'
    a2a = urllib2.urlopen(url)

In: from sklearn.datasets import load_svmlight_file
    X_train, y_train = load_svmlight_file(a2a)
    print (X_train.shape, y_train.shape)

Out: (1605, 119) (1605,)
```

结果将得到两个对象：一组稀疏矩阵格式的训练样本和一个响应数组。

1.7.4 直接从 CSV 或文本文件加载数据

有时候，需要从资源库直接下载数据集，使用的方法有网页浏览器或者 wget 命令（Linux 系统）。

如果你已经成功下载数据，并将数据解压到工作目录，加载数据最简单的方式是使用函数，NumPy 和 pandas 库分别提供了 loadtxt 和 read_csv 函数。

例如，如果要分析波士顿房价数据，使用如下网页提供的版本 http://mldata.org/repository/data/viewslug/regression-datasets-housing/，先要下载 regression-datasets-housing.csv 文件到本地目录。

也可以使用如下链接直接下载数据集：http://mldata.org/repository/data/download/csv/regression-datasets-housing。

由于数据集中全是数值变量（13 个连续变量，1 个二值变量），加载该数据集最快捷的方式是使用 NumPy 的 loadtxt 函数，直接将所有数据加载到一个数组。

现实生活的数据集经常会有混合类型的变量，可以利用 pandas.read_table 或 pandas.read_csv 方法来解决。通过 values 方法抽取数据；如果数据是数值形式的，使用 loadtxt 命令可以节省大量内存，因为 loadtxt 不需要内存复制。

```
In: housing = np.loadtxt('regression-datasets-housing.csv',
    delimiter=',')
    print (type(housing))

Out: <class 'numpy.ndarray'>

In: print (housing.shape)

Out: (506, 14)
```

loadtxt 函数默认制表符作为文件中数值之间的分隔符。如果分隔符是逗号“,”或分号“;”，则必须使用参数定义符进行说明。

```
>>>  import numpy as np
>>> type(np.loadtxt)
    <type 'function'>
>>> help(np.loadtxt)
```

注意：loadtxt 函数的帮助信息在 numpy.lib.npyio 模块中可以找到。

另一个重要的默认参数是 dtype，它设置为浮点型。

注意：这就意味着 loadtxt 函数强制将所有加载的数据转换成浮点型数字。

如果要定义一个不同的数据类型（比如整型 int），必须事先将它声明。

例如，将数值数据转换成整型，可以使用如下代码：

```
In: housing_int =housing.astype(int)
```

输出 housing 和 housing_int 数组的前三个元素，能帮助你理解这两种数据类型的区别。

```
In:  print (housing[0,:3], 'n', housing_int[0,:3])

Out: [   6.32000000e-03    1.80000000e+01    2.31000000e+00]
     [ 0 18  2]
```

通常，数据文件并不总是像这个例子一样，数据文件的第一行经常是标题行，包含各变量的名称。在这种情况下，参数“skip”指出从文件中的第几行开始读取数据。由于第 0 行是标题行（Python 中总是从 0 开始计数），使用参数 skip=1 将为你节约时间，避免出错或者无法加载数据。

如果使用的是 Iris 数据集，情况会略有不同，Iris 数据集的地址是 http://mldata.org/repository/data/viewslug/datasets-uci-iris/。事实上，Iris 数据集提供了一个定性的目标变量：类别（class），它的数据类型为字符串，表示鸢尾花的品种。具体来说，它是一个具有四个等级的类别变量。

因此，使用 loadtxt 函数会产生数值错误，因为 loadtxt 要求数组所有元素具有相同的类型。这里类别变量是字符串，而其他变量则为连续浮点型。

那么，这种问题该怎么解决呢？ pandas 库提供了 DataFrame 数据结构，利用此数据结构很容易按矩阵形式处理数据集，这种矩阵可以由不同类型的变量组成。

首先，只需要下载 datasets-uci-iris.csv 文件，保存文件到本地目录。

也可以使用如下链接下载数据集 http://archive.ics.uci.edu/ml/machine-learning-databases/iris/。这个数据集属于 UCI 机器学习库，为了给机器学习社区提供服务，该库目前维护 440 个数据集。除了 Iris 数据集之外，你还可以免费下载并使用库中的其他数据集。

这时候，使用 pandas 的 read_csv 函数就相当简单了：

```
In: iris_filename = 'datasets-uci-iris.csv'
    iris = pd.read_csv(iris_filename, sep=',', decimal='.',
    header=None, names= ['sepal_length', 'sepal_width', \
    'petal_length', 'petal_width', 'target'])
    print (type(iris))

Out: <class 'pandas.core.frame.DataFrame'>
```

为了使本书打印的代码不那么冗长，常将这些长代码分行显示，使它们具有整齐的格式。为了安全地分割代码，新的一行要以反斜杠符号“\”开始。你自己写本书代码的时候，可以忽略反斜杠直接在同一行中写下所有的指令。或者以反斜杠开始，将剩余的指令作为新的一行。需要注意的是，反斜杠是续行符号，在一行的中间输入反斜杠，然后继续在同一行输入指令，则会产生执行错误。

除了文件名，read_csv 函数还可以指定分隔符（sep）、小数点的表示方式（decimal）、是否有标题行（本例中，header=None；通常情况下，如果有标题行，header=0）和变量名称（可以使用列表；否则，pandas 将自动命名）。

> **注意：** 此外，我们使用一个词语来定义变量名称（使用下划线连接两个单词，而不是空格）。这样，后继可以直接通过调用变量名称抽取单个变量，例如，iris.sepal_length 将提取萼片长度数据。

如果需要将 pandas 的 DataFrame 转换成一对包含数据和目标值的 NumPy 数组，通过几个命令就能完成这一任务。

```
In: iris_data = iris.values[:,:4]
    iris_target, iris_target_labels = pd.factorize(iris.target)
    print (iris_data.shape, iris_target.shape)

Out: (150, 4) (150,)
```

1.7.5 Scikit-learn 样本生成器

作为最后一个学习资源，Scikit-learn 也能快速创建合成数据集，创建的数据集可用于回归、二值化、多标号分类、聚类分析和维数约简。

使用合成数据集的主要优势在于它的即时性，程序运行时才在 Python 控制台工作内存中创建。因此，可以创造更大的数据样本，而不必增加网上下载的会话过程，并且节省了大量的磁盘空间。

例如，处理一个有一百万个样本的分类问题：

```
In: from sklearn import datasets
    X,y = datasets.make_classification(n_samples=10**6,
    n_features=10, random_state=101)
    print (X.shape,  y.shape)

Out: (1000000, 10) (1000000,)
```

导入数据集模块后，对 100 万个样本（由 n_samples 参数确定）和 10 个有用的特征（n_features）使用 make_classification 命令。将 random_state 设置为 101，这样能够确保在不同时间和不同机器上重复同样的数据集。

例如，可以输入如下命令：

```
In: datasets.make_classification(1, n_features=4, random_state=101)
```

这样总会得到如下输出：

```
Out: (array([[-3.31994186, -2.39469384, -2.35882002,  1.40145585]]),
      array([0]))
```

无论计算机和具体情形怎样，random_state 参数都能保证得到确定的结果，这使得实验能够完美复制。

使用特定的整数定义 random_state 参数（本例中为 101，也可以是任何你喜欢或觉得有意义的数字），很容易在你的机器上复制相同的数据集。在不同操作系统和不同机器上，random_state 的设置方式相同。

另外，这种方式是否太耗时？

在配置为 i3-2330M CPU @ 2.20 GHz 的机器上，它消耗的时间如下：

```
In: %timeit X,y = datasets.make_classification(n_samples=10**6,
    n_features=10, random_state=101)

Out: 1 loops, best of 3: 1.17 s per loop
```

如果上述运算在你机器上并没有花费太长时间，并且你已经准备好了，对目前为止的所有内容进行了设置和测试，那么就开始我们的数据科学旅程吧。

1.8 小结

通过本章简短的介绍，我们安装了本书用到的所有软件，包括 Python 工具包和示例。这些软件可以直接安装，或者使用科学发行版。我们还介绍了 Jupyter Notebook，演示了如何访问教程中用到的数据。

在下一章中，我们将概述数据处理的过程，探讨处理和准备数据用到的关键工具，为后面应用各种学习算法和建立假设验证模型做准备。

第2章

数据改写

本章主要学习怎样进行数据改写。那么，什么是数据改写呢？

“改写”（munge）是一个杜撰出来的技术术语，大约半个世纪前由麻省理工学院（MIT）的几个学生率先提出。改写意味着要改变，经过一系列精细设定和可逆的步骤之后，将原始数据改写成完全不同但更有用的数据。数据改写扎根于黑客文化，经常在数据科学过程中听到，与之词义几乎完全相同的术语有数据整理（data wrangling）和数据准备（data preparation）。数据改写是数据工程流程中非常重要的部分。

基于这些前提，本章将介绍以下主题：

- 数据科学过程（这样就能知道数据科学中的先后步骤）
- 从文件加载数据
- 选择需要的数据
- 清理丢失或错误的数据
- 添加、插入和删除数据
- 进行数据分组和转换，以获得新的、有意义的信息
- 数据管理，给流程中的数据建模部分提供数据集矩阵或数组

2.1 数据科学过程

虽然每个数据科学项目都不尽相同，但是为了更好地进行说明，我们可以把它们划分成一系列简化的阶段。

数据科学过程从数据获取开始，也称为数据获取阶段。数据获取有多种可行的方式，包括简单地加载数据、从RDBMS或NoSQL存储库组装数据、数据的合成、从Web API或HTML页面抓取数据等。

加载数据是数据科学家工作的一个关键部分，尤其是面对新的挑战性任务时。数据的来源有多种形式：数据库、CSV或Excel文件、原始HTML、图像、声音记录、提供JSON文件的API（https://en.wikipedia.org/wiki/Application_programming_interface）等。考虑到有各种各样的方式，我们只简单介绍使用基本工具加载数据的方法。无论是使用硬盘或网络上的文本文件，还是使用数据库管理系统（RDBMS）中的表，这些工具都能将（海量）数据送入计算机内存。

加载数据完成之后就是数据改写阶段。虽然现在数据已经送入内存，但是，分析和实验

过程中不可避免地会遇到不适合的数据格式。现实世界中的数据是复杂和混乱的，甚至常常会出现错误或丢失。然而，借助一系列 Python 数据结构和命令能处理所有的问题数据，通过适当的方式转换成典型的矩阵数据集（在矩阵的行和列中分别存储观测数据和变量），并输入到数据科学过程的下一阶段。数据集是进行统计和机器学习分析的基本要求，有时它被称为平面文件（数据库中多个关系表的联合结果）或数据矩阵（行和列中只包含数值，而没有分类标号）。

虽然相对其他智力刺激（如算法应用、机器学习）阶段而言回馈较低，但数据改写还是为每一个你内心想得到的复杂的增值分析创建了基础。你的项目成功与否很大程度上依赖于它。

完成了要用到的数据矩阵定义之后，一个新的阶段开启了，这里你要从观测数据开始，然后在假设设计和假设测试中不断循环。例如，你会以图形化的方式考察变量。在描述性统计的帮助下，将领域知识运用于实践，你会找到创建新变量的方法。你要处理冗余信息和意想不到的信息（首先是异常值），然后选择用于机器学习算法测试最有意义的变量和最有效的参数。

这个阶段形成了一个流程，数据在这个流程中按照一系列步骤进行处理。之后，建立一个最终模型，有时候你可能发现必须重复，并再次从数据改写或在数据科学过程的其他地方开始，进行修改或尝试不同的实验，直到得到有意义的结果。

根据我们在这个领域的经验，我们可以向你保证，无论开始分析数据时计划多么周详，最终解决方案都将与最初的设想大不相同。在与实验结果的反复对抗中，你会得到数据改写、优化、建模和迭代的规则，然后才能达到项目的满意结果。这就是为什么想成为一个成功的数据科学家，只提供理论上的解决方案是根本不够的。为了确定一个是最佳方案，在最短时间内创建大量可能的解决方案是非常必要的。在数据科学项目中使用本书提供的代码，能最大程度帮你实现这一目标。

项目结果经常以误差或最优化度量来表示，这些度量都是为了表现你的商业目标而精心选择的。除了误差度量，有时候结果可能要用可解释的见解来表示，通过语言或视觉方式向数据科学项目的发起者或其他数据科学家进行交流。因此，能够用表格、曲线和绘图等形式将结果进行可视化确实是很有必要的。

这个过程也可以使用 OSEMN（Obtain, Scrub, Explore, Model, iNterpret）来描述，OSEMN 代表数据获取、改写、探索、建模、演示的过程，Hilary Mason 和 Chris Wiggins 在一篇著名的博客中介绍了数据科学的分类（http://www.dataists.com/2010/09/a-taxonomy-of-data-science/）。OSEMN 也因为与“possum”和“awesome”押韵而很容易记忆。

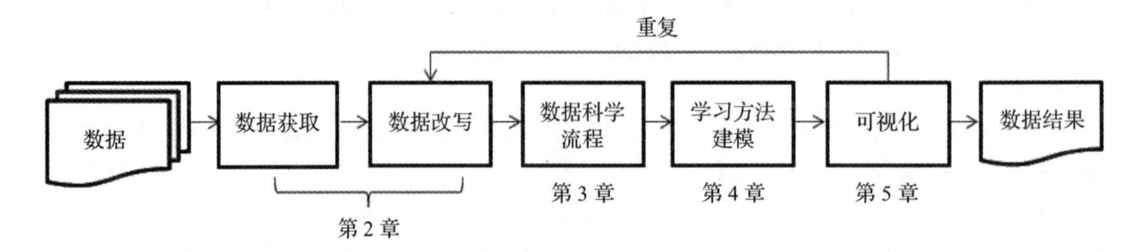

我们一直不厌其烦地强调：一切都是从数据改写开始，数据改写在数据科学项目中将占据你高达 80% 的精力。千里之行始于足下，让我们立刻进入本章，学习成功进行数据改写的基础知识。

2.2 使用 pandas 进行数据加载与预处理

在前面的章节中，我们讨论了哪里可以找到有用的数据集，检查了 Python 包的基本导入命令。在本节中，在已经准备好工具箱的情况下，我们要学习怎样使用 pandas 和 NumPy 对数据进行加载、操作、预处理与打磨。

2.2.1 数据快捷加载

让我们先从 CSV 文件和 pandas 开始。pandas 库提供了最方便、功能完备的函数，能从文件（或 URL）加载表格数据。默认情况下，pandas 会将数据存储到一个专门的数据结构中，这个数据结构能够实现按行索引、通过自定义的分隔符分隔变量、推断每一列的正确数据类型、转换数据（如果需要的话），以及解析日期、缺失值和出错数据。

我们将从导入 pandas 包和读取 Iris 数据集开始：

```
In: import pandas as pd
    iris_filename = 'datasets-uci-iris.csv'
    iris = pd.read_csv(iris_filename, sep=',', decimal='.', header=None,
                       names= ['sepal_length', 'sepal_width',
                               'petal_length', 'petal_width',
                               'target'])
```

通过上面的命令，可以指定文件名、分隔符（sep）、小数点占位符（decimal）、是否有标题（header）以及变量名称（使用 names 和列表）。分隔符和小数点占位符的默认设置为 sep=',' 和 decimal='.'，在上面的函数中这些设置显得有些多余。但是，对于欧洲格式的 CSV 文件需要明确指出这两个参数，这是因为许多欧洲国家的分隔符和小数点占位符都与默认值不同。

如果数据集不能在线使用，可以按照如下步骤从互联网上下载：

```
In: import urllib
    url = "http://aima.cs.berkeley.edu/data/iris.csv"
    set1 = urllib.request.Request(url)
    iris_p = urllib.request.urlopen(set1)
    iris_other = pd.read_csv(iris_p, sep=',', decimal='.',
    header=None, names= ['sepal_length', 'sepal_width',
                         'petal_length', 'petal_width',
                         'target'])
    iris_other.head()
```

由此产生的对象是一个名为 iris 的 pandas 数据框（DataFrame）。它不是一个简单的 Python 列表或字典，在后继的章节中我们会了解它的一些特征。为了对其内容有一个粗略的概念，使用如下命令可以输出它的前几行（或最后几行）：

```
In: iris.head()
```

输出数据框的前五行，如下所示：

	sepal_length	sepal_width	petal_length	petal_width	target
0	5.1	3.5	1.4	0.2	Iris-setosa
1	4.9	3.0	1.4	0.2	Iris-setosa
2	4.7	3.2	1.3	0.2	Iris-setosa
3	4.6	3.1	1.5	0.2	Iris-setosa
4	5.0	3.6	1.4	0.2	Iris-setosa

```
In: iris.tail()
```

调用此函数，如果不带任何参数，将输出五行。如果想要输出不同的行数，调用函数时只需要设置想要的行数作为参数，格式如下：

```
In: iris.head(2)
```

上述命令只输出了数据的前两行。现在，为了获得每列的名称，可以使用如下代码获得列名：

```
In: iris.columns
Out: Index(['sepal_length', 'sepal_width',
            'petal_length', 'petal_width',
            'target'], dtype='object')
```

这次生成的对象非常有趣，显然它看起来像一个列表，但实际上是一个 pandas 索引。可以从对象的名称猜测，它表示的是列的名称。例如，要提取“target”列，简单地按如下方式就可以做到：

```
In: y = iris['target']
    y

Out: 0      Iris-setosa
     1      Iris-setosa
     2      Iris-setosa
     3      Iris-setosa
     ...
     149     Iris-virginica
     Name: target, dtype: object
```

对象 y 的类型是 pandas series，可以把它看成是具有轴标签的一维数组，稍后我们会对它进行深入研究。现在，我们只需要了解，pandas 索引（Index）类就像表中列的字典索引一样。需要注意的是，还可以通过索引得到列的列表，如下所示：

```
In: X = iris[['sepal_length', 'sepal_width']]
    X

Out: [150 rows x 2 columns]
```

以下是 X 数据集的前 4 行数据：

	sepal_length	sepal_width
0	5.1	3.5
1	4.9	3.0
2	4.7	3.2
3	4.6	3.1

以下是 X 数据集的后 4 行数据：

146	6.3	2.5
147	6.5	3.0
148	6.2	3.4
149	5.9	3.0

在这个例子中，得到的结果是一个 pandas 数据框。为什么使用相同的函数却有如此大的差异呢？那么，在前一个例子中，我们想要抽取一列，因此，结果是一维向量（即 pandas series）。在第二个例子中，我们要抽取多列，于是得到了类似矩阵的结果（我们知道矩阵可以映射为 pandas 的数据框）。新手读者可以简单地通过查看输出结果的标题来发现它们的差异；如果该列有标签，则正在处理的是 pandas 数据框。否则，如果结果是一个没有标题的向量，那么这是 pandas series。

至此，我们已经了解了数据科学过程中一些很常见的步骤。加载完数据集之后，通常会分离特征和目标标签。目标标签通常是序号或文本字符串，指示与每一组特征相关的类别。

然后，接下来的步骤需要弄清楚要处理的问题的规模，因此，你需要知道数据集的大小。通常，对每个观测计为一行，对每一个特征计为一列。

为了获得数据集的维数，只需在 pandas 数据框和 series 上使用属性 shape，如下面的例子所示：

```
In: print (X.shape)

Out: (150, 2)

In:  print (y.shape)

Out: (150,)
```

得到的对象是一个包含矩阵或数组大小的元组（tuple），还要注意的是 pandas series 也遵循相同的格式（比如，只有一个元素的元组）。

2.2.2 处理问题数据

现在，你应该对数据处理的基本过程更有信心，也应该准备好面对更多有问题的数据集了，现实生活中遇到杂乱数据的情况十分常见。如果 CSV 文件中有标题、缺失的数据、日期，让我们看看会发生什么情况。为了简单起见，让我们看一个关于旅行社的例子。

1. 有三个旅游胜地，游客会根据当地的气温来选择最终的目的地。

```
Date,Temperature_city_1,Temperature_city_2,Temperature_city_3,Which
_destination
20140910,80,32,40,1
20140911,100,50,36,2
20140912,102,55,46,1
20140912,60,20,35,3
20140914,60,,32,3
20140914,,57,42,2
```

2. 在这个例子中，所有的数字都是整数，并且文件中包含标题。我们首先尝试用如下命令加载数据集：

```
In: import pandas as pd

In: fake_dataset = pd.read_csv('a_loading_example_1.csv', sep=',')
    fake_dataset
```

打印 fake_dataset 的前几行数据：

	Date	Temperature_city_1	Temperature_city_2	Temperature_city_3	Which_destination
0	20140910	80.0	32.0	40	1
1	20140911	100.0	50.0	36	2
2	20140912	102.0	55.0	46	1
3	20140913	60.0	20.0	35	3
4	20140914	60.0	NaN	32	3
5	20140915	NaN	57.0	42	2

pandas 自动对每列以它们的实际名称命名，这些名称来自于数据的第一行。我们首先检测到一个问题：所有的数据甚至日期，被解析为整数或者字符串。对于常见的日期格式，可以尝试使用自动检测程序，来指定包含日期数据的列。在下一个例子中，使用如下参数效果较好：

```
In: fake_dataset = pd.read_csv('a_loading_example_1.csv',
                               parse_dates=[0])
    fake_dataset
```

下面继续打印 fake_dataset 数据集，现在 read_csv 命令能够正确解析其日期（Date）列。

	Date	Temperature_city_1	Temperature_city_2	Temperature_city_3	Which_destination
0	2014-09-10	80.0	32.0	40	1
1	2014-09-11	100.0	50.0	36	2
2	2014-09-12	102.0	55.0	46	1
3	2014-09-13	60.0	20.0	35	3
4	2014-09-14	60.0	NaN	32	3
5	2014-09-15	NaN	57.0	42	2

现在，为了去除用“NaN”表示的缺失数据，将它们替换成更有意义的数值（比如，50 华氏度），按以下方式执行命令：

```
In: fake_dataset.fillna(50)
```

现在你会发现，数据中已经不再有缺失值了。

	Date	Temperature_city_1	Temperature_city_2	Temperature_city_3	Which_destination
0	2014-09-10	80.0	32.0	40	1
1	2014-09-11	100.0	50.0	36	2
2	2014-09-12	102.0	55.0	46	1
3	2014-09-13	60.0	20.0	35	3
4	2014-09-14	60.0	50.0	32	3
5	2014-09-15	50.0	57.0	42	2

这样，就不再有缺失数据了，所有的缺失数据已经替换为常数 50.0。处理缺失数据也可以采用其他方法。作为上述命令的替代方法，缺失值可以用一个负的常数来替换，以表示它们与其他数值的不同（然后留给学习算法进行估计）：

```
In: fake_dataset.fillna(-1)
```

注意：此方法只是以数值的形式填充了缺失值（它并没有修改原始的数据框）。可以使用命令 inplace=True argument 来真正修改原始数据框中的缺失值。

NaN 值也可以通过列的平均值或者中位值来替换，以最大限度地减少估计误差：

```
In: fake_dataset.fillna(fake_dataset.mean(axis=0))
```

上述 .mean 方法用来计算指定坐标轴上的平均值。

提示：axis=0 表示平均值计算是跨行进行的，获得的是列方向的均值。相反，axis=1 表示跨列计算，因此，获得的是行方向的均值结果。无论是 pandas 还是 NumPy，这种方式对所有需要 axis 参数的方法都适用。

.median 方法与 .mean 方法类似，只是它计算的是中位值，如果数据偏态分布很严重（比如特征中有很多极端数据时），平均值不能很好地表示数据的中间值，这时中位值就显得非常有用。

处理实际数据集时可能遇到的另一个问题是，要加载的数据集有错误或坏行。在这种情况下，load_csv 方法默认的行为是停止并抛出异常。一个可能的解决方法是忽略坏行，但这并不总是可行的。在许多情况下，这样选择的唯一含义就是不需要任何观测数据就能训练机器学习算法。比方说，你有一个格式错误的数据集，只想加载其中格式正确的数据行，并忽略格式错误的数据。

你的 a_loading_example_2.csv 文件如下：

```
Val1,Val2,Val3
0,0,0
1,1,1
2,2,2,2
3,3,3
```

你可以通过 error_bad_lines 选项进行如下操作：

```
In: bad_dataset = pd.read_csv('a_loading_example_2.csv',
                              error_bad_lines=False)
    bad_dataset

Out: Skipping line 4: expected 3 fields, saw 4
```

输出结果跳过了第 4 行，因为这一行有 4 个值而其他行只有 3 个值。

	Val1	Val2	Val3
0	0	0	0
1	1	1	1
2	3	3	3

2.2.3 处理大数据集

如果要加载的数据集过大而与采用的内存不适应，可以采用批处理机器学习算法来处理，它一次只使用部分数据。如果你只需要一个数据样本，比如你只是想大致浏览一下数据，使用批处理方法也很有意义。多亏有 Python，使用 Python 可以加载数据到区块（Chunk）。该操作也称为数据流，因为数据集以连续流的形式流入数据框或其他的数据结构中。而不像之前所有的例子，数据集需要以独立的步骤全部装入内存。

使用 pandas，有两种方式进行文件区块划分和加载。第一种方式是加载数据集到相同大小的区块中。每个区块是数据集的一部分，它包含数据的所有列，区块的行数则在函数调用中使用 chunksize 参数进行设置。需要注意的是，在这种情况下 read_csv 函数的输出不是 pandas 的数据框，而是一个类似迭代器的对象。事实上，为了得到内存中的结果需要遍历该对象。

```
In: import pandas as pd
    iris_chunks = pd.read_csv(iris_filename, header=None,
                              names=['C1', 'C2', 'C3', 'C4', 'C5'],
                              chunksize=10)
    for chunk in iris_chunks:
        print ('Shape:', chunk.shape)
        print (chunk,'n')

Out: Shape: (10, 5)
    C1   C2   C3   C4          C5
0  5.1  3.5  1.4  0.2  Iris-setosa
1  4.9  3.0  1.4  0.2  Iris-setosa
2  4.7  3.2  1.3  0.2  Iris-setosa
3  4.6  3.1  1.5  0.2  Iris-setosa
4  5.0  3.6  1.4  0.2  Iris-setosa
5  5.4  3.9  1.7  0.4  Iris-setosa
6  4.6  3.4  1.4  0.3  Iris-setosa
7  5.0  3.4  1.5  0.2  Iris-setosa
8  4.4  2.9  1.4  0.2  Iris-setosa
9  4.9  3.1  1.5  0.1  Iris-setosa
...
```

还会有 14 个类似的数据块，每个数据块的结构形状为（10, 5）。另一种加载大数据集的方式是为它专门申请一个迭代器。在这种情况下，可以动态地决定每一个 pandas 数据框的长度（即多少行）。

```
In:  iris_iterator = pd.read_csv(iris_filename, header=None,
                                 names=['C1', 'C2', 'C3', 'C4', 'C5'],
                                 iterator=True)

In:  print (iris_iterator.get_chunk(10).shape)

Out: (10, 5)

In:  print (iris_iterator.get_chunk(20).shape)

Out: (20, 5)

In:  piece = iris_iterator.get_chunk(2)
     piece
```

输出结果仅是原始数据集的一块：

	c1	c2	c3	c4	c5
30	4.8	3.1	1.6	0.2	lris-setosa
31	5.4	3.4	1.5	0.4	lris-setosa

在本例中，首先定义一个迭代器，接着抽取一个 10 行的数据块，然后，再获得 20 行的数据块，最后获得 2 行的数据块并输出到屏幕。

除了 pandas 还可以使用 CSV 软件包，它提供了两个函数从文件中迭代小块数据，这两个函数是 reader 和 DictReader。使用如下命令导入 CSV 软件包：

```
In:import csv
```

函数 Reader 从磁盘中读取数据，放到 Python 列表中，而函数 DictReader 却将数据转换成字典。这两个函数都需要遍历要读取的文件。Reader 完全返回它读取到的数据，去除回车符号，并分离成一个由分隔符分隔的列表（默认的分隔符是逗号，但也可以更改为其他符号）。DictReader 将列表中的数据映射到词典中，字典的关键字由数据第一行（如果有标题行）或者 fieldnames 参数（表示列名的字符串）来定义。

列表的读取在根本上来说并不是一种局限。例如，使用 Python 的快速实现版本 PyPy，它更易于进行代码加速。此外，我们也总是将列表转换成 NumPy 的 ndarrays（我们马上将要介绍的一种数据结构）。将数据读入 JSON 类型的字典，更易于获得数据框，如果数据是稀疏的且行中不包含全部的特征，使用这种方法读数据更高效。这样，字典只包含非空（或非零）项，节省了大量空间。接下来，从字典到数据框的变换操作就很容易了。

下面是一个简单的例子，使用了 CSV 包的一些功能。

假设从 http://mldata.org 网站下载的 datasets-uci-iris.csv 文件非常大，以至于不能完全加载到内存中。（实际上，本章开头提到过这个数据集，它是由 150 个实例组成的，且 CSV 文件没有标题行。）

因此，唯一的选择就是将其加载到区块中。首先进行一个实验：

```
In: with open(iris_filename, 'rt') as data_stream:
        # 'rt' mode
        for n, row in enumerate(csv.DictReader(data_stream,
             fieldnames = ['sepal_length', 'sepal_width',
                           'petal_length', 'petal_width',
                           'target'],
             dialect='excel')):
                if n== 0:
                    print (n, row)
                else:
                    break

Out: 0 OrderedDict([('sepal_length', '5.1'), ('sepal_width', '3.5'),
     ('petal_length', '1.4'), ('petal_width', '0.2'), ('target', 'Iris-
     setosa')])
```

上述代码能够做什么呢？首先，它会打开一个 read-binary 类型的文件，设置别名为 data_stream。使用 with 命令是为了确保上述缩排的命令全部执行完后，文件能够关闭。

然后，通过循环程序命令（for...in）遍历序列中的元素，enumerate 函数又调用 csv.DictReader 函数产生新的索引序列，它包含了来自 data_stream 的数据流。因为文件中没有标题行，fieldnames 提供了字段名称的有关信息。dialect 只是指定了标准的以逗号为分隔符的 CSV 文件（稍后，我们将给出一些修改分隔符的方法）。

在迭代过程中，如果读取的数据是第一行，然后就打印出来。否则，循环被 break 命令终止。输出结果是行号 0 和一个字典。因此，仅使用变量名的关键字就可以调用行内的每一个数据。

同样，可以使用相同的代码调用 csv.reader 命令，具体如下：

```
In: with open(iris_filename, 'rt') as data_stream:
    for n, row in enumerate(csv.reader(data_stream,
        dialect='excel')):
            if n==0:
                print (row)
            else:
                break

Out: ['5.1', '3.5', '1.4', '0.2', 'Iris-setosa']
```

这里的代码更直接，输出也更加简单，即按顺序输出包含各行数值的列表。

此时，根据上述第二个代码段可以创建一个生成器，生成器可以从 for 循环中调用。这将从文件中以数据块的形式抽取数据，数据块大小由函数的批处理参数定义：

```
In: def batch_read(filename, batch=5):
      # open the data stream
      with open(filename, 'rt') as data_stream:
        # reset the batch
        batch_output = list()
        # iterate over the file
        for n, row in enumerate(csv.reader(data_stream, dialect='excel')):
            # if the batch is of the right size
            if n > 0 and n % batch == 0:
                # yield back the batch as an ndarray
                yield(np.array(batch_output))
                # reset the batch and restart
                batch_output = list()
            # otherwise add the row to the batch
            batch_output.append(row)
        # when the loop is over, yield what's left
        yield(np.array(batch_output))
```

同前面的例子一样，数据被抽取出来。封装在 enumerate 函数中的 csv.reader 函数在抽取数据列表的同时，还抽取了数据实例的序号（从 0 开始）。根据实例序号，批处理列表要么附加在数据列表后面，要么通过 yield 函数返回给主程序。这个过程不断重复，直到读完整个文件并分批返回。

```
In: import numpy as np
    for batch_input in batch_read(iris_filename, batch=3):
        print (batch_input)
        break

Out: [['5.1' '3.5' '1.4' '0.2' 'Iris-setosa']
      ['4.9' '3.0' '1.4' '0.2' 'Iris-setosa']
      ['4.7' '3.2' '1.3' '0.2' 'Iris-setosa']]
```

上面这个函数提供了随机梯度下降方法的基本功能，这个方法将在第 4 章中介绍，到时候会再来回顾这段代码，并介绍一些更高级的例子进行扩展。

2.2.4　访问其他的数据格式

到目前为止，我们处理的都是 CSV 文件。pandas 库提供了类似的功能（函数）来加载 MS Excel、HDFS、SQL、JSON、HTML 和 Stata 等类型的数据集。由于其中大多数格式在数据科学中并不常用，如何加载和处理它们留给读者自己来学习，读者可以参考 pandas 网站上的详细文档（http://pandas.pydata.org/pandas-docs/version/0.16/io.html）。

这里，我们只演示如何有效地利用磁盘空间，以快速有效的方式来存储和检索机器学习算法。在这种情况下，你可以利用 SQLite 数据库（https://www.sqlite.org/index.html）来访问特定的信息子集，并将它们转换为 pandas DataFrame。如果不需要对数据进行特别的选择或过滤，但你唯一的问题是从 CSV 文件读取数据非常耗时，每次都需要耗费大量的精力（比如，设置正确的变量类型和名称），那么可以使用 HDF5 数据结构来加快数据的保存和加载（https://support.hdfgroup.org/HDF5/whatishdf5.html）。

在第一个例子中，我们将使用 SQLite 和 SQL 语言存储一些数据，并重新得到过滤后的数据。SQLite 相对于其他数据库有很多优点：自包含（所有数据都存储在一个文件中）、无服务器（Python 提供存储、操作和访问数据的接口）和速度快。导入 sqlite3 包之后（该包为 Python 堆栈的一部分，所以没有必要安装它），定义两个 query 操作：一是去除任何已经存在的同名数据表，二是创建一个能够保存日期、城市、温度和目的地等数据的新表（使用整数、浮点数和字符串类型的数据，对应于 int、float 和 str）。

打开数据库（如果磁盘上不存在相应的数据库，此时应该先创建数据库）之后，执行两个 query 操作，然后提交更改（提交操作才真正开始以批处理的形式执行所有的数据库命令：https://www.sqlite.org/atomiccommit.html）。

```
In: import sqlite3
    drop_query = "DROP TABLE IF EXISTS temp_data;"
    create_query = "CREATE TABLE temp_data \
                    (date INTEGER, city VARCHAR(80), \
                    temperature REAL, destination INTEGER);"
    connection = sqlite3.connect("example.db")
    connection.execute(drop_query)
    connection.execute(create_query)
    connection.commit()
```

此时，已经在磁盘上创建了包含全部数据表的数据库。

提示：在上述例子中，你在磁盘上创建了一个数据库。还可以在内存中创建数据库，只需要将输出连接更改为 ':memory:'，如代码 connection = sqlite3.connect(':memory:') 所示。

为了在数据库表中插入数据，最好的方法是创建一个元组列表，其中元组的值是需要存储的数据行。然后，插入语句将负责录入每个数据行。请注意，这次我们使用 executemany 方法来处理多个命令（每一行单独插入到表中），而不是前面提到的命令 execute：

```
In: data = [(20140910, "Rome",   80.0, 0),
            (20140910, "Berlin", 50.0, 0),
            (20140910, "Wien",   32.0, 1),
            (20140911, "Paris",  65.0, 0)]
    insert_query = "INSERT INTO temp_data VALUES(?, ?, ?, ?)"
    connection.executemany(insert_query, data)
    connection.commit()
```

此时，我们只需通过一个选择查询，就能决定在内存中存入哪些数据，然后使用 read_sql_query 命令读取这些数据：

```
In: selection_query = "SELECT date, city, temperature, destination \
                       FROM temp_data WHERE Date=20140910"
    retrieved = pd.read_sql_query(selection_query, connection)
```

现在，你需要的所有数据（格式为 pandas DataFrame）都保存在变量 retrieved 中。你只需关闭与数据库的连接：

```
In: connection.close()
```

在下面的示例中，我们将要处理一个大型的 CSV 文件，加载和解析它的列变量都需要很长的时间。在这种情况下，我们将使用数据格式 HDF5，它适合进行 DataFrame 的快速存储和读取。

HDF5 是一种为存储和访问大容量科学数据而设计的文件格式，最初由美国国家超级计算应用中心（NCSA）开发，根据 20 世纪 90 年代 NASA 的要求，为地球观测系统和其他空间观测系统产生的数据提供一种轻便的文件格式。HDF5 是一种分层数据存储格式，它能保存同类型的多维数组，或者包含数组及其他分组的分组。作为一个文件系统，它完全适合 DataFrame 这种数据结构。通过自动数据压缩的方式，该系统可以使大文件的数据加载比简单地读取 CSV 文件快得多。

提示：pandas 包允许使用 HDF5 格式存储 Series 和 DataFrame 数据结构。你可能会发现它对于存储二进制数据也非常有用，比如经过预处理的图像或视频文件。当你需要从磁盘中访问大量文件时，由于文件分散在文件系统中，因此获取内存中的数据可能会有一些延迟。将所有文件存储到一个 HDF5 文件中就可以简单地解决这个问题。你可以通过 h5py 的主页（https://www.h5py.org/）及说明文档（http://docs.h5py.org/en/stable/）来了解如何使用 h5py 包，它是一个以 NumPy 数组形式存储和读取数据的 Python 包。还可以通过命令 conda install h5py 或 pip install h5py 来安装 h5py。

我们先使用 HDFStore 命令初始化一个 HDF5 文件 example.h5，它允许对数据文件进行低级操作。将文件实例化之后，就可以像 Python 字典一样开始使用它了。在下面的代码中，我们将 Iris 数据集存储到字典的"iris"键下，然后关闭 HDF5 文件：

```
In: storage = pd.HDFStore('example.h5')
    storage['iris'] = iris
    storage.close()
```

如果需要读取存储在 HDF5 文件中的数据，可以使用 HDFStore 命令重新打开该文件。首先，检查可用的键（就像字典中的操作一样）：

```
In: storage = pd.HDFStore('example.h5')
    storage.keys()

Out: ['/iris']
```

然后，通过重新调用相应的键来指定所需要的值：

```
In: fast_iris_upload = storage['iris']
    type(fast_iris_upload)

Out: pandas.core.frame.DataFrame
```

数据迅速加载成功，之前的 DataFrame 现在成为变量 fast_iris_upload，可用于进一步处理。

2.2.5　合并数据

最后，pandas 的数据框可以通过合并 Series 或其他类似列表来创建。注意，标量转换成列表的方式如下：

```
In: import pandas as pd
    my_own_dataset = pd.DataFrame({'Col1': range(5),
```

```
                                    'Col2': [1.0]*5,
                                    'Col3': 1.0,
                                    'Col4': 'Hello World!'})
    my_own_dataset
```

my_own_dataset 的输出结果如下：

	Col1	Col2	Col3	Col4
0	0	1.0	1.0	Hello World!
1	1	1.0	1.0	Hello World!
2	2	1.0	1.0	Hello World!
3	3	1.0	1.0	Hello World!
4	4	1.0	1.0	Hello World!

简单来说，对于想要堆叠在一起的每一列，需要提供它们的名称（类似于字典的键）和数值（类似于字典键的值）。从上例可以看出，Col2 和 Col3 两列以不同的方式创建，在列的数值上却得到了同样的结果。通过这种方式，使用非常简单的函数就可以创建一个包含多种数据类型的 pandas 数据框。

在这个过程中，请确保不要将不同大小的列表进行混合，否则将引发异常，如下所示：

```
In: my_wrong_own_dataset = pd.DataFrame({'Col1': range(5),
                          'Col2': 'string', 'Col3': range(2)})

Out: ...
     ValueError: arrays must all be same length
```

为了整个装配已存在的数据框，必须使用基于连接（concatenation）的方法。pandas 包提供了 concat 命令，该命令对 pandas 数据结构（Series 和 DataFrame）进行操作，当 axis=0（默认选项）时对行进行堆叠，当 axis=1 时则连接列。

```
In: col5 = pd.Series([4, 3, 2, 1, 0])
    col6 = pd.Series([0, 0, 1, 1, 1])
    a_new_dataset = pd.concat([col5, col6], axis=1,
                              ignore_index = True,
                              keys=['Col5', 'Col6'])

    my_new_dataset = pd.concat([my_own_dataset, a_new_dataset], axis=1)
    my_new_dataset
```

生成的数据集连接了 Col5 和 Col6 两个序列：

	Col1	Col2	Col3	Col4	Col5	Col6
0	0	1.0	1.0	Hello World!	4	0
1	1	1.0	1.0	Hello World!	3	0
2	2	1.0	1.0	Hello World!	2	1
3	3	1.0	1.0	Hello World!	1	1
4	4	1.0	1.0	Hello World!	0	1

在前面的例子中，我们使用两个 Series 创建了一个新的数据框：a_new_dataset。由于将参数 ignore_index 设置为 True，我们只是将这两个 Series 堆叠在一起，而不考虑它们的索

引。如果与索引进行相应匹配对于你的项目很重要，那就不要使用 ignore_index 参数（其默认值为 False），这样会得到基于两个索引联合的新数据框，或者只包含匹配索引元素的新数据框。

注意：在 pd.concat 方法中添加参数 join='inner'，可以连接两个不同数据集的公共列，该参数相当于 SQL 的内连接（更多关于 join 的话题稍后讨论）。

索引匹配的方法可能满足不了你的需要。有时候，你可能需要匹配不同的 Series、DataFrame 或 Series 的特定列。在这种情况下，你需要使用每个数据框都能运行的 merge 方法。

为了查看 merge 方法的实际效果，我们创建一个参考表，其中包含一些要与 Col5 进行匹配的值：

```
In: key = pd.Series([1, 2, 4])
    value = pd.Series(['alpha', 'beta', 'gamma'])
    reference_table = pd.concat([key, value], axis=1,
                                ignore_index = True,
                                keys=['Col5', 'Col7'])
    reference_table
```

下面是将 key 和 value 连接到数据框的结果：

	Col5	Col7
0	1	alpha
1	2	beta
2	4	gamma

将参数 how 设置为 left 进行合并操作，从而实现了 SQL 的左外连接。除了“left”之外，该参数的其他可能设置如下：

- right：相当于 SQL 的右外连接
- outer：相当于 SQL 完整的外连接
- inner：相当于 SQL 的内连接（前面已经提到）

```
In: my_new_dataset.merge(reference_table,
                         on='Col5', how='left')
```

生成的 DataFrame 是一个左外连接：

	Col1	Col2	Col3	Col4	Col5	Col6	Col7
0	0	1.0	1.0	Hello World!	4	0	gamma
1	1	1.0	1.0	Hello World!	3	0	NaN
2	2	1.0	1.0	Hello World!	2	1	beta
3	3	1.0	1.0	Hello World!	1	1	alpha
4	4	1.0	1.0	Hello World!	0	1	NaN

再回到最开始的数据 my_own_dataset，想查看每列中的数据类型，只需要查看 dtypes 属性：

```
In: my_own_dataset.dtypes

Out:  Col1       int64
      Col2     float64
      Col3     float64
      Col4      object
      dtype: object
```

使用以上方法，查看数据是否是分类数据、整型或浮点数以及数据精度就显得非常方便。实际上，有时候常通过以下方式加快数据处理速度：将浮点数四舍五入到整型数据、将双精度数据转换成单精度浮点数或者仅使用单一类型的数据。在接下来的例子中将要演示数据类型的转换，这个例子也可以看作如何重新指定列数据的更宽泛的例子。

```
In:  my_own_dataset['Col1'] = my_own_dataset['Col1'].astype(float)
     my_own_dataset.dtypes

Out: Col1     float64
     Col2     float64
     Col3     float64
     Col4      object
     dtype: object
```

提示：还可以使用 info() 方法获取数据框的结构和数据类型信息，如下例所示：

```
my_own_dataset.info().
```

2.2.6 数据预处理

我们现在能够导入数据集，甚至是大数据集或有问题的数据集。为了使数据适合进行数据科学的下一步处理，我们还需要学习基本的预处理程序。

首先，如果需要将函数应用到数据行的有限区域，可以创建一个掩膜（mask）。掩膜是一系列布尔值（即真或假），说明数据行是否被选中。

举例来说，假设要从 iris 数据集中选择所有萼片长度（sepal length）大于 6 的数据行，可以简单地执行以下代码：

```
In: mask_feature = iris['sepal_length'] > 6.0
In: mask_feature

Out:   0      False
       1      False
     ...
     146      True
     147      True
     148      True
     149     False
```

在以上简单示例中，立刻就能看出哪些观测为真、哪些观测为假、哪些能够满足查询选项。

现在，让我们再看一个关于如何使用选择掩膜的例子。假如我们想用“New label”标签来替换类别（target）中的“Iris-virginica”标签，使用如下两行代码就能实现：

```
In: mask_target = iris['target'] == 'Iris-virginica'
    iris.loc[mask_target, 'target'] = 'New label'
```

我们发现所有曾经出现“Iris-virginica”的标签，现在都替换成了“New label”。这里使用的 .loc() 方法将在稍后进行说明，只把它当作一种使用行、列索引来访问数据矩阵的方法就好了。

要查看类别（target）列中新的标签列表，可以使用 unique() 方法。在初始评价数据集时，这种方法是非常方便的：

```
In: iris['target'].unique()

Out: array(['Iris-setosa', 'Iris-versicolor', 'New label'],
           dtype=object)
```

如果想了解每个特征的统计信息，可以相应地对每列进行分组操作，当然也可以使用掩膜。Pandas 的 groupby 方法会产生与 SQL 的 GROUP BY 语句相似的分组结果。接下来采用的方法应该是在一列或多列上聚合的方法。例如，pandas 聚合方法 mean() 就是 SQL 函数 avg() 的对应方法，它用来计算分组中的平均值；pandas 中 var() 方法计算方差、sum() 计算总和、count() 计算分组中的个数等。注意，以上方法得到的结果还是 pandas 数据框，因此多个操作可以链接在一起。

注意：像 mean 或 sum 等许多常见的变量操作，都是数据框的方法，可以直接在所有数据上使用，通过设置坐标轴参数可以按列（使用参数 axis=0，即 irs .sum(axis=0)）或按行（axis=1）计算。

- count：非空值（NAN）的计数
- median：返回中位数，即第 50 个百分位数
- min：取最小的数值
- max：取最大的数值
- mode：统计出现频率最高的数值
- var：方差，用来度量值的分散性
- std：标准差，也就是方差的平方根
- mad：平均绝对偏差，一种对异常值鲁棒的数值离散性度量方法
- skew：偏态度量，表示分布的对称性
- kurt：表示分布形状的峰度（kurtosis）度量

接下来，我们看几个使用 groupby 的实际例子。根据目标或标签的分组观测，我们可以查看每个分组特征的均值和方差之间的差异：

```
In: grouped_targets_mean = iris.groupby(['target']).mean()
    grouped_targets_mean
```

均值作为分组函数的 Iris 数据集分组结果：

	sepal_length	sepal_width	petal_length	petal_width
target				
Iris-setosa	5.006	3.418	1.464	0.244
Iris-versicolor	5.936	2.770	4.260	1.326
New label	6.588	2.974	5.552	2.026

```
In: grouped_targets_var = iris.groupby(['target']).var()
    grouped_targets_var
```

现在使用方差作为分组函数：

	sepal_length	sepal_width	petal_length	petal_width
target				
Iris-setosa	0.124249	0.145180	0.030106	0.011494
Iris-versicolor	0.266433	0.098469	0.220816	0.039106
New label	0.404343	0.104004	0.304588	0.075433

由于你可能需要对每个变量进行多种统计，因此，可以直接使用agg方法，对每个变量应用特定的函数，而不是通过连接来创建多个聚合数据集。你可以通过字典来定义变量，其中键是变量标签，值是要应用的函数列表，函数列表可以由字符串（如“mean”“std”“min”“max”“sum”和“prod”）、预定义函数甚至是现场声明的匿名（lambda）函数来调用。

```
In: funcs = {'sepal_length': ['mean','std'],
             'sepal_width' : ['max', 'min'],
             'petal_length': ['mean','std'],
             'petal_width' : ['max', 'min']}
    grouped_targets_f = iris.groupby(['target']).agg(funcs)
    grouped_targets_f
```

现在，每列都给出了不同的分组函数，如下表所示：

	sepal_length		sepal_width		petal_length		petal_width	
	mean	std	max	min	mean	std	max	min
target								
Iris-setosa	5.006	0.352490	4.4	2.3	1.464	0.173511	0.6	0.1
Iris-versicolor	5.936	0.516171	3.4	2.0	4.260	0.469911	1.8	1.0
New label	6.588	0.635880	3.8	2.2	5.552	0.551895	2.5	1.4

然后，如果需要使用函数对观测值进行排序，可以使用 .sort_index() 方法，具体如下：

```
In: iris.sort_index(by='sepal_length').head()
```

排序后数据集的前五行输出如下：

	sepal_length	sepal_width	petal_length	petal_width	target
13	4.3	3.0	1.1	0.1	Iris-setosa
42	4.4	3.2	1.3	0.2	Iris-setosa
38	4.4	3.0	1.3	0.2	Iris-setosa
8	4.4	2.9	1.4	0.2	Iris-setosa
41	4.5	2.3	1.3	0.3	Iris-setosa

最后，如果数据集包含时间序列（比如，类别用数字表示），需要对它使用rolling操作（如有噪声数据点），只需要如下简单操作：

```
In: smooth_time_series = pd.rolling_mean(time_series, 5)
```

上述操作是为了计算数值的移动平均值。或者，也可以使用以下命令：

```
In: median_time_series = pd.rolling_median(time_series, 5)
```

这是为了计算数值的移动中位值。在这两种情况下，窗口大小都保持5个样本。

一般来说，pandas apply() 方法能够通过编程执行任何按行或按列的操作。Data Frame可以直接调用apply()方法，第一个参数是可以按行或按列操作的函数，第二个参数是数据轴。请注意，这里的函数可以是内置函数、库函数、lambda或其他用户定义的函数。

举例说明这个强大的方法，现在我们来计算每行中非零元素的个数。使用 apply() 方法这就变得十分简单：

```
In: iris.apply(np.count_nonzero, axis=1).head()

Out:  0    5
      1    5
      2    5
      3    5
      4    5
      dtype: int64
```

同样，为了计算每个特征中的非零元素（即每列），只需要修改第二个参数并将其设置为 0。

```
In: iris.apply(np.count_nonzero, axis=0)

Out:  sepal_length    150
      sepal_width     150
      petal_length    150
      petal_width     150
      target          150
      dtype: int64
```

最后，为了实现按元素操作，应该对数据框使用 applymap() 方法。在这种情况下，只需提供一个参数。

例如，假设你对每个单元的字符串长度感兴趣。要获得字符串长度，首先应该将每个单元强制转换为字符串，然后计算其长度。采用 applymap() 方法，这种操作就非常容易：

```
In: iris.applymap(lambda x:len(str(x))).head()
```

转换后数据框的前五行结果如下：

	sepal_length	sepal_width	petal_length	petal_width	target
0	3	3	3	3	11
1	3	3	3	3	11
2	3	3	3	3	11
3	3	3	3	3	11
4	3	3	3	3	11

当对数据进行转换时，可能不需要将同一个函数应用到每一列。使用 pandas 的 apply 方法，可以对单个变量或多个变量应用转换，转换时可以修改相同的变量或另外创建新的变量：

```
In: def square(x):
        return x**2

    original_variables = ['sepal_length', 'sepal_width',
                          'petal_length', 'petal_width']
    squared_iris = iris[original_variables].apply(square)
```

这种方法有一个弱点就是转换可能很费时，因为 pandas 库没有利用最新 CPU 模型的多进程能力。

注意：由于 Windows 系统在使用 Jupyter 时存在多进程问题，下面的示例只能在 Linux 计算机上运行，或者将其转换为脚本后在 Windows 计算机上运行，正如 Stack Overflow 问答网站上给出的建议那样，参见网址 https://stackoverflow.com/questions/37103243/multiprocessing-pool-in-jupyter-notebook-works-on-linux-but-not-windows。

为了缩短这种计算延迟，可以利用 multiprocessing 包的 parallel_apply 函数。这种函数接受数据框、函数和函数的参数作为输入，它创建一个并行工作的 workers 池（内存中有许多 Python 副本，理想情况下每个 worker 都在不同的 CPU 上运行），执行所需的转换：

```
In: import multiprocessing

    def apply_df(args):
        df, func, kwargs = args
        return df.apply(func, **kwargs)

    def parallel_apply(df, func, **kwargs):
         workers = kwargs.pop('workers')
         pool = multiprocessing.Pool(processes=workers)
         df_split = np.array_split(df, workers)
         results = pool.map(apply_df, [(ds, func, kwargs)
                                       for ds in df_split])
         pool.close()
         return pd.concat(list(results))
```

使用这个函数时，重要的是指定正确的 worker 数量（取决于你的系统）和确定在哪个轴上进行计算（如果是按列进行操作，axis=1 将是常用的参数配置）：

```
In: squared_iris = parallel_apply(iris[['sepal_length', 'sepal_width',
                                         'petal_length', 'petal_width']],
                                         func=square,
                                         axis=1,
                                         workers=4)
    squared_iris
```

Iris 数据集很小，在这种情况下，运行起来可能比简单应用命令花费的时间还要长，但是对于较大的数据集，差别就会非常显著，特别是当你用到大量的 worker 时。

提示：在 Intel i5 CPU 上，可以设置 workers=4 以获得最佳结果，而在 Intel i7 上，可以设置 workers=8。

2.2.7　数据选择

对于 pandas 我们关注的最后一个主题是数据选择（data selection）。先从一个例子开始，我们很可能遇到这样一种数据集，数据集中包含索引列。我们怎样使用 pandas 正确导入数据？我们是否能够积极地利用它，使我们的工作变得更简单呢？

这里使用一个非常简单的数据集，其中包含一个索引列（列的内容只是计数，而不是特征）。为了使例子更具一般性，索引从 100 开始，因此，行号为 0 的数据索引号是 100。

```
n,val1,val2,val3
100,10,10,C
101,10,20,C
102,10,30,B
103,10,40,B
104,10,50,A
```

当试图以经典的方法加载文件时，常常遇到这样的情况，会把索引项 n 当成数据特征（或数据的一列）。这没有产生实际上的错误，但是不应该把索引误当成特征。所以，最好还是把索引分隔开来。否则，如果刚好模型学习阶段用到这个数据，可能会形成“泄露”（leakage），这是机器学习的主要误差来源之一。

事实上，如果索引是一个随机数，则对模型的有效性没有什么损害。然而，如果索引包含渐进的、时间性或者信息元素（例如，某些数值范围用于正的结果，其他的数值用于负的结果），你可能会考虑模型的泄露信息，当模型应用于新数据时信息泄露将不可能重现。

```
In: import pandas as pd

In: dataset = pd.read_csv('a_selection_example_1.csv')
    dataset
```

这是读取的数据集：

	n	val1	val2	val3
0	100	10	10	C
1	101	10	20	C
2	102	10	30	B
3	103	10	40	B
4	104	10	50	A

因此，在加载这样的数据集时，可能想要指定 n 是索引列。由于索引 n 是第一列，可以给出以下命令：

```
In: dataset = pd.read_csv('a_selection_example_1.csv', index_col=0)
    dataset
```

现在 read_csv 函数使用第一列作为索引：

	val1	val2	val3
n			
100	10	10	C
101	10	20	C
102	10	30	B
103	10	40	B
104	10	50	A

这时，数据集被加载，并且索引正确。现在，有多种方法可以访问数据元素，让我们逐一列举介绍。

1. 首先，可以简单地指定感兴趣数据的行和列（使用它的索引）。
2. 要提取数据集第 5 行的 val3（索引号为 n =104），可以使用如下命令：

```
In: dataset['val3'][104]

Out: 'A'
```

3. 这个操作要特别小心，因为它不是一个矩阵，不要误以为要先输入行、再输入列。请记住，它实际上是一个 pandas 数据框，[ ] 操作符先作用于列，然后才作用于 pandas 序列的元素。

4. 与前面的数据访问方法类似，可以使用基于标签的 .loc() 方法；也就是说，它是通过索引和列标签来工作的：

```
In: dataset.loc[104, 'val3']

Out: 'A'
```

在这种情况下，应该先指定索引，然后指定感兴趣的列。

提示：有时候数据框中的索引可以用数字表示。在这种情况下，很容易将其与位置索引混淆，但是数字索引不一定是有序或连续的。

5. 最后，一个指定数据位置（就像矩阵中的位置索引一样）的完全优化函数是 iloc()，它的使用方法是必须使用行数和列数来指定数据元素。

```
In: dataset.iloc[4, 2]

Out: 'A'
```

6. 子矩阵的检索操作非常直观，只需要指定索引列表而不是标量列表：

```
In: dataset[['val3', 'val2']][0:2]
```

7. 这个命令与以下命令等效：

```
In: dataset.loc[range(100, 102), ['val3', 'val2']]
```

8. 还等价于以下操作：

```
In: dataset.iloc[range(2), [2,1]]
```

在以上几个示例中，得到的数据框都是：

	val3	val2
n		
100	C	10
101	C	20

注意：pandas 数据框还有另一种可用的索引方法：ix 方法。它混合使用标签和位置索引，比如，dataset.ix[104, 'val3']。注意，ix 必须猜测你要引用的内容是什么。因此，如果不想将标签和位置索引相混合，loc 和 iloc 则是更安全、更有效的首选方法。即将推出的 pandas 版本将弃用 ix 方法。

2.3　使用分类数据和文本数据

通常情况下，我们主要处理两种类型的数据：分类数据（categorical data）和数值数据。常用的数值数据有温度、金额、使用天数、门牌号等，这些数值可以是浮点数（比如 1.0，-2.3，99.99，…），也可以是整数（比如 -3，9，0，1，…）。因为数据的数值都是可比较的，可以认为数据与其他数据之间有一种直接的关系。也就是说，数值为 2.0 的特征比数值 1.0 的特征大（实际上是 2 倍）。这种类型的数据非常明确、易于理解，可以使用等于、大于、小于等二进制操作符。

工作中可能遇到的另一种类型的数据是分类数据。分类数据表示一种可以测量的属性，假定属性数值在一个有限或无限集合上，通常成为等级（level）。例如，天气就是一个具有类属特征的数据，它的属性取值于离散集合 [sunny, cloudy, snowy, rainy, foggy]（晴天、多云、下雪、下雨、有雾）。其他分类数据的例子还包含 URL 地址、IP 地址、设备品牌、放在电子商务购物车中的物品、设备标识等。这类数据不能使用等于、大于和小于等二进制运算符，因此，不能对它们进行排序。

分类数据和数值数据的一个补充是布尔数据。事实上，布尔数据可以看作是分类数据的一种（表示特征是否出现），或者当作特征出现的概率。由于许多机器学习算法不允许输入是分类数据，因此需要使用布尔特征将类属特征编码形成数值。

让我们继续天气的例子。天气特征取值于离散集合 [sunny, cloudy, snowy, rainy, foggy]，如果要映射当前的天气特征，并将其编码为二进制特征，我们要创建五个二进制特征（真/假），每一个二进制特征对应分类数据的一个等级。现在，映射图变得相当简单了：

```
Categorical_feature = sunny   binary_features = [1, 0, 0, 0, 0]
Categorical_feature = cloudy  binary_features = [0, 1, 0, 0, 0]
Categorical_feature = snowy   binary_features = [0, 0, 1, 0, 0]
Categorical_feature = rainy   binary_features = [0, 0, 0, 1, 0]
Categorical_feature = foggy   binary_features = [0, 0, 0, 0, 1]
```

上述特征中只有一个二进制特征揭示类别特征的存在，其他的特征保持为 0。这称为二进制编码或独热编码。通过这个简单的步骤，我们从类别世界进入了数值世界。这一操作的代价是它在内存和计算方面的复杂性，现在要用五个特征代替之前的一个特征。一般，代替一个具有 N 个可能等级的类别特征，需要创建 N 个具有（1/0）数值的特征。这种操作称为虚拟编码（dummy coding）。

pandas 包能帮助进行这种操作，使用一个命令就能轻松进行映射：

```
In: import pandas as pd
    categorical_feature = pd.Series(['sunny', 'cloudy',
                                     'snowy', 'rainy', 'foggy'])
    mapping = pd.get_dummies(categorical_feature)
    mapping
```

下面是 mapping（映射）数据集：

	cloudy	foggy	rainy	snowy	sunny
0	0.0	0.0	0.0	0.0	1.0
1	1.0	0.0	0.0	0.0	0.0
2	0.0	0.0	0.0	1.0	0.0
3	0.0	0.0	1.0	0.0	0.0
4	0.0	1.0	0.0	0.0	0.0

输出结果是一个数据框，分类等级作为数据框的列标签，二进制特征作为相应列的值。将分类等级映射到数值列表，只需要借助 pandas：

```
In: mapping['sunny']

Out: 0     1.0
     1     0.0
     2     0.0
```

```
     3    0.0
     4    0.0
     Name: sunny, dtype: float64

In: mapping['cloudy']

Out: 0    0.0
     1    1.0
     2    0.0
     3    0.0
     4    0.0
     Name: cloudy, dtype: float64
```

正如本例所示，“sunny”映射为布尔列表 [1, 0, 0, 0, 0]，“cloudy”映射为布尔列表 [0, 1, 0, 0, 0]，以此类推。

使用另一个工具包 Scikit-learn 可以执行同样的操作。这在某种程度上会更复杂，因为首先必须将文本转换为分类索引，但结果是一样的。让我们再来看看刚才的例子：

```
In: from sklearn.preprocessing import OneHotEncoder
    from sklearn.preprocessing import LabelEncoder
    le = LabelEncoder()
    ohe = OneHotEncoder()
    levels = ['sunny', 'cloudy', 'snowy', 'rainy', 'foggy']
    fit_levs = le.fit_transform(levels)
    ohe.fit([[fit_levs[0]], [fit_levs[1]], [fit_levs[2]],
             [fit_levs[3]], [fit_levs[4]]])
    print (ohe.transform([le.transform(['sunny'])]).toarray())
    print (ohe.transform([le.transform(['cloudy'])]).toarray())

Out: [[ 0.  0.  0.  0.  1.]]
     [[ 1.  0.  0.  0.  0.]]
```

一般来说，LabelEncoder 将文本映射到 0 到 N 的整数（注意，在这种情况下数值仍然是一个分类变量，因为对它进行排序没有意义）。现在，这五个值被映射成五个二进制变量。

2.3.1 特殊的数据类型——文本

让我们来介绍另一种数据类型——文本。文本包含了数据在语言中的自然表示，它是机器学习算法的一种常用输入。文本的信息如此丰富，包含了我们要寻找的答案。处理文本最常用的方法是使用词袋（bag of words）。在这种方法中，每一个单词都变成了特征，文本就成了包含其自身特征非零元素的向量（如单词）。给定一个文本数据集，其特征的数量有多少呢？这很简单，只需提取文本中出现的单词（word），并一一列举出来。对于一个非常丰富的全英文文本，其特征数量是百万级别的。如果不打算做进一步处理（去除第三人称、缩略词、首字母缩写词），要处理的特征可能还不止这些，但这只是极其罕见的。本书的目的是介绍普通和简单的方法，让 Python 尽量帮助我们处理文本数据。

本节使用的文本数据集是著名的 20newsgroup（更详细的信息请访问网站：http://qwone.com/~jason/20Newsgroups/）。该数据集包含约两万篇文档，分别属于 20 个新闻主题，它是文本分类和聚类中使用最频繁的数据集之一。导入数据集时，我们只准备使用它的有限子集，这个子集属于医学和空间方面的科学主题：

```
In: from sklearn.datasets import fetch_20newsgroups
    categories = ['sci.med', 'sci.space']
    twenty_sci_news = fetch_20newsgroups(categories=categories)
```

第一次运行此命令时，它会自动下载数据集并放置在本地默认目录 $ HOME/ scikit_learn_data/20news_home/ 下。要查询数据集对象，可以查看文件的地址、内容和标签（即文档讨论的主题），它们分别位于对象的 .filenames、.data 和 .target 属性内。

```
In: print(twenty_sci_news.data[0])

Out: From: flb@flb.optiplan.fi ("F.Baube[tm]")
     Subject: Vandalizing the sky
     X-Added: Forwarded by Space Digest
     Organization: [via International Space University]
     Original-Sender: isu@VACATION.VENARI.CS.CMU.EDU
     Distribution: sci
     Lines: 12
     From: "Phil G. Fraering" <pgf@srl03.cacs.usl.edu>
     [...]
In: twenty_sci_news.filenames

Out: array([
         '/Users/datascientist/scikit_learn_data/20news_home/20news-bydate-
         train/sci.space/61116',
         '/Users/datascientist/scikit_learn_data/20news_home/20news-
         bydate-train/sci.med/58122',
         '/Users/datascientist/scikit_learn_data/20news_home/20news-
         bydate-train/sci.med/58903',
         ...,
         '/Users/datascientist/scikit_learn_data/20news_home/20news-
         bydate-train/sci.space/60774',
         [...]

In: print (twenty_sci_news.target[0])
    print (twenty_sci_news.target_names[twenty_sci_news.target[0]])

Out: 1
     sci.space
```

target 是分类数据，但它用整数表示（0 为 sci.med 主题，1 为 sci.space 主题）。如果要读取 target 数据，需要查看 twenty_sci_news.target 数组的索引。

处理文本的最简单方法是将数据集的主体转换成词语序列。这意味着，对于每篇文档都需要计算特定词语在文本主体内出现的次数。

例如，我们选择一个小型的、易于处理的数据集：

- Document_1: We love data science
- Document_2: Data science is hard

整个数据集包含两篇文档：Document_1 和 Document_2，总共只有 6 个不同的单词：we、love、data、science、is 和 hard。根据这个特征数组，可以将每篇文档与特征向量进行关联：

```
In: Feature_Document_1 = [1 1 1 1 0 0]
    Feature_Document_2 = [0 0 1 1 1 1]
```

请注意，这里我们没有考虑单词的位置，只保留了单词在文档中出现的次数。

对于 20newsletter 数据库，Python 提供了一种简单的方法：

```
In: from sklearn.feature_extraction.text import CountVectorizer
    count_vect = CountVectorizer()
    word_count = count_vect.fit_transform(twenty_sci_news.data)
    word_count.shape

Out: (1187, 25638)
```

首先，初始化一个 CountVectorizer 对象。然后，调用算法来计算每个文档中单词的数量，为每篇文档创建特征矢量（fit_transform）。我们接下来查询矩阵的大小。请注意，因为每篇文档只使用有限的单词集合，输出矩阵是稀疏矩阵（每一行的非零元素非常少，存储所有冗余的零没有意义）。总之，输出矩阵维数为（1187，25638）。第一个值表示数据集中的观测样本数（文档数），第二个值是特征数（数据集中的单词数）。

经过 CountVectorizer 转换，每篇文档都与其特征向量相关。让我们先来看看第一篇文档：

```
In: print (word_count[0])

Out: (0, 10827)  2
     (0, 10501)  2
     (0, 17170)  1
     (0, 10341)  1
     (0, 4762)  2
     (0, 23381)  2
     (0, 22345)  1
     (0, 24461)  1
     (0, 23137)  7
     [...]
```

通过以上可以看出，输出结果是一个只有非零元素的稀疏矢量。要想看单词与出现次数的直接对应，可以使用如下代码：

```
In: word_list = count_vect.get_feature_names()
    for n in word_count[0].indices:
         print ('Word "%s" appears %i times' % (word_list[n],
                                                word_count[0, n]))

Out: Word: from appears 2 times
     Word: flb appears 2 times
     Word: optiplan appears 1 times
     Word: fi appears 1 times
     Word: baube appears 2 times
     Word: tm appears 2 times
     Word: subject appears 1 times
     Word: vandalizing appears 1 times
     Word: the appears 7 times
     [...]
```

到目前为止一切都非常简单，让我们继续分析方法的复杂性和有效性。单词计数很不错，但我们可以更进一步计算单词出现的频率。频率是一个可以在不同规模数据集上进行比较的度量，它判断一个词是停止词（stop word，即非常常见的词，如 a、an、the、is）还是少见的、唯一的词。通常情况下，这些词语是最重要的，因为它们能够刻画一个实例，基于这些词语的特征在学习过程中很有判别力。要计算文档中每个单词的频率，可以尝试以下代码：

```
In: from sklearn.feature_extraction.text import TfidfVectorizer
    tf_vect = TfidfVectorizer(use_idf=False, norm='l1')
    word_freq = tf_vect.fit_transform(twenty_sci_news.data)
    word_list = tf_vect.get_feature_names()
    for n in word_freq[0].indices:
         print ('Word "%s" has frequency %0.3f' % (word_list[n],
                                                   word_freq[0, n]))

Out: Word "from" has frequency 0.022
     Word "flb" has frequency 0.022
```

```
Word "optiplan" has frequency 0.011
Word "fi" has frequency 0.011
Word "baube" has frequency 0.022
Word "tm" has frequency 0.022
Word "subject" has frequency 0.011
Word "vandalizing" has frequency 0.011
Word "the" has frequency 0.077
[...]
```

频率的总和为 1（由于近似性，也可以接近 1），这是因为我们选择了 l1 范数。在这种特定的情况下，单词频率是一个概率分布函数。有时候，我们希望增大罕见词语与常用词的差别，这时可以使用 l2 范数来规范化特征向量。

进行文本数据向量化更有效的方法是使用 tf-idf。简单来说，可以将文档中词语的词频（term frequency）与该词的逆向文件频率（inverse document frequency，即包含该词语的文档数量或它的对数变换）相乘。这对突出有效描述文档的词语非常方便，它是数据集之间强有力的判别元素。由于可以采用计算机处理文本数据，tf-idf 现在很受欢迎。因为它在测量句子相似性和距离时的高效性，绝大多数的搜索引擎和信息抽取软件都在使用 tf-idf，它是从用户插入文本搜索查询中抽取文档的最佳方案。

```
In: from sklearn.feature_extraction.text import TfidfVectorizer
    tfidf_vect = TfidfVectorizer() # Default: use_idf=True
    word_tfidf = tfidf_vect.fit_transform(twenty_sci_news.data)
    word_list = tfidf_vect.get_feature_names()
    for n in word_tfidf[0].indices:
        print ('Word "%s" has tf-idf %0.3f' % (word_list[n],
                                                word_tfidf[0, n]))

Out: Word "fred" has tf-idf 0.089
     Word "twilight" has tf-idf 0.139
     Word "evening" has tf-idf 0.113
     Word "in" has tf-idf 0.024
     Word "presence" has tf-idf 0.119
     Word "its" has tf-idf 0.061
     Word "blare" has tf-idf 0.150
     Word "freely" has tf-idf 0.119
     Word "may" has tf-idf 0.054
     Word "god" has tf-idf 0.119
     Word "blessed" has tf-idf 0.150
     Word "is" has tf-idf 0.026
     Word "profiting" has tf-idf 0.150
     [...]
```

在本例中，第一篇文档中四个最有代表性的词语是：caste、baube、flb 和 tm（它们的 tf-idf 分值最高）。也就是说，它们在这篇文档中出现的频率很高，而在其余文档中却很少出现。

到目前为止，我们使用的方法是为每个单词创建一个特征。那么，将两个词一起作为一个特征会怎样呢？这正是二元语法（bigrams）所要考虑的。二元语法（或者更具一般性的 n 元语法）中，一个词是否出现，与它相邻的词语密切相关。当然，也可以混合使用一元语法（unigram）和 n 元语法（n-gram），为文档创建更丰富的特征。通过一个简单的例子，让我们看看 n 元语法的工作原理：

```
In: text_1 = 'we love data science'
    text_2 = 'data science is hard'
    documents = [text_1, text_2]
    documents
```

```
Out: ['we love data science', 'data science is hard']

In: # That is what we say above, the default one
    count_vect_1_grams = CountVectorizer(ngram_range=(1, 1),
    stop_words=[], min_df=1)
    word_count = count_vect_1_grams.fit_transform(documents)
    word_list = count_vect_1_grams.get_feature_names()
    print ("Word list = ", word_list)
    print ("text_1 is described with", [word_list[n] + "(" +
    str(word_count[0, n]) + ")" for n in word_count[0].indices])

Out: Word list =  ['data', 'hard', 'is', 'love', 'science', 'we']
     text_1 is described with ['we(1)', 'love(1)', 'data(1)', 'science(1)']

In: # Now a bi-gram count vectorizer
    count_vect_1_grams = CountVectorizer(ngram_range=(2, 2))
    word_count = count_vect_1_grams.fit_transform(documents)
    word_list = count_vect_1_grams.get_feature_names()
    print ("Word list = ", word_list)
    print ("text_1 is described with", [word_list[n] + "(" +
    str(word_count[0, n]) + ")" for n in word_count[0].indices])

Out: Word list =  ['data science', 'is hard', 'love data',
     'science is', 'we love']
     text_1 is described with ['we love(1)', 'love data(1)',
     'data science(1)']

In: # Now a uni- and bi-gram count vectorizer
    count_vect_1_grams = CountVectorizer(ngram_range=(1, 2))
    word_count = count_vect_1_grams.fit_transform(documents)
    word_list = count_vect_1_grams.get_feature_names()
    print ("Word list = ", word_list)
    print ("text_1 is described with", [word_list[n] + "(" +
    str(word_count[0, n]) + ")" for n in word_count[0].indices])

Out: Word list =  ['data', 'data science', 'hard', 'is', 'is hard', 'love',
     'love data', 'science', 'science is', 'we', 'we love']
     text_1 is described with ['we(1)', 'love(1)', 'data(1)', 'science(1)',
     'we love(1)', 'love data(1)', 'data science(1)']
```

上述示例中，最后一个方法是由第一种和第二种方法直观组合得到的。这里我们使用了 CountVectorizer 函数，但是使用 TfidfVectorizer 也很常见。注意，使用 n 元语法时，特征的数量呈指数方式增长。

如果有太多的特征（字典可能太大，需要很多的 n 元语法，或者受限于计算机的能力），可以使用一些技巧来降低问题的复杂性，但是，应该先对性能和复杂性进行权衡。一种常见的方法是使用散列方法（hashing trick），将许多词语或 n 元语法项映射为散列值，它们的散列值相互冲突（形成“词桶”，bucket of words）。“桶”是一组语义无关的词的集合，但具有冲突的散列值。使用下例所示的 HashingVectorizer() 函数，可以决定你想要的“词桶”的数量。结果当然是一个矩阵，反映了你的设置：

```
In: from sklearn.feature_extraction.text import HashingVectorizer
    hash_vect = HashingVectorizer(n_features=1000)
    word_hashed = hash_vect.fit_transform(twenty_sci_news.data)
    word_hashed.shape

Out: (1187, 1000)
```

因为散列过程是一个摘要操作，所以不能对它进行逆操作。因此，经过这种转换，就要处理散列特征了。散列法具有相当多的优点：能将“词袋”快速转换成向量特征（这种情况下“词桶”就是特征），容易适应从未见过从词语特征，将不相关的词语形成一个特征从而避免过拟合。

2.3.2 使用 Beautiful Soup 抓取网页

上一节我们讨论了怎样处理文本数据，这些操作的前提是已经拥有了数据集。如果需要抓取网页并手动下载数据，我们又该怎么办呢？

网页抓取发生的情况比你想象的还要频繁，这也是数据科学中非常流行的话题。例如：

- 金融机构利用网页抓取他们投资公司新的细节和信息。报纸、社交网络、博客、论坛和公司网站都是做这种分析的理想目标。
- 广告和媒体公司针对网络广告的情感和受欢迎程度进行分析，来了解人们对广告的反应。
- 专业从事 insight 分析和咨询的公司利用网页抓取获取用户行为的模式和模型。
- 比较网站利用 Web 信息比较价格、产品和服务，向用户提供最新的状况形势表。

遗憾的是，理解网站是一件非常困难的工作，因为每个网站都是由不同的人创建和维护，具有不同的基础设施、地点、语言和结构。它们之间唯一的共同点是用标准公开语言来表示，多数情况下是 HTML。

这就是为什么当今绝大多数网络爬虫只能以通用的方式理解和浏览 HTML 网页。Beautiful Soup 是最常用的 Web 解析器之一。它是用 Python 语言编写的，而且非常稳定和简单易用。此外，它能够检测 HTML 页面中的错误代码和错误代码片段，要知道网页都是人工制作的、很容易出错。

Beautiful Soup 的完整介绍可能需要一整本书，这里我们只进行简单的介绍。首先，Beautiful Soup 不是爬虫软件，要想下载网页需要使用 urllib 库。

1. 让我们下载维基百科的威廉·莎士比亚的页面代码：

```
In: import urllib.request
    url = 'https://en.wikipedia.org/wiki/William_Shakespeare'
    request = urllib.request.Request(url)
    response = urllib.request.urlopen(request)
```

2. 现在需要使用 Beautiful Soup 读取资源并用 HTML 解析器解析网页：

```
In: from bs4 import BeautifulSoup
    soup = BeautifulSoup(response, 'html.parser')
```

3. 现在，soup 已经准备好，可以查询了。想要抽取网页题目，只需要查看其 title 属性。

```
In: soup.title

Out: <title>William Shakespeare - Wikipedia,
     the free encyclopedia</title>
```

如你所见，返回整个 title 标签，允许对嵌套 HTML 结构进行更深入的研究。如果我们想知道威廉·莎士比亚维基百科页面所属的类别呢？只需要不断下载并解析相邻网页，就可以创建条目图。我们首先手动分析 HTML 页面，找出最好的 HTML 标签，它包含我们正在寻找的信息。记住数据科学中也“没有免费的午餐”，不存在自动发现功能，而且如果维基百科修改了页面格式事情也会发生变化。

经过手动分析，我们发现类别都包含在名为“ mw-normal-catlinks ”的 div 标签里，除了第一个链接，其他的链接都包含类别属性。现在开始编码，把我们的发现转换成代码，打印每个类别、链接页面的标题以及与之相关的链接。

```
In: section = soup.find_all(id='mw-normal-catlinks')[0]
    for catlink in section.find_all("a")[1:]:
        print(catlink.get("title"), "->", catlink.get("href"))

Out: Category:William Shakespeare -> /wiki/Category:William_Shakespeare
     Category:1564 births -> /wiki/Category:1564_births
     Category:1616 deaths -> /wiki/Category:1616_deaths
     Category:16th-century English male actors -> /wiki/Category:16th-
     century_English_male_actors
     Category:English male stage actors -> /wiki/Category:
     English_male_stage_actors
     Category:16th-century English writers -> /wiki/Category:16th-
     century_English_writers
```

我们使用了两次 find_all 方法，寻找文件中包含指定文本的 HTML 标签。第一次专门寻找 ID，第二次寻找所有为“a”的标签。

根据以上输出结果，对新 URL 使用相同的代码，可以递归地下载维基百科类别页面，直到祖先类别节点。

关于网页抓取的最后一点提示：需要记住，网页抓取并不总是被允许的，如果确实需要，请调低下载速率（如果进行高速抓取，网站服务器可能认为你在做小规模的 DoS 攻击，可能将你加入阻止名单或者封你的 IP 地址）。想要了解更多信息，可以阅读网站的条款和条件，或者直接与管理员联系。

2.4 使用 Numpy 进行数据处理

我们已经介绍了基本的用于数据加载和预处理的 pandas 命令，数据不管是全部载入内存的数据或者只是小批量的数据（或者只是单行数据），都必须对数据进行进一步的处理，为后继的监督学习和无监督学习过程准备合适的数据矩阵。

一个最好的方式是将工作任务分成两个阶段，第一个阶段是你的数据还是异质数据时（数据类型是数字和符号的混合），第二个阶段是数据变成了数值表格，表中行表示实例，列表示实例的观测特征，也就是变量。

在此过程中，不可避免地会为两个重要的 Python 科学分析工具包及其数据结构进行争论，这两个工具包是 pandas 和 NumPy，它们的两个关键数据结构是数据框和多维数组（ndarray）。

由于我们想要进入以下机器学习阶段的结果数据结构是 NumPy 的 ndarray 对象表示的矩阵，就让我们先从想要获得的结果开始吧，即如何生成一个 ndarray 对象。

2.4.1 NmuPy 中的 *N* 维数组

Python 提供了自带的数据结构，例如列表和字典，可以尽你所能使用这些数据结构。列表可以按顺序存储异质对象（例如，可以在同一个列表中存储数字、文本、图像、声音等信息）。另一方面，基于查找表（哈希表）的字典可以调用内容。这些内容可以是任何 Python 对象，常常是另一个字典的列表。因此，字典是允许访问复杂内容、多维数据的数据结构。

尽管如此，列表和字典都有各自的局限性，比如：

- 首先，是内存和速度方面的问题。它们不是真正地为使用连续内存块而优化的，因此，在采用高度优化算法和多处理器计算时可能成为问题，内存管理可能变成一个瓶颈。
- 其次，它们善于存储数据，但不善于数据操作。因此，不管你想对数据做什么处理，首先必须自定义函数，对列表和字典元素进行迭代或映射。
- 当进行大规模数据操作时，事实证明迭代常常是不理想的。

NumPy 提供了一个多维数组 ndarray 对象类，具有如下属性：

- 内存最优（除了其他方面，以内存块的最佳布局传送数据到 C 或 Fortran 例程）。
- 允许快速线性代数计算（矢量），不需要使用 for 循环迭代就能进行逐元素的操作（广播）。
- 它是 SciPy 和 Scikit-learn 等重要库的数据结构，作为它们函数的输入。

所有这些也伴随着一定的局限性，事实上，ndarray 对象具有以下缺点：

- 它们通常存储单一的、事先定义好的特定数据类型（有一种方法可以定义复杂的数据和异构数据类型，但是对数据分析来说非常难以操作）。
- 初始化之后，数组的大小就固定了。

2.4.2 NmuPy ndarray 对象基础

在 Python 中，数组本质上是一组内存相邻的特定类型的数据，数据标题包含索引机制和数据类型描述符。

由于索引机制，数组能够表示多维数据结构，每个元素由 n 个整数组成的元组索引，其中 n 是维数。因此，如果数组是一维的（顺序数据形成的矢量），索引将从零开始（就像 Python 列表一样）。

如果是二维数组，必须采用两个整数作为索引（包含坐标 x, y 的元组）；如果数据有三个维度，索引将使用三个整数（包含 x, y, z 的元组），如此类推。

在每个索引位置，数组存储指定类型的数据。数组可以存储数值、字符串以及其他 Python 对象等多种数据类型。另外，用户也可以创建自定义数据类型，来处理不同类型的数据序列，但我们不建议采用自定义数据类型。如果需要处理多种类型的数据，应该采用 pandas 的数据框，因为 pandas 数据结构更加灵活，是数据科学家进行异构数据类型精细操作的必备工具。因此，本书只考虑特定类型的 Numpy 数组，异构数据留给 pandas 来处理。

数组应该从一开始就确定类型，根据类型来分配内存空间，因此，数组创建程序可以保留合适的内存空间以存储所有的数据。尽管数组的大小固定、不能在结构上发生变化，数组元素的访问、修改和计算却变得相当快速。

Python 列表是指针的集合，这些指针将列表结构和存储数据的分散内存地址联系起来，因此列表的使用十分烦琐且缓慢。相反，如下图所示，NumPy ndarray 的指针只指向一个内存地址，那里数据按顺序存储。与列表相比，访问 ndarray 中的数据使用的操作更少，也不需要访问不同的内存块，因此，在处理大量数据时具有更好的效率和速度。NumPy 数组的缺点是不方便数据更改，插入或删除数据时需要重新创建一个数组。

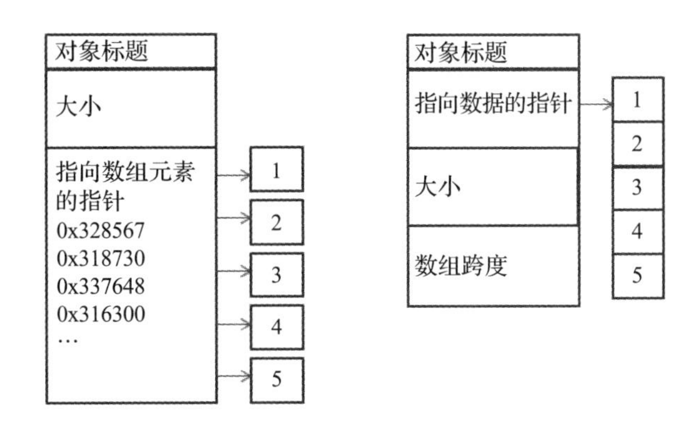

不管NumPy数组的维数是多少，它的数据总是顺序存储的（连续的内存块）。如果知道数组的大小和跨度（表示移动到下一个内存位置需要跳过多少字节），那么就很容易对数组进行正确的表示和操作。

注意：说到快速访问的内存优化，NumPy多维数组的存储严格来说有两种方法：行优先顺序（row-major order）和列优先顺序（column-major order）。由于RAM（随机存储器）按线性方式组织内存单元（内存单元像直线上的点一样是连续的，RAM中的数组则不是连续的），所以必须将数组压平成为一个向量，再将其存储在内存中。在数组压平过程中，你可以逐行进行（行优先顺序），这是C/C++常用的方式，或者逐列处理（列优先顺序），这是Fortran或R语言常用的方式。Python的NumPy包使用行优先顺序（也称为C-contiguous，而列优先顺序也称为Fortran-contiguous），这意味着逐行进行计算操作比逐列操作速度更快。不管怎样，在创建NumPy数组时，你可以根据数据按行还是按列操作的多少来确定数据结构的顺序。使用命令import numpy as np导入包后，对于给定的数组a = [[1,2,3]，[4,5,6]，[7,8,9]]，可以将数组重新定义为行优先顺序c = np.array(a, order='C')或列优先顺序f = np.array(a, order='F')。

而列表数据结构在表示多维数据时，只能将自己转换成嵌套列表，从而在访问数据时会增加时间开销和内存碎片。

注意：这听起来像计算机科学家的胡言乱语，毕竟数据科学家只关心Python能否有效且快速地完成工作。这当然正确，但是，语法角度的处理速度快，有时并不能自动等同于实际运行速度快。如果你掌握NumPy和pandas的内核知识，你可以使自己的代码加速，在更短的时间内实现项目。我们在使用Numpy和pandas方面很有经验，能够综合优化数据改写代码，通过正确的重构能将代码运行时间缩短一半或更多。

还有一点也很重要，当进行数组访问或转换时，我们要弄清楚是查看还是复制数组。查看数组时，我们实际上调用了一个程序，它将数据结构中的数据转换成其他的形式，但源数组保持不变。基于前面的例子，查看ndarray数组时，我们只是改变了它的大小，而数据保持不变。因此，查看数组时所经历的任何数据转换都只是暂时的，除非我们将其装入到一个新的数组。

相反，当我们复制数组时，实际上创建了一个具有不同结构的新数组（需要占用新的内存）。我们不只是改变与数组大小相关的参数，还需要保留另一个连续的内存块用来复制数据。

提示： pandas 所有的数据框实际上都是由一维的 NumPy 数组组成。在数据框进行按列操作时（每一列都是一个 NumPy 数组），它们都继承了 ndarray 快速和内存高效的优点。按行操作时数据框的效率就差多了，因为它要相继访问不同的列，即不同的 Numpy 数组。同样的原因，访问数据框部分数据时，通过位置索引比 pandas 索引速度更快，这是因为 NumPy 数组使用整数作为位置索引。而 pandas 索引（也可以是文本，不只是数值）需要将索引转换成对应的位置，才能进行正确的数据操作。

2.5　创建 Numpy 数组

有多种方法可以用来创建 NumPy 数组，下面是其中一些方法：

- 转换现有的数据结构成数组。
- 新创建一个数组，使用默认值或计算值填充它。
- 从磁盘加载一些数据到数组。

如果想转换现有的数据结构，其关键就在于使用的数据结构是结构化的列表还是 pandas 数据框。

2.5.1　从列表到一维数组

在处理数据时，最常见的情况是将列表转换成数组。

进行转换操作时，重要的是考虑列表中包含的对象，因为这将决定结果数组的维数和类型。

第一个例子，我们先从只包含整数的列表开始：

```
In: import numpy as np

In: # Transform a list into a uni-dimensional array
    list_of_ints = [1,2,3]
    Array_1 = np.array(list_of_ints)

In: Array_1

Out: array([1, 2, 3])
```

注意，可以像标准 Python 列表那样访问一维数组（索引从零开始）：

```
In: Array_1[1] # let's output the second value

Out: 2
```

我们可以查看对象及其元素的类型等更多的信息（有效的结果类型取决于系统是 32 位还是 64 位）：

```
In: type(Array_1)

Out: numpy.ndarray

In: Array_1.dtype

Out: dtype('int64')
```

注意： 默认的 dtype 属性取决于使用的操作系统。

简单的整数列表将转换成一维数组，数组是 32 位的整数向量（示例中所使用系统的默认整数范围是从 -2^{31} 到 $2^{31}-1$）。

2.5.2 控制内存大小

如果使用的数值范围有限，使用 int64 数值类型来表示是一种内存浪费。

事实上，在意识到数据密集的情况下，可以通过以下方式计算 Array_1 对象的内存占用情况：

```
In: import numpy as np
    Array_1.nbytes

Out: 24
```

注意：在 32 位的系统（或者 64 位系统上安装的是 32 位 Python 软件）中结果应为 12。

为了节省内存，可以事先为所使用的数组指定最适合的类型：

```
In: Array_1 = np.array(list_of_ints, dtype= 'int8')
```

通过简单设定，数组占用的内存空间只有之前的四分之一。这看起来是一个简单又明显的例子，但是，当处理数以百万计的实例时，确定最佳的数据类型能够真正地扭转局势，使得内存中能够运行任何数据。

下面是一个数据类型表，给出了数据科学应用的常见数据类型以及每个元素的内存占用情况：

类　型	字节数	描　述
bool	1	布尔类型（真或假），以一个字节存储
Int_	4	默认是整型（一般为 int32 或 int64）
int8	1	一个字节大小（–128 到 127）
int16	2	整型（–32768 到 32767）
int32	4	整型（–2**31 到 2**31–1）(Python 中 ** 表示乘方）
int64	8	整型（–2**63 到 2**63–1）
uint8	1	无符号整型（0 到 255）
uint16	2	无符号整型（0 到 65535）
uint32	3	无符号整型（0 到 2**32–1）
uint64	4	无符号整型（0 到 2**64–1）
float_	8	float64 的简写形式
float16	2	半精度浮点数（指数 5 位，尾数 10 位）
float32	4	单精度浮点数（指数 8 位，尾数 23 位）
float64	8	双精度浮点数（指数 11 位，尾数 52 位）

提示：还有更多的数值类型，例如复数这种数值类型虽然不常见，但在光谱图（spectrogram）等应用中是需要的。可以从 NumPy 用户指南中得到数值类型的详细介绍，网址如下：http://docs.scipy.org/doc/numpy/ user/basics.types.html。

如果想改变一个数组的类型，通过以下命令可以轻松指定新的数据类型：

```
In: Array_1b = Array_1.astype('float32')
    Array_1b

Out: array([ 1.,  2.,  3.], dtype=float32)
```

注意，.astype 方法总是创建一个新的数组，所以要小心数组的内存消耗。

2.5.3 异构列表

如果列表（list）是由整数、浮点数和字符串等异构元素组成，该是什么情形呢？这种情况更加复杂，这里通过一个简单的例子进行说明：

```
In: import numpy as np
    complex_list = [1,2,3] + [1.,2.,3.] + ['a','b','c']
    # at first the input list is just ints
    Array_2 = np.array(complex_list[:3])
    print ('complex_list[:3]', Array_2.dtype)
    # then it is ints and floats
    Array_2 = np.array(complex_list[:6])
    print ('complex_list[:6]', Array_2.dtype)
    # finally we add strings print
    Array_2 = np.array(complex_list)
    ('complex_list[:] ',Array_2.dtype)
 Out: complex_list[:3] int64
      complex_list[:6] float64
      complex_list[:] <U32
```

通过以上结果可以看出，输出列表元素类型时倾向于更普遍和精度更高的类型，本例中浮点型较整型占优，字符串又比优于其他所有类型（<U32 表示由不多于 32 个字符组成的字符串编码）。

在使用列表创建数组时，可以混合使用不同的元素，Python 最常用的方式是通过查询结果数组的 dtype 来检查列表元素的类型。

请注意，如果不确定数组的内容，确实必须检查数组类型。否则，以后可能无法对结果数组进行某些特定的操作，因而产生“不支持的操作数类型”的错误：

```
In: # Check if a NumPy array is of the desired numeric type
    print (isinstance(Array_2[0],np.number))

Out: False
```

在数据改写过程中，如果无意中发现输出结果是字符串类型，可能意味着在先前的步骤中忘记将所有变量转换成数值类型了。例如，所有数据存储在 pandas 数据框时就会出现这种情况。在 2.3 节中，我们提供了一些简单又直接的方式来处理这种情况。

在此之前，让我们完成如何从列表对象析出数组的概述。正如之前所提到的，列表中对象的类型也会影响数组的维数。

2.5.4 从列表到多维数组

如果把包含数值或文本对象的列表描述成一维数组（比如系数向量），那么，列表的列表就可以转换成二维数组，列表的列表的列表就变成了三维数组。

```
In: import numpy as np
    # Transform a list into a bidimensional array
    a_list_of_lists = [[1,2,3],[4,5,6],[7,8,9]]
```

```
    Array_2D = np.array(a_list_of_lists )
    Array_2D

Out: array([[1, 2, 3],
            [4, 5, 6],
            [7, 8, 9]])
```

正如前面提到的，在列表中可以使用索引调用单个数值，这里我们要使用两个索引，一个是行维度（也称为轴 0），一个是列维度（轴 1）。

```
In: Array_2D[1, 1]

Out: 5
```

二维数组通常是数据科学问题的基础，尽管有时也会发现第三维（例如，离散时间维度）：

```
In: # Transform a list into a multi-dimensional array
    a_list_of_lists_of_lists = [[[1,2],[3,4],[5,6]],
                                [[7,8],[9,10],[11,12]]]
    Array_3D = np.array(a_list_of_lists_of_lists)
    Array_3D

Out: array([[[ 1,  2],
             [ 3,  4],
             [ 5,  6]],
            [[ 7,  8],
             [ 9, 10],
             [11, 12]]])
```

要访问三维数组的单个元素，需要指定有三个索引的元组：

```
In: Array_3D[0,2,0] # Accessing the 5th element

Out: 5
```

与创建列表的方法类似，可以使用元组创建数组。同样，使用 .items() 方法也可以将字典转变成二维数组，返回由字典键值对组成的数组。

```
In: np.array({1:2,3:4,5:6}.items())

Out: array([[1, 2],
            [3, 4],
            [5, 6]])
```

2.5.5 改变数组大小

此前，我们讨论了如何改变数组元素的类型。现在，我们将停下来研究修改已有数组大小的常见指令。

让我们先从使用 .reshape 方法的例子开始，它接收表示数组新维度的 n 元组作为参数：

```
In: import numpy as np
    # Restructuring a NumPy array shape
    original_array = np.array([1, 2, 3, 4, 5, 6, 7, 8])
    Array_a = original_array.reshape(4,2)
    Array_b = original_array.reshape(4,2).copy()
    Array_c = original_array.reshape(2,2,2)
    # Attention because reshape creates just views, not copies
    original_array[0] = -1
```

初始数组是包含整数 1 到 8 的一维向量。下面是我们在代码中执行的操作：

1. 将原始数组 original_array 的维数改为 4×2，再赋给数组 Array_a。

2. 同样的方法给 Array_b 赋值，尽管只是增加了 .copy() 方法，这将使修改后的数组复制到新数组中。

3. 最后，给数组 Array_c 赋值大小为 2×2×2 的重整数组。

4. 经过这些变形及赋值操作，original_array 的第一个元素从 1 变成了 -1。

现在查看数组的数值，我们发现 Array_a 和 Array_c 虽然都具有期望的形状，但是它们的典型特点是第一元素都是 -1。这是因为它们动态地镜像原始数组，它们只是原始数组的一个视图。

```
In: Array_a

Out: array([[-1, 2],
            [3, 4],
            [5, 6],
            [7, 8]])

In: Array_c

Out: array([[[-1,  2],
             [3,  4]],
            [[5,  6],
             [7,  8]]])
```

只有数组 Array_b 的第一个元素保持为 1，这是因为原数组在变形之前进行了复制。

```
In: Array_b

Out: array([[1, 2],
            [3, 4],
            [5, 6],
            [7, 8]])
```

如果有必要改变原始数组的形状，比较受青睐的方法是 resize。

```
In: original_array.resize(4,2)
    original_array

Out: array([[-1,  2],
            [ 3,  4],
            [ 5,  6],
            [ 7,  8]])
```

事实上，使用 .shape 方法也能得到相同的结果，这需要给 .shape 设置一个表示想要维度大小的元组数值。

```
In: original_array.shape = (4,2)
```

如果是二维数组，则需要交换行和列，即矩阵转置，.T 或者 .transpose() 方法有助于实现这种变换（这就像 .reshape 方法一样）。

```
In: original_array

Out: array([[-1,  2],
            [ 3,  4],
            [ 5,  6],
            [ 7,  8]])
```

2.5.6　利用 NumPy 函数生成数组

如果需要一个由特定数字序列（0、1、序数和特定的统计分布）组成的向量或矩阵，NumPy 函数提供了很多选择。

首先，如果使用 arange 函数，创建整数序列的 NumPy 数组就十分简单，返回结果是具有一定间隔的整数序列（通常从零开始），然后改变结果的维数：

```
In: import numpy as np

In: ordinal_values = np.arange(9).reshape(3,3)
    ordinal_values

Out: array([[0, 1, 2],
            [3, 4, 5],
            [6, 7, 8]])
```

如果数组的数值需要颠倒顺序，可以使用以下命令：

```
In: np.arange(9)[::-1]

Out: array([8, 7, 6, 5, 4, 3, 2, 1, 0])
```

如果要产生随机整数的数组（数据无序且可能重复），可以使用下面的命令：

```
In: np.random.randint(low=1,high=10,size=(3,3)).reshape(3,3)
```

其他有用的数组包括全 0 数组和全 1 数组，或者单位矩阵：

```
In: np.zeros((3,3))

In: np.ones((3,3))

In: np.eye(3)
```

如果网格搜索中用数组搜索最佳参数，则分数步长（等差序列）或者对数步长（等比数列）是最有用的：

```
In: fractions = np.linspace(start=0, stop=1, num=10)
    growth = np.logspace(start=0, stop=1, num=10, base=10.0)
```

另外，正态分布或均匀分布等统计分布常用于系数向量或系数矩阵的初始化。

标准正态分布的 3×3 矩阵（均值为 0，标准差为 1）产生方式如下：

```
In: std_gaussian = np.random.normal(size=(3,3))
```

如果需要指定不同均值和标准偏差，可以使用以下命令：

```
In: gaussian = np.random.normal(loc=1.0, scale= 3.0, size=(3,3))
```

参数 loc 表示均值，参数 scale 表示标准差。

用于初始化向量的另一个常用的统计分布是均匀分布：

```
In: rand = np.random.uniform(low=0.0, high=1.0, size=(3,3))
```

2.5.7　直接从文件中获得数组

NumPy 数组也可以直接利用文件中的数据创建。

让我们再看一个前面用到过的例子：

```
In: import numpy as np
    housing = np.loadtxt('regression-datasets-housing.csv',
                         delimiter=',', dtype=float)
```

NumPy 的 loadtxt 函数将文件中的数据加载到数组，该函数需要指定文件名、分隔符和数据类型。如果数据类型变量 dtype 指定有误，则不能加载数据，如下例所示，文件中的数据是字符串类型，所需的数组类型是 float，则会提示错误：

```
In: np.loadtxt('datasets-uci-iris.csv',delimiter=',',dtype=float)

Out: ValueError: could not convert string to float: Iris-setosa
```

在这种情况下，一个可行的解决方案是知道哪些列是字符串（或其他非数字格式），准备一个转换函数将其转化为数字。如下例所示，借助 loadtxt 函数的 converters 参数，允许你将特定的变换函数应用到数组的特定列：

```
In: def from_txt_to_iris_class(x):
        if x==b'Iris-setosa': return 0
        elif x==b'Iris-versicolor': return 1
        elif x== b'Iris-virginica': return 2
        else: return np.nan

    np.loadtxt('datasets-uci-iris.csv', delimiter=',',
               converters= {4: from_txt_to_iris_class})
```

2.5.8 从 pandas 提取数据

与 pandas 交互是很方便的。事实上，pandas 是建立在 NumPy 基础上的，因此很容易从数据框对象提取数据，反之数据也可以自己变换成数据框。

首先，让我们来加载一些数据到数据框。前面章节中从机器学习库下载的波士顿房价数据集就是很好的例子：

```
In: import pandas as pd
    import numpy as np
    housing_filename = 'regression-datasets-housing.csv'
    housing = pd.read_csv(housing_filename, header=None)
```

如异构列表部分所示，此时，.values 方法将提取一个数组，该数组能容纳数据框中所有不同类型的数据：

```
In: housing_array = housing.values
    housing_array.dtype

Out: dtype('float64')
```

在这种情况下，选择的数据类型是 float64，因为浮点型比整型精度高、表示的范围广：

```
In: housing.dtypes

Out:  0      float64
      1        int64
      2      float64
      3        int64
      4      float64
```

```
5      float64
6      float64
7      float64
8        int64
9        int64
10       int64
11     float64
12     float64
13     float64
dtype: object
```

提取NumPy数组前，使用.dtypes方法查看数据框对象的类型，这有助于预测结果数组的dtype，从而决定是否在数据处理之前进行数据框中变量类型的转换或改变（见2.3节）。

2.6 NumPy快速操作和计算

当数组需要进行算术运算时，只需要根据运算对象是常数（标量）或者是相同形状的数组，分别进行相应的运算：

```
In: import numpy as np
    a =  np.arange(5).reshape(1,5)
    a += 1
    a*a

Out: array([[ 1,  4,  9, 16, 25]])
```

其结果是对数组进行逐个元素按位操作，也就是说，数组中每个元素都与标量常数或者另一个数组的相应元素进行操作。

当参与运算的数组维数不同时，如果数组的一个维度是1，则不必进行数据重构仍然有可能进行按位操作。在这种情况下，维数为1的维度要进行拉伸，直到它的维数与相应数组的维度相匹配，这种变换称为广播机制（broadcasting）。

例如：

```
In: a = np.arange(5).reshape(1,5) + 1
    b = np.arange(5).reshape(5,1) + 1
    a * b

Out: array([[ 1,  2,  3,  4,  5],
            [ 2,  4,  6,  8, 10],
            [ 3,  6,  9, 12, 15],
            [ 4,  8, 12, 16, 20],
            [ 5, 10, 15, 20, 25]])
```

上述操作与以下代码等价：

```
In: a2 = np.array([1,2,3,4,5] * 5).reshape(5,5)
    b2 = a2.T
    a2 * b2
```

然而，为了实现对应元素乘法操作，它不要求原始数组进行内存扩展。

还有很多NumPy函数能进行按位操作，例如abs(), sign(), round(), floor(), sqrt(), log()和exp()。

另外一些常用的NumPy函数是sum()和prod()，它在数组特定坐标轴上进行求和与乘积运算：

```
In: print (a2)

Out: [[1 2 3 4 5]
      [1 2 3 4 5]
      [1 2 3 4 5]
      [1 2 3 4 5]
      [1 2 3 4 5]]

In: np.sum(a2, axis=0)

Out: array([ 5, 10, 15, 20, 25])

In: np.sum(a2, axis=1)

Out: array([15, 15, 15, 15, 15])
```

需要注意的是当对数据进行运算时，相对于简单的 Python 列表来说，NumPy 函数对数组的运算速度非常快。让我们做几个实验，首先，比较列表与数组分别与常数求和运算的情况：

```
In: %timeit -n 1 -r 3 [i+1.0 for i in range(10**6)]
    %timeit -n 1 -r 3 np.arange(10**6)+1.0

Out: 1 loops, best of 3: 158 ms per loop
     1 loops, best of 3: 6.64 ms per loop
```

在 Jupyter 中，%time 函数可以轻松获得代码运行的基准测试时间。其中，参数 –n 1 表示代码片段只需要执行一次；参数 –r 3 表示需要重复执行循环 3 次（本例中只有一次循环），在这样的重复中记录精确的平均执行时间。

在本地计算机上获得的结果会根据计算机配置和操作系统的不同而有所差别。总之，标准 Python 运算和 NumPy 运算之间的差异还是相当大的。尽管这种差别在较小的数据集上不易察觉，但是当处理较大数据集或者循环进行参数或变量选择的相同分析流程时，这种差异会真正影响数据分析。

这种情况在进行一些复杂操作时也会出现，例如求解平方根：

```
In: import math
    %timeit -n 1 -r 3 [math.sqrt(i) for i in range(10**6)]

Out: 1 loops, best of 3: 222 ms per loop

In: %timeit -n 1 -r 3 np.sqrt(np.arange(10**6))

Out: 1 loops, best of 3: 6.9 ms per loop
```

有时，你可能需要使用自定义函数来处理数组。

apply_along_axis 函数允许使用自定义函数并将其应用到数组的轴上：

```
In: def cube_power_square_root(x):
        return np.sqrt(np.power(x, 3))

    np.apply_along_axis(cube_power_square_root,
                        axis=0, arr=a2)

Out: array([[ 1.,  2.82842712,  5.19615242,  8., 11.18033989],
            [ 1.,  2.82842712,  5.19615242,  8., 11.18033989],
            [ 1.,  2.82842712,  5.19615242,  8., 11.18033989],
            [ 1.,  2.82842712,  5.19615242,  8., 11.18033989],
            [ 1.,  2.82842712,  5.19615242,  8., 11.18033989]])
```

2.6.1 矩阵运算

进行乘法运算，除了使用 np.dot() 进行逐个元素的计算，还可以使用二维数组的矩阵计算，例如向量与矩阵相乘、矩阵与矩阵相乘。

```
In: import numpy as np
    M = np.arange(5*5, dtype=float).reshape(5,5)
    M

Out: array([[  0.,   1.,   2.,   3.,   4.],
            [  5.,   6.,   7.,   8.,   9.],
            [ 10.,  11.,  12.,  13.,  14.],
            [ 15.,  16.,  17.,  18.,  19.],
            [ 20.,  21.,  22.,  23.,  24.]])
```

本例中，我们创建了一个 5 × 5 的二维数组，数组内容是从 0 到 24 的序数。

1. 定义一个系数向量和一个列矩阵，列矩阵用于存储系数向量及其反向序列：

```
In: coefs = np.array([1., 0.5, 0.5, 0.5, 0.5])
    coefs_matrix = np.column_stack((coefs,coefs[::-1]))
    print (coefs_matrix)

Out: [[ 1.   0.5]
      [ 0.5  0.5]
      [ 0.5  0.5]
      [ 0.5  0.5]
      [ 0.5  1. ]]
```

2. 现在，可以使用 np.dot 函数将矩阵 M 与系数向量相乘：

```
In: np.dot(M,coefs)

Out: array([  5.,  20.,  35.,  50.,  65.])
```

3. 或者，将系数向量乘以矩阵 M：

```
In: np.dot(coefs,M)

Out: array([ 25.,  28.,  31.,  34.,  37.])
```

4. 或者，矩阵 M 乘以堆叠的系数向量矩阵（5 × 2 的矩阵）：

```
In: np.dot(M,coefs_matrix)

Out: array([[  5.,   7.],
            [ 20.,  22.],
            [ 35.,  37.],
            [ 50.,  52.],
            [ 65.,  67.]])
```

NumPy 还提供了矩阵（matrix）对象类，它实际上是 ndarray 的一个子类，继承了 ndarray 类的所有属性和方法。NumPy 矩阵默认情况下特指二维矩阵（数组实际上是多维的）。当进行乘法运算时，NumPy 矩阵使用矩阵乘法，而不是按位操作，它们有一些特殊的矩阵操作方法（例如，.H 表示共轭转置，.I 表示求逆矩阵）。除了具备类似 MATLAB 的矩阵操作方便性之外，它们不再有其他的优势。在编写脚本时可能会弄混淆，因为你不得不处理矩阵和数组各种不同的乘法符号。

注意：从 Python 3.5 开始，Python 引入了新的矩阵乘法运算符“@”(这种改变不仅体现在 NumPy，其他所有 Python 工具包都采用了该运算符)。新运算符的引入具有如下优点：

首先，* 运算符不再用于矩阵相乘。* 运算符将专门用于按位操作，参与运算的两个矩阵（向量）维数相同，两个矩阵中相同位置的对应元素进行操作。

其次，增强了代码中公式的可读性，使代码更容易阅读和解释。不用再刻意区分运算符 +、-、/、* 和 .dot 方法，现在只需要记住矩阵操作的运算符是 +、-、/、* 和 @。

这里只是一个简单的介绍，你可以了解更多矩阵乘法运算的知识，比如检查 .dot 方法和 @ 运算符的区别，阅读 Python 增强计划（PEP 465）中的应用示例，具体网页地址如下：https://www.python.org/dev/peps/pep-0465/。

2.6.2 NumPy 数组切片和索引

通过指定可视化的行、列切片或索引值，可以对 ndarray 数组进行观测。

1. 让我们定义一个工作数组：

```
In: import numpy as np
    M = np.arange(10*10, dtype=int).reshape(10,10)
```

2. 以上定义了一个 10 × 10 的二维数组，首先，通过切片将数组变成一维数据。一维数据的标记与 Python 列表相同：

```
[start_index_included:end_index_exclude:steps]
```

3. 例如，要提取数组中第 2 至 8 行的偶数行：

```
In: M[2:9:2,:]

Out: array([[20, 21, 22, 23, 24, 25, 26, 27, 28, 29],
            [40, 41, 42, 43, 44, 45, 46, 47, 48, 49],
            [60, 61, 62, 63, 64, 65, 66, 67, 68, 69],
            [80, 81, 82, 83, 84, 85, 86, 87, 88, 89]])
```

4. 经过行切片之后，还可以进一步进行列切片，通过索引“5:”提取第 6 列以后的数据。

```
In: M[2:9:2,5:]

Out: array([[25, 26, 27, 28, 29],
            [45, 46, 47, 48, 49],
            [65, 66, 67, 68, 69],
            [85, 86, 87, 88, 89]])
```

5. 在列表中，可以使用负数作为索引值，这样就会从后向前计数。此外，使用负数作为步长参数，会颠倒输出数组的顺序。如下例所示，列索引从第 6 列（索引 5）开始，逆序取值直到第 1 列（索引 0）。

```
In: M[2:9:2,5::-1]

Out: array([[25, 24, 23, 22, 21, 20],
            [45, 44, 43, 42, 41, 40],
            [65, 64, 63, 62, 61, 60],
            [85, 84, 83, 82, 81, 80]])
```

6. 还可以创建布尔索引，指出选择哪一行或哪一列。因此，可以通过使用 row_index 和

col_index 变量重复刚才的示例：

```
In: row_index = (M[:,0]>=20) & (M[:,0]<=80)
    col_index = M[0,:]>=5
    M[row_index,:][:,col_index]
Out: array([[25, 26, 27, 28, 29],
            [35, 36, 37, 38, 39],
            [45, 46, 47, 48, 49],
            [55, 56, 57, 58, 59],
            [65, 66, 67, 68, 69],
            [75, 76, 77, 78, 79],
            [85, 86, 87, 88, 89]])
```

尽管通常可以使用整数对其他维度进行索引，但是不能在同一个方括号中对列和行都使用布尔索引。因此，我们必须先在行方向上进行布尔选择，然后重新打开方括号进行第二次选择，这一次则集中在列方向上进行选择。

7. 如果需要对数组元素进行全局选择，也可以使用如下所示的布尔掩模：

```
In: mask = (M>=20) & (M<=90) & ((M / 10.) % 1 >= 0.5)
    M[mask]

Out: array([25, 26, 27, 28, 29, 35, 36, 37, 38, 39, 45, 46, 47, 48,
49,
            55, 56, 57, 58, 59, 65, 66, 67, 68, 69, 75, 76, 77, 78,
79,
            85, 86, 87, 88, 89])
```

如果需要对掩模选择的部分数组进行操作（例如，M[mask]=0），这种方法尤其有效。

另一种选择数组指定元素的方法是花式索引（fancy indexing），利用元素所在的行、列组成的整数数组进行索引。这些索引可以由 np.where() 函数定义，把数组的布尔条件转换成索引，或者通过简单的整数序列作为索引，其中索引整数可以是特定的顺序，甚至可以是重复的数字。

```
In: row_index = [1,1,2,7]
    col_index = [0,2,4,8]
```

定义好行和列索引之后，接下来是应用索引选择数组元素，元素坐标由这两个索引组成的元组来确定：

```
In: M[row_index,col_index]

Out: array([10, 12, 24, 78])
```

这样，就会选择出坐标是（1,0）、（1,2）、（2,4）和（7,8）位置处的元素。否则，就只能像前面的示例一样，先进行行方向的筛选，然后是列方向，行和列索引由方括号分隔。

```
In: M[row_index,:][:,col_index]

Out: array([[10, 12, 14, 18],
            [10, 12, 14, 18],
            [20, 22, 24, 28],
            [70, 72, 74, 78]])
```

最后，需要记住的是切片和索引只是数据的观测。如果需要为这些观测创建新的数据，则必须使用 .copy 方法将切片数据赋给另一个变量。否则，任何对原数组的修改都将反映到切片数据上，反之亦然。copy 方法的用法如下：

```
In: N = M[2:9:2,5:].copy()
```

2.6.3 NumPy 数组堆叠

当进行二维数组操作时，使用 NumPy 函数能够轻松又快速地完成像增加数据和变量等常见操作。

这种操作最常见形式是给数组增加更多实例。

1. 开始，我们先创建一个数组：

```
In: import numpy as np
    dataset = np.arange(10*5).reshape(10,5)
```

2. 现在，创建一个单行数据和几行数据，用来与原来数据相连接：

```
In: single_line = np.arange(1*5).reshape(1,5)
    a_few_lines = np.arange(3*5).reshape(3,5)
```

3. 先来添加一行数据：

```
In: np.vstack((dataset,single_line))
```

4. .vstack 命令只需要提供一个参数元组，元组包含两个需要连接的垂直数组。在我们的例子中，相同的命令同样适用于增加多行的数据：

```
In: np.vstack((dataset,a_few_lines))
```

5. 再者，如果要多次添加相同的单行数据，元组可以表示成新级联数组的顺序结构：

```
In: np.vstack((dataset,single_line,single_line))
```

另外一种常见的情况是给现有的数组增加变量。这时就需要采用 hstack 命令（h 表示水平）代替 vstack 命令（v 表示垂直）。

1. 假设要给原始数组增加一个单位偏差（bias）：

```
In: bias = np.ones(10).reshape(10,1)
    np.hstack((dataset,bias))
```

2. 使用 column_stack() 函数将偏差作为数据序列进行添加，这时则不需要考虑对偏差进行整形（因此，bias 可以是任何与数组行数相同的数据序列），也可以获得相同的结果：

```
In: bias = np.ones(10)
    np.column_stack((dataset,bias))
```

在数据科学项目中，对二维数组增加行和列是最基本的有效处理数据的方法。现在，对稍微不同的数据问题我们再看几个更具体的函数。

首先，尽管二维数组是常态，但也可能需要处理三维数据结构。因此，dstack() 函数类似于 hstack() 和 vstack()，但它在进行第三轴数据操作时非常方便：

```
In: np.dstack((dataset*1,dataset*2,dataset*3))
```

在本例中，第三维数据是原始二维数组的倍数，呈现了累进变化率（时间或维度变化）。

另一种更容易出问题的情况是行的插入，或者更常见的是在数组的特定位置插入一列。数组需要占用连续的内存块，因此，数据插入需要分裂原来的数组，创建一个新的数组。NumPy 的 insert 命令可以快速又轻松地实现行和列的插入：

```
In: np.insert(dataset, 3, bias, axis=1)
```

Insert 命令只需要确定如下参数：数据要插入的数组（dataset）、插入的位置（index 3）、要插入的数据序列（bias）以及插入操作的数据轴（这里 axis 1 表示垂直轴）。

当然，也可以插入整个数组而不仅仅是一个向量，但是也确保要插入的数组与待插入数据的数组大小一致。在本例中，为了插入数组本身，需要对将数组进行转置：

```
In: np.insert(dataset, 3, dataset.T, axis=1)
```

也可以在不同的轴上插入数据（在下例中，axis 0 表示水平轴，但也可以在数组的任何轴上进行操作）：

```
In: np.insert(dataset, 3, np.ones(5), axis=0)
```

从根本上来说，数据插入就是将原始数组在选定轴的特定位置分开，然后将分割的数据与新插入的数据合并起来。

2.6.4 使用稀疏数组

稀疏矩阵是指大部分元素的数值为零的矩阵。稀疏矩阵在某些数据问题中自然存在，比如自然语言处理（natural language processing, NLP）、事件计数（如客户的商品购买量）、分类数据转换成二值变量（称为独热编码技术，我们将在下一章讨论），甚至在具有很多黑色像素的图像中。

处理稀疏矩阵需要使用合适的工具，因为它们给大多数机器学习算法的内存和计算都带来了挑战。

首先，稀疏矩阵非常巨大（如果将其视为普通矩阵，则无法装入内存），它们的数值大多为零，但只占用少数单元格。为稀疏矩阵优化的数据结构允许我们有效地存储矩阵，其中大部分值为零的元素不占用任何内存空间。相反，在任何 Numpy 数组中（作为对比，我们称之为稠密数组），任何零值元素都会占用一些内存空间，因为数组会跟踪所有元素的值。

此外，稀疏矩阵由于体积较大，需要大量的计算才能进行处理，但是它们的大部分值并没有用于预测。利用稀疏矩阵数据结构的算法比使用稠密矩阵的标准算法计算时间短得多。

在 Python 中，SciPy 的 sparse 模块提供了各种解决稀疏问题的数据结构。更具体地说，它提供了七种不同类型的稀疏矩阵，如下所示。

csc_matrix：压缩稀疏列格式

csr_matrix：压缩稀疏行格式

bsr_matrix：分块压缩稀疏行格式

lil_matrix：基于行链接列表的稀疏矩阵格式

dok_matrix：基于字典键的稀疏矩阵格式

coo_matrix：稀疏坐标形式的矩阵格式（也称为 IJV，由三个数组表示的格式）

dia_matrix：对角存储格式

每种稀疏矩阵类型都标志着存储稀疏信息的不同方式，这种特殊方式能影响矩阵在不同情况下的性能。我们将在每一种稀疏矩阵类型上进行演示说明，看看哪些操作快速而有效，哪些操作根本没有作用。例如，说明文档指出 dok_matrix、lil_matrix 或 coo_matrix 是从头构建稀疏矩阵的最佳方法。针对这个问题，我们从 coo_matrix 开始说明。

提示：可以通过以下网页查看 SciPy 关于稀疏矩阵的所有说明文档：https://docs.scipy.org/doc/scipy/reference/sparse.html。

首先创建一个稀疏矩阵：

1. 为了创建稀疏矩阵，可以通过 NumPy 数组生成（只需将数组传递给 SciPy 的一个稀疏矩阵格式），或者分别向 COO 矩阵分别提供三个向量：行索引、列索引和数据值。

```
In: row_idx = np.array([0, 1, 3, 3, 4])
    col_idx = np.array([1, 2, 2, 4, 2])
    values  = np.array([1, 1, 2, 1, 2], dtype=float)
    sparse_coo = sparse.coo_matrix((values, (row_idx, col_idx)))
    sparse_coo

Out: <5x5 sparse matrix of type '<class 'numpy.float64'>'
      with 5 stored elements in COOrdinate format>
```

2. 调用 COO 矩阵可以告诉你矩阵的形状和它包含多少个非零元素。矩阵的稀疏度量可以用零元素的数量除以矩阵的大小来表示，否则也可以按以下方式计算：

```
In: sparsity = 1.0 - (sparse_coo.count_nonzero() /
    np.prod(sparse_coo.shape))
    print(sparsity)

Out: 0.8
```

稀疏度为 0.8，也就是说，矩阵的 80% 实际上是空的。

也可以使用 matplotlib 中的 spy 命令，以图形化的方式研究矩阵稀疏性。在下面的示例中，我们将创建一个随机稀疏矩阵，用图形的形式方便地表示它，以便了解矩阵中有多少数据是有效可用的：

```
In: import matplotlib.pyplot as plt

    %matplotlib inline
    large_sparse = sparse.random(10 ** 3, 10 ** 3, density=0.001,
format='coo')
    plt.spy(large_sparse, marker=',')
    plt.show()
```

得到的图形会让你对矩阵的空白空间有一个概念：

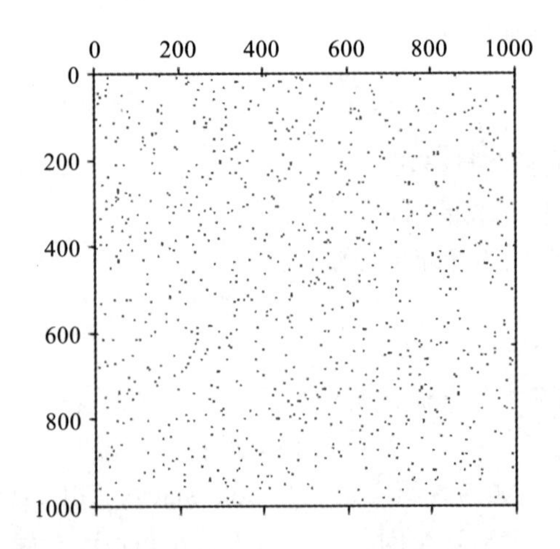

如果有需要，可以使用 to_dense: sparse_coo.to_dense() 方法将稀疏矩阵转换为稠密矩阵。

你也可以将矩阵打印出来，了解 COO 矩阵的具体构造：

```
In: print(sparse_coo)

Out: (0, 1)     1.0
     (1, 2)     1.0
     (3, 2)     2.0
     (3, 4)     1.0
     (4, 2)     2.0
```

从输出的形式可以看出，稀疏坐标格式矩阵将数值存储在三个独立的数组中：一个是 x 坐标、一个是 y 坐标、一个表示数值。这意味着 COO 矩阵在插入信息时速度非常快（每个新元素占存储数组中新的一行），但是矩阵处理的速度却很慢，因为它在扫描数组时不能立即找出一行或一列中的值。

基于字典键（dok）和行链接列表（lil）的稀疏矩阵也是如此。dok 矩阵使用含有坐标的字典来记录数据元素，因此它可以快速检索单个元素。lil 矩阵使用两个都是用行表示的列表，其中一个列表包含行中非零元素的坐标，另一个列表用来存储对应的数值（通过添加更多行很容易扩展矩阵）。

COO 矩阵的另一个优点是可以快速转换为其他类型的矩阵，转换的矩阵专门在行或列级别上高效工作，比如 csr 和 csc 矩阵。

压缩稀疏行（csr）和压缩稀疏列（csc）格式是稀疏矩阵创建后再进行操作的最常用格式。它们使用的索引系统有利于在 csr 的行和 csc 的列上进行计算。可是，这使得矩阵编辑的计算成本非常大（因此，矩阵创建之后就不方便再改变其结构）。

提示： 实际上，csr 和 csc 的性能取决于所使用的算法，以及如何进行参数优化。你需要在自己的算法上试验，看看哪种稀疏矩阵类型表现最好。

最后，对角存储格式矩阵是专门用于对角矩阵和分块稀疏行格式矩阵的稀疏数据结构。除了基于整个数据块的数据存储方式之外，这些矩阵的特点与 csr 矩阵类似。

2.7 小结

本章讨论了 pandas 和 NumPy 所提供的所有工具，利用它们进行数据加载并有效地改写数据。

我们从 pandas 与它的两个主要数据结构数据框和 Series 开始，逐步引出 NumPy 二维数组这一种适合后继实验和机器学习的数据结构。在此过程中，我们讨论了多个主题：如向量和矩阵操作、分类数据编码、文本数据处理、修复缺失数据和错误、数据切片和切块、合并和堆叠等。

除了我们演示的这些基本的命令和程序，pandas 和 NumPy 当然还提供了更多的功能。你现在就可以开始数据科学项目，对任何可用的原始数据进行必要的数据清洗和维数转换等工作。

本章概述了机器学习过程所必需的所有基本数据改写操作方法。下一章，我们将进入数据操作的下一个步骤，讨论那些能够改善甚至提高数据处理结果的方法。

第 3 章
数据科学流程

到目前为止，我们探讨了如何在 Python 中加载数据，继而在一定程度上进行数据处理，创建 NumPy 二维数组形式的数据集。因此，我们做好了充分准备，将全面进入数据科学，从数据和潜在数据产品中提取有意义的信息。本章和下一章是全书最具挑战性的部分。

在本章，将学到如下内容：

- 简要探索数据并创建新的特征
- 数据维度约简
- 异常数据的检测和处理
- 确定项目最合适的评分和损失指标
- 运用科学方法论，有效检验机器学习假设的性能
- 精简特征数量，降低数据科学问题的复杂度
- 优化学习参数

3.1 EDA 简介

探索性数据分析（Exploratory Data Analysis, EDA）是数据科学过程的第一步。EDA 是 John Tukey 在 1977 年提出的，那是他第一次写书强调了探索性数据分析的重要性。EDA 需要更好地了解数据集、检查数据集的特征和形状、验证脑海中已有的一些假设，对数据科学任务接下来的步骤要有一个初步的想法。

本节使用的数据集是前一章已经用到的 Iris 数据集。首先，让我们来加载数据集：

```
In: import pandas as pd
    iris_filename = 'datasets-uci-iris.csv'
    iris = pd.read_csv(iris_filename, header=None,
            names= ['sepal_length', 'sepal_width',
            'petal_length', 'petal_width', 'target'])
    iris.head()
```

调用 head 方法会显示前五行数据：

	sepal_length	sepal_width	petal_length	petal_width	target
0	5.1	3.5	1.4	0.2	lris-setosa
1	4.9	3.0	1.4	0.2	lris-setosa
2	4.7	3.2	1.3	0.2	lris-setosa
3	4.6	3.1	1.5	0.2	lris-setosa
4	5.0	3.6	1.4	0.2	lris-setosa

这里已经成功加载了数据集。现在探索阶段开始了，.describe() 方法有助于对数据集进行更深层次的了解，用法如下：

```
In: iris.describe()
```

立即出现数据集的描述，包括频率、平均值和其他描述符。

	sepal_length	sepal_width	petal_length	petal_width
count	150.000000	150.000000	150.000000	150.000000
mean	5.843333	3.054000	3.758667	1.198667
std	0.828066	0.433594	1.764420	0.763161
min	4.300000	2.000000	1.000000	0.100000
25%	5.100000	2.800000	1.600000	0.300000
50%	5.800000	3.000000	4.350000	1.300000
75%	6.400000	3.300000	5.100000	1.800000
max	7.900000	4.400000	6.900000	2.500000

这样会得到所有的数值特征，如观测值的数量、各特征的平均值、标准差、最大值和最小值，以及一些分位数（25%、50% 和 75%），这些刻画了每个特征的概率分布。如果想将这些信息可视化，可以使用如下所示的 boxplot() 方法：

```
In: boxes = iris.boxplot(return_type='axes')
```

会出现各个变量的箱线图：

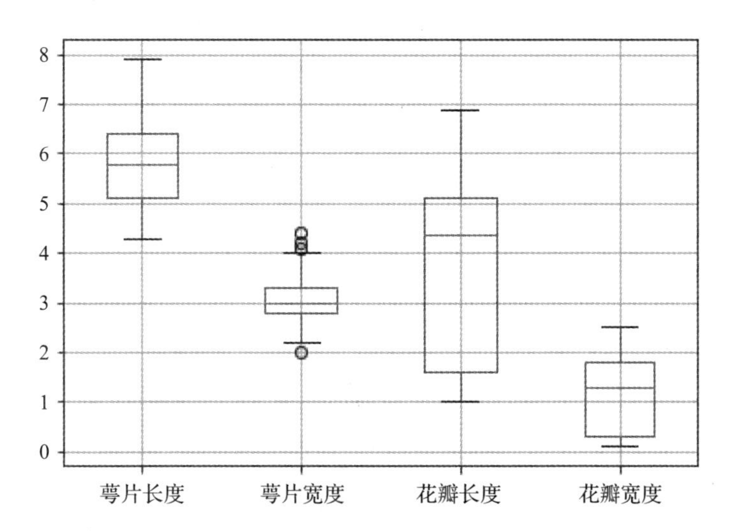

注意：本章展示的结果图像可能与你本地计算机上获得的结果有些差异，这是因为图像设置的初始化参数是随机参数造成的。

如果需要其他的分位数的值，同样可以使用 .quantile() 方法。比如需要 10% 和 90% 两个分位数的结果，可以使用以下代码：

```
In: iris.quantile([0.1, 0.9])
```

这是满足要求分位数的统计数值：

	sepal_length	sepal_width	petal_length	petal_width
0.1	4.8	2.50	1.4	0.2
0.9	6.9	3.61	5.8	2.2

最后，计算中位数，可以使用 .median() 方法。同样，为了获得均值和标准差，可以分别使用 .mean() 和 .std() 方法。对于范畴特征，要获取水平信息（特征决定的类别差异），可以使用如下所示的 .unique() 方法：

```
In: iris.target.unique()

Out: array(['Iris-setosa', 'Iris-versicolor', 'Iris-virginica'],
      dtype=object)
```

要查看特征之间的关系，可以创建一个共生矩阵。

在下面的示例中，我们将统计 petal_length 特征大于均值的次数，将该数值与 petal_width 特征大于其均值的次数进行对比。为此，需要使用 crosstab 方法，如下所示：

```
In: pd.crosstab(iris['petal_length'] > 3.758667,
                iris['petal_width'] > 1.198667)
```

上述命令产生一个两维表格：

petal_width Petal_Length	False	True
False	56	1
True	4	89

从结果可以看出，上述两种特征的条件判断总是同时发生。因此，可以假设这两个事件之间有很强的关系。可以使用如下代码通过图形化的方式显示它们之间的关系：

```
In: scatterplot = iris.plot(kind='scatter',
                            x='petal_width', y='petal_length',
                            s=64, c='blue', edgecolors='white')
```

得到一幅由 x 和 y 轴标记变量的散点图：

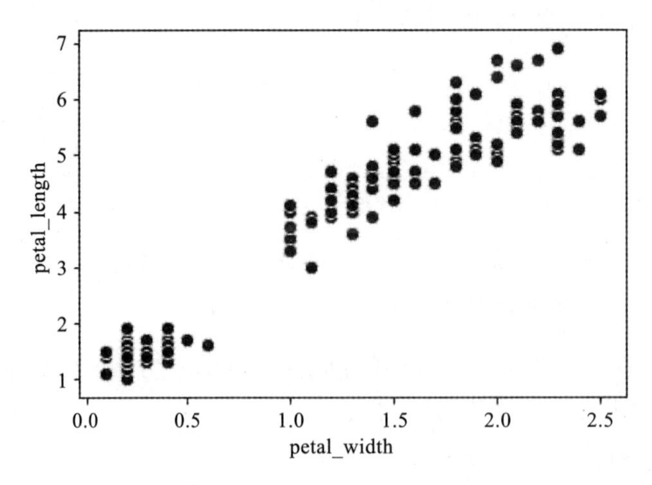

图中的趋势相当明显，我们可以推断两个坐标变量 x 和 y 是相关的。通常 EDA 过程的

最后一个操作是特征分布的检验。为此，可以使用直方图来近似表示特征的概率分布，如下代码将帮助你实现这个功能：

```
In: distr = iris.petal_width.plot(kind='hist', alpha=0.5, bins=20)
```

结果直方图显示如下：

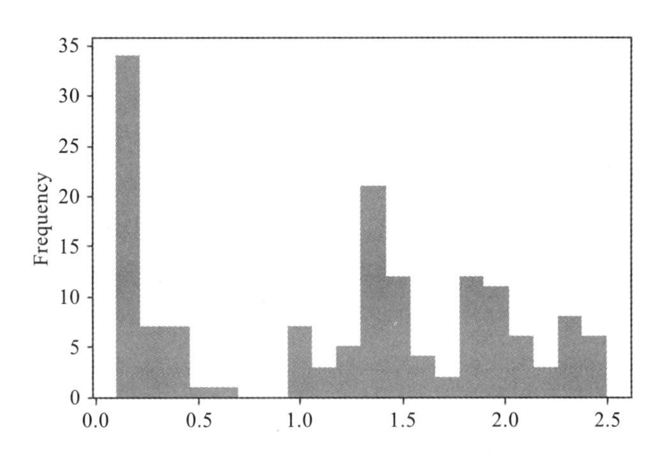

经过仔细搜寻，我们选择了 20 个分箱（bin）。在其他实验中，20 个分箱或许是一个非常低或非常高的值。根据经验法则，分箱数量的初始值是观测数量的平方根。然后，需要不断修正，直到得到一个很好的概率分布形状。

建议对所有的特征都探索这样的可能性，以检查它们之间的关系，并估计它们的概率分布。事实上，如果给定概率分布，可以有区别地对待不同的特征，以达到最大的分类或回归性能。

3.2 创建新特征

有时候，你会发现特征和目标变量并不是很相关。在这种情况下，可以修改输入数据集，应用线性或非线性变换来提高系统的精度，或者采用其他相似的方法。这是数据处理非常重要的步骤，因为它完全依赖于数据科学家的技能，数据科学家负责改变数据集和输入数据，从而使数据更适合学习模型。尽管这些步骤直观上增加了复杂性，但是这种方法常常能够提高学习器的性能，这就是它被深度学习等前沿技术采用的原因。

例如，如果想对房子进行估价，而你只知道每一个房间的长、宽、高等形状参数，你完全可以另外创建一个表示房子体积的特征。严格来说，这不是一个观测特征，但它是建立在现有观测数据之上的特征。让我们先看一些代码：

```
In: import numpy as np
    from sklearn import datasets
    from sklearn.model_selection import train_test_split
    from sklearn.metrics import mean_squared_error
    cali = datasets.california_housing.fetch_california_housing()
    X = cali['data']
    Y = cali['target']
    X_train, X_test, Y_train, Y_test = train_test_split(X, Y,
                                                       test_size=0.2)
```

这里加载的数据集是加利福尼亚州的房价数据集。由于目标变量是房子的价格（一个实数），因此，这是一个回归问题。直接使用一个简单的回归器——KNN 回归器（第 4 章将详细介绍回归器)，在测试数据集中得到的平均绝对误差（Mean Absolute Error, MAE）约为 1.15。不能完全理解这些代码没有关系，本书随后会详细介绍 MAE 和其他回归器。现在，假设 MAE 表示一种误差。因此，MAE 的数值越低，结果越好。

```
In: from sklearn.neighbors import KNeighborsRegressor
    regressor = KNeighborsRegressor()
    regressor.fit(X_train, Y_train)
    Y_est = regressor.predict(X_test)
    print ("MAE=", mean_squared_error(Y_test, Y_est))

Out: MAE= 1.07452795578
```

现在，结果 1.07 相当不错，但是我们还能做得更好。使用 Z-scores 方法对输入特征进行标准化，在这一新的特征集上对回归任务进行比较。Z 标准化（Z-normalization）简单地将特征映射为均值为零、标准差为 1 的新特征。使用 sklearn，具体实现方式如下：

```
In: from sklearn.preprocessing import StandardScaler
    scaler = StandardScaler()
    X_train_scaled = scaler.fit_transform(X_train)
    X_test_scaled = scaler.transform(X_test)
    regressor = KNeighborsRegressor()
    regressor.fit(X_train_scaled, Y_train)
    Y_est = regressor.predict(X_test_scaled)
    print ("MAE=", mean_squared_error(Y_test, Y_est))

Out: MAE= 0.402334179429
```

通过这个简单步骤，我们将 MAE 的数值减少一半多，现在的数值大约是 0.4。

注意：这里没有使用原始特征，我们用的是原始特征的线性变换，这样更利于 KNN 回归器的学习。

相对于 Z 标准化，我们可以使用一个对异常值更鲁棒的缩放函数，函数名为 RobustScaler。这种缩放变换不使用均值和标准差，而是采用中位数和 IQR（即第一个和第三个四分位数）对每个特征进行单独缩放。由于数据读入缺失、传输错误或者传感器损坏等原因，如果有一个或一些点远离中心，这些异常数据对均值和方差的影响较大，而对中位数和四分位数影响不大，因此鲁棒性缩放对异常值更鲁棒。

```
In: from sklearn.preprocessing import RobustScaler
    scaler2 = RobustScaler()
    X_train_scaled = scaler2.fit_transform(X_train)
    X_test_scaled = scaler2.transform(X_test)
    regressor = KNeighborsRegressor()
    regressor.fit(X_train_scaled, Y_train)
    Y_est = regressor.predict(X_test_scaled)
    print ("MAE=", mean_squared_error(Y_test, Y_est))

Out: MAE=0.41749216189
```

现在，让我们试着对特定特征使用非线性修正。假定输出结果与房屋居住的人数大致相关。事实上，房屋是一个人居住还是有三个人居住，其价格会有很大区别。然而，同样的房子 10 人居住和 12 人居住，其价格差别并不是很大（尽管仍然是两个人的差别）。因此，我们增加一个特征，它是另一个特征的非线性变换：

```
In: non_linear_feat = 5 # AveOccup
    X_train_new_feat = np.sqrt(X_train[:,non_linear_feat])
    X_train_new_feat.shape = (X_train_new_feat.shape[0], 1)
    X_train_extended = np.hstack([X_train, X_train_new_feat])
    X_test_new_feat = np.sqrt(X_test[:,non_linear_feat])
    X_test_new_feat.shape = (X_test_new_feat.shape[0], 1)
    X_test_extended = np.hstack([X_test, X_test_new_feat])
    scaler = StandardScaler()
    X_train_extended_scaled = scaler.fit_transform(X_train_extended)
    X_test_extended_scaled = scaler.transform(X_test_extended)
    regressor = KNeighborsRegressor()
    regressor.fit(X_train_extended_scaled, Y_train)
    Y_est = regressor.predict(X_test_extended_scaled)
    print ("MAE=", mean_squared_error(Y_test, Y_est))

Out: MAE= 0.325402604306
```

通过增加新的特征，我们进一步降低了 MAE，最后得到一个满意的回归器。当然，还可以尝试更多的变换方法来提高系统性能。但是，这个简单的例子说明了特征变换对数据分析的影响，使用线性和非线性变换能够得到一个在概念上与输出变量更相关的特征。

3.3 维数约简

通常，你要处理一些包含大量特征的数据集，数据中的许多特征可能是没用的。这是一个很典型的问题，因为有些特征包含丰富的预测信息，有些特征之间具有一定的相关性，而有些特征则只包含噪声或不相关的信息。只保留有意义的特征不仅可以使数据集更易于管理，还可以使预测算法不受数据中噪声的影响，因而预测精度更好。

因此出现了维数约简这样一种操作，它消除输入数据集的某些特征，创建一个有限的特征数据集，这些特征包含所有需要的信息，从而以更有效的方式预测目标变量。减少特征数量通常也意味着减少输出的变化性和复杂性（以及需要的时间）。

许多维数约简算法背后的一个主要假设是：数据包含加性高斯白噪声（Additive White Gaussian Noise, AWGN）。它是一种独立的高斯噪声，添加到数据集的每一个特征中。维数约简也减少了噪声的能量，因为减少它的集合跨度。

3.3.1 协方差矩阵

协方差矩阵给出了所有不同特征对之间相关性的概念。这通常是维数约简的第一步，因为它给出了强相关特征（也是可以丢弃的特征）和独立特征的数量。在 iris 数据集中每个观测有四个特征，通过简单的图形表示很容易计算和理解，也可以通过以下代码获得：

```
In: from sklearn import datasets
    import numpy as np
    iris = datasets.load_iris()
    cov_data = np.corrcoef(iris.data.T)
    print (iris.feature_names)
    print (cov_data)

Out: ['sepal length (cm)', 'sepal width (cm)', 'petal length (cm)',
      'petal width (cm)']
     [[ 1.          -0.10936925  0.87175416  0.81795363]
      [-0.10936925  1.          -0.4205161  -0.35654409]
      [ 0.87175416 -0.4205161   1.          0.9627571 ]
      [ 0.81795363 -0.35654409  0.9627571   1.        ]]
```

使用 heatmap，现在可以用图形的形式来显示协方差矩阵：

```
In: import matplotlib.pyplot as plt
    img = plt.matshow(cov_data, cmap=plt.cm.rainbow)
    plt.colorbar(img, ticks=[-1, 0, 1], fraction=0.045)
    for x in range(cov_data.shape[0]):
        for y in range(cov_data.shape[1]):
            plt.text(x, y, "%0.2f" % cov_data[x,y],
                     size=12, color='black', ha="center", va="center")
    plt.show()
```

下面是生成的热图：

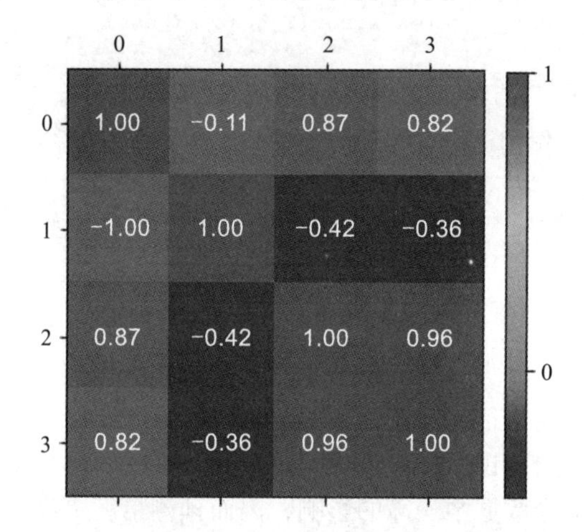

从上图可以看出，对角线上的数值为 1。这是因为我们使用了协方差矩阵的标准化（对特征能量进行归一化）。我们还发现第一个和第三个、第一个和第四个以及第三个和第四个特征之间具有高度相关性。因此，我们看到只有第二个特征几乎是独立的，而其他的特征则彼此相关。

我们现在有一个粗略的概念，约简数据集的潜在特征数量应该为：2。

3.3.2 主成分分析

主成分分析（Principal Component Analysis, PCA）是一种帮助定义更小、更相关特征集合的方法。新的特征是现有特征的线性组合（即旋转）。输入空间经过旋转后，输出集合的第一个向量包含了信号的大部分能量（即方差）。第二个向量与第一个向量正交，它包含了剩余能量的大部分；第三个向量又与前两个向量正交，并包含剩余能量的大部分，以此类推。这就像重建数据集中的信息一样，通过将尽可能多的信息聚合到 PCA 产生的初始向量上。

在理想的加性高斯白噪声（AWGN）情况下，初始向量包含了输入信号的所有信息，最后面的一些向量只包含噪声。此外，由于输出基是正交的，因此可以将输入数据集经分解和合成形成一个近似的版本，而决定基矢量数量的关键参数是能量。由于 PCA 的主要算法是奇异值分解（SVD），PCA 有两个相关术语：特征向量（基向量）和特征值（特征向量对应的标准偏差）。通常情况下，输出集合的基数是保证存在输入能量的 95%（有时候是 99%）。关于 PCA 的严谨解释已经超出了本书讨论的范围，因此，这里只是引导你如何在 Python 中使用这个强大的工具。

下面是一个将数据集约简至二维的例子。在上一节中，经过协方差矩阵分析我们认为特征维数应该为 2，让我们看看分析得是否正确：

```
In: from sklearn.decomposition import PCA
    pca_2c = PCA(n_components=2)
    X_pca_2c = pca_2c.fit_transform(iris.data)
    X_pca_2c.shape

Out: (150, 2)

In: plt.scatter(X_pca_2c[:,0], X_pca_2c[:,1], c=iris.target, alpha=0.8,
                s=60, marker='o', edgecolors='white')
    plt.show()
    pca_2c.explained_variance_ratio_.sum()

Out: 0.97763177502480336
```

执行代码，还会得到前两个成分的散点图：

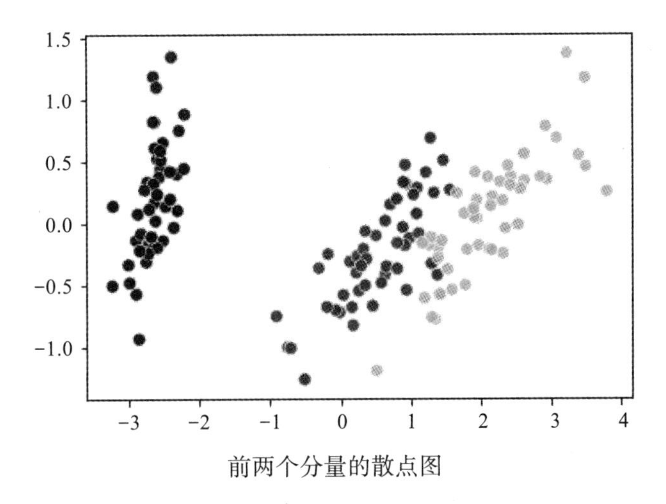

前两个分量的散点图

我们马上发现，经过主成分分析后输出集只有两个特征，这是因为调用 PCA() 对象时使用的参数 n_components 为 2。另外一种实现方式是：将 n_components 分别设为 1、2 和 3，再运行 PCA() 函数，经过对比得出结论，当 n_components = 2 时得到的结果最佳。然后，我们发现使用两个基向量，输出数据集包含了输入信号约 98% 的能量，在图示中可以看出各个类别能够清晰地分离开来，以不同的颜色分布在二维欧氏空间的不同区域。

注意：这个过程是自动进行的，训练 PCA 时不需要提供分类标签。事实上，PCA 是一种无监督学习算法，它不需要独立变量的相关数据来旋转投影基。

好奇的读者可以使用如下代码来查看变换矩阵（它把初始数据集转换为 PCA 重构数据集）：

```
In: pca2c.components

Out: array([[ 0.36158968, -0.08226889,  0.85657211,  0.35884393],
            [-0.65653988, -0.72971237,  0.1757674 ,  0.07470647]])
```

变换矩阵由 4 列（即输入特征数）和 2 行（约简特征的数目）组成。

有时候，你会发现 PCA 方法并不够有效，特别是处理高维数据时，因为高维数据的特征可能非常相关，同时特征的方差也不均衡。一个可行的解决方案是对信号进行白化。这样，各维度特征向量的方差强制为 1。白化会去除部分信息，但是，在 PCA 约简后它会提高机器学习算法的精度。这里先看一下白化处理的过程，下面例子中除了改变约简数据的尺度之外，白化不做其他数据处理：

```
In: pca_2cw = PCA(n_components=2, whiten=True)
    X_pca_1cw = pca_2cw.fit_transform(iris.data)
    plt.scatter(X_pca_1cw[:,0], X_pca_1cw[:,1], c=iris.target, alpha=0.8,
                s=60, marker='o', edgecolors='white')
    plt.show()
    pca_2cw.explained_variance_ratio_.sum()

Out: 0.9776317750248036
```

你还可以得到 PCA 第一个成分的白化散点图：

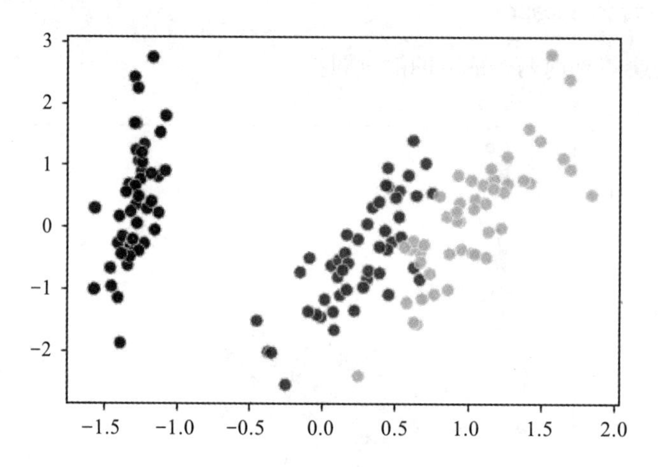

如果将输入数据集投影到 PCA 方法形成的一维空间，看看会产生什么结果，具体代码如下：

```
In: pca_1c = PCA(n_components=1)
    X_pca_1c = pca_1c.fit_transform(iris.data)
    plt.scatter(X_pca_1c[:,0], np.zeros(X_pca_1c.shape),
            c=iris.target, alpha=0.8, s=60, marker='o', edgecolors='white')
    plt.show()
    pca_1c.explained_variance_ratio_.sum()

Out: 0.9246162071742684
```

数据集在一维 PCA 空间上的投影沿单个水平线分布：

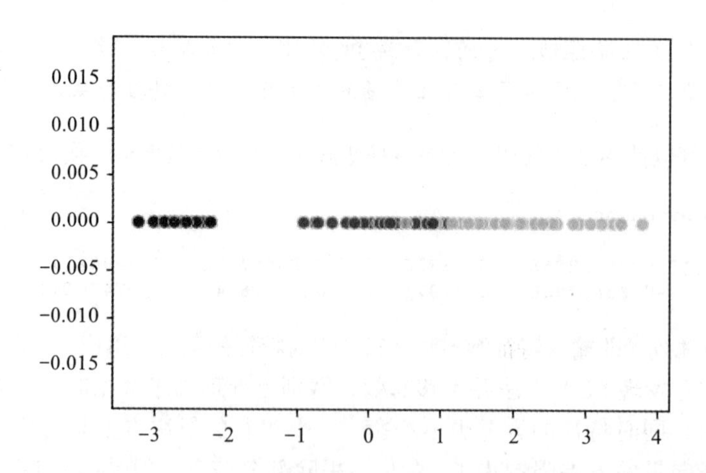

在这种情况下，输出能量较低（是原始信号的 92.4%），输出数据点添加到一维的欧氏空间中。因为许多具有不同标签的点都混合在一起了，因此这并不是一个很棒的特征约简方法。

提示： 最后，分享一个技巧。为了确保输出数据集至少包含输入数据集 95% 的能量，可以在第一次调用 PCA 对象时就设定此数值。通过以下代码可以获得与两个特征向量相当的结果：

```
In: pca_95pc = PCA(n_components=0.95)
    X_pca_95pc = pca_95pc.fit_transform(iris.data)
    print (pca_95pc.explained_variance_ratio_.sum())
    print (X_pca_95pc.shape)

Out: 0.977631775025
     (150, 2)
```

3.3.3 一种用于大数据的 PCA 变型——RandomizedPCA

PCA 的主要问题是它所采用的奇异值分解算法的复杂性。但是，Scikit-Learn 提供了一种基于随机 SVD（Randomized SVD）的更快的算法，它是一种更轻的、近似迭代分解的方法。使用随机 SVD 进行满秩重建并不十分理想，其基向量在每次迭代过程中局部优化。另一方面，随机 SVD 比经典 SVD 算法速度更快，只需要几个步骤就能与经典算法结果极其近似。因此，当训练数据集很大时，它是一个很好的选择。在下面的代码中，我们将把它应用于 iris 数据集。输出结果与经典 PCA 相当接近，这是因为该数据集的规模非常小。可是，当这两种算法应用于大数据集时，其对比结果会显著不同。

```
In: from sklearn.decomposition import PCA
    rpca_2c = PCA(svd_solver='randomized', n_components=2)
    X_rpca_2c = rpca_2c.fit_transform(iris.data)
    plt.scatter(X_rpca_2c[:,0], X_rpca_2c[:,1],
          c=iris.target, alpha=0.8, s=60, marker='o', edgecolors='white')
    plt.show()
    rpca_2c.explained_variance_ratio_.sum()

Out: 0.97763177502480414
```

下面是使用 SVD 分解的 PCA 前两个分量的散点图：

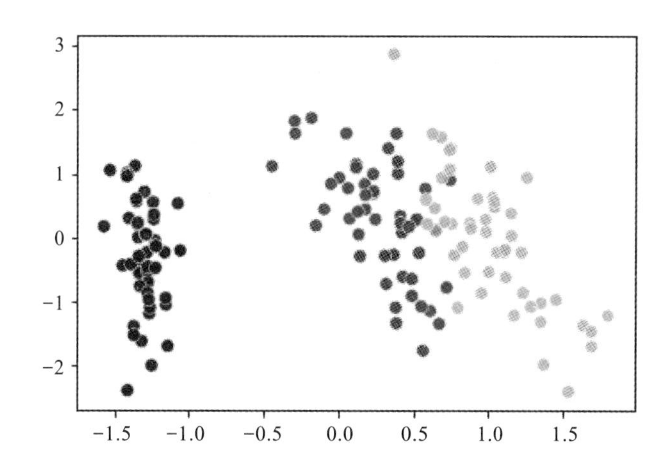

3.3.4　潜在因素分析

潜在因素分析（Latent Factor Analysis, LFA）是另一种实现数据降维的技术，它的总体思路与 PCA 方法相似。但是，它不需要对输入信号进行正交分解，因而也没有输出基。有些数据科学家认为 LFA 是 PCA 在去除正交约束后的推广。潜在因素分析通常应用于系统中有一个潜在因素或结构的情形，所有特征的来源是潜在因素经过线性变换后的变量观测，这些变量具有任意波形发生器（AWG）的噪声。一般认为，潜在因素符合高斯分布，具有单位协方差。因此，这种情况不是瓦解信号的能量或方差，变量之间的协方差在输出数据集中进行解释。Scikit-learn 工具包实现了一种迭代算法，使它更适合大数据集。

假定 iris 数据集有两个潜在因素，使用 LFA 方法进行数据降维的代码如下：

```
In: from sklearn.decomposition import FactorAnalysis
    fact_2c = FactorAnalysis(n_components=2)
    X_factor = fact_2c.fit_transform(iris.data)
    plt.scatter(X_factor[:,0], X_factor[:,1],
                c=iris.target, alpha=0.8, s=60,
                marker='o', edgecolors='white')
    plt.show()
```

下面用散点图来表示两个潜在因素（它是 PCA 方法的另一种解）。

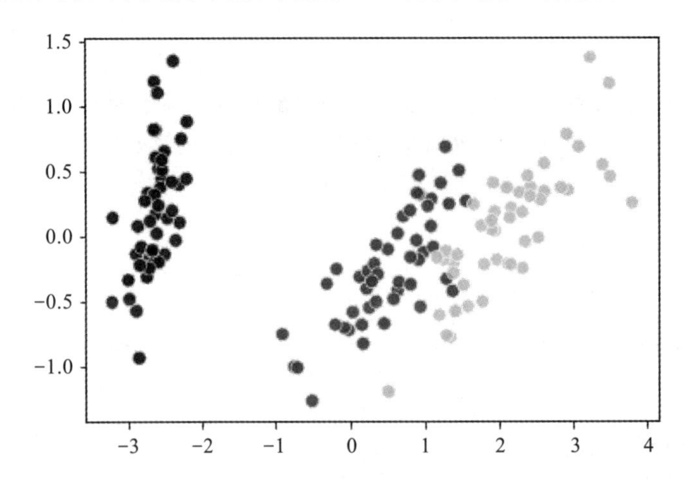

3.3.5　线性判别分析

严格地说，线性判别分析（Linear Discriminant Analysis, LDA）是一种分类器（由“现代统计学之父”Ronald Fisher 提出的经典统计方法），但是它却经常用于维数约简。LDA 对于较大数据集（如许多统计方法）并没有扩展得很好，但它却可以尝试，因为相比其他分类方法（如 logistic 回归），它能带来更好的结果。LDA 是一种有监督的方法，因为需要标签集来优化维数约简的步骤。LDA 产生输入特征的线性组合，试图建立最能区分不同类别的模型（LDA 使用了类别信息）。与 PCA 相比，LDA 方法获得的输出数据集能够清晰地分出各个类别。但是，LDA 不能应用于回归分析问题。

下面是 iris 数据集使用 LDA 方法的代码：

```
In: from sklearn.lda import LDA
    lda_2c = LDA(n_components=2)
    X_lda_2c = lda_2c.fit_transform(iris.data, iris.target)
    plt.scatter(X_lda_2c[:,0], X_lda_2c[:,1],
```

```
                c=iris.target, alpha=0.8, edgecolors='none')
    plt.show()
```

这个散点图是由 LDA 生成的前两个分量派生出来的：

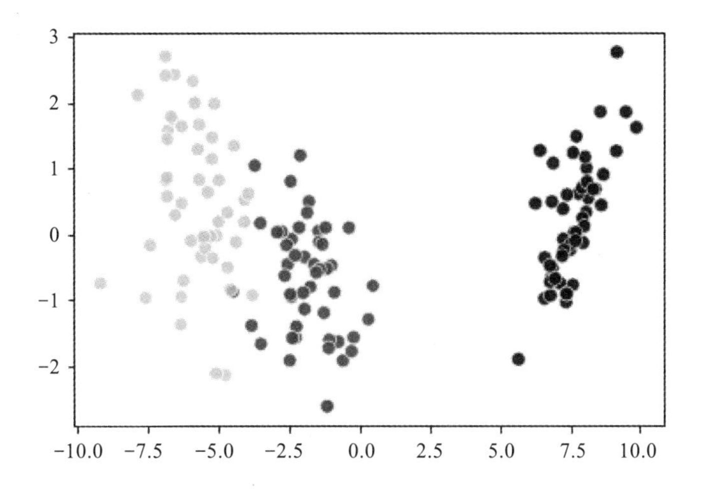

3.3.6 潜在语义分析

潜在语义分析（Latent Semantical Analysis, LSA）通常应用于经过 TfidfVectorizer 或 CountVectorizer 处理后的文本分析中。与 PCA 相比，LSA 对输入数据集（通常是一个稀疏矩阵）进行 SVD 分解，产生具有相同概念词语的语义集合，这正是 LSA 适用于大量出现的同质特征（文档中的所有词语）的原因。

在 Python 中使用 TfidfVectorizer 命令进行文本分析的例子如下，其结果显示了潜在向量的部分内容。

```
In: from sklearn.datasets import fetch_20newsgroups
    categories = ['sci.med', 'sci.space']
    twenty_sci_news = fetch_20newsgroups(categories=categories)
    from sklearn.feature_extraction.text import TfidfVectorizer
    tf_vect = TfidfVectorizer()
    word_freq = tf_vect.fit_transform(twenty_sci_news.data)
    from sklearn.decomposition import TruncatedSVD
    tsvd_2c = TruncatedSVD(n_components=50)
    tsvd_2c.fit(word_freq)
    arr_vec = np.array(tf_vect.get_feature_names())
    arr_vec[tsvd_2c.components_[20].argsort()[-10:][::-1]]

Out: array(['jupiter', 'sq', 'comet', 'of', 'gehrels', 'zisfein',
            'jim', 'gene', 'are', 'omen'], dtype='<U79')
```

3.3.7 独立成分分析

顾名思义，独立成分分析（Independent Component Analysis, ICA）是一种从输入信号中抽取独立成分的方法。实际上，ICA 是一种从多变量输入信号中创建最大独立加性分量的方法，该方法的主要假设是源信号的子分量之间的统计独立性，不要求子分量符合高斯分布。ICA 方法在神经学数据中有很多应用，在神经科学领域得到了广泛运用。

需要使用 ICA 的典型场景是盲源分离。例如，两个或多个麦克风会记录两个声音信号（一个是人说话的声音，一个是同时播放的歌曲）。在这种情况下，ICA 能够将两种声音分离成两个输出特征。

Scikit-learn 模块提供了 ICA 算法的快速版本（sklearn.decomposition.FastICA），其用法与其他算法类似。

3.3.8　核主成分分析

核主成分分析（Kernel PCA）是一种使用内核将信号映射到（典型的）非线性空间并使其线性可分（或接近可分）的技术。核主成分分析是主成分分析的扩展，其映射是线性子空间上的实际投影。有许多著名的内核（当然，你也可以建立自己的核），最常用核有 linear、poly、RBF、sigmoid 和 cosine。这些核都能应用于不同配置的输入数据集，但是只能对某些特定类型的数据进行线性化处理。例如，有一个利用如下代码创建的圆盘形数据集：

```
In: def circular_points (radius, N):
        return np.array([[np.cos(2*np.pi*t/N)*radius,
                          np.sin(2*np.pi*t/N)*radius] for t in range(N)])
    N_points = 50
    fake_circular_data = np.vstack([circular_points(1.0, N_points),
                                    circular_points(5.0, N_points)])
    fake_circular_data += np.random.rand(*fake_circular_data.shape)
    fake_circular_target = np.array([0]*N_points + [1]*N_points)
    plt.scatter(fake_circular_data[:,0], fake_circular_data[:,1],
                c=fake_circular_target, alpha=0.8,
                s=60, marker='o', edgecolors='white')
    plt.show()
```

下面是该例子的输出结果：

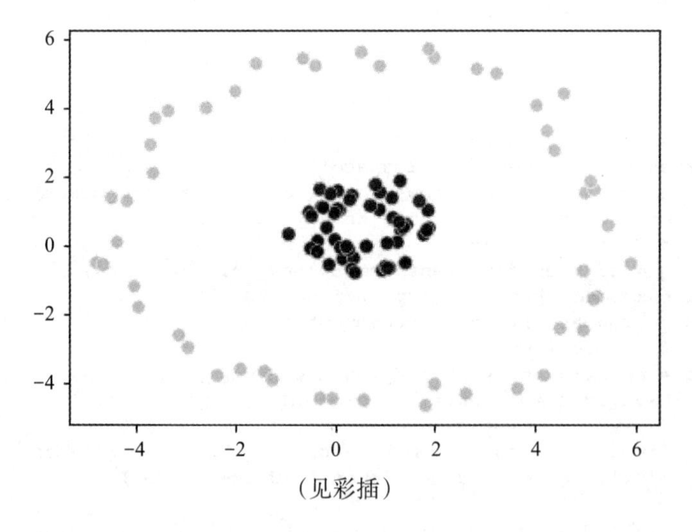

（见彩插）

由于输入数据集具有圆周形的类别分布，因此所有的线性变换方法都无法将图中的蓝点和红点分离。现在，我们尝试使用具有 RBF 核的 Kernel PCA 方法，其结果如下：

```
In: from sklearn.decomposition import KernelPCA
    kpca_2c = KernelPCA(n_components=2, kernel='rbf')
    X_kpca_2c = kpca_2c.fit_transform(fake_circular_data)
    plt.scatter(X_kpca_2c[:,0], X_kpca_2c[:,1], c=fake_circular_target,
                alpha=0.8, s=60, marker='o', edgecolors='white')
    plt.show()
```

下图表示该例子的变换结果：

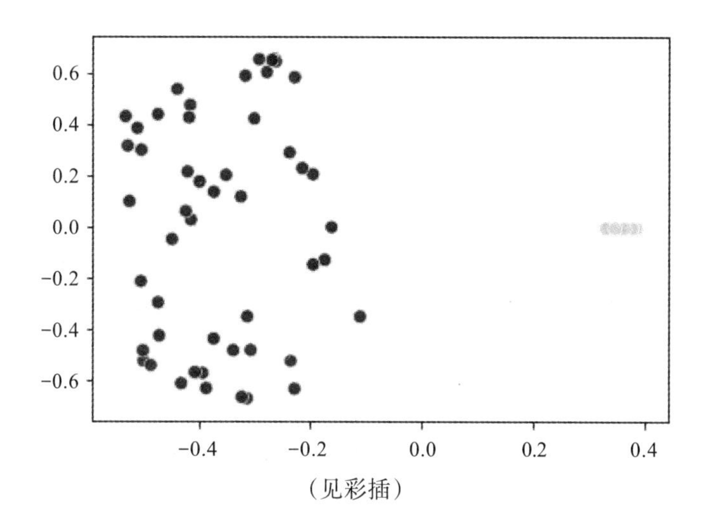

（见彩插）

注意： 本章展示的图形可能与你在本地计算机上获得的结果图像有所差异，这是因为图像设置的初始化参数是随机参数。

我们实现了数据分类的目标，蓝点聚集在图的左边，红点在图的右边。借助核 PCA 的变换，只需要使用线性方法就能处理这个数据集了。

3.3.9 T- 分布邻域嵌入算法

PCA 是一种广泛使用的降维技术，然而，当我们处理有很多特征的大数据时，我们首先需要了解特征空间的情况。事实上，通常在 EDA 阶段你会绘制一些数据散点图，以了解数据特征之间的大致关系。这时，T-SNE（T- 分布邻域嵌入算法）就能提供帮助，因为它的设计目标就是将高维数据嵌入到二维或三维空间，充分利用了散点图的功能。T-SNE 算法是由 Laurens van der Maaten 和 Geoffrey Hinton 提出的非线性降维技术，它的核心思想基于以下两个规则：第一，递归的相似观测必须对输出有更大的贡献（用概率分布函数实现）；第二，高维空间的分布必须与低维空间的分布相似（通过最小化 KL 距离来实现，即两个概率分布函数之间的差异）。输出结果的视觉效果很好，让我们能够猜测特征之间的非线性交互影响。

让我们看一个简单的例子，将 T-SNE 应用到 Iris 数据集，并在二维空间绘制结果图：

```
In: from sklearn.manifold import TSNE
    from sklearn.datasets import load_iris

    iris = load_iris()
    X, y = iris.data, iris.target
    X_tsne = TSNE(n_components=2).fit_transform(X)
    plt.scatter(X_tsne[:, 0], X_tsne[:, 1], c=y, alpha=0.8,
                s=60, marker='o', edgecolors='white')
    plt.show()
```

这是 T-SNE 算法的结果，完全能够把各个类别的数据分离开：

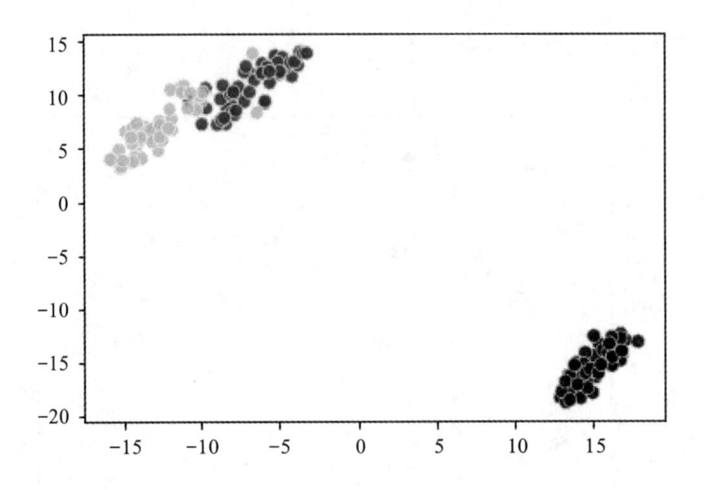

3.3.10 受限波尔兹曼机

受限波尔兹曼机（Restricted Boltzmann Machine, RBM）是另一种对输入数据进行非线性变换的方法，它由一系列线性函数（通常称为隐藏单元或神经元）组成。隐藏单元表示系统状态，输出数据集实际上是该隐藏层的状态。

由于 RBM 是一种概率方法，该方法的主要假设是：输入数据集是由表示概率（二进制值或者 [0,1] 范围内的实数值）的特征组成。在下面的示例中，RBM 的输入特征是图像的二值像素（1 表示白色，0 表示黑色），我们将输出系统的隐藏分量，这些分量表示原始图像中出现的通用人脸。

```
In: from sklearn import preprocessing
    from sklearn.neural_network
    import BernoulliRBM
    n_components = 64 # Try with 64, 100, 144
    olivetti_faces = datasets.fetch_olivetti_faces()
    X = preprocessing.binarize(
           preprocessing.scale(olivetti_faces.data.astype(float)),
           0.5)
    rbm = BernoulliRBM(n_components=n_components, learning_rate=0.01,
                       n_iter=100)
    rbm.fit(X)
    plt.figure(figsize=(4.2, 4))
    for i, comp in enumerate(rbm.components_):
          plt.subplot(int(np.sqrt(n_components+1)),
                      int(np.sqrt(n_components+1)), i + 1)
          plt.imshow(comp.reshape((64, 64)), cmap=plt.cm.gray_r,
                     interpolation='nearest')
          plt.xticks(()); plt.yticks(())
    plt.suptitle(str(n_components) + ' components extracted by RBM',
                 fontsize=16)
    plt.subplots_adjust(0.08, 0.02, 0.92, 0.85, 0.08, 0.23)
    plt.show()
```

下面是 RBM 提取的 64 个通用人脸分量：

注意： Scikit-learn 只包含 RBM 处理的基础层。由于 RBM 具有高度并行性，因此如果要处理大的数据集，最好使用基于 GPU 的工具包（比如那些建立在 CUDA 或 OpenCL 之上的工具包）。

64 components extracted by RBM

3.4 异常检测和处理

在数据科学中，样本是数据处理学习的核心。如果非正常、不一致或错误的数据输入到学习过程中，所得到的模型可能无法正确地适应新数据的变化。变量中出现异常高的值，不仅会改变变量的均值和方差等描述性的测量，还会影响很多从数据中学习到的算法，从而使这些算法暴露给异常值，并期待从这些数据中得到异常的响应。

样本中显著偏离其他数值的数据称为异常值（Outlier），其他预期的观测值标记为正常值或内点（Inlier）。

数据点成为异常值有三种主要原因（每一个原因也意味着不同的纠正措施）：

- 数据点表示极少发生的事件，但它仍然是一个可能的数据，因为数据分布提供的数据只是一个样本。这时，所有点的产生过程都是相同的，但是，异常点由于它的稀缺性而不符合某种推断。在这种情况下，常用的方法是将这样的点去除或降低权重，另一种解决方法是增加样本数量。
- 数据点表示经常发生的另一种分布。当类似的情况出现时，可以认为发生了影响样本生成的错误。在任何情况下，学习算法都会注意到数据的这种分布，这不是数据科学项目的兴趣焦点（焦点应该是泛化）。这样的异常值必须去除。
- 数据点明显是某种类型的错误。由于某些原因，会出现数据输入误差，从而改变了数据的原始值，或者因为数据的完整性问题导致数据被不一致的数值替换。在这种情况下，最好的应对方法是去除数据，并把它当作随机缺失值。根据处理的是回归还是分类问题，常用均值或最常见的类来替换异常点。如果不便或不能这样处理，那么建议直接删除这个数据。

3.4.1 单变量异常检测

为了说明为什么一个数据点是异常点，首先需要在数据中定位可能的异常值。有多种异常点检测方法，有些是单变量的（一次观测一个变量），还有一些是多变量的（同时考虑多个变量）。单变量方法通常是基于 EDA 分析和箱形图（本章开头已经做了介绍，第 5 章会有箱形图更详细的介绍）等可视化方式来实现的。

通过单变量检查方法检测异常值，需要记住几条基本原则。实际上，极值可以认为是异常值：

- 如果使用 Z-score，得分绝对值高于 3 的观测值必须当作可疑异常值。

- 如果观测量是数据描述，可以把以下两种数据当作可疑异常值，第一种是比 25% 分位数减去 IQR*1.5 小的观测量，第二种是比 75% 分位数加上 IQR*1.5 大的观测量，这里 IQR 是四分位距，即 75% 分位数与 25% 分位数的差）。通常，很容易通过箱形图帮助确定这种异常值。

为了演示怎样使用 Z-scores 来检测异常值，让我们先加载波士顿房价数据集。数据集的说明中指出（可以通过 boston.DESCR 文件获得），索引号为 3 的变量 CHAS 是二进制。因此，不使用该变量来检测异常数据。实际上，这样的变量只有 0 或 1 两个值：

```
In: from sklearn.datasets import load_boston
    boston = load_boston()
    continuous_variables = [n for n in range(boston.data.shape[1]) if n!=3]
```

现在，使用 sklearn 中的 StandardScaler 函数对所有连续变量进行标准化。我们的目标是利用 boston.data 的花式索引 boston.data[:,continuous_variables]，创建另一个数组，其中包含原数据中索引号 3 之外的所有变量。

StandardScaler 函数自动将数据规范为均值为零、方差为 1 的数据。这是非常必要的常规操作，应在数据进入学习阶段之前完成。否则，许多算法都不能正常工作，比如由梯度下降和支持向量机驱动的线性模型。

最后，让我们找到那些绝对值大于 3 倍标准差的值。

```
In: import numpy as np
    from sklearn import preprocessing
    scaler= preprocessing.StandardScaler()
    normalized_data = scaler.fit_transform(
                      boston.data[:,continuous_variables])
    outliers_rows, outliers_columns = np.where(np.abs(normalized_data)>3)
```

变量 outliers_rows 和 outliers_columns 是可疑异常值的行和列索引。打印示例中得到的行索引：

```
In: print(outliers_rows)

Out: [ 55  56  57 102 141 199 200 201 202 203 204 225 256 257 262 283 284
      ...
```

或者，可以用数组的形式显示行、列坐标组成的元组：

```
In: print (list(zip(outliers_rows, outliers_columns)))

Out: [(55, 1), (56, 1), (57, 1), (102, 10), (141, 11), (199, 1), (200, 1),
     ...
```

单变量方法可以检测出相当多的潜在异常值，但是，它不能检测那些不是极端值的异常值。然而，如果它发现两个或多个变量的组合出现不正常的值，它仍然会发现这个异常值。通常情况下，所涉及的变量可能不是极端值，因此，这样的异常值就会被漏掉。

为了发现这种情况，可以使用降维算法，比如前面介绍的 PCA 方法，然后检查那些绝对值超过三倍标准偏差的成分。

不管怎么说，Scikit-learn 软件包提供了几种类，这些类能够直接使用，并自动标出所有可疑的实例：

- covariance.EllipticEnvelope 类：该类适合鲁棒的数据分布估计，由于异常值是数据总体分布中的极值点，它能够指出数据中的异常值。

- svm.OneClassSVM 类：该类是一种支持向量机算法，可以模拟数据的形状，找出任何新的实例是否属于原来的类（它是一种奇异值检测器，默认情况下假定数据中没有异常值）。总之，只要修改其参数，它就能作用于有异常值的数据集，比 EllipticEnvelope 系统更强大、更可靠。

这两个类基于不同的统计和机器学习方法，需要结合建模情况进行理解和应用。

3.4.2 EllipticEnvelope

假设全部数据可以表示成基本的多元高斯分布，EllipticEnvelope 是一个试图找出数据总体分布关键参数的函数。尽可能简化算法后面的复杂估计，可以认为该算法主要是检查每个观测量与总均值的距离。总均值要考虑数据集中的所有变量，因此，该算法能够同时发现单变量和多变量的异常值。

这个函数来自 Covariance 模块，使用时唯一需要考虑的是污染参数（contamination parameter），该参数最高取值为 0.5，它给算法提供的信息是异常值在数据集中的比例。具体情况根据数据集不同可能也会有所变化。然而，作为初始值，我们建议污染参数取值为 0.01～0.02，这也是标准正态分布中观测值落在距离均值大于 3（Z-score 距离）区域的百分比。基于这个原因，我们认为默认值 0.1 设定得太高了。

让我们看看这个算法在合成分布中的应用：

```
In: from sklearn.datasets import make_blobs
    blobs = 1
    blob = make_blobs(n_samples=100, n_features=2, centers=blobs,
                      cluster_std=1.5, shuffle=True, random_state=5)
    # Robust Covariance Estimate
    from sklearn.covariance import EllipticEnvelope
    robust_covariance_est = EllipticEnvelope(contamination=.1).fit(blob[0])
    detection = robust_covariance_est.predict(blob[0])
    outliers = np.where(detection==-1)[0]
    inliers = np.where(detection==1)[0]
    # Draw the distribution and the detected outliers
    from matplotlib import pyplot as plt
    # Just the distribution
    plt.scatter(blob[0][:,0],blob[0][:,1], c='blue', alpha=0.8, s=60,
                marker='o', edgecolors='white')
    plt.show()
    # The distribution and the outliers
    in_points = plt.scatter(blob[0][inliers,0],blob[0][inliers,1],
                            c='blue', alpha=0.8,
                            s=60, marker='o',
                            edgecolors='white')
    out_points = plt.scatter(blob[0][outliers,0],blob[0][outliers,1],
                             c='red', alpha=0.8,
                             s=60, marker='o',
                             edgecolors='white')
    plt.legend((in_points,out_points),('inliers','outliers'),
               scatterpoints=1,
               loc='lower right')
    plt.show()
```

让我们来仔细分析这段代码。

make_blobs 函数创建一定数量的分布，将总共 100（参数 n_samples）个样本形成二维空间。分布数量（参数 centers）与用户定义的变量 blobs 相关，它的初始值为 1。

创建了人工样本数据之后，运行污染参数为 10% 的 EllipticEnvelope 函数，找出分布中最极端的数值。该模型在 EllipticEnvelope 类上使用 .fit() 方法展开首次适应。然后，利用 .predict() 方法在适应后的数据上进行预测。

以上操作得到的结果是值为 1 或 -1（-1 是异常值的标记）的向量，可以通过 plot 函数以散点图的形式进行显示。plot 函数由 matplotlib 库中的 pyplot 模块提供。

变量 outliers 和 inliers 用来记录异常值和正常值的区别，它记录的是原始样本的索引。

现在，改变变量 blobs 的数值，多次运行以上代码，当 blobs 取值为 1 和 4 时其结果如下：

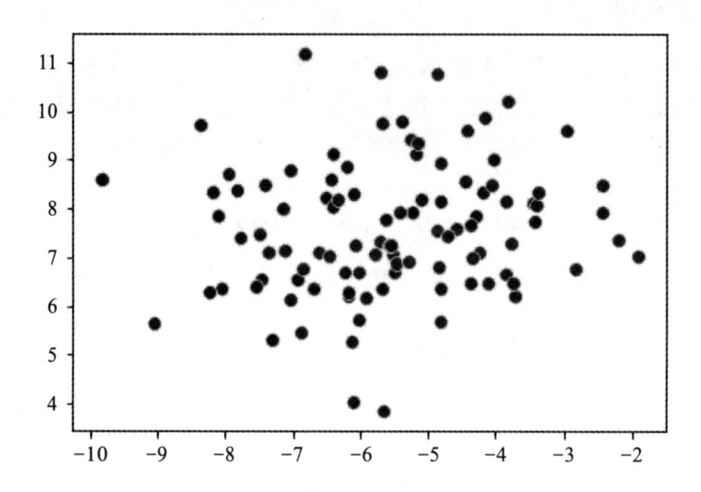

改变 blobs 的数值之后，数据点的分布如下：

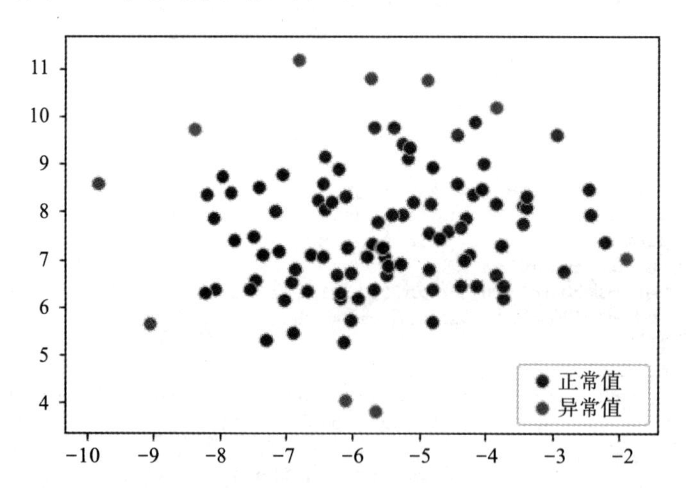

在这种只有一类的多变量分布（变量 blobs=1）中，EllipticEnvelope 算法成功找出了 10% 分布在边缘的观测量，因此标记出了所有可疑的异常值。

相反，当数据中有多个分布时（比如有两个或更多个自然聚类），算法试图将数据适应一个总体分布，倾向于寻找最偏远聚类中的潜在异常值，而忽略了数据中其他可能受异常值影响的区域。

这在实际数据中并不常见，却代表了 EllipticEnvelope 算法的一个重要的局限。

现在，让我们回到最初的波士顿房价数据集来做一下验证，它比虚拟的 blobs 数据集数据更多、更真实。这是实验所用到的代码的第一部分：

```
In: from sklearn.decomposition import PCA
    # Normalized data relative to continuos variables
    continuous_variables = [n for n in range(boston.data.shape[1]) if n!=3]
    scaler = preprocessing.StandardScaler()
    normalized_data = scaler.fit_transform(
                                    boston.data[:,continuous_variables])
    # Just for visualization purposes pick the first 2 PCA components
    pca = PCA(n_components=2)
    Zscore_components = pca.fit_transform(normalized_data)
    vtot = 'PCA Variance explained ' + str(round(np.sum(
                                      pca.explained_variance_ratio_),3))
    v1 = str(round(pca.explained_variance_ratio_[0],3))
    v2 = str(round(pca.explained_variance_ratio_[1],3))
```

在这段代码中，首先将数据标准化，然后，为了随后的可视化方便，使用 PCA 方法产生一个只有 2 个分量的缩减数据。

原始数据集用 12 个连续变量表示，两个 PCA 分量约占初始方差的 62%，(由 PCA 类的内置函数 .explained_variance_ratio_ 计算总数)。

虽然两个 PCA 分量已足够用于本例的可视化演示，通常对这样的数据集最好获得 2 个以上的分量，因为 PCA 的目标是获得 95% 以上的总方差（本章前面已经说明）。

我们继续看代码：

```
In: robust_covariance_est = EllipticEnvelope(store_precision=False,
                                            assume_centered = False,
                                            contamination=.05)
    robust_covariance_est.fit(normalized_data)
    detection = robust_covariance_est.predict(normalized_data)
    outliers = np.where(detection==-1)
    regular = np.where(detection==1)

In: # Draw the distribution and the detected outliers
    from matplotlib import pyplot as plt
    in_points = plt.scatter(Zscore_components[regular,0],
                            Zscore_components[regular,1],
                            c='blue', alpha=0.8, s=60, marker='o',
                            edgecolors='white')
    out_points = plt.scatter(Zscore_components[outliers,0],
                             Zscore_components[outliers,1],
                             c='red', alpha=0.8, s=60, marker='o',
                             edgecolors='white')
    plt.legend((in_points,out_points),('inliers','outliers'),
               scatterpoints=1, loc='best')
    plt.xlabel('1st component ('+v1+')')
    plt.ylabel('2nd component ('+v2+')')
    plt.xlim([-7,7])
    plt.ylim([-6,6])
    plt.title(vtot)
    plt.show()
```

前两个成分占原始方差的 62.2%，可视化结果如下：

和前面的例子一样，本段代码使用 EllipticEnvelope 函数（假设污染指数较低，取 contamination=0.05）预测异常值，以同样的方式将异常值和正常值都存储在矩阵内。最后，将结果进行可视化（如前所述，我们将在第 6 章讨论所有的可视化方法）。

现在，让我们观察为数据前两个 PCA 分量可视化生成的散点图，并标记异常的观测量。

总体来说，两个 PCA 分量占数据总体分布 62% 的总方差，波士顿房价数据集看起来应该有两个明显的分类，分别对应于市场价格的高、低两部分。这确实不是 EllipticEnvelope

预测器最适合的情况。

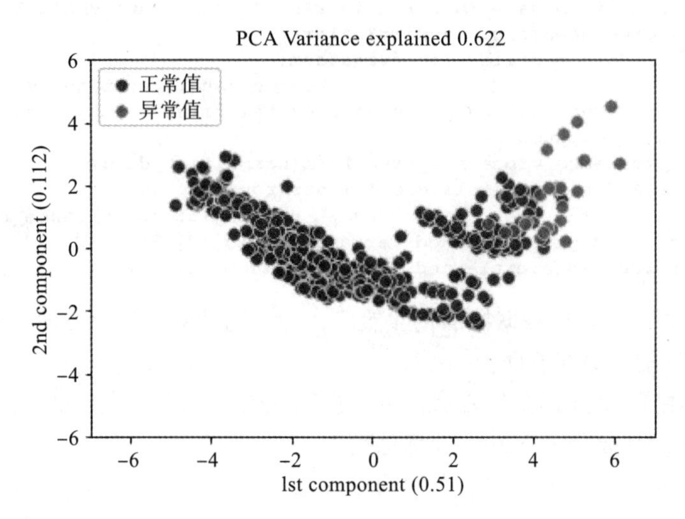

总之，考虑到虚拟 blobs 的实验结果，EllipticEnvelope 算法只检测出一个分类中的异常值，这比波士顿房价数据中的类别数要少。鉴于这样的结果，有理由相信波士顿房价实验中我们只收到了部分反应，因此还需要进一步研究。Scikit-learn 软件包确实集成了鲁棒的协方差估计方法，还有另一种机器学习方法：OneClassSVM 类。现在，我们将转入对 OneClassSVM 方法的验证。

注意：为了同时适应 PCA 和 EllipticEnvelope，我们使用一个名为 normalized_data 的数组，它只包含数据集标准化的连续变量。自己使用 EllipticEnvelope 算法时要注意，非标化的数据、二值或分类数据与连续数据混合使用可能引发错误和估计不准确。

3.4.3 OneClassSVM

EllipticEnvelope 适用于有控制参数的高斯分布假设，而 OneClassSVM 是一种机器学习方法，通过学习知道数据应该服从什么分布，因此，能应用于具有更多变量的数据集。

如果你有一个干净又分布一致的数据集，那会很棒。否则，可以使用 OneClassSVM 检查新的样本是否符合以前的数据分布，如果不符合就将它标记为新奇样本，这可能是错误或一些新的、以前不曾遇到的情况造成的。

想象这样一种数据科学场景，用训练好的机器学习分类算法来识别网站上的帖子和新闻，并采取在线动作。OneClassSVM 能轻松识别出与网上已有帖子不同的新帖（或许，垃圾邮件也可以），然而，其他算法可能只是尝试将新的样本归类到已经存在的主题分类中。

然而，OneClassSVM 也可以用来发现数据中的异常值。如果一个数据不属于某个 SVM 类确定的分布，它处于分类的边界，那么肯定有什么可疑之处。

为了使 OneClassSVM 作为异常值检测器来工作，你需要注意它的核心参数。OneClassSVM 要求定义的参数有 kernel、degree、gamma 和 nu。

- Kernel 和 Degree：这两个变量是相关的。根据以往的经验，通常建议这两个变量取默认值：kernel 应为 rbf，degree 应为 3。OneClassSVM 使用这些参数创建一系列扩展至三维的分类设想，即使是最复杂的多维分布形式也能够被建模。

- Gamma：它是一个与 rbf 核相关的参数。建议这个参数设置得越低越好。一个好的经验规则是给它分配一个实例数倒数和变量数倒数之间的最小值。在第 4 章中，将对 Gamma 做扩展解释。无论如何，现在能够说 gamma 值越高算法越容易紧贴数据，从而更好地定义分类形状。
- Nu：这是一个选择参数，它决定模型是否必须符合一个精确的分布，还是应该尽量保持某种标准分布而不太注重适应现有的数据（如果有异常值存在，这是一个必要的选择）。Nu 可以由下面的公式确定：

$$nu\_estimate=0.95 * outliers\_fraction+0.05$$

- 如果数据中异常值的比例很小，则 Nu 也会很小，SVM 算法将贴合数据点形成的轮廓。相反，如果异常值的比例很高，Nu 的数值也会更大，从而使正常数据的分布形成一个平滑的轮廓。

对于前面遇到的波士顿房价问题，让我们赶快看看这个算法的性能：

```
In: from sklearn.decomposition import PCA
    from sklearn import preprocessing
    from sklearn import svm
    # Normalized data relative to continuos variables
    continuous_variables = [n for n in range(boston.data.shape[1]) if n!=3]
    scaler = preprocessing.StandardScaler()
    normalized_data = scaler.fit_transform(
                                   boston.data[:,continuous_variables])
    # Just for visualization purposes pick the first 5 PCA components
    pca = PCA(n_components=5)
    Zscore_components = pca.fit_transform(normalized_data)
    vtot = 'PCA Variance explained ' + str(round(
                               np.sum(pca.explained_variance_ratio_),3))
    # OneClassSVM fitting and estimates
    outliers_fraction = 0.02 #
    nu_estimate = 0.95 * outliers_fraction + 0.05
    machine_learning = svm.OneClassSVM(kernel="rbf",
                                   gamma=1.0/len(normalized_data),
                                   degree=3, nu=nu_estimate)
    machine_learning.fit(normalized_data)
    detection = machine_learning.predict(normalized_data)
    outliers = np.where(detection==-1)
    regular = np.where(detection==1)
```

现在我们将结果进行可视化：

```
In: # Draw the distribution and the detected outliers
    from matplotlib import pyplot as plt
    for r in range(1,5):
        in_points = plt.scatter(Zscore_components[regular,0],
                                Zscore_components[regular,r],
                                c='blue', alpha=0.8, s=60,
                                marker='o', edgecolors='white')
        out_points = plt.scatter(Zscore_components[outliers,0],
                                 Zscore_components[outliers,r],
                                 c='red', alpha=0.8, s=60,
                                 marker='o', edgecolors='white')
        plt.legend((in_points,out_points),('inliers','outliers'),
                   scatterpoints=1, loc='best')
        plt.xlabel('Component 1 (' + str(round(
                  pca.explained_variance_ratio_[0],3))+')')
        plt.ylabel('Component '+str(r+1)+'('+str(round(
                  pca.explained_variance_ratio_[r],3))+')')
```

```
plt.xlim([-7,7])
plt.ylim([-6,6])
plt.title(vtot)
plt.show()
```

这段代码与前面代码的主要区别是，PCA 由五个分量组成以探索更多维的数据。数字越大能够探索的数据维度越多。增加 PCA 成分数量的另一个原因就是，我们打算在转换后的数据集上使用 OneClassSVM。

根据观测量的数量计算核心参数，过程如下：

- gamma=1.0/*len*(*normalized_data*)
- *nu*=*nu_estimate*

需要特别指出的是，nu 取决于以下公式：

nu_estimate = 0.95 * *outliers_fraction* + 0.05

假设数据中异常数据的概率更大一些，通过改变 outliers_fraction（从 0.02 到更大的值，比如 0.1）就可以检验该算法的结果了。

让我们也观察一下主成分数量不同时的结果图形，主成分数 2 至 5 与第一主成分（占 51% 的解释方差）的对比结果如下图所示：

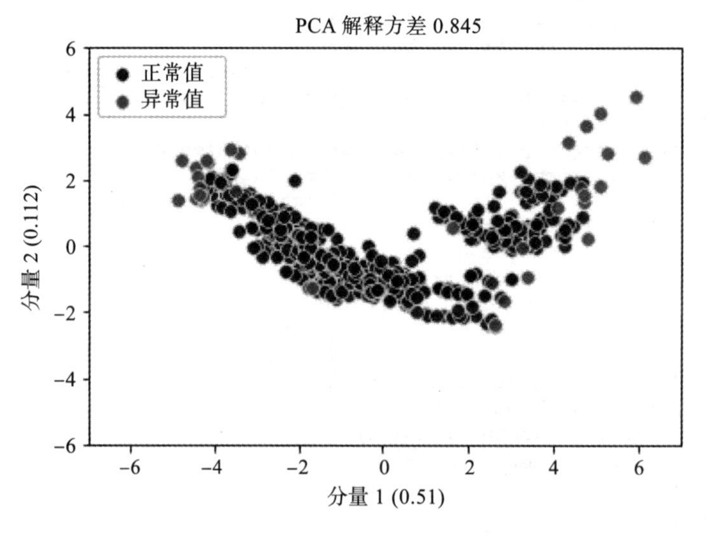

从图形中可以看出，OneClassSVM 似乎对房价数据的分布进行了很好的拟合建模，并帮助发现分布边界上的一些极值。

现在两种检测新奇点或异常点的方法，你可以自己决定选择哪一种。你甚至可以两者都使用来完成以下工作：

- 进一步查看异常值的特性，找出其中的原因（还能让你反思数据的生成过程）
- 尝试建立机器学习模型，对异常观测量降低权重或者移除。

最后，在纯粹数据科学方法中，决定如何处理异常观测量的是对决策和操作结果的检验。这是接下来几节中我们要讨论的主题。

3.5 验证指标

为了评估数据科学系统的性能，检查系统与预期的目标有多接近，需要使用结果评分函数。通常情况下，对二分类、多标号分类、回归或者聚类问题都有不同的评分函数。现在，让我们看看这几种任务最常用评分函数以及它们在机器学习算法中的应用。

提示：怎样为数据科学项目选择正确的评分或误差度量实际上是一个经验问题。实践证明参考或参与 Kaggle 举办的数据科学竞赛很有帮助，Kaggle（kaggle.com）是一家致力于为世界数据科学家组织数据挑战赛的公司。通过观察各种不同的竞赛，注意他们采用的评分或误差度量方法，肯定能为自己的问题找到有用的见解。Kaggle 的首席技术官 Ben Hammer 创建了一个竞赛中常用指标的 Python 库，可以在 https://github.com/benhamner/Metrics 上查询库文件，使用命令 pip install ml_metrics 在本地计算机上安装。

3.5.1　多标号分类

当你需要对超过一个标号的事件进行预测时（例如，今天的天气怎样？这是什么花？你做什么工作？），这称为多标号分类。这是一个非常流行的任务，有许多性能指标对分类器进行评估。当然，在二分类问题中你可以使用所有这些指标。现在，让我们用一个简单的实际例子来解释它们：

```
In: from sklearn import datasets
    iris = datasets.load_iris()
    # No crossvalidation for this dummy notebook
    from sklearn.model_selection import train_test_split
    X_train, X_test, Y_train, Y_test = train_test_split(iris.data,
                        iris.target, test_size=0.50, random_state=4)
    # Use a very bad multiclass classifier
    from sklearn.tree import DecisionTreeClassifier
    classifier = DecisionTreeClassifier(max_depth=2)
    classifier.fit(X_train, Y_train)
    Y_pred = classifier.predict(X_test)
    iris.target_names

Out: array(['setosa', 'versicolor', 'virginica'], dtype='<U10')
```

现在，让我们看看多标号分类中使用的指标：

- 混淆矩阵（Confusion matrix）：在介绍多标号分类的性能指标之前，让我们先看看混淆矩阵，它是一张表达每类被错分为其他类情况的表。理想情况下，一个完美的分类，其混淆矩阵所有非对角线上的元素都应该为 0。在下面的例子中，你将看到第 0 类（setosa）从来没被误分为其他类，第 1 类（versicolor）有三次被误分为第 2 类（virginica），而第 2 类（virginica）有两次被误分为第 1 类（versicolor）：

```
In: from sklearn import metrics
    from sklearn.metrics import confusion_matrix
    cm = confusion_matrix(y_test, y_pred)
    print cm

Out: [[30  0  0]
      [ 0 19  3]
      [ 0  2 21]]

In: import matplotlib.pyplot as plt
    img = plt.matshow(cm, cmap=plt.cm.autumn)
    plt.colorbar(img, fraction=0.045)
    for x in range(cm.shape[0]):
        for y in range(cm.shape[1]):
```

```
            plt.text(x, y, "%0.2f" % cm[x,y],
              size=12, color='black', ha="center", va="center")
    plt.show()
```

混淆矩阵用图形表示如下：

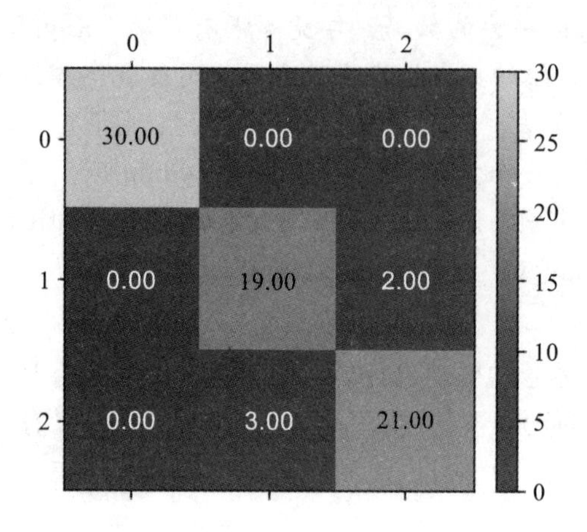

- 准确率（Accuracy）：准确率表示的是预测标号正好也是实际标号的比例。换句话说，它是正确分类标号的百分比。

```
In: print ("Accuracy:", metrics.accuracy_score(Y_test, Y_pred))

Out: Accuracy: 0.933333333333
```

- 精确率（Precision）：这是一个来自信息检索的指标，用来计算结果集合中相关信息的数量。同样，在分类任务中，它计算每一个分类标号集合中正确分类的数量。然后对所有标号的结果进行平均：

```
In: print ("Precision:", metrics.precision_score(y_test, y_pred))

Out: Precision: 0.933333333333
```

- 召回率（Recall）：这是从信息检索中获得的另一个概念。它计算结果集合中相关信息的数量，再与数据集中所有相关的标号进行比较。在分类任务中，它是正确分类标号的数量除以该类标号的总数。然后，结果以如下方式进行平均：

```
In: print ("Recall:", metrics.recall_score(y_test, y_pred))

Out: Recall: 0.933333333333
```

- F1 分值（F1 Score）：它是精确率和召回率的调和平均。

```
In: print ("F1 score:", metrics.f1_score(y_test, y_pred))

Out: F1 score: 0.933267359393
```

这些都是多标号分类最常用的指标。有一个非常方便的函数 classification_report 能够显示这些指标的报告。支持度（Support）是指属于该标签的观察值的数量。支持度对了解数据集是否平衡（即是否从每类中都获得相同数量的实例）是非常有用的。

```
In: from sklearn.metrics import classification_report
    print classification_report(y_test, y_pred,
                                target_names=iris.target_names)
```

以下是完整的报告，包括精确率、召回率、F1 分值和支持度（属于该分类的实例数）：

```
             precision    recall  f1-score   support

     setosa       1.00      1.00      1.00        30
 versicolor       0.90      0.86      0.88        22
  virginica       0.88      0.91      0.89        23

avg / total       0.93      0.93      0.93        75
```

实际中，精确率和召回率比准确率使用更为广泛，这是因为大多数数据集都不是平衡的。考虑到这种不平衡，数据科学家经常将他们的结果表示为精确率、召回率和 F1 分值组成的三元组。另外，准确率、精确率、召回率和 F1 分值这几种指标的范围为 [0.0, 1.0]，对于完美的分类器所有这些指标都应该为 1.0（但要注意任何完美的分类易于被相信，通常会导致错误发生；现实世界的数据问题从来没有一个完美的解决方案）。

3.5.2　二值分类

除了上一节所示的指标，在只有两个输出类别的问题中（例如，你需要猜测人的性别，或者预测用户是否点击 / 购买 / 喜欢某个项目），还有其他的指标。由于具有丰富的信息，最常用的指标是受试者工作特征曲线（Receiver Operating Characteristics curve, ROC）下面积或者曲线下面积（Area Under a Curve, AUC）。

ROC 曲线是一种图形化方法，用来表示分类器性能是如何随可能的分类阈值改变的（即改变参数时结果的变化情况）。具体来说，分类性能有真阳性率（true positive rate），和假阳性率（false positive rate）两种。第一个表示正确的正值结果的比率，第二个表示不正确的正值的比率。曲线下面积表示分类器相对于随机分类器（其 AUC 为 0.50）的性能。

这里有一个图形示例，虚线表示随机分类器，实线表示性能更好的分类器。可以看出随机分类器的 AUC 为 0.5（是正方形的一半），另一个分类器的 AUC 数值更高（其上限 1.0）：

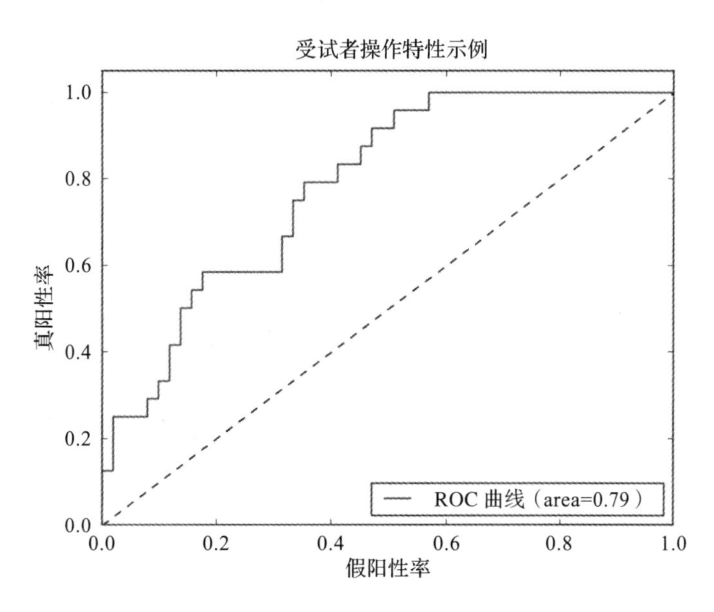

Python 中用来计算 AUC 的函数是：sklearn.metrics.roc_auc_score()。

3.5.3 回归

在有的任务中，你必须对实数或回归问题进行预测，这会用到许多来自欧氏代数的评价函数。

- 平均绝对误差（Mean Absolute Error, MAE）：它是预测向量和实际值之差的平均 L1 范数。

```
In: from sklearn.metrics import mean_absolute_error
    mean_absolute_error([1.0, 0.0, 0.0], [0.0, 0.0, -1.0])

Out: 0.6666666666666663
```

- 均方误差（Mean Squared Error, MSE）：它是预测向量和实际值之差的平均 L2 范数。

```
In: from sklearn.metrics import mean_squared_error
    mean_squared_error([-10.0, 0.0, 0.0], [0.0, 0.0, 0.0])

Out: 33.333333333333
```

- R^2 **分值**：R^2 也称为决定系数。简而言之，R2 决定了预测器与目标变量之间线性拟合的好坏，它的取值范围是 0 至 1，取值越高表示模型越好。在统计学参考书中能够找到关于这个指标更详细的解释。计算 R2 分值使用的函数是 sklearn.metrics.r2_score。

3.6 测试和验证

加载数据之后，经过预处理、创建新的特征，检查异常值和其他不一致的数据点和选择正确的指标等过程，我们终于做好了应用机器学习算法的准备。机器学习通过观测一系列样本，使样本与它们的结果相匹配，从而抽取一系列能成功泛化到新样本的规则，使用这些规则能正确猜测新样本的分类结果。这属于有监督的学习方法，一系列专门的有监督学习算法对数据科学都非常重要。那么，我们该如何正确运用学习过程来得到最好的泛化预测模型呢？

接下来会介绍一些好的实例，让我们逐步展开，首先要加载数据集：

```
In: from sklearn.datasets import load_digits
    digits = load_digits()
    print (digits.DESCR)
    X = digits.data
    y = digits.target
```

这是一个数字数据集（Digit dataset），包含数字 0 到 9 的手写图像。数据格式是如下图所示的 8×8 的图像矩阵：

这些数字实际上存储在长度为 64 的向量（将每个 8×8 的图像改写为一维向量），向量每个元素取值为 0 到 16 的整数，表示每个像素的灰度：

```
In: X[0]

Out: array([0., 0., 5., 13., 9., 1., 0., 0., ...])
```

我们还将加载三个不同的机器学习假设（在机器学习语言中，该假设是一个算法，其所有参数都准备好学习）和用于分类的支持向量机，这对我们的实际示例很有用：

```
In: from sklearn import svm
    h1 = svm.LinearSVC(C=1.0)
    h2 = svm.SVC(kernel='rbf', degree=3, gamma=0.001, C=1.0)
    h3 = svm.SVC(kernel='poly', degree=3, C=1.0)
```

第一个实验，我们将对数据进行线性 SVC 拟合，并检验结果：

```
In: h1.fit(X,y)
    print (h1.score(X,y))

Out: 0.984974958264
```

这种方法使用数组 x 拟合一个模型，以正确预测出 y 向量中的 10 个类别之一。然后，调用 .score() 方法，并指定同一个预测器，用预测值相对 y 向量真值的平均精度来评价模型性能。使用这种方法正确预测数字的准确率是 99.4%。

这个数字表示样本内（in-sample）性能，也是学习算法的性能。这纯粹是一种指示，用来表示性能的上限（提供不同的样本，平均性能总会降低）。事实上，每一种学习算法都有一定的对训练数据的记忆能力。因此，样本内性能一部分是算法从数据中学到的总体推断的能力，一部分是其记忆能力。在极端情况下，如果模型训练过度或对可用数据来说太复杂，记忆模式就会压倒抽取的规则，算法也不能对新数据进行正确预测。这个问题就是所谓的过拟合。既然我们无法将这两个共存的影响分开，为了对假设的预测性能进行合理的评估，我们确实需要在没有记忆效应的新数据上进行测试。

提示：记忆因算法的复杂性而发生；复杂算法有很多系数，用来存储数据信息。不幸的是，由于预测过程变得随机，记忆效应导致对没见过的数据预测时变化较大。有三种可行的解决方法。第一，可以增加样本数量，使系统存储之前见过的实例信息变得不可能，但是要找到所有必要的数据付出的代价会更高。第二，使用简单的机器学习算法，这样算法既不倾向于记忆，也不会过分拟合于数据后的复杂规则。第三，使用正则化方法限制非常复杂的模型，使算法对有些变量降低权重，甚至去除一定量的变量。

在许多情况下，要获得新的数据需要一定的成本。一个好的替代方法是将原始数据分为训练集（通常占全部数据的 70%～80%）和测试集（剩余的 20%～30%）。训练集和测试集的分割是完全随机的，应该考虑数据中任何不平衡的类：

```
In: chosen_random_state = 1
    X_train, X_test, y_train, y_test = model_selection.train_test_split(
                        X, y,
                        test_size=0.30, random_state=chosen_random_state)
    print ("(X train shape %s, X test shape %s, n/y train shape %s, \
           y test shape %s" % (X_train.shape, X_test.shape,
                               y_train.shape, y_test.shape))
    h1.fit(X_train,y_train)
    print (h1.score(X_test,y_test))
    # Returns the mean accuracy on the given test data and labels

Out: (X train shape (1257, 64), X test shape (540, 64),
      y train shape (1257,), y test shape (540,)
      0.953703703704
```

通过执行上面的代码，model_selection.train_test_split() 函数基于 test_size 参数把初始

数据随机分成了两个数据集（test_size 参数可以是整数，表示确切的测试集样本数，也可以是浮点数，表示测试数据占总数据的百分比）。分割过程由 random_state 参数控制，这保证了操作在不同时间和不同计算机上的可再现性（即使你使用的是完全不同的操作系统）。

当前的平均准确率为 0.94。让我们试着再次运行同样的代码单元，每次运行整型变量 chosen_random_state 都会改变，能够观察到平均准确率的实际变化，这说明测试集也不是应该使用的绝对性能测量。

事实上，如果我们选择（通过 random_state 进行多种试验之后）可以验证假设的测试集，或者使用测试集作为参考进行学习过程的决策（例如，为某些测试样本选择最好的假设模型），我们可以从测试集得到性能的有偏估计。

由此产生的性能肯定会更好，但它不代表已经建立的机器学习系统的真实性能。

有时候需要为数据建立多个假设，在训练数据集上对假设进行拟合后，我们必须在这些假设中做出选择（数据科学的一个普通实验），因此，我们需要一个数据样本集来比较它们的性能。由于前面提到的原因，这个样本集肯定不能是测试集。

正确的方法是使用验证集（validation set）。建议将初始数据集分割，其中的 60% 作为训练集，其中的 20% 作为验证集，还有 20% 作为测试集。可以据此修改原来的代码，由此得到的数据能用来测试上面提到的三个假设：

```
In: chosen_random_state = 1
    X_train, X_validation_test, y_train, y_validation_test =
    model_selection.train_test_split(X, y,
                                     test_size=.40,
                                     random_state=chosen_random_state)
    X_validation, X_test, y_validation, y_test =
    model_selection.train_test_split(X_validation_test, y_validation_test,
                                    test_size=.50,
                                    random_state=chosen_random_state)
    print ("X train shape, %s, X validation shape %s, X test shape %s,
           /ny train shape %s, y validation shape %s, y test shape %s/n" %
           (X_train.shape, X_validation.shape, X_test.shape,
            y_train.shape, y_validation.shape, y_test.shape))
    for hypothesis in [h1, h2, h3]:
        hypothesis.fit(X_train,y_train)
        print ("%s -> validation mean accuracy = %0.3f" % (hypothesis,
        hypothesis.score(X_validation,y_validation))  )
    h2.fit(X_train,y_train)
    print ("n%s -> test mean accuracy = %0.3f" % (h2,
    h2.score(X_test,y_test)))

Out: X train shape, (1078, 64), X validation shape (359, 64),
     X test shape (360, 64),
     y train shape (1078,), y validation shape (359,), y test shape (360,)

     LinearSVC(C=1.0, class_weight=None, dual=True, fit_intercept=True,
         intercept_scaling=1, loss='squared_hinge', max_iter=1000,
         multi_class='ovr', penalty='l2', random_state=None,  tol=0.0001,
         verbose=0) -> validation mean accuracy = 0.958

     SVC(C=1.0, cache_size=200, class_weight=None, coef0=0.0,
      decision_function_shape=None, degree=3, gamma=0.001, kernel='rbf',
      max_iter=-1, probability=False, random_state=None, shrinking=True,
      tol=0.001, verbose=False) -> validation mean accuracy = 0.992

     SVC(C=1.0, cache_size=200, class_weight=None, coef0=0.0,
      decision_function_shape=None, degree=3, gamma='auto', kernel='poly',
```

```
 max_iter=-1, probability=False, random_state=None, shrinking=True,
 tol=0.001, verbose=False) -> validation mean accuracy = 0.989

SVC(C=1.0, cache_size=200, class_weight=None, coef0=0.0,
 decision_function_shape=None, degree=3, gamma=0.001, kernel='rbf',
 max_iter=-1, probability=False, random_state=None, shrinking=True,
 tol=0.001, verbose=False) -> test mean accuracy = 0.978
```

如结果所示，现在训练集由 1078 个实例组成（占样本总数的 60%）。为了将数据集分成训练集、验证集和测试集三个部分，首先，使用 model_selection.train_test_split 函数将数据分成训练集和测试集 / 验证集两部分，从而提取出训练样本，然后，用同样的函数将测试集 / 验证集分为两部分。每种假设经过训练后，都在验证集上进行测试。使用 RBF 核的 SVC 模型平均准确率为 0.992，它是验证集上最好的模型。我们决定使用该模型，其性能在测试集上得到了进一步验证，平均准确率达到了 0.978，这是模型实际性能的测量结果。

由于测试集上的准确率与验证集上的不同，所选择的假设是否真的就是最好的模型呢？我们建议不断改变 chosen_random_state 值，多次运行代码（理想情况下，运行代码至少 30 次才能保证模型的统计意义）。通过这种方式，对不同的样本可以验证同样的学习过程，你可以对自己的期望更加有信心。

3.7 交叉验证

如果你已经运行了前面的实验，或许能够发现：

- 当样本不同时，验证和测试结果都会不同。
- 所选择的假设往往是最好的，但并非总是如此。

遗憾的是，依赖验证和测试阶段的样本会减少训练阶段的学习样本，给训练带来不确定性（样本越少，得到的模型变量就越多）。

一个可行的方案是使用交叉验证（cross-validation），Scikit-learn 为交叉验证和性能评估提供了完整的模块（sklearn.cross_validation）。

通过使用交叉验证，只需要将数据分为训练集和测试集，还可以在模型优化和模型训练过程中同时使用训练集。

交叉验证又是如何工作的呢？主要思想是把训练数据分成 K 组（也称为折），训练模型 K 次，每次都保留一个不同的分组不参与训练。每次模型训练之后，都会利用剩下的数据进行测试，并存储测试结果。最后，你会得到和折数一样多的结果，利用这些数据可以计算出平均值和标准差。

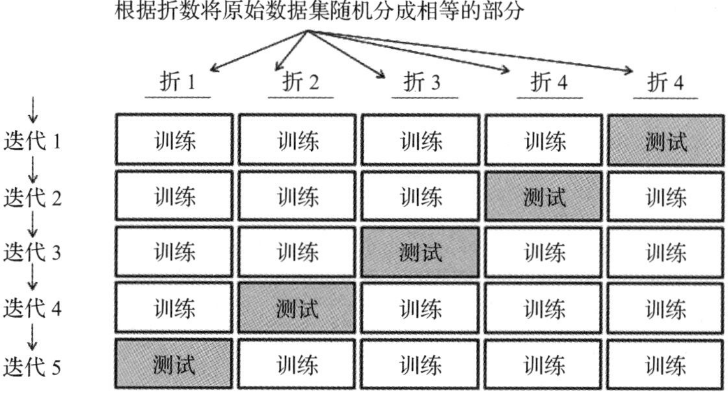

在上面的图形示例中，描述了一个数据集分成五折的情况。在机器学习过程中，根据迭代的过程不同，这些数据分别作为训练集和测试集的一部分。

注意： 交叉验证中十折是最常见的设置，也是我们推荐采用的。使用较少的折数对线性回归等有偏估计效果较好，但它对更复杂的机器学习算法不利。有时候确实需要使用更多的折数，以确保有足够的训练数据提高机器学习算法的泛化能力。这在医学数据集中很常见，因为医学问题中很难获得足够的数据。另外，如果手头数据的数量不是问题，使用更多的折数意味着计算量的增加，交叉验证也需要更长的时间来完成。有时候，使用五折是一个不错的折中方案，它能平衡模型的估计精度和运行时间。

标准偏差用来描述模型是如何受训练数据影响的（实际上是模型的方差），而均值表示模型总体性能的公正估计。使用不同模型交叉验证结果的平均值（模型因类型、选择的训练变量和超参数不同而不同），你可以自信地选择总体性能最好的假设模型。

提示： 强烈建议交叉验证只是用于优化目的，而不是为了性能评估（也就是说，找出模型对新数据可能存在的错误）。交叉验证只是从平均最佳的角度，指出模型最好的算法和参数选择。用它进行性能评估意味着使用已得到的最佳结果。为了得到模型性能的无偏估计，你更应该使用测试集。

让我们运行一个实例，来检验交叉验证方法。现在，我们可以对前面三种假设在手写体数字数据集上的评估进行回顾：

```
In: choosen_random_state = 1
    cv_folds = 10 # Try 3, 5 or 20
    eval_scoring='accuracy' # Try also f1
    workers = -1 # this will use all your CPU power
    X_train, X_test, y_train, y_test = model_selection.train_test_split(
                                      X, y,
                                      test_size=0.30,
                                      random_state=choosen_random_state)
    for hypothesis in [h1, h2, h3]:
        scores = model_selection.cross_val_score(hypothesis,
                     X_train, y_train,
                     cv=cv_folds, scoring= eval_scoring, n_jobs=workers)
        print ("%s -> cross validation accuracy: mean = %0.3f \
               std = %0.3f" % (hypothesis, np.mean(scores),
                               np.std(scores)))

Out: LinearSVC(C=1.0, class_weight=None, dual=True, fit_intercept=True,
      intercept_scaling=1, loss='squared_hinge', max_iter=1000,
      multi_class='ovr', penalty='l2', random_state=None, tol=0.0001,
      verbose=0) -> cross validation accuracy: mean = 0.930 std = 0.021

     SVC(C=1.0, cache_size=200, class_weight=None, coef0=0.0,
      decision_function_shape=None, degree=3, gamma=0.001, kernel='rbf',
      max_iter=-1, probability=False, random_state=None, shrinking=True,
      tol=0.001, verbose=False) -> cross validation accuracy:
      mean = 0.990 std = 0.007
     SVC(C=1.0, cache_size=200, class_weight=None, coef0=0.0,
      decision_function_shape=None, degree=3, gamma='auto', kernel='poly',
      max_iter=-1, probability=False, random_state=None, shrinking=True,
      tol=0.001, verbose=False) -> cross validation accuracy:
      mean = 0.987 std = 0.010
```

以上代码的核心是 model_selection.cross_val_score 函数，该函数接收以下参数：

- 学习算法（estimator）
- 预测器的训练集（X）
- 目标变量（y）
- 交叉验证的折数（cv）
- 评分函数（scoring）
- 用到的 CPU 数量（n_jobs）

给定这样的输入，该函数还能组成一些复杂的函数。它创建了 n 次迭代过程，每次迭代都在样本内训练 n-cross-validation 模型，然后在样本外（out-of-sample）的折上测试模型，并存储其评分。最后，函数记录了如下类型的评分列表：

```
In: scores

Out: array([ 0.96899225, 0.96899225, 0.9921875, 0.98412698, 0.99206349,
             1, 1., 0.984, 0.99186992, 0.98347107])
```

cross_val_score 函数的主要优势是用法简单，能自动合并交叉验证方法所有必要的步骤。例如，在决定如何拆分训练样本时，如果提供了 y 向量，每折中目标类别样本的比例都会和 y 向量中的相同。

3.7.1　使用交叉验证迭代器

虽然 model_selection 模块提供的 cross_val_score 函数作为一个完整的辅助函数，能解决大多数交叉验证问题，但是，有时候你还是有必要建立自己的交叉验证过程。这时，model_selection 模块为你提供了强大的迭代器选择。

在检验最有用的迭代器之前，让我们通过学习一种迭代器（model_selection.KFold）的工作原理，来对所有迭代器的工作过程有一个清晰的概观。

KFold 在功能上相当简单。如果表示折数的变量 n 已知，它根据训练集的索引进行 n 次迭代，每次都在剩下的验证集上测试。

比方说，有一个由 100 个样本组成的训练集，我们要创建一个 10 折交叉验证。首先，让我们建立迭代器：

```
In: kfolding = model_selection.KFold(n_splits=10, shuffle=True,
                                     random_state=1)
    for train_idx, validation_idx in kfolding.split(range(100)):
        print (train_idx, validation_idx)

Out: [ 0 1 2 3 4 5 6 7 8 9 10 11 12 13 14 15 16 18 19 20 21 22 23 24 25 26
27
       28 29 30 31 32 34 35 37 38 39 40 41 42 43 44 45 46 47 48 49 50 51 52
53
       54 55 56 57 58 59 60 61 62 63 64 66 67 68 70 71 72 73 74 75 76 77 78
79
       83 85 86 87 88 89 90 91 92 94 95 96 97 98 99] [17 33 36 65 69 80 81
82
       84 93] ...
```

参数 n 指示迭代器在 100 个索引上进行数据分割，参数 n_splits 指定划分的折数。当参数 shuffle 被设置为 True 时，它会随机选择每折的元素。相反，如果 shuffle 设置为 false，折会根据索引顺序进行创建（因此，第一折的数据是 [0 1 2 3 4 5 6 7 8 9]）。

像往常一样，参数 random_state 保证折的生成具有可重现性。

迭代器循环过程中，训练集和验证集的索引由要评估的假设提供）使用线性 SVC 的 h1，我们来看看它是如何工作的）。你只需要根据花式索引选择 X 和 y：

```
In: h1.fit(X[train_idx],y[train_idx])
    h1.score(X[validation_idx],y[validation_idx])

Out:0.9000000000000002
```

正如你所看到的，交叉验证迭代器只为你提供了索引功能，当需要对你的假设进行评分时，你就可以使用这样的索引了。这为你提供了进行精细操作的机会。

在其他最有用的迭代器中，以下几个值得提及：

- StratifiedKFold：它和 KFold 类似，但它总是根据训练集同类别样本的比例划分数据集。在输入参数上，它不需要样本数量，而是目标变量 y。它实际上是前一节刚看过的 cross_val_score 函数的默认迭代器。
- LeaveOneOut：它和 Kfold 方法类似，但它只保留一个观测量作为验证集。因此，划分的折数将等于训练集中的样本数。建议只有在训练集较小时才使用这种交叉验证方法，特别是当观测量小于 100 并且 K 折验证又会大大减少训练集的时候。
- LeavePOut：它的优缺点都与 LeaveOneOut 相似，但是它的验证集有 P 个样本。因此，总的数据分区将是从所有样本取出 P 个样本形成的组合（随着数据集的增长，它可能是一个相当大的数）。
- LeaveOneLabelOut：它根据你提前准备或计算的方案提供了一种便捷的交叉验证方法。事实上，它像 Kfold 一样，但是每个分组（折）都需要标记并提供标号参数。
- LeavePLabelOut：它是 LeaveOneLabelOut 的变体。这时，验证集的分组由 P 个标号的样本组成。

注意： 详细了解每种迭代器所需要的具体参数，建议查看 Scikit-learn 网站：http://Scikit-learn.org/stable/modules/classes.html#module-sklearn.model_selection。

事实上，交叉验证也能用于预测。对于特定的数据科学项目，需要根据可用的数据建立模型，然后对同样的数据进行预测。如前面的例子所示，使用训练集进行预测将导致高的估计方差，这是因为模型已和那些数据拟合得很好，记住了数据的许多特征。这时就可以使用交叉验证过程来改进预测精度：

- 创建交叉验证迭代器（折数 k 最好取一个较大的数值）。
- 进行交叉验证迭代，每次使用 k–1 折数据训练模型。
- 每次迭代都对验证数据（实际上是样本外数据）生成预测并保存预测结果，记录它们的索引。最好的方式是使用预测矩阵，矩阵元素是预测结果的花式索引。

这个过程常称为外交叉验证折（out-of-cross-validation fold）预测。

3.7.2 采样和自举方法

在介绍了基于 fold、p-out 和定制方案的迭代器之后，我们将补充介绍一些交叉验证迭代器，比如说，那些基于采样的迭代器。

采样方法和之前的方法不同，因为它不分割训练集，但是需要对训练集进行二次抽样（subsample）或自举（bootstrap）。

当你想随机选择一部分可用的数据，组成比原始数据集更小的数据集时，就需要进行二次抽样。

二次抽样非常有用，尤其是当你需要广泛地测试假设，而又不想从非常小的测试集单独分出验证集时（因此，可以选择 leave-one-out 方法或分组数字很大的 KFold 方法）。下面就是一个这样的例子。

```
In: subsampling = model_selection.ShuffleSplit(n_splits=10,
    test_size=0.1, random_state=1)
    for train_idx, validation_idx in subsampling.split(range(100)):
        print (train_idx, validation_idx)

Out:[92 39 56 52 51 32 31 44 78 10  2 73 97 62 19 35 94 27 46 38 67 99 54
     95 88 40 48 59 23 34 86 53 77 15 83 41 45 91 26 98 43 55 24  4 58 49
     21 87  3 74 30 66 70 42 47 89  8 60  0 90 57 22 61 63  7 96 13 68 85
     14 29 28 11 18 20 50 25  6 71 76  1 16 64 79  5 75  9 72 12 37] [80
     84 33 81 93 17 36 82 69 65]
     ...
```

和其他的迭代器一样，n_splits 参数设置二次抽样的样本数，test_size 表示抽样的百分比（如果是浮点数），或者测试用的观测样本数量。

自举法（Bootstrap）作为一种重采样方法，长期用于评价统计分布采样。因此，根据机器学习假设的样本外性能评价，它是一个合适的方法。

它从原始样本中进行有放回的随机抽样，直到得到一个同样大小的新数据集。

不幸的是，由于自举法允许重复抽样（即允许同一个变量被重复抽样），因此会产生以下问题：

- 样本会同时出现在训练集和测试集上（必须使用 out-of-bootstrap 的观测样本进行测试）。
- 重复抽样造成观测量不分离，因此这种方法相对于交叉验证估计方差更小、偏置更高。

尽管 Bootstrap 函数很有用（作为数据科学从业者，至少从我们的观点是这样的），我们推荐一个简单的替代方法，它既适合进行交叉验证，又能被迭代器调用。它生成与输入数据同样大小（索引序列的长度）的自举样本和一个用于测试的排除索引（样本外）列表：

```
In: import random
    def Bootstrap(n, n_iter=3, random_state=None):
        """
        Random sampling with replacement cross-validation generator.
        For each iter a sample bootstrap of the indexes [0, n) is
        generated and the function returns the obtained sample
        and a list of all the excluded indexes.
        """
        if random_state:
            random.seed(random_state)
        for j in range(n_iter):
            bs = [random.randint(0, n-1) for i in range(n)]
            out_bs = list({i for i in range(n)} - set(bs))
            yield bs, out_bs

    boot = Bootstrap(n=100, n_iter=10, random_state=1)
    for train_idx, validation_idx in boot:
        print (train_idx, validation_idx)

Out:[37, 12, 72, 9, 75, 5, 79, 64, 16, 1, 76, 71, 6, 25, 50, 20, 18, 84,
```

```
11, 28, 29, 14, 50, 68, 87, 87, 94, 96, 86, 13, 9, 7, 63, 61, 22, 57,
1, 0, 60, 81, 8, 88, 13, 47, 72, 30, 71, 3, 70, 21, 49, 57, 3, 68,
24, 43, 76, 26, 52, 80, 41, 82, 15, 64, 68, 25, 98, 87, 7, 26, 25,
22, 9, 67, 23, 27, 37, 57, 83, 38, 8, 32, 34, 10, 23, 15, 87, 25, 71,
92, 74, 62, 46, 32, 88, 23, 55, 65, 77, 3] [2, 4, 17, 19, 31, 33, 35,
36, 39, 40, 42, 44, 45, 48, 51, 53, 54, 56, 58, 59, 66, 69, 73, 78,
85, 89, 90, 91, 93, 95, 97, 99]
...
```

该函数实现了对数据的二次采样，接收参数 n 为 n_iter 个索引抽取自举样本，使用参数 random_state 保证可重现性。

3.8　超参数优化

机器学习假设不仅取决于学习算法，还会受超参数（hyper-parameter）和变量选择的影响。其中超参数是算法事先确定的，不能在训练过程中学习得到；变量选择能帮助假设获得最佳的学习参数。

在这一节中，我们将探讨如何扩展交叉验证方法，以找到能推广到测试集的最佳超参数。我们将继续使用 Scikit-learn 软件包提供的手写体数字数据集。下面是加载数据集的方法：

```
In: from sklearn.datasets import load_digits
    digits = load_digits()
    X, y = digits.data, digits.target
```

同样的，我们继续使用支持向量机作为学习算法：

```
In: from sklearn import svm
    h = svm.SVC()
    hp = svm.SVC(probability=True, random_state=1)
```

这一次，我们使用两个假设。第一个假设是普通 SVC，只用来预测分类标号。第二个假设是能计算标号概率的 SVC，需要设置参数 probability= True，为了结果的可重现性设置 random_state 为 1。对于评价机器学习估计器的性能，SVC 对所有的损失指标都有用。这些指标需要一个概率而不是预测，例如 AUC。

做完这些，我们已经准备好加载 model_selection 模块，设置想通过交叉验证测试的超参数列表。

我们还会用到 GridSearchCV 函数，它会根据搜索列表自动搜索最佳参数，并使用预定义或自定义的评分函数对结果进行评分：

```
In: from sklearn import model_selection
    search_grid = [
          {'C': [1, 10, 100, 1000], 'kernel': ['linear']},
          {'C': [1, 10, 100, 1000], 'gamma': [0.001, 0.0001],
           'kernel': ['rbf']},
          ]
    scorer = 'accuracy'
```

现在，我们成功导入模块，使用字符串‘accuracy’设置评分变量，并创建了由两个字典组成的搜索列表。

Scorer 是一个可选择的字符串，可以查阅 Scikit-learn 文档的预定义值部分，网页链接如下：scikit-learn.org/stable/modules/model_evaluation.html。

使用预定义参数，你只需要从列表中选择评价指标就可以了（有些指标用于分类和回归，也有一些用于聚类)，将字符串直接插入，或者给 GridSearchCV 函数传递字符串变量。

GridSearchCV 还有一个参数 param_grid，它是一个包含键和键值的字典，键用来指示所有可以改变的超参数，键值列出了待测试的参数。因此，如果想测试假设相对超参数 C 的性能，你可以创建这样一个字典：

```
{'C' : [1, 10, 100, 1000]}
```

或者，根据你的喜好使用专门的 NumPy 函数生成数据，例如在对数尺度上生成均匀间隔的数字 (正如我们在前一章所见到的)：

```
{'C' :np.logspace(start=-2, stop=3, num=6, base=10.0)}
```

这样，你就可以列举所有可能的参数数值，并测试它们所有的组合。然而，你也可以设计不同的字典，每个字典只包含部分可以一起测试的参数。例如，使用 SVC 模型时，将内核设置为 linear 就自动排除了 gamma 参数。将 SVC 与线性内核相结合实际上是一种计算能力的浪费，因为它不会对学习过程产生任何影响。

我们接着使用网格搜索，并利用 Ipython 的魔术命令 %timeit 进行计时，看看完成全部过程需要多少时间：

```
In: search_func = model_selection.GridSearchCV(estimator=h,
                                param_grid=search_grid, scoring=scorer,
                                n_jobs=-1, iid=False, refit=True, cv=10)
    %timeit search_func.fit(X,y)
    print (search_func.best_estimator_)
    print (search_func.best_params_)
    print (search_func.best_score_)

Out: 4.52 s ± 75.6 ms per loop (mean ± std. dev. of 7 runs, 1 loop each)
     SVC(C=10, cache_size=200, class_weight=None, coef0=0.0, degree=3,
     gamma=0.001,
       kernel='rbf', max_iter=-1, probability=False, random_state=None,
       shrinking=True, tol=0.001, verbose=False)
     {'kernel': 'rbf', 'C': 10, 'gamma': 0.001}
     0.981081122784
```

电脑完成整个搜索过程大约需要 10 秒钟。搜索结果指出最好的方案是使用以下参数的 SVC 假设：内核为 rbf、C=10、gamma=0.001，这个假设交叉验证的平均准确率为 0.981。

对于 GridSearchCV 命令，除了假设 (估计器参数)、param_grid 以及刚才用到的评分参数，我们还需要设置其他可选但又有用的参数：

1. 首先，设置 n_jobs=-1。运行 IPython 单元时，这使函数能运用计算机上所有处理器。

2. 接着，我们设置 refit=True。这样函数就能使用最佳估计器的参数，拟合整个训练集。现在，只需要对新数据使用 search_funct.predict() 方法就能获得新的预测。

3. 交叉验证参数 cv 设置为 10 折，(当然，你可以选择一个较小的数字，以平衡测试过程的速度与精度)。

4. 参数 iid 设置为 False。这个参数决定如何计算类别的错误度量。如果类是平衡的，设置 iid 不会有很大的影响。但是如果类不平衡，默认情况下设置 iid=True，使得样本更多的类在全局误差中权重更大。相反，iid=False 则意味着所有的类都应该同等对待。因为我们想用 SVC 识别从 0 到 9 的手写体数字，不管每个数字给定的样本是多少，这时设置 iid 参数为 False 是正确的选择。根据你的数据科学项目，你可以根据实际情况确定 iid 什么时候应该设置为 True。

3.8.1 建立自定义评分函数

在上面的实验中，我们选择了预定义的评分函数。对于分类问题有五个可用的测量指标（准确率、AUC、精确率、召回率和F1分值），对于回归问题有三个测量指标（R^2、MAE和MSE）。尽管它们都是一些最常见的指标，但是有时候你或许需要使用其他不同的指标。在我们的示例中，我们发现使用损失函数有助于弄清这样一种情况：当分类器错误时，正确答案排名靠前的概率仍然很高，因此正确答案只是算法的第二或第三选项。那么我们该怎么办呢？

实际上，在sklearn.metrics模块中有一个log_loss函数。我们要做的就是把它包装成GridSearchCV函数能够调用的方式：

```
In: from sklearn.metrics import log_loss, make_scorer
    Log_Loss = make_scorer(log_loss,
                           greater_is_better=False,
                           needs_proba=True)
```

就这样，基本上只需要一行代码。通过调用make_scorer我们创建了另一个函数（Log_Loss），这需要用到sklearn.metrics的误差函数log_loss。还需要指出的是，我们通过设置greater_is_better=false来最小化Log_Loss（它表示损失，而不是评分）。我们还声明它将使用概率而不是预测，因此设置needs_proba=True。由于它使用概率，我们将使用上一节定义的hp假设，否则SVC不会在预测时输出任何概率：

```
In: search_func = model_selection.GridSearchCV(estimator=hp,
                         param_grid=search_grid, scoring=Log_Loss,
                           n_jobs=-1, iid=False, refit=True, cv=3)
    search_func.fit(X,y)
    print (search_func.best_score_)
    print (search_func.best_params_)

Out: -0.16138394082
     {'kernel': 'rbf', 'C': 1, 'gamma': 0.001}
```

现在，我们的超参数是为对数损失优化的，而不是准确率。

注意：谨记对合适函数的优化能为项目带来更好的结果。所以，在数据科学中，在评分函数上花费的时间都是非常值得的。

现在，想象你有一个具有挑战性的任务。由于手写数字1和7在识别时很容易弄错，所以你必须优化算法，以减少对这两个数字的识别错误率。你可以通过定义新的损失函数来实现这个目标：

```
In: import numpy as np
    from sklearn.preprocessing import LabelBinarizer
    def my_custom_log_loss_func(ground_truth,
                                p_predictions,
                                penalty = list(),
                                eps=1e-15):
        adj_p = np.clip(p_predictions, eps, 1 - eps)
        lb = LabelBinarizer()
        g = lb.fit_transform(ground_truth)
        if g.shape[1] == 1:
            g = np.append(1 - g, g, axis=1)
        if penalty:
```

```
        g[:,penalty] = g[:,penalty] * 2
    summation = np.sum(g * np.log(adj_p))
    return summation * (-1.0/len(ground_truth))
```

作为一般规则，函数的第一个参数应该是实际答案，第二个参数应该是预测值或预测概率。你还可以添加一些具有默认值的参数，或者在后继调用 make_scorer 函数时再确定参数：

```
In: my_custom_scorer = make_scorer(my_custom_log_loss_func,
                                   greater_is_better=False,
                                   needs_proba=True, penalty = [4,9])
```

这里，我们通过 penalty 参数对容易混淆的数字 4 和 9 设置了惩罚。当然，你可以改变这个参数或者留空设置，检查损失是否与之前使用 sklearn.metrics.log_loss 函数时相同。

现在，在评价数字 4 和 9 两个类别结果时，新的损失函数是 log_loss 的两倍：

```
In: from sklearn import model_selection
    search_grid = [{'C': [1, 10, 100, 1000], 'kernel': ['linear']},
    {'C': [1, 10, 100, 1000], 'gamma': [0.001, 0.0001], 'kernel': ['rbf']}]
    search_func = model_selection.GridSearchCV(estimator=hp,
                  param_grid=search_grid, scoring=my_custom_scorer, n_jobs=1,
                  iid=False, cv=3)
    search_func.fit(X,y)
    print (search_func.best_score_)
    print (search_func.best_params_)

Out: -0.199610271298
     {'kernel': 'rbf', 'C': 1, 'gamma': 0.001}
```

注意：上一个例子中，我们设置 n_jobs = 1。这样设置是出于其后的技术原因。如果你在 Windows 系统上运行此代码（在任何 Unix 或 MacOS 系统上则不会出现这种问题），可能会产生一个阻止 Jupyter Notebook 的错误。所有 Scikit-learn 模块的交叉验证函数都要使用多处理器，这得益于 Joblib 软件包，它要求所有函数都运用多处理器进行导入。一个可行的解决方法是将函数保存到磁盘文件，比如 custom_measure.py，然后使用 from custom_measure import Log_Loss 命令导入。

3.8.2 减少网格搜索时间

GridSearchCV 函数能帮你完成大量工作，可以根据网格说明检查所有的参数组合。尽管如此，当数据或网格搜索空间很大时，程序可能需要很长的时间进行计算。

model_selection 模块对这种问题提供了一种补救方法：RandomizedSearchCV。它是一个随机抽取样本组合并报告最好组合的程序。

它有一些明显的优点：

- 能够限制计算量。
- 能够获得好的结果，或者至少能明白网格搜索中的努力方向。
- RandomizedSearchCV 与 GridSearchCV 具有相同的可选参数，除了：

1. n_iter 参数，表示随机样本数量。

2. param_distributions 与 param_grid 具有相同的函数，但是它只接受字典，如果你指定分布函数为连续值而不是离散值，它的表现会更好。例如，你可以指定分布为 C：scipy.stats.expon（scale=100），而不是 C：[1, 10, 100, 1000]。

让我们使用前面的设置来测试这个函数：

```
In: search_dict = {'kernel': ['linear','rbf'],'C': [1, 10, 100, 1000],
                   'gamma': [0.001, 0.0001]}
    scorer = 'accuracy'
    search_func = model_selection.RandomizedSearchCV(estimator=h,
                                     param_distributions=search_dict,
                                     n_iter=7,
                                     scoring=scorer,
                                     n_jobs=-1,
                                     iid=False,
                                     refit=True,
                                     cv=10,
                                     return_train_score=False)
    %timeit search_func.fit(X,y)
    print (search_func.best_estimator_)
    print (search_func.best_params_)
    print (search_func.best_score_)

Out: 1.53 s ± 265 ms per loop (mean ± std. dev. of 7 runs, 1 loop each)
     SVC(C=10, cache_size=200, class_weight=None, coef0=0.0, degree=3,
       gamma=0.001, kernel='rbf', max_iter=-1, probability=False,
       random_state=None, shrinking=True, tol=0.001, verbose=False)
     {'kernel': 'rbf', 'C': 1000, 'gamma': 0.001}
     0.981081122784
```

它找到了一个等效的结果，只用了一半的计算量（从 14 个网格穷举搜索试验中抽取 7 个）。让我们来看看已经测试过的组合：

```
In: res = search_func.cvresults
    for el in zip(res['mean_test_score'],
                  res['std_test_score'],
                  res['params']):
      print(el)

Out: (0.9610800248897716, 0.021913085707003094, {'kernel': 'linear',
     'gamma': 0.001, 'C': 1000})
     (0.9610800248897716, 0.021913085707003094, {'kernel': 'linear',
     'gamma': 0.001, 'C': 1})
     (0.9716408520553866, 0.02044204452092589, {'kernel': 'rbf',
     'gamma': 0.0001, 'C': 1000})
     (0.981081122784369, 0.015506818968315338, {'kernel': 'rbf',
     'gamma': 0.001, 'C': 10})
     (0.9610800248897716, 0.021913085707003094, {'kernel': 'linear',
     'gamma': 0.001, 'C': 10})
     (0.9610800248897716, 0.021913085707003094, {'kernel': 'linear',
     'gamma': 0.0001, 'C': 1000})
     (0.9694212166750269, 0.02517929728858225, {'kernel': 'rbf',
     'gamma': 0.0001, 'C': 10})
```

即使对所有的组合没有总体的概念，好的样本也可以促使你寻找合适的 rbf 核、特定的 C 以及 gamma 范围，并限定在搜索空间中的一部分进行网络搜索。

采用基于随机过程的优化方法主要是靠运气，但它的确是探索超参数空间非常有效的方式，特别是对于高维空间。如果安排得当，随机搜索不会牺牲搜索的完整性。在高维超参数空间，网格搜索倾向于重复测试类似的参数组合，因而证明了在参数不恰当或者参数效果非常相关的情况下计算效率非常低。

随机搜索方法（Random Search）是由 James Bergstra 和 Yoshua Bengio 设计的，其主要目的是提高深度学习超参数优化组合的搜索效率。深入了解该方法可以参考作者的原始论文：http://www.jmlr.org/papers/volume13/bergstra12a/bergstra12a.pdf。

提示： 统计测试表明要想通过随机搜索得到好的结果，至少应该尝试 30 至 60 次（这个规则基于以下假设：最优化需要覆盖 5% 到 10% 的超参数空间，搜索成功率需要达到 95%）。因此，一般只有网格搜索需要一个近似模拟（可以利用随机搜索的特性）或者大量的实验（使你节省计算时间）时，使用随机搜索才有意义。

3.9 特征选择

对于要使用的机器学习算法，不相关或冗余的特征是模型解释性差和训练时间长的主要原因，最重要的是还会造成模型过拟合、泛化能力差。

过拟合与数据集中观测数量占变量总数的比率有关。当变量相对观测量较多时，学习算法将更容易达到局部优化而停止，或者由于变量之间的相关性而拟合于一些虚假噪声。

除了需要进行数据变换的降维方法，特征选择也可以解决上述问题。它通过选择最具预测性的变量集来简化高维结构，也就是说，它选择的特征能够很好地共同工作，即使部分特征单独使用时不是很好的预测器。

Scikit-learn 软件包提供了各种特征选择方法：

- 基于方差的特征选择
- 单变量选择
- 递归消除
- 随机 Logistic 回归 / 稳定性选择（Stability selection）
- 基于 L1 范数的特征选择
- 基于树的特征选择

单变量和递归消除方法可以在 feature_selection 模块中找到，其他方法是都是特定机器学习算法的副产品。除了将在第 4 章提到的基于树的特征选择，我们将介绍其余所有的方法，并指出它们是如何帮助提高学习效果的。

3.9.1 基于方差的特征选择

基于方差的方法是最简单的特征选择方法，通常作为各类特征选择方法的基准。简单地说，它移除了所有小方差的特征，通常方差要小于某个设定的阈值。默认情况下，方差阈值对象会移除所有零方差的特征，但也可以通过阈值参数进行控制。

让我们创建一个小型数据集，数据集有 10 个观测量和 5 个特征组成，其中 3 个特征具有重要信息。

```
In: from sklearn.datasets import make_classification
    X, y = make_classification(n_samples=10, n_features=5,
    n_informative=3, n_redundant=0, random_state=101)
```

现在来计算它们的方差：

```
In: print ("Variance:", np.var(X, axis=0))

Out: Variance: [ 2.50852168  1.47239461  0.80912826  1.51763426
               1.37205498]
```

我们看到最小的方差对应第三个特征，因此如果我们选择四个最好的特征，应该将最小方差的阈值设置为 1.0。这样设置之后，让我们看看数据集的第一个观测量发生了什么变化：

```
In: from sklearn.feature_selection import VarianceThreshold
    X_selected = VarianceThreshold(threshold=1.0).fit_transform(X)
    print ("Before:", X[0, :])
    print ("After: ", X_selected[0, :])

Out: Before: [ 1.26873317 -1.38447407  0.99257345  1.19224064 -2.07706183]
      After:  [ 1.26873317 -1.38447407  1.19224064 -2.07706183]
```

正如预期的那样，在特征选择过程中删除了第三列，并且所有输出的观测数据中都不再包含这个特征。只有方差大于 1 的特征还保持不变。记住，不要在使用方差阈值之前对数据集进行 Z 标准化操作（比如使用 StandardScaler），否则，所有的特征都具有统一的方差。

3.9.2　单变量选择

有单变量选择的帮助，我们打算通过统计测试方法，选择与目标变量最相关的一个变量。有三种可用的测试方法：

- f_regression 对象在目标变量的线性回归中采用 F 检验，根据解释方差与未解释方差的比率选择 p-value。这种方法只适用于回归问题。
- f_classif 对象采用方差分析 F 检验，可以用来处理分类问题。
- Chi2 对象采用卡方检验，适用于分类问题，且要求变量是计数或二值数据（应为正值）。

所有的检验都有一个分值和 p-value。分值和 p-value 越高表示变量越相关，因此对目标越有用。这些检验没有考虑变量是重复的或者与另一个变量高度相关的情形。因此，它最适用于排除那些不那么有用的变量，而不是突显最有用的变量。

为了保证变量选择过程的自动化，也有一些选择原则：

- SelectKBest，根据检验分值，选择 K 个最好的变量。
- SelectPercentile，根据检验分值，选择最高百分位数的变量。
- 根据检验的 p-value、SelectFpr（假阳性率）、SelectFdr（错误发现率）和 SelectFwe（族系误差率）等选择变量。

也可以用 GenericUnivariateSelect 函数创建自己的选择程序，使用 score_func 参数，选择预测器与目标，返回自己喜欢的统计检验的分值和 p-value。

这些函数的最大优点是提供了一系列选择变量的方法，然后根据最佳的变量缩减或变换数据集。在下面的例子中，我们使用 .get_support() 方法从 Chi2 和 f_classif 两种检验中得到前 25% 预测变量的布尔索引。然后再根据两种检验确定选择的变量：

```
In: X, y = make_classification(n_samples=800, n_features=100,
                               n_informative=25,
                               n_redundant=0, random_state=101)
```

make_classification 函数创建了一个有 800 个实例和 100 个特征的数据集，重要的变量占总数的四分之一：

```
In: from sklearn.feature_selection import SelectPercentile
    from sklearn.feature_selection import chi2, f_classif
    from sklearn.preprocessing import Binarizer, scale
    Xbin = Binarizer().fit_transform(scale(X))
    Selector_chi2 = SelectPercentile(chi2, percentile=25).fit(Xbin, y)
    Selector_f_classif = SelectPercentile(f_classif,
                                          percentile=25).fit(X, y)
    chi_scores = Selector_chi2.get_support()
    f_classif_scores = Selector_f_classif.get_support()
    selected = chi_scores & f_classif_scores # use the bitwise and operator
```

如上例所示，如果使用卡方作为度量，则输入 X 的值必须是非负的。X 的内容必须是布尔值或频率，因此如果变量高于平均值，则在归一化之后选择进行二进制化。

最后选定的变量是一个布尔向量，指向 21 个预测变量，两个测试都证明了这一点。

提示：一个经验建议，使用不同的统计检验并保持变量较高的百分比，可以有效地开发单变量选择方法，排除信息量较少的变量，从而简化预测器集合。

3.9.3 递归消除

单变量选择带来的一个问题是选择的特征子集可能包含冗余信息，而我们的目的是使用预测算法得到一个最小的特征集合。在这种情况下，递归消除能够解决这个问题。

通过运行下面的脚本，你会发现一个相当具有挑战性的问题，这在具有不同实例和变量数量的数据集上都经常遇到。

```
In: from sklearn.model_selection import train_test_split
    X, y = make_classification(n_samples=100, n_features=100,
                               n_informative=5,
                               n_redundant=2, random_state=101)
    X_train, X_test, y_train, y_test = train_test_split(X, y,
                                                        test_size=0.30,
                                                        random_state=101)
In: from sklearn.linear_model import LogisticRegression
    classifier = LogisticRegression(random_state=101)
    classifier.fit(X_train, y_train)
    print ('In-sample accuracy: %0.3f' %
                              classifier.score(X_train, y_train))
    print ('Out-of-sample accuracy: %0.3f' %
                              classifier.score(X_test, y_test))

Out: In-sample accuracy: 1.000
     Out-of-sample accuracy: 0.667
```

我们有一个具有很多变量的小型数据集。这属于 p>n 类型的问题，其中，p 表示变量数，n 是观测数。

在这种情况下，数据集中肯定包含信息的变量，但是其他变量的噪声可能会欺骗学习算法，从而给正确的特征分配校正系数。记住，这种情况不是数据科学的最佳操作环境，因此，专业的平均结果才是最好的。

上例分类结果具有很高的样本内精度（堪称完美），然而使用交叉验证或者对样本外数据测试时精度又下降很快。

这时，RFECV 类提供了学习算法、评分或损失函数的计算指令、交叉验证程序。它先对所有变量拟合初始模型，然后计算交叉验证分值。RFECV 不断修剪变量，直到变量集合的交叉验证分值开始下降（通过变量修剪，交叉验证分值应该保持稳定或增加）：

```
In: from sklearn.feature_selection import RFECV
    selector = RFECV(estimator=classifier, step=1, cv=10,
                     scoring='accuracy')
    selector.fit(X_train, y_train)
    print('Optimal number of features : %d' % selector.n_features_)

Out: Optimal number of features : 4
```

在这个例子中，RFECV 方法最后从 100 个变量中选择了 4 个变量。为了反映变量的修剪，当训练集和测试集都进行变换后，我们可以在测试集上进行验证：

```
In: X_train_s = selector.transform(X_train)
    X_test_s = selector.transform(X_test)
    classifier.fit(X_train_s, y_train)
    print ('Out-of-sample accuracy: %0.3f' %
            classifier.score(X_test_s, y_test))

Out: Out-of-sample accuracy: 0.900
```

作为一般规则，当你发现训练结果（基于交叉验证，而不是样本内得分）与样本外结果差异很大时，递归选择能够帮助学习算法实现更好的性能，并指出那些最重要的变量。

3.9.4　稳定性选择与基于 L1 的选择

递归消除算法虽然有效，但实际上是一种贪婪算法。变量修剪时，它倾向于某些选择，有可能排除许多其他的选择。这是一个很好的去除 NP 难度问题的方法，例如在所有可能的集合中进行穷举搜索，得到更易于使用的变量。不管怎样，还可以联合使用现有的变量来解决这个问题。有些算法使用正则化限制系数的权重，从而防止过拟合，并在不失去预测能力的情况下选择最相关的变量。特别是 L1 正则化（也称为 lasso），它根据集合的正则化强度把许多变量的系数都设置为 0，因而对创建变量系数的稀疏选择非常著名。

通过一个例子来说明 Logistic 回归分类器的使用方法以及递归消除中使用的合成数据集。

另外，linear_model.lasso 函数用来解决回归中的 L1 正则化，而 linear_model.LogisticRegression 和 svm.LinearSVC 将用于分类问题：

```
In: from sklearn.svm import LinearSVC
    classifier = LogisticRegression(C=0.1, penalty='l1', random_state=101)
    classifier.fit(X_train, y_train)
    print ('Out-of-sample accuracy: %0.3f' %
                                    classifier.score(X_test, y_test))

Out: Out-of-sample accuracy: 0.933
```

从结果可以看出，样本外精度比前面使用贪婪算法的精度更高。这里的秘密就在于 LogisticRegression 类在初始化时分配了参数 penalty='l1' 和 C。由于 C 是影响 L1 选择的主要因素，它的正确选择显得非常重要。C 值选择可以通过交叉验证来完成，但还有一种更简单、更有效的方式：稳定性选择（Stability selection）。

稳定性选择在默认情况下使用 L1 正则化（尽管为了提高预测结果，你可以改变特征选择算法），通过二次采样不断改变特征选择结果。也就是说，通过随机选择训练集中的部分数据，多次进行正则化过程计算。最终排除那些特征影响系数经常为 0 的变量，只有那些系数大多数时候都不为 0 的变量，对数据集和特征变量集才是稳定的，这样的变量才作为重要特征而包含在模型中，这也正是“稳定性选择”的名称由来。

让我们在前面的数据集上测试一下这种特征选择方法：

```
In: from sklearn.linear_model import RandomizedLogisticRegression
    selector = RandomizedLogisticRegression(n_resampling=300,
                                            random_state=101)
    selector.fit(X_train, y_train)
    print ('Variables selected: %i' % sum(selector.get_support()!=0))
    X_train_s = selector.transform(X_train)
    X_test_s = selector.transform(X_test)
```

```
    classifier.fit(X_train_s, y_train)
    print ('Out-of-sample accuracy: %0.3f' %
           classifier.score(X_test_s, y_test))

Out: Variables selected: 3
     Out-of-sample accuracy: 0.933
```

事实上，我们得到的结果与使用默认参数的基于 L1 的 RandomizedLogisticRegression 类相似。

该算法效果很好，非常可靠，即插即用（不需要任何参数调整，除非你想降低 C 值以加速算法）。建议将参数 n_resampling 设置为比较大的数，这样你的计算机就可以在合理的时间内完成稳定性选择。

如果要使用同样的算法处理回归问题，应该使用 RandomizedLasso 类。让我们看看它的使用方法。首先，创建了一个适合回归问题的数据集。为了简单起见，我们使用 100 个样本，观测矩阵有 10 个特征，其中信息特征的数量为 4。

然后，RandomizezLasso 函数通过打印特征分值找出那些最重要的特征（即信息特征）。注意，特征分值是一个浮点数。

```
In: from sklearn.linear_model import RandomizedLasso
    from sklearn.datasets import make_regression
    X, y = make_regression(n_samples=100, n_features=10,
                           n_informative=4,
                           random_state=101)
    rlasso = RandomizedLasso()
    rlasso.fit(X, y)
    list(enumerate(rlasso.scores_))

Out: [(0, 1.0),
      (1, 0.0),
      (3, 0.0),
      (4, 0.0),
      (5, 1.0),
      (6, 0.0),
      (7, 0.0),
      (8, 1.0),
      (9, 0.0)]
```

正如预期的那样，特征分值非零的特征数是 4。选择这些特征，因为它们是进行进一步分析时信息量最大的特征。这也证明了该方法的有效性，可以在大多数情况下安全地使用该方法，以便在逻辑回归、线性回归以及其他线性模型中快速选择有用的特征。

3.10 将所有操作包装成工作流程

到目前为止，我们已经介绍了数据转换和特征选择等操作，最后我们将讨论如何将这些操作包装成单个命令，这样的工作流程直接将源数据传递给机器学习算法。

将所有数据操作包装成单个命令具有如下优点：

- 代码变得清晰，逻辑结构更好，因为工作流程使操作更依赖函数（每一步都是一个函数）。
- 对待测试数据的方式与训练数据完全相同，处理过程中无须代码重写，也不会出现错误。
- 可以在整个数据处理流程上进行网格搜索，得到全局的最佳参数，而不只是进行机器学习超参数优化。

根据数据流不同，主要有两种包装器：串行或并行。

串行处理意味着转换步骤要依赖上一个步骤，因此它们必须按一定的顺序执行。对于串行处理 Scikit-learn 库提供了 Pipeline 类，可以在 pipeline 模块中找到该类。

然而，并行处理意味着所有转换针对同样的原始数据，转换过程可以在单独的进程中执行，处理结果最后再聚合在一起。Scikit-learn 库也提供了用于并行处理的类 FeatureUnion，它也在 pipeline 模块中。令人感兴趣的是，FeatureUnion 类也能对任何串行过程进行并行化处理。

3.10.1　特征组合和转换链接

什么是理解 FeatureUnion 和 Pipeline 类操作的最佳方式呢？只需要回忆 Scikit-learn API 的工作流程：首先，实例化一个类，然后给类的数据进行拟合，然后对相同（或不同）的数据进行转换。这些操作不需要在脚本中完成，而是通过调用一个工作流程，它提供的元组包含步骤名称和要执行的命令。Python 线程或分布在多处理器上的不同线程将按顺序执行这些操作。

接下来，我们尝试重复前面的例子，通过稳定性选择创建逻辑回归分类器；首先给它添加一些无监督学习和特征创建过程。然后通过创建训练和测试数据集来解决问题：

```
In: import numpy as np
    from sklearn.model_selection import train_test_split
    from sklearn.datasets import make_classification
    from sklearn.linear_model import LogisticRegression
    from sklearn.pipeline import Pipeline
    from sklearn.pipeline import FeatureUnion
    X, y = make_classification(n_samples=100, n_features=100,
                               n_informative=5,
                               n_redundant=2, random_state=101)
    X_train, X_test, y_train, y_test = train_test_split(X, y,
                                                        test_size=0.30,
                                                        random_state=101)
    classifier = LogisticRegression(C=0.1, penalty='l1', random_state=101)
```

在那之后，我们调用 PCA 的并行执行（KernelPCA）和两个自定义转换器，这两个转换函数一个只是传递特征，另一个计算特征的倒数。这个过程使 transformer_list 中各个元素进行拟合，执行数据转换，只有当 transform 方法执行时所有结果按列堆叠在一起（它是懒惰的执行程序，定义 FeatureUnion 类不会触发任何执行）。

你会发现使用 make_pipeline 和 make_union 命令也很有用，它们会得到同样的结果。事实上，它们是生成 FeatureUnion 和 Pipeline 类的命令，这些类就是命令的输出。但它们并不要求你命名步骤，因为命名将由函数自动完成。

```
In: from sklearn.decomposition import PCA
    from sklearn.decomposition import KernelPCA
    from sklearn.preprocessing import FunctionTransformer

    def identity(x):
        return x

    def inverse(x):
        return 1.0 / x

    parallel = FeatureUnion(transformer_list=[
```

```
                ('pca', PCA()),
                ('kernelpca', KernelPCA()),
                ('inverse', FunctionTransformer(inverse)),
                ('original',FunctionTransformer(identity))], n_jobs=1)
```

注意，我们设置参数 n_jobs=1，从而完全避免了使用多进程。这是因为 Joblib 软件包，它负责 Scikit-learn 多核并行计算，在 Windows 系统 Jupyter Notebook 环境中用户自定义函数不能正常工作。如果你使用 Mac OS 或 Linux 系统，可以设置 n_jobs 为多进程，或者设置使用所有多核资源（设置 n_jobs 为 -1）。然而，在 Windows 系统中除非不使用自定义函数，把它们从软件包中剔出来，或者运行的代码中给 __main__ 设置了 __name__ 变量，否则你肯定会遇到一些问题。本章我们在建立自定义评分函数那一节的末尾，已经从技术细节上详细讨论了同样的问题。也请参考我们给出的技巧建议，以便更深入地了解这个问题。

在定义了并行操作之后，还要设置工作流程的其余部分：

```
In: from sklearn.preprocessing import RobustScaler
    from sklearn.linear_model import RandomizedLogisticRegression
    from sklearn.feature_selection import RFECV
    selector = RandomizedLogisticRegression(n_resampling=300,
                                            random_state=101,
                                            n_jobs=1)
    pipeline = Pipeline(steps=[('parallel_transformations', parallel),
                               ('random_selection', selector),
                               ('logistic_reg', classifier)])
```

将数据转换和学习设置成完整的工作流程有一个很大优势，就是可以控制所有的参数。为了找到工作流程的最佳超参数，我们使用 grid_search 函数进行了测试：

```
In: from sklearn import model_selection
    search_dict = {'logistic_reg__C':[10,1,0.1], 'logistic_reg__penalty':
                   ['l1','l2']}
    search_func = model_selection.GridSearchCV(estimator=pipeline,
    param_grid =search_dict, scoring='accuracy', n_jobs=1,
    iid=False, refit=True, cv=10)
    search_func.fit(X_train,y_train)
    print (search_func.best_estimator_)
    print (search_func.best_params_)
    print (search_func.best_score_)
```

在定义网格搜索参数时，可以通过名称来指出工作流程中的不同部分，用两个下划线加要调整的参数名称来表示。例如，对逻辑回归超参数 C，可以表示为“logistic_reg__C”。如果一个参数嵌套在多个流程中，只需全部指出它们的名称，用双下划线分隔，就像磁盘中的目录导航一样。

由于双下划线用于划分流程步骤和参数的结构层次，给流程步骤命名时就不能再使用它。

作为结束步骤，我们只使用结果搜索对测试集进行预测。这样，Python 会执行整个流程，超参数使用网格搜索，并提供结果。你不必再担心在训练集上重复测试集上的工作，工作流程中的指令总是保证数据改写操作的一致性和可重复性：

```
In: from sklearn.metrics import classification_report
    print (classification_report(y_test, search_func.predict(X_test)))
```

```
Out:              precision    recall  f1-score   support

            0         0.94      0.94      0.94        17
            1         0.92      0.92      0.92        13

  avg / total         0.93      0.93      0.93        30
```

3.10.2 构建自定义转换函数

上面例子中，我们使用了两个自定义转换函数，用于保持原始特征的一致性和对特征求倒数。自定义转换函数可以处理特定的数据改写，就拿如何选择一些想要进行变换的特征来说，你会发现它们非常有用（它们本质上可以作为筛选器）。

可以利用 sklearn.preprocessing 中的 FunctionTransformer 函数创建自定义转换函数，它能将任何函数转换成具有拟合和变换方法的 Scikit-learn 类。然而，从头开始创建转换函数有助于你理解得更清晰，因为你知道它是如何工作的。

你需要创建一个类。让我们来看一个选择数据某些列的示例，这些列已经在数据集中定义。

```
In: from sklearn.base import BaseEstimator, TransformerMixin

    class filtering(BaseEstimator, TransformerMixin):
        def __init__(self, columns):
            self.columns = columns

        def fit(self, X, y=None):
            return self

        def transform(self, X):
            if len(self.columns) == 0:
                return X
            else:
                return X[:,self.columns]
```

使用 __init__ 方法根据定义的参数实现类的实例化。在这种情况下，只需记录要筛选的列的位置列表即可。然后，为类编写一个拟合和转换方法。

在我们的例子中，拟合方法只是将数据本身作为返回值。而在其他情况下使用拟合方法可能很有用，它能跟踪训练集的特性，而这些特性将在测试集上应用（例如特征的均值和方差，或者它们的最大值和最小值等）。

你希望对数据的真正操作是通过转换方法实现的。

由于 Scikit-learn 内部操作使用 NumPy 数组，因此将要转换的数据当成 NumPy ndarray 非常重要。

类定义好后，可以根据需要把它包装进 Pipeline 或 FeatureUnion 中。在我们的示例中，我们创建了一个流程，从训练集中筛选前五个特征，并对这些选择的特征进行 PCA 转换：

```
In: ff = filtering([1,2,3])
    ff.fit_transform(X_train)

Out: array([[ 0.78503915,  0.84999568, -0.63974955],
            [-2.4481912 , -0.38522917, -0.14586868],
            [-0.6506899 ,  1.71846072, -1.14010846],
            ...
```

3.11 小结

本章，我们使用大量高级数据操作方法从数据中提取隐含的信息，这些方法包括：探索性数据分析、特征创建、维数约简、异常点检测等。

更重要的是，我们结合许多范例建立了数据科学流程。这个流程包括将假设封装成训练、交叉验证、测试等过程，这些假设又可以表示为数据选择和变换、学习算法选择和算法超参数优化等各种活动。

下一章，我们将探究 Scikit-learn 模块提供的主要机器学习算法，其中包括线性模型、支持向量机、集成树和无监督聚类技术等。

第 4 章 机 器 学 习

在演示完数据科学工程中所有的数据预处理步骤之后，我们最终来到机器学习算法的学习阶段。为了介绍 Scikit-learn 和其他 Python 软件包中最有效的机器学习工具，我们简要介绍了所有主要算法族，并以实例和确保取得最好结果的超参数设置技巧来结束本章。

本章将包含下列主题：

- 线性回归和逻辑回归
- 朴素贝叶斯
- K 近邻（KNN）
- 支持向量机（SVM）
- 组合分类器
- 词袋和提升分类器
- 适用于大数据的随机梯度分类和回归
- 使用 K 均值和 DBSCAN 的无监督聚类

神经网络和深度学习的内容将在后续章节中讨论。

4.1 准备工具和数据集

如前面的章节所述，Python 机器学习软件包中占有最大份额的是 Scikit-learn。本章还会用到 XGBoost、LightGBM 和 Catboost 等软件包，你会在相关小节中找到关于它们的说明。

Scikit-learn 是由法国国家信息与自动化研究所（inria.fr/en/）开发的，使用该软件包有多方面的原因。值得一提的是，为了成功运行你的数据科学项目，使用 Scikit-learn 有以下几个主要原因：

- 所有模型的 API（fit、predict、transform 和 partial_fit）保持一致，自然能帮助你在 Numpy 数组中组织的数据上正确执行数据科学程序。
- 包含一组经过全面测试并且具有可扩展性的经典机器学习模型，这些模型提供了很多内存外的算法，实现了那些无法整个装入内存的数据学习。
- 感谢一群杰出的源码贡献者（Andreas Mueller、Olivier Grisel、Fabian Pedregosa、Gael Varoquaux、Gilles Loupe、Peter Prettenhofer 等人）在算法流水线上逐步添加的许多新东西。

- 大量的文档提供了许多例子，使用help命令可以在线或离线寻求帮助。

我们在整章中将Scikit-learn机器学习算法应用到一些样例数据集上。为了更好地演示机器学习算法应用到更为真实的数据集上，我们将把一些非常有启发但是经常使用的数据集（如Iris和boston数据集）放在一边，而从下列网站选择了一些有趣的例子：

- 由柏林技术大学维护的机器学习数据集库（http://mldata.org/）
- UCI机器学习数据集库（http://archive.ics.uci.edu/ml/datasets.html）
- LIBSVM数据集（由台湾大学的Chih-Jen Lin提供）

为了让你拥有这些数据集，我们建议你下载它们并存储在硬盘上，这样，就不必每次想测试时都去网上寻找。因此，我们预备了一些脚本用于数据集的自动化下载，它们将被放在你的Python工作目录下，并且存取这些数据会更容易：

```
In: import pickle
    import urllib
    import ssl
    ssl._create_default_https_context = ssl._create_unverified_context
    from sklearn.datasets import fetch_mldata
    from sklearn.datasets import load_svmlight_file
    from sklearn.datasets import fetch_covtype
    from sklearn.datasets import fetch_20newsgroups
    mnist = fetch_mldata("MNIST original")
    pickle.dump(mnist, open("mnist.pickle", "wb"))
    target_page =
'http://www.csie.ntu.edu.tw/~cjlin/libsvmtools/datasets/binary/ijcnn1.bz2'
    with urllib.request.urlopen(target_page) as response:
         with open('ijcnn1.bz2','wb') as W:
              W.write(response.read())
    target_page =
'http://www.csie.ntu.edu.tw/~cjlin/libsvmtools/datasets/regression/cadata'
    cadata = load_svmlight_file(urllib.request.urlopen(target_page))
    pickle.dump(cadata, open("cadata.pickle", "wb"))

    covertype_dataset = fetch_covtype(random_state=101, shuffle=True)
    pickle.dump(covertype_dataset, open(
                                 "covertype_dataset.pickle", "wb"))

    newsgroups_dataset = fetch_20newsgroups(shuffle=True,
              remove=('headers', 'footers', 'quotes'), random_state=6)

    pickle.dump(newsgroups_dataset, open(
                                 "newsgroups_dataset.pickle", "wb"))
```

为了防止这个程序的某个部分不能很好地发挥作用，我们将让你直接下载这些数据集。获得我们压缩的zip包之后，你所要做的就是把它解压缩到你的Python工作目录下，通过运行下列Python接口（Jupyter Notebook或任意Python开发环境），你就可以知道Python工作目录：

```
In: import os
    print ("Current directory is: "%s"" % (os.getcwd()))
```

提示： 本书中的所有算法都可以在其他开源免费数据集上测试。谷歌提供了一个搜索引擎https:/ /toolbox.google.com/datasetsearch，用于为实验寻找合适的数据集，你只需要在搜索引擎中输入要查询的内容就可以了。

4.2　线性和逻辑回归

线性回归和逻辑回归能分别用于线性地预测目标值和目标类。让我们从线性回归的一个例子开始。

在这一节，我们将使用 Boston 数据集，它包含 506 个样本、13 个特征（均为实数）和一个实数表示的目标值，这让它成为理想的回归问题。我们通过训练 / 测试划分交叉验证将数据集划分为两部分，以便测试我们的方法学（在这个例子中，数据集的 80% 用于训练，20% 用于测试）：

```
In: from sklearn.datasets import load_boston
    boston = load_boston()
    from sklearn.model_selection import train_test_split
    X_train, X_test, Y_train, Y_test = train_test_split(boston.data,
                                boston.target, test_size=0.2,
random_state=0)
```

现在已经加载了数据集，创建了训练集和测试集。在下面几步，我们将在训练集上训练和拟合回归模型，并在测试集上预测目标变量。我们将通过 MAE 分值（具体解释见第 3 章）衡量回归任务的精度。至于评分函数，我们决定使用平均绝对误差，这是为了限制与误差本身成正比的误差（使用更常见的均方误差，会使大的误差得到加强，因为误差需要进行平方计算）：

```
In: from sklearn.linear_model import LinearRegression
    regr = LinearRegression()
    regr.fit(X_train, Y_train)
    Y_pred = regr.predict(X_test)

    from sklearn.metrics import mean_absolute_error
    print ("MAE", mean_absolute_error(Y_test, Y_pred))

Out: MAE 3.84281058945
```

非常好！使用一种简单方法就实现了我们的目标。现在，让我们看看训练系统所需的时间：

```
In: %timeit regr.fit(X_train, y_train)

Out: 544 µs ± 37.4 µs per loop
     (mean ± std. dev. of 7 runs, 1000 loops each)
```

它真的非常快！当然，结果不是非常好（可以和 IPython Notebook 上基于随机森林的回归算法比较一下，见本书第 1 章），但是线性回归在性能、训练速度和简单性方面提供了非常好的折中。现在，让我们了解一下它的原理。为什么它运行得很快却不是很精确呢？答案在某种程度上和你想的一样，那是因为它是一个非常简单的线性方法。

现在，让我们深入了解一下该方法的数学解释。设第 i 个样本为 $X(i)$（它实际上是一个数值特征的行向量），它的目标为 $Y(i)$。线性回归的目标是找到一个好的权重（列）向量 W，当与观测向量相乘时能很好地近似目标值，即 $X(i)*W\approx Y(i)$（注意这是一个点积）。W 应该对所有的观测值都是一样的。因此，求解下面的方程变得很容易：

$$\begin{bmatrix} X(0) \\ X(1) \\ \vdots \\ X(n) \end{bmatrix} * W = \begin{bmatrix} Y(0) \\ Y(1) \\ \vdots \\ Y(n) \end{bmatrix}$$

通过逆矩阵（或者更有可能是伪逆矩阵，它是一种计算高效的方法）和点积[⊖]很容易得到 W。这就是为什么线性回归运算速度这么快的原因。注意到这是一个简单的解释，实际方法中加入了另一个虚拟特征用于补偿处理过程的偏差。然而，这不会太多地改变回归算法的复杂度。

我们现在开始讨论逻辑回归。不管它的名字是什么意思，它仍然是一个分类器而不是回归模型。它一定是用在处理只有两类的分类问题当中。在最典型情况下，目标标号是布尔值，即它们的值不是 True/False，就是 0/1（它表示期望结果是出现或不出现）。本例继续使用同样的房价数据集。目标是猜测房价是在我们感兴趣的阈值上还是下。本质上，我们从回归问题转到一个二值分类问题，因为现在我们的目标是猜测一个样本跟一个群体的一部分有多相似。通过下列命令准备数据集：

```
In: import numpy as np
    avg_price_house = np.average(boston.target)
    high_priced_idx = (Y_train >= avg_price_house)
    Y_train[high_priced_idx] = 1
    Y_train[np.logical_not(high_priced_idx)] = 0
    Y_train = Y_train.astype(np.int8)
    high_priced_idx = (Y_test >= avg_price_house)
    Y_test[high_priced_idx] = 1
    Y_test[np.logical_not(high_priced_idx)] = 0
    Y_test = Y_test.astype(np.int8)
```

现在，我们将训练和使用分类器。为了衡量它的性能，我们将简单地输出分类报告：

```
In: from sklearn.linear_model import LogisticRegression
    clf = LogisticRegression()
    clf.fit(X_train, Y_train)
    Y_pred = clf.predict(X_test)
    from sklearn.metrics import classification_report
    print (classification_report(Y_test, Y_pred))

Out:
                precision    recall  f1-score   support

           0         0.81      0.92      0.86        61
           1         0.85      0.68      0.76        41

avg / total          0.83      0.82      0.82       102
```

注意：命令的输出结果将因使用机器的不同而有所不同，它依赖于 LogisticRegression 分类器的优化过程（不需要为了结果的可重复性进行重置）。

准确率和召回率都超过 80%。这对一个简单的方法来说已经是一个很不错的结果了。训练速度也令人印象深刻。借助 Jupyter Notebook，我们可以将该算法的性能和速度与更加高级的分类器进行比较：

```
In: %timeit clf.fit(X_train, y_train)

Out: 2.75 ms ± 120 µs per loop (mean ± std. dev. of 7 runs, 100 loops each)
```

那么逻辑回归背后的原理是什么呢？我们能想象到的最简单的分类器是线性回归模型紧

⊖ 点积实际上不准确，这里表示普通的矩阵与向量的乘法，而不是向量之间的乘法。——译者注跟一个硬阈值函数：

$$y\_pred_i = \text{sign}\ (X_i * W)$$

其中，只有 a 大于等于 0 时 sign(a)=+1，否则结果为 0。

为了平滑硬阈值函数并且预测样本属于某个类别的概率，逻辑回归模型使用了 logit 函数。它的输出是一个 0 到 1 之间的实数（0 和 1 仅仅通过四舍五入得到，否则的话，logit 函数仅仅是趋向于它们），表示观测值属于类别 1 的概率。所用公式表示如下：

$$\text{Prob}(y_i=+1|X_i)=\text{logistic}(X_i \cdot W)$$

其中 $\text{logistic}(\alpha)=e^{\alpha}/(1+e^{\alpha})$。

注意： 为什么使用 logistic 函数而不是其他的函数？这是因为，在大部分实际情况下，logistic 函数的表现都很好。在其余情况下，如果你对它不完全满意，可以试试其他的非线性函数（尽管合适的函数有限）。

4.3 朴素贝叶斯

朴素贝叶斯（Baive Bayes）是一种常见的概率二分类和多分类的分类器。给定特征向量，它使用贝叶斯规则预测每类的概率。它通常用于文本分类，因为当数据非常大、特征很多且具有一致的先验概率时，该方法非常有效，它能有效处理数据维数灾难问题。

有三种朴素贝叶斯分类器，每种都对特征有很强的假设。如果你正在处理实数或连续数据，高斯朴素贝叶斯分类器假设特征由一个高斯过程产生（即它们符合正态分布）。或者，如果你要处理事件模型，其中事件可以用多项分布建模（在这种情况下，特征是计数或频率），则需要使用多项朴素贝叶斯分类器。最后，如果所有的特征都是相互独立的布尔特征，那么可以假设它们是贝努利过程的实现，则可以使用贝努利朴素贝叶斯分类器。

让我们看一个应用高斯朴素贝叶斯分类器的例子。本章最后还有一个关于文本分类的例子。你可以试着将例子中的 SGD 分类器替换为多项朴素贝叶斯分类器。在下面的例子中，我们将使用 Iris 数据集，并且假设特征服从高斯分布：

```
In: from sklearn import datasets
    iris = datasets.load_iris()
    from sklearn.model_selection import train_test_split
    X_train, X_test, Y_train, Y_test = train_test_split(iris.data,
              iris.target, test_size=0.2, random_state=0)

In: from sklearn.naive_bayes import GaussianNB
    clf = GaussianNB()
    clf.fit(X_train, Y_train)
    Y_pred = clf.predict(X_test)

In: from sklearn.metrics import classification_report
    print (classification_report(Y_test, Y_pred))

Out:
             precision    recall  f1-score   support

          0       1.00      1.00      1.00        11
          1       0.93      1.00      0.96        13
          2       1.00      0.83      0.91         6

avg / total       0.97      0.97      0.97        30
```

```
In: %timeit clf.fit(X_train, y_train)

Out: 685 µs ± 9.86 µs per loop (mean ± std. dev. of 7 runs, 1000 loops
each)
```

它看起来速度很快并且性能也不错，但不要忘了这个数据集非常小。现在，让我们看看它如何运行在多类问题上。

分类器的目标是预测一个特征向量属于 *Ck* 类的概率。在这个例子中，有三类预定义的标号 [setosa, versicolor, virginica]。因此，需要计算所有类的类概率。为了简单起见，我们将三个类别标号命名为 1、2 和 3。因此，对第 i 个观测值而言，朴素贝叶斯分类器的目标是计算下列概率：

$$\mathrm{Prob}(Ck \mid X(i))$$

其中，$X(i)$ 是特征向量（本例中，它由 4 个实数构成），其分量为 $[X(i,0), X(i,1), X(i,2), X(i,3)]$。

使用贝叶斯规则，它将转化为：

$$\mathrm{Prob}(Ck|X(i))=\frac{\mathrm{Prob}(Ck)\mathrm{Prob}(X(i)|Ck)}{\mathrm{Prob}(X(i))}$$

该公式可以描述为：*后验概率通过类的先验概率乘以似然函数再除以证据值得到*。

从概率论可知，联合概率可以简化如下：

$$\mathrm{Prob}(Ck, X(i, 0),..., X(i, n)) = \mathrm{Prob}(X(i, 0),..., X(i, n)|Ck)$$

然后，乘法的第二个因子可以重写成如下表达式（条件概率）[㊀]：

$$\mathrm{Prob}(X(i, 0)|Ck)\mathrm{Prob}(X(x, 1),..., X(i, n)|Ck, X(i, 0))$$

可以使用条件概率的定义表达乘法的第二项。最终，你会得到一个非常长的乘法公式：

$$\mathrm{Prob}(Ck, X(i, 0),..., X(i, n)) = \mathrm{Prob}(Ck)\mathrm{Prob}(X(i, 0|Ck)\mathrm{Prob}(X(i, 1)|Ck, X(i, 0))...$$

最朴素的假设就是对每一类而言，每个特征条件独立于其他特征。于是，概率能够通过更简单的乘法计算，其公式如下：

$$\mathrm{Prob}(X(i, 0)|Ck, X(:))=\mathrm{Prob}(X(i, 0)|Ck)$$

因此，使用严格的数学语言来描述如何选择最好的类别的表述如下：

$$Y_{pred}(i)=\underset{k=0,1,2,3}{\mathrm{argmax}}\ \mathrm{Prob}(Ck)\prod_{k=0}^{n-1}\mathrm{Prob}(X(i, k)|Ck)$$

这是一种简化形式，因为所有类别都具有相同的除数，所以去掉了证据概率（贝叶斯规则的分母）。

从前面的公式，不难理解为什么学习速度这么快——它仅仅在计算出现的次数。

注意对这个分类器而言，相应的回归模型是不存在的，但是你可以通过对特征分箱的方法将它转换为离散的类（比如，将房屋价格问题划分成 low、average、high），实现对连续特征变量建模。

4.4　K 近邻

K 近邻（k-Nearest Neighbors, KNN），属于基于实例的学习方法，也称为懒惰分类器。

㊀ 原公式有误，写成了 Prob ($X(i,0)|Ck$) Prob ($X(x, 1), ..., X(i, n)|Ck, X(i, 0)$)。——译者注

它是最简单的分类方法之一，在分类过程中仅需要在训练集中寻找最近（基于欧氏距离或其他的距离度量）的前 K 个样本。然后，给定 K 个最相似的样本，出现最多的目标标号（多数投票）被选为分类标号。对这个算法而言，有两个参数是必不可少的：近邻数目（K）和估计相似度的度量（尽管欧氏距离或 L2 是最常用的，并且也是很多应用的默认参数）。

现在来看一个例子。我们将使用一个相当大的数据集，即 MNIST 手写体数据集，稍后会解释为什么使用这个数据集。为了将运算时间控制在一个合理的范围内，仅使用该数据集的一部分（1000 个样本），并且将观测值打乱以便获得更好的结果（虽然你得到的最终结果可能与我们的有轻微不同）。

```
In: from sklearn.utils import shuffle
    from sklearn.datasets import fetch_mldata
    from sklearn.model_selection import train_test_split

    import pickle
    mnist = pickle.load(open( "mnist.pickle", "rb" ))
    mnist.data, mnist.target = shuffle(mnist.data, mnist.target)
    # We reduce the dataset size, otherwise it'll take too much time to run
    mnist.data = mnist.data[:1000]
    mnist.target = mnist.target[:1000]
    X_train, X_test, y_train, y_test = train_test_split(mnist.data,
                                 mnist.target, test_size=0.8, random_state=0)

In: from sklearn.neighbors import KNeighborsClassifier
    # KNN: K=10, default measure of distance (euclidean)
    clf = KNeighborsClassifier(3)
    clf.fit(X_train, y_train)
    y_pred = clf.predict(X_test)
In: from sklearn.metrics import classification_report
    print (classification_report(y_test, y_pred))

Out:
              precision    recall  f1-score   support

        0.0       0.79      0.91      0.85        82
        1.0       0.62      0.98      0.76        86
        2.0       0.88      0.68      0.76        77
        3.0       0.71      0.83      0.77        69
        4.0       0.68      0.88      0.77        91
        5.0       0.69      0.66      0.67        56
        6.0       0.93      0.86      0.89        90
        7.0       0.91      0.85      0.88       102
        8.0       0.91      0.41      0.57        73
        9.0       0.79      0.50      0.61        74

avg / total       0.80      0.77      0.76       800
```

算法的性能在这个数据集上表现得并不好，但是记住分类器是运行在有 10 个类的数据集上。现在，让我们看看分类器训练和预测的运行时间：

```
In: %timeit clf.fit(X_train, y_train)
Out: 1.18 ms ± 119 µs per loop (mean ± std. dev. of 7 runs,
     1000 loops each)

In: %timeit clf.predict(X_test)
Out: 179 ms ± 1.68 ms per loop (mean ± std. dev. of 7 runs, 10 loops each)
```

训练速度有些异常。但是考虑一下该算法：训练阶段仅仅是拷贝数据并没有做其他的事情！实际上，预测速度与训练阶段使用的样本数目和构成数据集的特征数目有关（它实际上是特征矩阵中元素的数目)。在我们见过的其他算法中，预测速度都独立于所使用数据集的训练样本数。总而言之，我们可以说 KNN 对于小数据集的效果非常好，但是当处理大数据集时，一定不要使用它。

对这个分类问题再做最后一点评论——你也可以找到与它相关联的类似的回归模型 KNeighborsRegressor。KNeighborsRegressor 算法与 KNN 几乎一样，除了预测值是近邻的 *K* 个目标值的平均。

4.5 非线性算法

对分类和回归而言，支持向量机（SVM）是一个强大的高级监督学习技术，它能自动地拟合线性和非线性模型。

相比于其他算法，SVM 有相当多的优点：

- 它们能处理大部分的监督学习问题，比如回归、分类和异常检测（不管怎么说，它们实际上是二分类问题）。
- 能很好地处理噪声数据和离群点，因为它们仅仅依赖某些特殊的样本点（支持向量），因而它们很少会过拟合。
- 对于特征数大于样本数的数据集，与其他机器学习算法类似，SVM 借助于降维和特征选择也能工作得很好。
- 至于缺点，我们列举如下：
- 除非你运行一些耗时且计算密集的概率校正步骤（Platt 归一化），否则它们输出的仅仅是估计值，无法输出概率。
- 相对于样本数目而言，它们的时间复杂度是超线性的，因而无法适用于超大规模的数据集。

Scikit-learn 提供了一个基于 LIBSVM（一个完整的实现了 SVM 分类和回归的程序库）和 LIBLINEAR（该库对大规模数据集的线性分类具有很好的可扩展性，特别是基于稀疏文本的数据集）的实现。这两个库都是由台湾大学开发的，并且都是用 C++ 编写的，对其他编程语言提供 C 语言 API。两个库都经过广泛的测试（免费的，常包含在其他开源机器学习工具箱中），已证实它们的速度快且性能可靠。C 语言 API 清楚地说明，在 Python Scikit-learn 中要学会两个技巧才能更好地运用这两个库。

- 使用 LIBSVM 时，需要为核操作保留一些内存。cache_size 参数用于设置核缓冲区的大小，它以兆字节表示。尽管它的默认值为 200，但是根据你所拥有的资源，可以将它提高到 500 或 1000。
- 这两个库都期望使用 C 次序的 Numpy ndarray 或 SciPy sparse.csr_matrix（一个行优化的稀疏矩阵类型），最好数组元素是 float64 类型。如果在不同的数据结构中使用 Python 包装函数接收它，那么 Python 将不得不以一种合适的格式拷贝这些数据，这将会减慢该过程并且消耗更多内存。

注意：LIBSVM 和 LIBLINEAR 的实现都不能处理大数据集。SGDClassifier 和 SGD-Regressor 属于 Scikit-learn 类，即使当数据太大无法装入内存时，它们也能以一个合理的计算时间输出一个算法模型。下面在讨论大数据处理时还会介绍它们。

4.5.1　基于 SVM 的分类算法

Scikit-learn 提供的 SVM 分类器实现如下：

类	目　的	超　参　数
sklearn.svm.SVC	LIBSVM 实现：用于二分类、多分类的线性核和非线性核分类	C、kernel、degree 和 gamma
sklearn.svm.NuSVC	同上	nu、kernel、degree 和 gamma
sklearn.svm.OneClassSVM	离群点的无监督检测	nu、kernel、degree 和 gamma
sklearn.svm.LinearSVC	基于 LIBLINEAR，它是一个二分类和多分类的线性分类器	penalty、loss 和 C

作为使用 SVM 分类的一个例子，我们将使用包含线性核函数和 RBF 核函数（RBF 表示 Radial Basis Function，即径向基函数，它是一个有效的非线性函数）的 SVC 模型。相应地，线性 SVC 可以用于解决包含大规模观测值（标准的 SVC 并不能处理超过 1 万个观测值，这主要因为它的时间复杂度是呈三次方增长的，而线性 SVC 却是线性可扩展的）的复杂问题。

作为第一个分类问题的例子（二分类问题），我们将从 IJCNN'01 神经网络竞赛中选取一个数据集，它是由十缸内燃机的物理系统产生的包含 50 000 个样本的时间序列。我们的目标是二元的：内燃机点火成功或点火失败。使用本章开始提到的脚本从 LIBSVM 网站下载该数据集；它是 LIBSVM 格式，并且压缩成了 Bzip2 文件。我们使用 Scikit-learn 中的 load_svmlight_file 函数来操作：

```
In: from sklearn.datasets import load_svmlight_file
    X_train, y_train = load_svmlight_file('ijcnn1.bz2')
    first_rows = 2500
    X_train, y_train = X_train[:first_rows,:], y_train[:first_rows]
```

为了将该例子作为一个范例，我们将观测值的数目从 25 000 降到 2500，可用的特征数目为 22。此外，并没有对数据做什么预处理，因为它的特征已经正规化到 0 和 1 之间，满足了 SVM 算法的需要：

```
In: import numpy as np
    from sklearn.model_selection import cross_val_score
    from sklearn.svm import SVC
    hypothesis = SVC(kernel='rbf', random_state=101)
    scores = cross_val_score(hypothesis, X_train, y_train,
                             cv=5, scoring='accuracy')
    print ("SVC with rbf kernel -> cross validation accuracy: \
            mean = %0.3f std = %0.3f" % (np.mean(scores), np.std(scores)))

Out: SVC with rbf kernel -> cross validation accuracy:
     mean = 0.910 std = 0.001
```

在本例中，我们试着使用包含 RBF 核函数的 SVC（设置 degree 为 2 是一个很好的方案但不是最优的），所有其他的参数取默认值。你可以试着将 first_rows 变量设置成更大的数值（最大到 25 000），验证算法规模是怎样随着观测值的增加而变化的。你会发现算法规模的增加并不是线性的，也就是说，增加的计算时间比按数据比例算得的时间要多。至于 SVM 算法的可扩展性，观察它们如何处理一个大规模的多类分类问题是一件令人感兴趣的事情。我们将要使用的 Covertype 数据集的特点在于该样本来自于美国的一块 30×30 平方米的土地。收集该数据的目的在于预测每块地上栽种的树的主要品种。它是一个多类分类问题，有 7 个覆盖品种（covertypes）需要预测。每个样本有 54 个特征，有超过 580 000 个样本，出于性能的考虑，我们将使用这些样本中的 25 000 个，而且，这些类别是非平衡的，大部分样本都包含在其中的两类中。

你可以使用下面的脚本装载先前准备的数据：

```
In: import pickle
    covertype_dataset = pickle.load(open("covertype_dataset.pickle", "rb"))
    covertype_X = covertype_dataset.data[:25000,:]
    covertype_y = covertype_dataset.target[:25000] -1
```

使用下列脚本，你可以对待预测的样本、特征和目标有一个清晰的认识：

```
In: import numpy as np
    covertypes = ['Spruce/Fir', 'Lodgepole Pine', 'Ponderosa Pine',
                  'Cottonwood/Willow', 'Aspen', 'Douglas-fir', 'Krummholz']
    print ('original dataset:', covertype_dataset.data.shape)
    print ('sub-sample:', covertype_X.shape)
    print('target freq:', list(zip(covertypes,np.bincount(covertype_y))))

Out: original dataset: (581012, 54)
     sub-sample: (25000, 54)
     target freq: [('Spruce/Fir', 9107), ('Lodgepole Pine', 12122),
     ('Ponderosa Pine', 1583), ('Cottonwood/Willow', 120), ('Aspen', 412),
     ('Douglas-fir', 779), ('Krummholz', 877)]
```

我们可以想一想，因为有 7 类，所以需要训练 7 个不同的分类器来区分每一个类别和其他的类别（在多类分类问题中，一对多是 LinearSVC 默认的选项）。对每个交叉验证测试（如果 cv=3，则它将重复 3 次），我们将有 175 000 个数据点。考虑到该数据集有 54 个变量，这对很多问题将是一个非常大的挑战，但是 LinearSVC 将展示如何以一个合理的时间处理它：

```
In: from sklearn.cross_validation import cross_val_score, StratifiedKFold
    from sklearn.svm import LinearSVC
    hypothesis = LinearSVC(dual=False, class_weight='balanced')
    cv_strata = StratifiedKFold(covertype_y, n_folds=3,
                                shuffle=True, random_state=101)
    scores = cross_val_score(hypothesis, covertype_X, covertype_y,
                             cv=cv_strata, scoring='accuracy')
    print ("LinearSVC -> cross validation accuracy: \
           mean = %0.3f std = %0.3f" % (np.mean(scores), np.std(scores)))

Out: LinearSVC -> cross validation accuracy: mean = 0.645 std = 0.007
```

结果精度是 0.65，这个结果非常好。然而，它还有进一步改进的空间。另外，尽管观察值的数目非常大，运行一个非线性核的 SVC 将会导致一个非常长的训练过程，但是该问题看起来是一个非线性问题。为了检验一下是否能够改进 LinearSVC 获得的结果，我们将在随后的例子中使用其他的非线性算法重新求解这个问题。

4.5.2　基于 SVM 的回归算法

至于回归，Scikit-learn 提供的 SVM 算法如下：

类	目　的	超　参　数
sklearn.svm.SVR	LIBSVM 实现，用于回归	C、kernel、degree、gamma 和 epsilon
sklearn.svm.NuSVR	同上	nu、C、kernel、degree 和 gamma

为了提供一个回归方面的例子，我们决定使用一个关于加州房价的数据集（与我们之前看到的波士顿的房价数据集略有不同）：

```
In: import pickle
    X_train, y_train = pickle.load(open( "cadata.pickle", "rb" ))
    from sklearn.preprocessing import scale
    first_rows = 2000
    X_train = scale(X_train[:first_rows,:].toarray())
    y_train = y_train[:first_rows]/10**4.0
```

出于性能的考虑，来自该数据集的样本数目将降低至 2 000。为了避免受原始变量的不同尺度的影响，我们将所有的特征归一化。为了让它们在以一千美元计价下的可读性更好，我们将目标变量除以 1000：

```
In: import numpy as np
    from sklearn.cross_validation import cross_val_score
    from sklearn.svm import SVR
    hypothesis = SVR()
    scores = cross_val_score(hypothesis, X_train, y_train, cv=3,
                             scoring='neg_mean_absolute_error')
    print ("SVR -> cross validation accuracy: mean = %0.3f \
    std = %0.3f" % (np.mean(scores), np.std(scores)))

Out: SVR -> cross validation accuracy: mean = -4.618 std = 0.347
```

选择的错误率是平均的绝对值错误率，sklearn 将它报告为一个负数（但实际上它应该被解释为一个无符号数；该符号仅仅是 Scikit-learn 内部函数所使用的一个计算技巧）。

4.5.3　调整 SVM（优化）

在我们开始讨论超参数（它常常是不同的参数集，并且依赖于算法的实现）之前，使用 SVM 算法还遗留两个问题需要解决。

第一个是 SVM 对不同尺度的变量和大数值很敏感。与基于线性组合的其他学习算法类似，数据集中具有不同尺度的变量将会引起算法主要受大范围或大方差的特征变量所支配，而且极大的数或极小的数可能对学习算法的优化而言也是一个问题。建议将所有的特征数据归一化到 [0,1] 区间，如果你是在处理稀疏数组，这是一个非常必要的选择。实际上，保留 0 元素也是值得做的，否则，数据将变得稠密，会消耗更多的内存。你也可以将数据归一化到 [-1,1] 区间。还有一种选择是，你可以将他们标准化为 0 均值和单位方差。在预处理模块中，可以使用 MinMaxScaler 和 StandardScaler 类：首先在训练数据上拟合它们，然后将它们用于转换训练数据和测试数据。

第二个方面是关于不平衡类。算法倾向于频繁的类别（即该类包含较多的样本数）。除了重采样之外，还有一个方法就是根据类别出现的频率设置相应的惩罚参数 C（使用较低的值惩罚出现频繁的类别，反之亦然）。针对不同的实现，有两种方法可以做这件事情：第一是 SVC 中的 class_weight 参数（它可以设置为关键 balanced，或者为字典中每一类指定特定的值），第二是 SVC、NuSVC、SVR、NuSVR 和 OneClassSVM 的 .fit() 方法中的 sample_weight 变量（它需要一个一维数组，每个位置对应一个训练样本的权重）。

处理好尺度和类不平衡的问题之后，使用 sklearn 包中 grid_search 模块中的 GridSearchCV 类，就可以穷举搜索其他参数的优化设置了。尽管 SVM 在默认参数下表现得很好，但它们经常不是最优的，为了找到最好的参数设置，需要使用交叉验证测试多种数值组合。

可以按照参数的重要性作如下设置：

- C：惩罚参数，减小它将会使得间隔（margin）更大，因此忽略更多的噪声但也使得模型的泛化性更好。建议的搜索范围为 np.logspace(-3, 3, 7)。
- kernel：对 SVM 而言，其非线性的核部分可以设置成 linear（线性）、poly（多项式）、rbf（径向基函数）、sigmoid 或一个一般的核函数（适用于专家！）。常用的核函数是 linear 和 rbf。
- degree：这仅仅适用于多项式核函数（kernel = 'poly'），它规定了多项展开式的维度。相反，它会被其他类型的核函数忽略。通常该值设置为 2 到 5 之间效果最好。
- gamma：该系数将用于 'rbf'、'poly' 和 'sigmoid'。更大的值倾向于以一种更好的方式拟合数据，但是会引起某种过拟合。直觉上，我们可以将 gamma 想象成单个的样本在模型上的影响力。较小的值将会使得每个样本的影响力感觉离得更远。因为需要考虑很多样本点，所以 SVM 曲线显示的形状将更少地被局部点所影响，其结果是一个病态的轮廓线。相反，较大的 gamm 值将使得曲线更多地考虑如何局部安排更多的点。很多小的聚类解释了局部点的影响力，它们常常用于表示结果。建议的搜索区间为 np.logspace(-3, 3, 7)。
- nu：它用于回归模型 NuSVR 和分类模型 NuSVC 中，该参数近似地表示训练样本被错误分类的置信度，也就是，误分的数据点和正确分类的点在间隔上或间隔内的概率。因为它表示相对于你的训练集的一个比例，因而，这个值应该在 [0,1] 范围之内。最后，它的表现和 C 类似，大的比例将会扩大间隔。
- epsion：定义一个 epsilon 大小的范围，该范围关于点的真实值没有惩罚值，该参数描述 SVR 能接受的错误值是多少。建议的搜索范围是 np.insert(np.logspace(-4, 2, 7), 0, [0])。
- loss、dual 和 penalty：对于 LinearSVC 而言，能接收的参数可能是组合（'l1','squared_hinge',False),('l2','hinge',True),('l2','squared_hinge',True) 和（'l2','squared_hinge',False)，其中（'l2','hinge',True) 与 SVC(kernel='linear') 类似。

作为例子，我们将再一次装载 IJCNN'01 数据集，通过寻找更好的 degree、C 和 gamma 参数值，尝试改进初始精度 0.91。为了节省时间，我们将使用 RandomizedSearchCV 类将精度提升到 0.989（交叉验证估计）：

```
In: from sklearn.svm import SVC
    from sklearn.model_selection import RandomizedSearchCV
    X_train, y_train = load_svmlight_file('ijcnn1.bz2')
    first_rows = 2500
    X_train, y_train = X_train[:first_rows,:], y_train[:first_rows]
    hypothesis = SVC(kernel='rbf', random_state=101)
    search_dict = {'C': [0.01, 0.1, 1, 10, 100],
                   'gamma': [0.1, 0.01, 0.001, 0.0001]}
    search_func = RandomizedSearchCV(estimator=hypothesis,
                                     param_distributions=search_dict,
                                     n_iter=10, scoring='accuracy',
                                     n_jobs=-1, iid=True, refit=True,
                                     cv=5, random_state=101)
    search_func.fit(X_train, y_train)
    print ('Best parameters %s' % search_func.best_params_)
    print ('Cross validation accuracy: mean = %0.3f' %
            search_func.best_score_)

Out: Best parameters {'C': 100, 'gamma': 0.1}
     Cross validation accuracy: mean = 0.989
```

4.6 组合策略

到目前为止，我们已经遇到过按复杂度增长的单个学习算法。组合表示一个有效的可替换的选择，因为它们通过组合或串联来自不同数据采样、算法设置和算法类型的结果容易产生更好的预测精度。

组合算法通常分为两个分支。根据所用的方法，它们通过下列方式组合预测器。

- 平均算法：平均算法利用不同估计算法结果的平均进行预测。在估计模型上按照不同的变化形式可以将它们进一步划分为 4 类：粘贴（pasting）、分袋（bagging）、子空间（subspacing）和分片（patches）。
- 提升算法：通过一系列聚合的估计模型的加权平均进行预测。

在进入分类和回归的一些例子之前，我们将为你提供必要的步骤重新装载 covertype 数据集（当我们处理线性 SVC 之前已经探索这个多类分类数据集）：

```
In: import pickle
    covertype_dataset = pickle.load(open("covertype_dataset.pickle", "rb"))
    print (covertype_dataset.DESCR)
    covertype_X = covertype_dataset.data[:15000,:]
    covertype_y = covertype_dataset.target[:15000]
    covertypes = ['Spruce/Fir', 'Lodgepole Pine', 'Ponderosa Pine',
                  'Cottonwood/Willow', 'Aspen', 'Douglas-fir', 'Krummholz']
```

4.6.1 基于随机样本的粘贴策略

粘贴是第一种平均组合的策略。在粘贴策略中，使用很多来自数据的小样本（采样无重复）构建估计模型。最后，在回归的情况下或通过在处理分类时取得票数最多的类别，我们将这些结果缓存起来，对这些结果求平均以得到估计值。粘贴策略对处理大数据（比如数据无法一次性装入内存）非常有用，因为它借助于你的计算机上的可用 RAM 和计算资源，能够仅仅处理容易管理的数据的一部分。

Leo Breiman 作为随机森林的发明者，第一次使用了这种策略。在 Scikit-learn 包里面并没有平衡粘合这样的算法，但是通过使用可用的 Bagging 算法（BaggingClassifier 或者 BaggingRegressor，下一个段落要谈到的主题），分别设置 bootstrap 参数为 False 和 max_features 为 1.0，应该可以非常容易地实现。

4.6.2 基于弱分类器的 Bagging 策略

Bagging 采样的方式类似于粘贴策略，但是它允许重复采样。Leo Breiman 在理论上详细阐述了 Bagging 的基本思想。在 Scikit-learn 库中，Bagging 算法一个用于回归，一个用于分类。你仅仅需要确定哪种算法用于训练，并将它插入到 BaggingClassifier 中用于分类或 BaggingRegressor 中用于回归，然后设置估计模型的最大数目（因此对应采样的最大数目）：

```
In: import numpy as np
    from sklearn.model_selection import cross_val_score
    from sklearn.ensemble import BaggingClassifier
    from sklearn.neighbors import KNeighborsClassifier
    hypothesis = BaggingClassifier(KNeighborsClassifier(n_neighbors=1),
                                   max_samples=0.7, max_features=0.7,
                                   n_estimators=100)
    scores = cross_val_score(hypothesis, covertype_X, covertype_y, cv=3,
                             scoring='accuracy', n_jobs=-1)
```

```
print ("BaggingClassifier -> cross validation accuracy: mean = %0.3f
std = %0.3f" % (np.mean(scores), np.std(scores)))

Out: BaggingClassifier -> cross validation accuracy:
     mean = 0.795 std = 0.001
```

估计模型的一个比较好的选择是弱预测模型。分类或预测中的弱分类器仅仅是一个比随机猜测表现得稍好的算法（因为它的简单性或估计时的高方差）。一些显然的例子是朴素贝叶斯和K近邻。使用弱分类器进行组合的好处是它们比复杂算法训练更快。然而，将它们组合在一起使用，它们能取得和更复杂的单个算法相当或者更好的预测性能。

4.6.3 随机子空间和随机分片

通过随机子空间，这些估计器将会有所区分，因为它们来自于特征的不同随机子集。通过调整BaggingClassifier和BaggingRegressor的参数和设置max_features为一个小于1.0的数（它表示为创建组合中的单个模型随机选择的特征数目所占的比例），这样的目标是可以实现的。

相应地，在随机片上，我们将在样本和特征的子集上建立估计器。

现在让我们看看，在Scikit-learn中使用BaggingClassifier和BaggingRegressionor类中实现的粘贴、bagging、随机子空间和随机分片都有哪些不同的特性：

组　合	目　标	超 参 数
粘贴	通过子采样建立一定数目的模型（通过无重置的采样采集比原始数据集小的数据）	bootstrap=False max_samples <1.0 max_features=1.0
Bagging	通过随机选择bootstrapped样本建立一定数目的模型（通过与原始数据同样大小的样本集进行采样）	bootstrap=True max_samples = 1.0 max_features=1.0
随机子空间	和bagging类似，但是当选择模型时也对特征采样	bootstrap=True max_samples = 1.0 max_features<1.0
随机分片	和bagging类似，当选择模型时也对特征采样	bootstrap=False max_samples <1.0 max_features<1.0

提示： 当max_features或max_samples的值小于1.0时，它们能够设置为范围[0,1)中的任何值，你可以通过网格搜索测试最好的一组值。以我们的经验，如果需要限制搜索范围或者加速你的搜索，最优值最大的可能位于0.7与0.9之间。

4.6.4 随机森林和Extra-Trees

最初由Leo Breiman和Adele Cutler发明了随机森林的基本思想，算法的名字今天仍然是他们的一个商标（尽管算法是开源的）。随机森林在Scikit-learn中对应到类RandomForestClassifier/RandomForestRegressor。

随机森林与bagging的工作方式类似，也是由Leo Breiman设计，但是它们操作时仅仅使用二元划分的决策树，任凭它们增长到极限状态。更进一步，它们使用boostrapping技术在它的每个模型的样本中进行采样。当树增长时，在分支的每个划分中，用于划分的变量的集合也是随机选取。最终，算法背后隐藏的关键秘密是，由于样本不同和划分时所考虑变量的不同，它组合的树与树之间完全不同。因为不同，他们之间也是毫无关联的。当这些结果组合在一起，大的方差会被排除在外，因为分布两边的极限值倾向于相互平衡，总的来说，这样做是有益处的。换句话说，考虑到发展一个单个的模型（类似于决策树）从来没有见过的规则，bagging 算法确保了预测时的多样性。

Extra-Trees 在 Scikit-learn 中对应到类 ExtraTreesClassifier/ExtraTreesRegressor，它是一个更加随机化的随机森林，能产生具有低方差的估计，但是代价是偏差更大。当考虑到 CPU 的效率，相比于随机森林，Extra-Trees 能释放出更大的性能加速，因此，对你处理样本数和特征值都非常大的数据集而言非常理想。由于 Extra-Trees 划分数据集的方式导致了它的高偏差和更快的运行速度。然而，在划分树的分支时，随机森林是从待考虑的采样特征中搜索最好的特征值赋给每个分支，而在 Extra-Trees 中，特征是随机选取的。因此，尽管随机选取的划分可能不是最有效的（就偏差而言），但是 Extra-Trees 确实不需要太多的计算。

让我们在 covertype forest 问题上看看两个算法的比较，包括预测精度和执行时间。为了计算运行性能，我们在 Jupyter Notebook 的单元格中使用 %%time 小技巧：

```
In: import numpy as np
    from sklearn.model_selection import cross_val_score
    from sklearn.ensemble import RandomForestClassifier
    from sklearn.ensemble import ExtraTreesClassifier

In: %%time
    hypothesis = RandomForestClassifier(n_estimators=100, random_state=101)
    scores = cross_val_score(hypothesis, covertype_X, covertype_y,
                             cv=3, scoring='accuracy', n_jobs=-1)
    print ("RandomForestClassifier -> cross validation accuracy: \
            mean = %0.3f std = %0.3f" % (np.mean(scores), np.std(scores)))

Out: RandomForestClassifier -> cross validation accuracy:
     mean = 0.809 std = 0.009
     Wall time: 7.01 s

In: %%time
    hypothesis = ExtraTreesClassifier(n_estimators=100, random_state=101)
    scores = cross_val_score(hypothesis, covertype_X, covertype_y, cv=3,
                                                 scoring='accuracy', n_jobs=-1)
    print ("ExtraTreesClassifier -> cross validation accuracy: mean = %0.3f
    std = %0.3f" % (np.mean(scores), np.std(scores)))

Out: ExtraTreesClassifier -> cross validation accuracy:
     mean = 0.821 std = 0.009
     Wall time: 6.48 s
```

对两个算法而言，需要设置的关键参数如下：

- max_features：在每个划分上表示的采样特征的数目，它能确定算法的性能。该值越小，运行速度越快，但是偏差更高。
- min_samples_leaf：该参数可以让你指定树的深度。越大的值方差减小得越快，但同时偏差增加。
- bootstrap：它是个布尔值，说明是否使用 booststrapping 技术。
- n_estimators：它表示树的数目（记住，树越多越好，但是你也要考虑其计算费用）。

随机森林和 Extra-Trees 都是真正意义上并行算法。不要忘了设置一个合适的 n_jobs 值来加速它们的执行。当用于分类时，他们通过主投票做决策；当用于回归时，它们简单地对多个结果值做平均。作为一个例子，我们在加州房价数据集上运行一个回归模型：

```
In: import pickle
    from sklearn.preprocessing import scale
    X_train, y_train = pickle.load(open( "cadata.pickle", "rb" ))
    first_rows = 2000

In: import numpy as np
    from sklearn.ensemble import RandomForestRegressor
    X_train = scale(X_train[:first_rows,:].toarray())
    y_train = y_train[:first_rows]/10**4.
    hypothesis = RandomForestRegressor(n_estimators=300, random_state=101)
    scores = cross_val_score(hypothesis, X_train, y_train, cv=3,
                             scoring='neg_mean_absolute_error', n_jobs=-1)
    print ("RandomForestClassifier -> cross validation accuracy: mean =
%0.3f
    std = %0.3f" % (np.mean(scores), np.std(scores)))

Out: RandomForestClassifier -> cross validation accuracy:
     mean = -4.642 std = 0.514
```

4.6.5 从组合估计概率

随机森林有很多优点，为了估计你会得到什么样的结果，他们应该是你在你的数据集上尝试的第一个算法。这是因为随机森林并没有太多的参数需要设置，他们开箱使用就可以得到非常好的结果。他们能够自然地处理多类问题。更进一步，随机森林对你的直觉或特征选取提供了一个估计变量重要性的方法，他们有助于估计样本之间的相似度，因为相似的样本最终应该在组合树的相同的叶子节点上。

然而，在分类问题中，该算法缺乏预测输出的概率的能力（除非使用 Scikit-learn 提供的 CalibratedClassifierCV 类对结果进行校正）。在分类问题上，仅仅预测一个响应标号是不够的；我们需要给它关联一个概率（它为真的可能性有多大；也就是预测的置信度）。这对多类问题特征有用，因为正确的答案可能是可能性排第二或第三的答案（因此，概率提供了答案的一个排序）。

但是，当需要随机森林估计响应类的概率时，算法仅仅报告了在组合树中一个样本被分到一类的次数占组合树总数的比例。这样的一个比例实际上并不对应到正确的概率，它是一个有偏的估计（预测概率仅仅关联正确概率，但它在数值正确的意义上并不代表它）。

为了帮助处于类似形势的算法——随机森林或其他算法，比如朴素贝叶斯、线性 SVM 输出正确的响应概率，Scikit-learn 包中引入了一个 CalibratedClassifierCV 类。

CalibrateClassifierCV 使用两种方法将机器学习算法的响应重新映射成概率：Platt 的归一化方法和 Isotonic 回归（后者在你有足够的样本的情况下，比如说，至少 1000 个，它是一个更好的执行非参数的方法）。这两个方法都是第二级的模型，目标在于对算法的原始响应和期望概率之间的关联进行建模。通过比较原始的概率分布和校正后的概率分布，你可以把结果绘制出来。

作为一个例子，我们使用 CalibratedClassifierCV 对 Covertype 问题重新进行拟合：

```
In: import pandas as pd
    import matplotlib.pyplot as plt
    from sklearn.calibration import CalibratedClassifierCV
    from sklearn.calibration import calibration_curve
    hypothesis = RandomForestClassifier(n_estimators=100, random_state=101)
```

```
calibration = CalibratedClassifierCV(hypothesis, method='sigmoid',
                                     cv=5)
covertype_X = covertype_dataset.data[:15000,:]
covertype_y = covertype_dataset.target[:15000]
covertype_test_X = covertype_dataset.data[15000:25000,:]
covertype_test_y = covertype_dataset.target[15000:25000]
```

为了验证校正模型的性能，我们准备了未在训练集中使用的 10 000 个样本作为测试集。校正模型基于 Platt 的归一化方法（method = 'sigmoid'），使用五折交叉验证进行校正模型调优：

```
In: hypothesis.fit(covertype_X,covertype_y)
    calibration.fit(covertype_X,covertype_y)
    prob_raw = hypothesis.predict_proba(covertype_test_X)
    prob_cal = calibration.predict_proba(covertype_test_X)
```

拟合完原始模型和校正模型之后，我们估计概率，为了突出两个模型之间的区别，我们在散点图中绘制它们。将美国黄松的估计概率做完投影之后，原始的随机森林概率（实际上是投票的比例）重新归一化组合成一个 logistic 曲线。我们现在试着写一些代码，探索校正模型给概率输出带来的变化类型：

```
In: %matplotlib inline
    tree_kind = covertypes.index('Ponderosa Pine')
    probs = pd.DataFrame(list(zip(prob_raw[:,tree_kind],
                                  prob_cal[:,tree_kind])),
                         columns=['raw','calibrted'])
    plot = probs.plot(kind='scatter', x=0, y=1, s=64,
                      c='blue', edgecolors='white')
```

校正虽然不会改变模型的性能，但通过重新构造概率输出，可以有助于获得与训练数据更符合的概率。在下图中，校正程序通过增加一些非线性作为修正，你可以看到它对原始概率的修改：

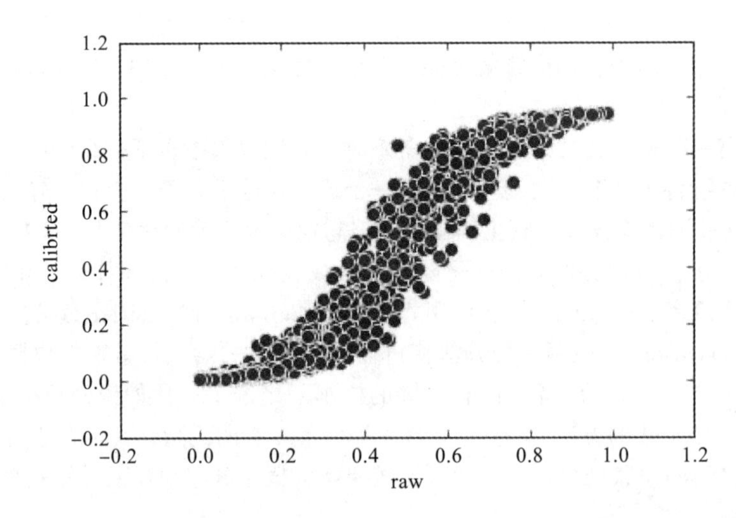

4.6.6 模型序列—AdaBoost

AdaBoost 是另一种 boosting 算法。它在重加权的数据上拟合一系列的弱分类器（最开始是树桩分类器，即单层的决策树）。基于样本的可预测度对样本赋权重。越难区分的样本给的权重越大。其主要观点是首先学习容易区分的样本然后再集中处理难区分的样本。最终，对一系列的弱分类器进行加权以最大化预测结果：

```
In: import numpy as np
    from sklearn.ensemble import AdaBoostClassifier
    hypothesis = AdaBoostClassifier(n_estimators=300, random_state=101)
    scores = cross_val_score(hypothesis, covertype_X, covertype_y, cv=3,
                             scoring='accuracy', n_jobs=-1)
    print ("Adaboost -> cross validation accuracy: mean = %0.3f
    std = %0.3f" % (np.mean(scores), np.std(scores)))
    Out: Adaboost -> cross validation accuracy: mean = 0.610 std = 0.014
```

4.6.7　梯度树提升

梯度提升（Gradient boosting）是 boosting 的另一个版本。与 AdaBoost 类似，它基于一个梯度下降函数。尽管该算法的方差比较大，对数据上的噪声比较敏感（这两个问题都可以通过子采样得到缓解），由于非并行化操作而使得计算费用增加，但是从组合的角度来看该算法被证实为表现最好的算法之一。

为了演示梯度树提升 GTB（gradient tree boosting，GTB）的性能，我们将再次尝试检验是否可以提高对 covertype 数据集预测性能，在演示线性 SVM 和组合算法的时候已经用过这个数据集了：

```
In: import pickle
    covertype_dataset = pickle.load(open("covertype_dataset.pickle", "rb"))
    covertype_X = covertype_dataset.data[:15000,:]
    covertype_y = covertype_dataset.target[:15000] -1
    covertype_val_X = covertype_dataset.data[15000:20000,:]
    covertype_val_y = covertype_dataset.target[15000:20000] -1
    covertype_test_X = covertype_dataset.data[20000:25000,:]
    covertype_test_y = covertype_dataset.target[20000:25000] -1
```

装载完数据集之后，为了取得合理的训练性能，我们将样本大小限制为 15 000 个观测值。我们还提供了 5000 个实例的验证样本和 5000 个病例的测试样本。现在开始训练我们的模型：

```
In: import numpy as np
    from sklearn.model_selection import cross_val_score, StratifiedKFold
    from sklearn.ensemble import GradientBoostingClassifier
    hypothesis = GradientBoostingClassifier(max_depth=5,
                                            n_estimators=50,
                                            random_state=101)
    hypothesis.fit(covertype_X, covertype_y)

In: from sklearn.metrics import accuracy_score
    print ("GradientBoostingClassifier -> test accuracy:",
           accuracy_score(covertype_test_y,
                          hypothesis.predict(covertype_test_X)))

Out: GradientBoostingClassifier -> test accuracy: 0.8202
```

为了从 GradientBoostingClassifier 和 GradientBoostingRegression 中获得最好的性能，你应该调整下列参数：

- n_estimators：使用过多的估计模型会增加方差，但是，如果估计模型过少，算法又会遭受高偏差。正确的估计数目不能预先知道，需要通过交叉验证测试各种不同的配置启发式地搜索。
- max_depth：增大该值会增加方差和复杂度。
- subsample：取值为 0.9 到 0.7，它能够有效地降低估计值的方差。
- learning_rate：需要更多的估计模型才能收敛，因此也需要更多的计算时间，但是在训练过程中更小的 learning_rate 参数能改进算法的优化性能。

- min_samples_leaf：它能够减少因噪声数据带来的方差，保留对稀有样本的过拟合。

除了深度学习，梯度提升实际上是最先进的机器学习算法。随着 Adaboost 及随后由 Jerome Friedman 开发的梯度提升算法的实现，出现了各种版本的梯度提升算法，最近提出的算法有 XGBoost、LightGBM 和 CatBoost。在下面的段落中，我们将详细分析这些新的算法，并使用 Forest Covertype 数据进行测试。

4.6.8　XGBoost

XGBoost 表示极限梯度提升（eXtreme Gradient Boosting），它是一个开源的工程，并不是 Scikit-learn 的一部分，尽管最近 Scikit-learn 的包装接口已经对它进行扩展，它基于 XGBoost 模型进行封装，以便它可以更好地整合到你的数据流程中（http://xgboost.readthedocs.io/en/latest/python/python_api.html#module-xgboost.sklearn）。

> **提示**：XGBoost 源代码在 github 上是可以免费获取的；网址：https://github.com/dmlc/XGBoost；文档和指导手册也可以在 http://xgboost.readthedocs.io/en/latest/ 上面找到。

最近，XGBoost 算法在数据科学的竞赛比如 Kaggle（https://www.kaggle.com/）和 KDD-cup 2015 中赢得了很好的势头和流行性。如作者 Tianqui Chen、Tong He 和 Carlos Guestrin 在他们的算法论文中写的那样，在 2015 年 Kaggle 举办的 29 场挑战赛中，有 17 个队的解决方案使用 XGBoost 作为一个单独的方法或作为多个不同组合模型的组成部分。

> **注意**：在他们的文章中《XGBoost: A Scalable Tree Boosting System》（XGBoost：一个可扩展的树提升系统，可以从下列网址下载：http://learningsys.org/papers/LearningSys_2015_paper_32.pdf），作者报告了在最近的 KDD-cup 2015 排名最高的前 10 个队都使用了该算法。

除了该算法在精度和运行效率方面的卓越性能之外，它从不同的角度看都是一个可扩展的解决方案。XGBoost 代表了新一代的梯度提升机器（GBM），它是对初始的 GBM 算法的一个重要的改进：

- 适用于稀疏的数据集，它能利用稀疏矩阵，节省内存（对稠密矩阵并不需要）和计算时间（以一种特殊的方式处理 0 值）。
- 近似的树学习（加权的四分之一框架），它能比可能分支的穷举搜索花费更少的时间取得类似的效果。
- 在单个机器和多个机器的分布式计算上可以执行并行计算（在搜索最好的分割时使用多线程）。
- 单个机器上的内存外的计算，它使用一种称之为列块（Column Block）的方法减轻了数据的存储。它在磁盘上按照列来安排数据，按照优化算法期望的那样（按照列向量的方式工作）存取数据会节省很多时间。
- XGBoost 算法也能以一种有效的方法处理缺失数据的情形。其他的基于标准决策树的树组合方法在发展合适树分支处理缺失数据的时候，先要使用离线的归一化方法估算这些缺失值。

XGBoost 实际上首先拟合所有的缺失值。当为这些变量创建完树分支之后，为了最小化预测错误率，它将确定那个分支对于缺失值而言更好。这样的方法导致更为压缩的树的表示和一个预测威力更大的有效估算方式。

从实际应用的角度，XGBoost 的参数和 Scikit-learn 的 GBT 几乎一样。关键的参数有：

- eta：等价于 Scikit-learn 中的 GBT 的学习率。它将影响算法学习的速度以及需要多少个树。越大的值将有助于学习过程的更好的收敛性，但是代价是更多的训练时间和更多的树。
- gamma：它作为树的增长过程中的停止准则，表示在树的叶子节点上想继续做划分所需要减小的最小损失值。越大的值将使得学习更加保守。
- min_child_weight：它表示呈现在树的叶子节点上的最小（样本）权重。较高的值会避免过拟合和树的复杂度。
- max_depth：树中相互作用的数目。
- subsample：在每次迭代时，从训练数据中抽取的样本的比例。
- colsample_bytree: 在每次迭代的过程中，所用特征的比例。
- colsample_bylevel：在每次分支划分时，所用的特征的比例（和随机森林一样）。

在如何使用 XGBoost 的例子中，我们首先回顾一下如何上传 Covertype 数据集，通过包含完整数据集的 Numpy 数组部分分片，将它划分成训练集、验证集和测试集：

```
In: from sklearn.datasets import fetch_covtype
    from sklearn.model_selection import cross_val_score, StratifiedKFold
    covertype_dataset = fetch_covtype(random_state=101, shuffle=True)
    covertype_dataset.target = covertype_dataset.target.astype(int)
    covertype_X = covertype_dataset.data[:15000,:]
    covertype_y = covertype_dataset.target[:15000] -1
    covertype_val_X = covertype_dataset.data[15000:20000,:]
    covertype_val_y = covertype_dataset.target[15000:20000] -1
    covertype_test_X = covertype_dataset.data[20000:25000,:]
    covertype_test_y = covertype_dataset.target[20000:25000] -1
```

装载完数据之后，我们定义超参数：设置目标函数、设置一些预定义的参数（与 multi:softprob 中一样但是 XGBoost 为回归、分类、多类和排序学习提供了其他的替代方法）。当拟合数据时，我们需要进一步给定优化准则。在我们的例子中，我们将 eval_metric 设置为分类精度以用于多类分类问题（merror），提供一个 eval_set 以用在验证集上，XGBoost 在训练的过程中不得不计算在验证集上的评估指标以便监控训练过程。如果训练过程在 25 轮的迭代过程中没有改进评估指标（由 early_stopping_rounds 定义），那么在达到预定义的估计数目（由参数 n_estimators 定义）之前，训练过程将停止。这种来自于神经网络训练的方法被称为早停止的方法，将有效地避免训练过程中的过拟合。

想全面了解参数和估计准则，请参考网址 https://github.com/dmlc/xgboost/blob/master/doc/parameter.md。在这里，我们首先导入包，然后设置参数，对我们的问题进行拟合：

```
In: import xgboost as xgb
    hypothesis = xgb.XGBClassifier(objective= "multi:softprob",
                                   max_depth = 24,
                                   gamma=0.1,
                                   subsample = 0.90,
                                   learning_rate=0.01,
                                   n_estimators = 500,
                                   nthread=-1)
    hypothesis.fit(covertype_X, covertype_y,
                   eval_set=[(covertype_val_X, covertype_val_y)],
                   eval_metric='merror', early_stopping_rounds=25,
                   verbose=False)
```

为了获取预测结果，我们使用和 Scikit-learn 中相同的 API：predict 和 predict_proba。打印的分类精度显示了对于目前最好的结果而言，XGBoost 算法在过拟合上实际表现有多好。检查一下混淆矩阵，你会看到仅仅山杨树这一类比较难预测：

```
In: from sklearn.metrics import accuracy_score, confusion_matrix
    print ('test accuracy:', accuracy_score(covertype_test_y,
           hypothesis.predict(covertype_test_X)))
    print (confusion_matrix(covertype_test_y,
           hypothesis.predict(covertype_test_X)))

Out: test accuracy: 0.848
     [[1512   288     0     0     0     2    18]
      [ 215  2197    18     0     7    11     0]
      [   0    17   261     4     0    19     0]
      [   0     0     4    20     0     3     0]
      [   1    54     3     0    19     0     0]
      [   0    16    42     0     0    86     0]
      [  37     1     0     0     0     0   145]]
```

4.6.9 LightGBM

当数据集包含大量的实例或变量时，即使是 XGBoost 这种用 C++ 编译的方法，也需要很长的时间来训练。因此，尽管 XGBoost 取得了成功，但在 2017 年 1 月还是出现了另一种算法（XGBoost 提出的日期是 2015 年 3 月）高性能的 LightGBM。LightGBM 是微软的一个团队的开源项目，它能分布式布置，并快速地处理大量数据。

注意：LightGBM 的 Github 主页为：https://github.com/Microsoft/LightGBM。阐述其算法思想的学术论文如下：https://papers.nips.cc/paper/6907-lightgbm-a-highly-efficient-gradient-boosting-decision-tree。

和 XGBoost 一样，LightGBM 也是基于决策树的，只是遵循的策略有所不同。XGBoost 使用决策树对一个变量进行切分，并在该变量上探索不同的切分（基于 level-wise 的树生长策略），而 LightGBM 则专注于一个切分，并从那里继续进行分割，以实现更好的拟合（这是 leaf-wise 树生长策略）。这使得 LightGBM 能够快速地获得良好的数据拟合，生成 XGBoost 的替代方案。如果你希望融合（平均）这两种方案以减少估计值的方差，这种方法很好。

从算法上讲，XGBoost 使用广度优先搜索（BFS）策略，而 Light GBM 使用深度优先搜索（DFS）策略，它们将决策树的分割结构以图形的形式表示出来。

下面是 LightGBM 算法的其他特点：

1. 由于采用 leaf-wise 生长策略，因此决策树更复杂，预测精度也更高，但也有较高的过拟合风险；因此，它特别不适用于小型数据集（一般用于多于 10 000 个样本的数据集）。

2. 它在较大的数据集上速度更快。

3. 它可以利用并行计算和 GPU，因此，它可以扩展到更大规模的问题上（实际上它仍然是一个 GBM，一种顺序算法，只是对决策树的最佳切分部分进行了并行化）。

4. 它节省内存，因为它不按原样存储和处理连续变量，而是将它们转换为离散的 bin 值（基于直方图的算法）。

LightGBM 的调优过程可能会让人望而生畏，因为它有 100 多个参数需要处理（这个页面包含了 LightGBM 的所有参数：https://github.com/Microsoft/LightGBM/blob/master/docs/Parameters.rst）。但实际上，你只需要调整其中的几个参数，就可以获得很好的结果。LightGBM 中的参数可以分为以下几类：

- 核心参数：指定要对数据执行的任务
- 控制参数：规定决策树的行为
- 度量参数：确定你的误差度量（除了用于分类和回归的经典误差之外，实际上还有很多度量准则可供选择）
- IO 参数：主要是决定如何处理输入数据

下面是每个类别中主要参数的快速概览。

对于核心参数，你可以通过以下参数进行选择操作：

- task：它表示使用模型想完成的任务，具体选项可以是 train、predict、convert_model（要将模型转换成一系列 if-then 语句）或者 refit（使用新数据更新模型）。
- application：默认情况下，期望的模型是 regression（回归），但是，其选项也可以是 regression、binary、multiclass 或其他（比如搜索引擎优化等排序任务就可以使用 lambdarank）。
- boosting：LightGBM 可以使用不同的算法进行学习迭代。默认值是 gbdt（单个决策树），这个参数也可以是 rf（随机森林）、darts（Dropouts meet Multiple Additive Regression Trees）或者 goss（基于梯度的单侧采样）。
- devic：默认是 cpu，如果你系统上有可用的 gpu 也可以选择 gpu。

IO 参数主要用来定义模型是怎样加载甚至是存储数据的。

- max_bin：用于存入特征值的最大分箱（bin）数（处理数值变量时，该参数越大，特征近似性越小，但是需要消耗更多的内存和计算时间）
- categorical_feature：类别特征的索引
- ignore_column：要忽略的特征索引
- save_binary：这个参数为 true 时，则数据在硬盘上保存为二进制文件，能加快数据读取速度并节省内存

最后，通过设置控制参数能更具体地确定模型的学习过程：

- num_boost_round：要完成的提升迭代数量。
- learning_rate：每次提升迭代过程施加给重构结果模型的比率。
- num_leaves：决策树的最大叶子数，默认值是 31。
- max_depth：树可以达到的最大深度。
- min_data_in_leaf：叶子的最小样本数。
- bagging_fraction：每次迭代中随机使用的数据比例。
- feature_fraction：当提升策略为随机森林时，该参数表示建树时随机选择特征参数的比例。
- early_stopping_round：设置该参数，如果你的模型在一定数量的回合中没有改进，它将停止训练。它有助于减少过拟合和训练时间。
- lambda_l1 或者 lambda_l2：范围为 0 到 1 的正则化参数。
- min_gain_to_split：此参数指定对树进行分割时的最小增益。它控制了对模型贡献不大的分割，因而限制了树的复杂性。

- max_cat_group：当处理具有高基数（类别数很大）的类别变量时，该参数通过聚合不太重要的类别，限制了变量可以拥有的类别数量。这个参数的默认值是 64。
- is_unbalance：对于二分类的不平衡数据集，该参数设置为 True，算法能对不平衡类别进行调整。
- scale_pos_weight：同样对于二分类中的不平衡数据集，它为正类别设置一个权重。

实际上，我们只引用了 LightGBM 模型所有参数中的一小部分，但却是最基本和最重要的参数。浏览 LightGBM 的文档找到更多的参数，这些参数会更适合你的特定情况和项目。

我们该怎样调试这些参数？实际上，你可以对其中一些参数进行有效操作。如果你想实现更快的计算速度，只需使用 save_binary 参数，并将 max_bin 的数值设置得小一些。你还可以使用较小的 bagging_fraction 和 feature_fraction，以减少训练集的规模，并加快学习过程（以增加解决方案的方差为代价，因为它将从更少的数据中学习）。

如果你想使误差度量得到更高的精度，应该使用更大的 max_bin（对数值变量意味着更精确）、使用更小的 learning_rate、更大的 num_iterations（非常有必要，因为算法的收敛速度更慢）和更大的 num_leaves（尽管这可能导致过拟合）。

如果遇到过拟合的情况，可以尝试设置 lambda_l1、lambda_l2 和 min_gain_to_split 参数，将数据进行更多的更正则化。你也可以尝试使用 max_depth 参数，以避免树生长得更深。

在我们的示例中，我们的任务与之前的例子相同，即对 Forest Covertype（森林覆盖类型）数据集进行分类。我们从导入必要的包开始。

接下来的步骤是为这个提升算法设置正确工作的参数。我们定义了目标为“multiclass”，设置一个较低的学习率（0.01），允许树的分支几乎完全像随机森林一样展开：树的最大深度设置为 128，产生的叶子数量为 256。在此过程中，我们还为实例和特征设置了随机抽样比例（每次抽样率为 90%）

```
In: import lightgbm as lgb
    import numpy as np
    params = {'task': 'train',
              'boosting_type': 'gbdt',
              'objective': 'multiclass',
              'num_class':len(np.unique(covertype_y)),
              'metric': 'multi_logloss',
              'learning_rate': 0.01,
              'max_depth': 128,
              'num_leaves': 256,
              'feature_fraction': 0.9,
              'bagging_fraction': 0.9,
              'bagging_freq': 10}
```

然后，使用 LightGBM 包的 Dataset 命令设置训练集、验证集和测试集。

```
In: train_data = lgb.Dataset(data=covertype_X, label=covertype_y)
    val_data = lgb.Dataset(data=covertype_val_X, label=covertype_val_y)
```

最后，我们创建一个训练实例。输入前面设置的各种参数，确定最大迭代次数为 2500，指定验证集。如果超过 25 次迭代验证集上的误差度量还没有改进，系统就需要早停止（early stopping），这避免了由于太多次迭代而造成的过拟合，即增加了提升树。

```
In: bst = lgb.train(params,
                    train_data,
                    num_boost_round=2500,
                    valid_sets=val_data,
                    verbose_eval=500,
                    early_stopping_rounds=25)
```

过了一会，训练停止了，同时显示在验证集上的 log-loss 为 0.40，最佳的迭代次数为 851。训练过程持续到验证集分数 25 轮都没有改进而停止：

```
Out: Early stopping, best iteration is:[851]
     valid_0's multi_logloss: 0.400478
```

除了使用验证集，我们也可以通过交叉验证来测试最佳迭代次数，当然还需要使用同样的训练集：

```
In: lgb_cv = lgb.cv(params,
                    train_data,
                    num_boost_round=2500,
                    nfold=3,
                    shuffle=True,
                    stratified=True,
                    verbose_eval=500,
                    early_stopping_rounds=25)
    nround = lgb_cv['multi_logloss-mean'].index(np.min(lgb_cv[
                                        'multi_logloss-mean']))
    print("Best number of rounds: %i" % nround)

Out: cv_agg's multi_logloss: 0.468806 + 0.0124661
     Best number of rounds: 782
```

结果没有验证集那么好，但是训练轮数与我们之前发现的相差不远。无论如何，我们将使用早停法进行初始训练。首先，我们使用预测方法得到每类的概率和最佳迭代次数，然后选择概率最高的类作为预测结果。

这之后，我们将检查准确性并绘制混淆矩阵。得到的分数与 XGBoost 类似，但训练时间却比较短：

```
In: y_probs = bst.predict(covertype_test_X,
           num_iteration=bst.best_iteration)
    y_preds = np.argmax(y_probs, axis=1)
    from sklearn.metrics import accuracy_score, confusion_matrix
    print('test accuracy:', accuracy_score(covertype_test_y, y_preds))
    print(confusion_matrix(covertype_test_y, y_preds))

Out: test accuracy: 0.8444
     [[1495  309     0     0     0     2    14]
      [ 221 2196    17     0     5     9     0]
      [   0   20   258     5     0    18     0]
      [   0    0     3    19     0     5     0]
      [   1   51     4     0    21     0     0]
      [   0   14    43     0     0    87     0]
      [  36    1     0     0     0     0   146]]
```

4.6.10 CatBoost

2017 年 7 月，俄罗斯搜索引擎公司 Yandex 公布了另一个有趣的 GBM 算法：CatBoost (https://CatBoost.yandex/)，它的名字来自于 Category 和 Boosting 两个单词的组合。事实上，

它最突出的特点是处理分类变量的能力，它采用独热编码（one-hot-encoding）和均值编码（mean encoding）的混合策略，充分利用了大多数关系数据库中的信息（对手头的问题分配适当的数值来表达其类别水平，稍后将进行详细介绍）。

正如论文“CatBoost: gradient boosting with categorical features support”(https://pdfs.semanticscholar.org/9a85/26132d3e05814dca7661b96b3f3208d676cc.pdf）中所述，处理分类变量时，其他 GBM 方案主要采用变量独热编码（在打印数据矩阵时内存占用较大），或者给分类级别分配任意的数值编码（一种不太精确的方法，需要大量的分值才能有效），而 CatBoost 处理这些问题的方式有所不同。

CatBoost 算法需要提供类别变量索引，还需要设置 one_hot_max_size 参数，如果变量的分类级别小于或等于参数 one_hot_max_size，要告诉 CatBoost 算法使用独热编码来处理分类变量。如果变量具有更多的分类级别，从而超过了 one_hot_max_size 参数，那么算法将使用类似均值编码的方式进行编码，如下所示：

1. 将样本按顺序排列。
2. 根据最小化损失函数将类别转换为整数数字。
3. 根据目标的 shuffle 顺序计算类别标签，将类别数字转换为浮点数（更详细的信息参见如下文档中的示例 https://tech.yandex.com/catboost/doc/dg/concepts/algorithm-main-stages_cat-to-numberic-docpage/）。

CatBoost 使用的分类变量编码思想并不新鲜，它是一种经常被使用的特征工程，主要是在 Kaggle 这样的数据科学竞赛中使用。均值编码，也称为似然编码、影响编码或目标编码，是一种根据标签与目标变量的关联关系将标签转换为数字的方法。如果是回归问题，你可以根据该类别的平均目标值来转换标签，如果是分类问题，它只是给定标签目标的分类概率（目标的概率取决于每个类别的数值）。它看起来是一个简单而聪明的特征工程技巧，但实际上，它有一定的副作用，主要是在过拟合方面，因为你需要从目标中提取信息到预测器中。

有一些经验方法可以利用将分类变量作为数值变量的优势，并能够限制过拟合。由于目前还没有这方面的正式论文出版，深入了解这方面信息的最佳资源是来自 Coursera 的视频：https://www.coursera.org/lecture/competitive-data-science/concept-of-mean-encoding-b5Gxv。我们建议使用这样的技巧要特别注意。

注意： CatBoost 除了具有 R 和 Python 语言的 API、在 GBM 领域与 XGBoost 和 LightGBM 具有同样重要的地位、同样支持 GPU 和多 GPU（可以在如下网址查看它们的性能比较 https://s3-ap-south-1.amazonaws.com/av-blog-media/wp-content/uploads/2017/08/13153401/Screen-Shot-2017-08-13-at-3.33.33-PM.png）等特点，CatBoost 也是一个完全开源的项目，可以通过 GitHub 库读取它的所有代码：https://github.com/catboost/catboost。

实际上 CatBoost 的参数列表非常大，如下文档给出了非常详细的参数说明：https://tech.yandex.com/catboost/doc/dg/concepts/python-reference_catboost-docpage/。对于简单的应用，只需要调整以下主要参数就可以了：

- one_hot_max_size：如果特征中包含不同值的数目大于该阈值，需要对分类变量进行目标编码
- iterations：迭代次数

- od_wait：如果评价指标没有改进，停止训练需要等待的迭代次数
- learning_rate：学习率
- depth：树的深度
- l2_leaf_reg：l2 正则化参数
- random_strength 和 bagging_temperature：随机分袋的控制参数

我们首先导入必要的软件包和函数：

1. 由于 CatBoost 在处理分类变量时非常出色，我们需要重新构建 Forest Covertype 数据集，因为它的所有分类变量都经过了独热编码。因此，我们只需简单地按如下方式重建数据集：

```
In: import numpy as np
    from sklearn.datasets import fetch_covtype
    from catboost import CatBoostClassifier, Pool
    covertype_dataset = fetch_covtype(random_state=101,
                                      shuffle=True)
    label = covertype_dataset.target.astype(int) - 1
    wilderness_area =
    np.argmax(covertype_dataset.data[:,10:(10+4)],
              axis=1)
    soil_type = np.argmax(
                   covertype_dataset.data[:,(10+4):(10+4+40)],
                   axis=1)
    data = (covertype_dataset.data[:,:10],
            wilderness_area.reshape(-1,1),
            soil_type.reshape(-1,1))
    data = np.hstack(data)
```

2. 创建数据集后，像之前一样需要确定训练集、验证集和测试集：

```
In: covertype_train = Pool(data[:15000,:],
                           label[:15000], [10, 11])
    covertype_val = Pool(data[15000:20000,:],
                         label[15000:20000], [10, 11])
    covertype_test = Pool(data[20000:25000,:],
                          None, [10, 11])
    covertype_test_y = label[20000:25000]
```

3. 现在开始设置 CatBoostClassifier。我们决定使用低的学习率（0.05）和大的迭代次数（4000），树的最大深度为 8（CatBoost 本身支持的最大树深度为 16），损失函数使用 MultiClass 进行优化，在训练集和验证集上都监测算法的精度：

```
In: model = CatBoostClassifier(iterations=4000,
                               learning_rate=0.05,
                               depth=8,
                               custom_loss = 'Accuracy',
                               eval_metric = 'Accuracy',
                               use_best_model=True,
                               loss_function='MultiClass')
```

4. 然后，我们开始训练，设置运行时不显示详细信息，但允许可视化表示训练过程及其结果，包括样本内和更重要的样本外结果。

```
In: model.fit(covertype_train, eval_set=covertype_val,
              verbose=False, plot=True)
```

下面的例子，给出了在 CoverType 数据集上训练模型可以得到的可视化效果：

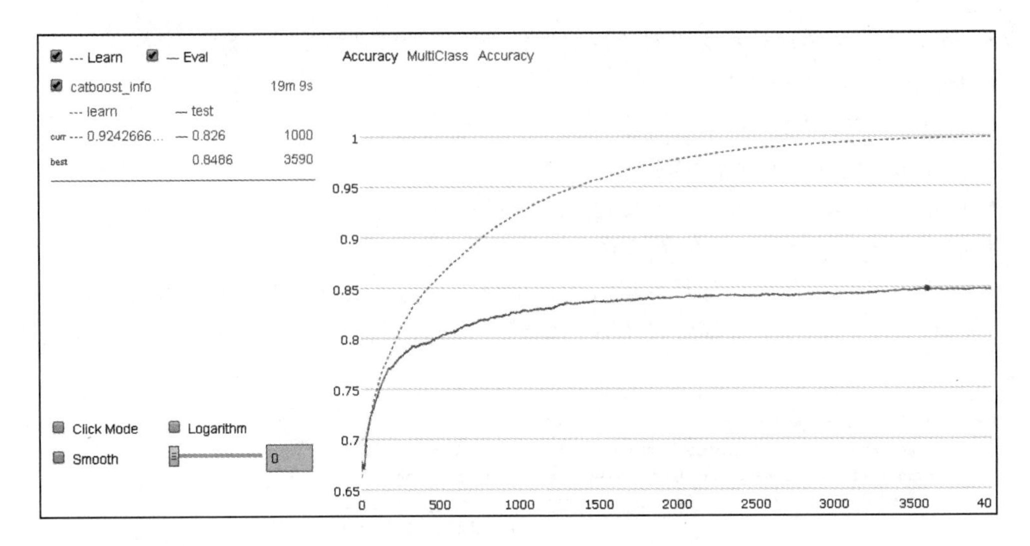

5. 训练完成之后，我们在测试集上简单预测类别及相关概率。

```
In: preds_class = model.predict(covertype_test)
    preds_proba = model.predict_proba(covertype_test)
```

6. 精度评价表明，计算结果与 XGBoost 相当（0.847 对 0.848），混淆矩阵看起来更清晰，表明该算法的分类效果更好。

```
In: from sklearn.metrics import accuracy_score, confusion_matrix
    print('test accuracy:', accuracy_score(covertype_test_y,
                                           preds_class))
    print(confusion_matrix(covertype_test_y, preds_class))

Out: test accuracy:  0.847
     [[1482  320    0    0    0    0   18]
      [ 213 2199   12    0   10   12    2]
      [   0   13  260    5    0   23    0]
      [   0    0    6   18    0    3    0]
      [   2   40    5    0   30    0    0]
      [   0   16   33    1    0   94    0]
      [  31    0    0    0    0    0  152]]
```

4.7　处理大数据

大数据给数据科学工程带来了巨大的挑战，表现在四个方面：容量（数据容量）、处理速度、多样性和数据的真实性（你的数据是否真正代表它应该是什么样子，或者它是否受到偏差、扭曲或错误的影响？）。Scikit-learn 提供了一系列的类和函数，这些类和函数将帮助你有效地处理一些大到无法完全装入标准计算机内存的数据。

在向你呈现大数据解决方案之前，为了更好地理解不同算法的可扩展性和性能，我们不得不创建或导入一些数据集。这大概需要占用 1.5G 的硬盘容量，实验结束后会释放这些空间。（该数据集本身不是大数据，甚至都称不上是小数据集，要知道现在很难找到内存少于 4G 的计算机，对该数据集的处理应该可以给你提供一些参考。）

4.7.1　作为范例创建一些大数据集

作为大数据分析的一个典型的例子，我们将使用来自互联网的文本数据，并充分利用

fetch_20newsgroups 数据集，它包含 11314 个帖子，每个帖子平均包含 206 个词，它们出现在 20 个不同的新闻组中：

```
In: import numpy as np
    from sklearn.datasets import fetch_20newsgroups
    newsgroups_dataset = fetch_20newsgroups(shuffle=True,
                         remove=('headers', 'footers', 'quotes'),
                         random_state=6)
    print ('Posts inside the data: %s' % np.shape(newsgroups_dataset.data))
    print ('Average number of words for post: %0.0f' %
           np.mean([len(text.split(' ')) for text in
           newsgroups_dataset.data]))

Out: Posts inside the data: 11314
     Average number of words for post: 206
```

相应地，为了实现一个通用的分类范例，我们将使用三个语义数据集，它们包含 10 万到 1000 万个实例。可以根据你的计算资源创建和使用它们其中的任何一个。在我们的实验中，我们常使用的是最大的那个数据集：

```
In: from sklearn.datasets import make_classification
    X,y = make_classification(n_samples=10**5, n_features=5,
                              n_informative=3, random_state=101)
    D = np.c_[y,X]
    np.savetxt('large_dataset_10__5.csv', D, delimiter=",")
    # the saved file should be around 14,6 MB
    del(D, X, y)
    X,y = make_classification(n_samples=10**6, n_features=5,
                              n_informative=3, random_state=101)
    D = np.c_[y,X]
    np.savetxt('large_dataset_10__6.csv', D, delimiter=",")
    # the saved file should be around 146 MB
    del(D, X, y)
    X,y = make_classification(n_samples=10**7, n_features=5,
                            n_informative=3, random_state=101)
    D = np.c_[y,X]
    np.savetxt('large_dataset_10__7.csv', D, delimiter=",")
    #the saved file should be around 1,46 GB
    del(D, X, y)
```

创建和使用任何数据集之后，可以通过如下命令删除它们：

```
In: import os
    os.remove('large_dataset_10__5.csv')
    os.remove('large_dataset_10__6.csv')
    os.remove('large_dataset_10__7.csv')
```

4.7.2 对容量的可扩展性

管理大规模数据而不用一次在内存中装入成百上千兆数据，一个有用的技巧是增量地更新算法参数，直到所有的观测值被机器学习模型扫描过至少一遍。

在 Scikit-learn 中借助 .partial_fit() 方法是可以做到的，这对很多监督和无监督算法都是适用的。使用 .partial_fit() 方法并提供一些基本信息（比如，对分类问题需要事先知道待预测类别的数目)，即使只有一个或少数几个观测值，也可以立即开始拟合预测模型。

这种方法称为增量学习（incremental learning)。增量式地提供给学习算法的数据块称为批数据。增量学习的要点如下：

- 批大小
- 数据预处理
- 同一样本通过算法的次数
- 验证和参数微调

批大小一般依赖于可用的内存容量。基本原则就是数据块越大越好，因为批数据越大，数据采样越能代表原有的数据分布。另外，数据预处理也很有挑战性。当数据处于范围 [–1,+1] 或 [0,1]（比如，多项贝叶斯算法不会接受负值）的时候，增量学习会表现得很好。然而，为了归一化到这样精确的范围，需要事先知道每个变量的范围。作为一个可选的方法，可以一次性地过完所有的数据，然后记录它们的最大值和最小值，或者从第一个批数据确定初始最大值和最小值，在随后的数据中将超过初始最大值和最小值的观测值修剪到指定范围。

提示：一个更加鲁棒的处理该问题的方法是使用 sigmoid 正则化将所有可能值的范围限制在 0 到 1 之间。

每个样本通过迭代过程的次数也是一个值得考虑的问题。实际上，当你将相同的样本通过多次时，你是在帮助预测系数收敛到一个最优解。如果将相同的观测值通过很多次，算法倾向于过拟合，即它将过多地适应多次重复的数据。有些算法，比如 SGD 一类的算法，会对给定的学习样本的次序非常敏感。因此，你必须要么设置轮换选项（shuffle=True），要么在学习开始之前调换文件的数据行，需要记住的一点是，为了效果的考虑，计划用于学习的行次序应该是随机的。

验证数据是一个批数据的流，可以由下列两种方式取得：

- 以渐进的方式验证；也就是，在将它们传给训练过程之前，先测试模型如何预测新来的数据块。
- 从每个块中分离出一些样本。后者对于网络搜索或其他一些优化保存样本来说是最好的一种方式。

在我们的例子中，SGDClassifier 分类器使用对数损失（与 logistic 回归类似）对 10^7 个观测值进行学习，然后预测数据集的二值输出：

```
In: from sklearn.linear_model import SGDClassifier
    from sklearn.preprocessing import MinMaxScaler
    import pandas as pd
    streaming = pd.read_csv('large_dataset_10__7.csv',
                        header=None, chunksize=10000)
    learner = SGDClassifier(loss='log', max_iter=100)
    minmax_scaler = MinMaxScaler(feature_range=(0, 1))
    cumulative_accuracy = list()
    for n,chunk in enumerate(streaming):
        if n == 0:
            minmax_scaler.fit(chunk.iloc[:,1:].values)
        X = minmax_scaler.transform(chunk.iloc[:,1:].values)
        X[X>1] = 1
        X[X<0] = 0
        y = chunk.iloc[:,0]
        if n > 8:
            cumulative_accuracy.append(learner.score(X,y))
        learner.partial_fit(X,y,classes=np.unique(y))
    print ('Progressive validation mean accuracy %0.3f' %
          np.mean(cumulative_accuracy))

Out: Progressive validation mean accuracy 0.660
```

首先，pandas 的 read_csv 读取有 10 000 个（根据计算资源该数目可以增大或减小）观测值的批数据，允许在数据文件上迭代。

我们使用 MinMaxScaler 记录第一批数据的变量范围。对接下来的批数据，将使用如下规则：如果数值超过 [0, +1] 范围的边界，将该数设置为离它最近的边界值。否则的话，当我们使用我们的模型学习时，我们使用 MinMaxScaler 的 partial_fit 方法学习特征的边界。唯一需要当心的是，使用 MinMaxScaler 类需要注意离群值，因为它们能够将数值转换压缩到 [0,1] 区间的较小部分。

最后，从第 10 批数据开始，在使用它更新训练参数之前，我们将记录学习算法在每个新到来的批数据上的精度。最终对累积的精度值进行平均以获得一个全局的性能估计。

4.7.3 保持速度

各种各样的算法都可以和增量学习一起起作用。

我们回顾一下分类方面的算法：

- sklearn.naive_bayes.MultinomialNB
- sklearn.naive_bayes.BernoulliNB
- sklearn.linear_model.Perceptron
- sklearn.linear_model.SGDClassifier
- sklearn.linear_model.PassiveAggressiveClassifier

回归方面的算法有：

- sklearn.linear_model.SGDRegressor
- sklearn.linear_model.PassiveAggressiveRegressor

在速度方面，这些算法都基本相当。你可以自己试试下面的脚本：

```
In: from sklearn.naive_bayes import MultinomialNB
    from sklearn.naive_bayes import BernoulliNB
    from sklearn.linear_model import Perceptron
    from sklearn.linear_model import SGDClassifier
    from sklearn.linear_model import PassiveAggressiveClassifier
    import pandas as pd
    from datetime import datetime
    classifiers = {'SGDClassifier hinge loss' : SGDClassifier(loss='hinge',
                                            random_state=101, max_iter=10),
                   'SGDClassifier log loss' : SGDClassifier(loss='log',
                                            random_state=101, max_iter=10),
                   'Perceptron' : Perceptron(random_state=101,max_iter=10),
                   'BernoulliNB' : BernoulliNB(),
              'PassiveAggressiveClassifier' : PassiveAggressiveClassifier(
                                             random_state=101, max_iter=10)
                   }
    large_dataset = 'large_dataset_10__6.csv'
    for algorithm in classifiers:
        start = datetime.now()
        minmax_scaler = MinMaxScaler(feature_range=(0, 1))
        streaming = pd.read_csv(large_dataset, header=None, chunksize=100)
        learner = classifiers[algorithm]
        cumulative_accuracy = list()
        for n,chunk in enumerate(streaming):
            y = chunk.iloc[:,0]
            X = chunk.iloc[:,1:]
            if n > 50 :
                cumulative_accuracy.append(learner.score(X,y))
```

```
        learner.partial_fit(X,y,classes=np.unique(y))
    elapsed_time = datetime.now() - start
    print (algorithm + ' : mean accuracy %0.3f in %s secs'
      % (np.mean(cumulative_accuracy),elapsed_time.total_seconds()))

Out: BernoulliNB : mean accuracy 0.734 in 41.101 secs
     Perceptron : mean accuracy 0.616 in 37.479 secs
     SGDClassifier hinge loss : mean accuracy 0.712 in 38.43 secs
     SGDClassifier log loss : mean accuracy 0.716 in 39.618 secs
     PassiveAggressiveClassifier : mean accuracy 0.625 in 40.622 secs
```

注意：一般来说，批数据越小算法速度越慢，因为这意味着需要更多地访问数据库或文件，这经常是一个瓶颈。

4.7.4　处理多样性

多样性是大数据的一个特质。当我们处理文本数据或非常大的分类数据时更是这样（比如在给广告业编程时存储网址名字的变量）。当你从批样本中学习时，当你展开类或词时，每个都是一个合适且特有的变量。你会发现多样性和大量流数据的不可知性所带来的挑战让你处理起来很困难。Scikit-learn 给你提供一个简单且快速的方法实现哈希技巧并完全忘记提前定义一个严格且变化的数据结构问题。

为了节省你的时间、资源和减少你实现的困难，哈希技巧使用了哈希函数和稀疏矩阵。哈希函数是一个可以将他们接收到的输入以一个确定的方式进行映射的函数。即使你给它们提供数字或字符串都没关系，它们将给你反馈一个在特定范围的整数值。相应地，稀疏矩阵是一个数组，因为对于任何行和列的组合而言，它们的默认值是 0，所以它仅仅记录非零值。因此，哈希技巧将限定每个可能的输出，如果在一个对应的输入稀疏矩阵中，它之前对特定的范围或位置不可见也没关系，稀疏矩阵仅仅装载非零值。

除了 Python 内建的哈希函数，在类似于 hashlib（https://docs.python.org/2/library/hashlib.html）的包里面还有其他一些可用的哈希算法。令人感兴趣的是，Scikit-learn 在很多函数和方法中使用了哈希函数，你可以使用 MurmurHash 32 (https://en.wikipedia.org/wiki/MurmurHash)。对开发者而言，在附件（utilities）包（http://scikitlearn.org/stable/developers/utilities.html）中也可以找到它，简单地导入它，就可以像黑盒一样直接使用它：

```
In: from sklearn.utils import murmurhash3_32
    print (murmurhash3_32("something", seed=0, positive=True))
```

比如，如果你的输入是字符串 Python，一个类似 abs(hash('Python')) 的哈希命令行函数能将它转换为整数 539294296，然后在列索引 539294296 的单元格赋值 1。如果你经常需要将相同的输入映射到相同的列索引，那么哈希函数是一个非常快速方便的方式。仅仅使用绝对值能够确保每个索引仅仅对应到我们数组的一列上（负索引在 Python 语言中仅仅表示从最末尾的列开始向前索引，因此一个数组的索引既能表示成正数也能表示成负数）。

下面的例子将使用 HashingVectorizer 类，该类可以方便地将文档划分成词，然后借助哈希技巧转换为输出矩阵。脚本的目标在于从新闻组中的帖子使用的词汇中学习如何将它们以 20 个不同新闻组的方式出版：

```
In: import pandas as pd
    from sklearn.linear_model import SGDClassifier
    from sklearn.feature_extraction.text import HashingVectorizer
```

```
def streaming():
    for response, item in zip(newsgroups_dataset.target,
                              newsgroups_dataset.data):
        yield response, item
hashing_trick = HashingVectorizer(stop_words='english', norm = 'l2')
learner = SGDClassifier(random_state=101, max_iter=10)
texts = list()
targets = list()
for n, (target, text) in enumerate(streaming()):
    texts.append(text)
    targets.append(target)
    if n % 1000 == 0 and n >0:
        learning_chunk = hashing_trick.transform(texts)
    if n > 1000:
        last_validation_score = learner.score(learning_chunk, targets),
        learner.partial_fit(learning_chunk, targets,
                            classes=[k for k in range(20)])
        texts, targets = list(), list()
print ('Last validation score: %0.3f' % last_validation_score)

Out: Last validation score: 0.710
```

这时候无论你输入什么文本，预测算法都会回答你关于它所属的类别。在我们的例子中，它指出出现的帖子所适合的新闻组。让我们从被分过的广告帖子中抽取一段文本试试这个算法：

```
In: New_text = ["A 2014 red Toyota Prius v Five with fewer than 14K" +
               "miles. Powered by a reliable 1.8L four cylinder " +
               "hybrid engine that averages 44mpg in the city and " +
               "40mpg on the highway."]
text_vector = hashing_trick.transform(New_text)
print (np.shape(text_vector), type(text_vector))
print ('Predicted newsgroup: %s' %
       newsgroups_dataset.target_names[learner.predict(text_vector)])

Out: (1, 1048576) <class 'scipy.sparse.csr.csr_matrix'>
     Predicted newsgroup: rec.autos
```

你自然而然地会修改 New_text 变量，发现你的文本最有可能出现在新闻组的什么地方。注意为了节省内存，HashingVectorizer 类将文本转换为 csr_matrix（一个非常有效的稀疏矩阵），大概有一百万列。

4.7.5 随机梯度下降概述

我们将以随机梯度下降（SGD）算法簇（包括用于分类的 SGDClassifier 和用于回归的 SGDRegressor）的一个简要概述来介绍本章的大数据这一部分的内容。

与其他分类器类似，它们能使用 .fit() 方法或前面见到过的基于批数据的 .partial_fit() 方法进行拟合（一行行地将内存中的数据传给学习算法）。在后一种情况中，如果你正在分类，你不得不使用类参数声明待预测的类别。它能够接收一个链表作为参数，该参数包含在训练阶段所希望满足的类别码。

当损失参数设置为 loss 时，SGDClassifier 将表现为 logistic 回归。如果损失设置为 hinge，那么它将转换为线性 SVC。它也可以接受其他损失函数的形式或甚至是用于回归的损失函数。

SGDRegressor 使用 squared_loss 损失参数模仿线性回归。相应地，huber 损失基于特定的距离 epsilon（另一个需要确定的参数）将平方损失转换为线性损失。使用 epsilon_ insensitive 损失函数或与之稍微不同的 squared_epsilon_insensitive（它将对离群点进行惩罚），它也可以表现为线性 SVR 机器。

在机器学习的其他情况下，你在数据科学问题上使用不同损失函数的性能并不能提前估计。无论如何，请考虑下面的建议：如果你正在做分类，需要估计类概率，那么你的选择将仅仅局限于 log 或 modified_huber 损失函数。

为了让算法更好地为你的数据服务，你需要调整的关键参数有：

- n_iter：数据上迭代的次数；你迭代得越多，算法优化得越好。然而，存在过拟合的高风险。经验结果表明，当 SGD 算法扫描了 10^6 个样本之后，它将倾向于收敛到一个稳定的解。根据你的样本的实际情况，相应地设置迭代的数目。
- penalty：为了避免过参数化所导致的过拟合，你不得不选择 l1、l2，或弹性网（elasticnet）等不同的正则化策略对参数进行惩罚。所谓的过参数化是指使用过多不太必要的参数导致只是记住观测值而不是去学习数据模式。简单地讲，l1 倾向于将没有帮助的系数减小到 0；l2 仅仅是将它们变弱，弹性网是 l1 和 l2 策略的混合。
- alpha：这是一个正则项的乘子；alpha 值越高，则正则化的程度越高。我们建议你使用范围从 10^{-7} 到 10^{-1} 的网格搜索来最好的 alpha 值。
- l1_ratio：用于惩罚弹性网正则项。建议值 0.15 被证实在实际中非常有效。
- learning_rate：设置系数受每单个样本的影响程度。它经常用于分类方面的优化或利用其计算 invscaling 以便用于回归。如果你想将 invscaling 用于分类，你将不得不设置 eta0 和 power_t，我们有 invscaling = eta0 / (t**power_t)。尽管 invscaling 减少得比较慢，但是你可以从一个较低的学习率（它比优化率要小）开始。
- epsilon：如果你的损失函数是 huber、epsilon_insensitive 或 squared_epsilon_insensitive，那么就会用到该参数。
- shuffle：如果该参数设为 True，那么算法将会调整数据的次序以改善学习的泛化性。

4.8 自然语言处理一瞥

严格来说，这一节和机器学习并不是很相关，但是它包含自然语言处理领域中的一些机器学习结果。Python 有很多工具包用于处理文本数据，其中最强大最完整的工具包是 NLTK（Natural Language Tool Kit）。

> **注意：** Python 社区中其他可用的 NLP 工具包有 gensim（https://radimrehurek.com/gensim/）和 spaCy（https://spacy.io/）。

在下面几节中，我们将探索 NLTK 的核心功能。我们使用英语语料；对于其他语言，需要先下载该语言的语料库（注意，有些语言并没有适合 NLTK 的开源语料库）。

参考 NLTK 的官方网站 http://www.nltk.org/nltk_data/，可以访问很多语言的语料库和词汇资源，它们都能和 NLTK 库配合使用。

4.8.1 词语分词

分词（tokenization）就是将文本划分为词语的过程。按空格进行划分看起来非常容易，但实际上并非如此，因为文本还包含很多标点符号和缩写形式。让我们来看一个例子：

```
In: my_text = "The coolest job in the next 10 years will be " +\
              "statisticians. People think I'm joking, but " +\
              "who would've guessed that computer engineers " +\
              "would've been the coolest job of the 1990s?"
    simple_tokens = my_text.split(' ')
    print (simple_tokens)

Out: ['The', 'coolest', 'job', 'in', 'the', 'next', '10', 'years', 'will',
      'be', 'statisticians.', 'People', 'think', "I'm", 'joking,', 'but',
      'who', "would've", 'guessed', 'that', 'computer', 'engineers',
      "would've", 'been', 'the', 'coolest', 'job', 'of', 'the', '1990s?']
```

这里，马上能看到一些错误。下面的分词就包含不止一个词：statisticians.（后面加了一个句号）、I'm（这是两个词）、would've 和 1990s?（最后还有一个问号）。在这个任务中，让我们看看如何使用 NLTK 来做得更好（当然，算法背后的原理比简单的空白分割方法更为复杂）：

```
In: import nltk
    nltk_tokens = nltk.word_tokenize(my_text)
    print (nltk_tokens)

Out: ['The', 'coolest', 'job', 'in', 'the', 'next', '10', 'years',
      'will', 'be', 'statisticians', '.', 'People', 'think', 'I',
      "'m", 'joking', ',', 'but', 'who', 'would', "'ve", 'guessed',
      'that', 'computer', 'engineers', 'would', "'ve", 'been', 'the',
      'coolest', 'job', 'of', 'the', '1990s', '?']
```

提示：当执行上述脚本或其他 NTLK 包的调用时，如果出现错误提示 "Resource u'tokenizers/punkt/english.pickle' not found."，只需要在控制台上输入 nltk.download() 命令，选择下载所有数据或者浏览触发警告的缺失资源。

这里，分词的质量显然更好一些，每个分词都与文本中某个词相关。

注意：句号 (.)、逗号 (,) 和问号 (?) 也是分词。

当然也有句子的分割算法（具体参见 nltk.tokenize.punkt 模块），但是它很少在数据科学中使用。

除了一般目的的英语分词器以外，NLTK 也在不同的上下文中使用很多其他的分词器。比如，如果你是在处理 tweet 文本，那么 TweentTokenizer 对于解析类似于 tweet 的文档将是极端有用的。最常用的选项是删除句柄、短连接符和合适的分词标签。下面是一个例子：

```
In: from nltk.tokenize import TweetTokenizer
    tt = TweetTokenizer(strip_handles=True, reduce_len=True)
    tweet = '@mate: I loooooooove this city!!!!!!! #love #foreverhere'
    tt.tokenize(tweet)

Out: [':', 'I', 'looove', 'this', 'city', '!', '!', '!', '#love',
      '#foreverhere']
```

4.8.2 词干提取

提取词干（stemming）是将词的各种变化形式进行规约并提取表示它们核心概念的词。比如，is、be、are 和 am 背后的概念是一样的。类似地，go 和 goes、table 和 tables 背后的概念也是一样的。对每个词推导它的根概念的操作称之为词干提取。在 NLTK 中，可以选择你喜欢使用的词干提取算法。NLTK 中有好几种方法可以提取词根，我们将向你展示其中的一个，其他部分将放在与本书的某部分相关的 Jupyter Notebook 中展示：

```
In: from nltk.stem import *
    stemmer = LancasterStemmer()
    print ([stemmer.stem(word) for word in nltk_tokens])

Out: ['the', 'coolest', 'job', 'in', 'the', 'next', '10', 'year',
      'wil', 'be', 'stat', '.', 'peopl', 'think', 'i', "'m", 'jok',
      ',', 'but', 'who', 'would', "'ve", 'guess', 'that', 'comput',
      'engin', 'would', "'ve", 'been', 'the', 'coolest', 'job',
      'of', 'the', '1990s', '?']
```

在这个例子中，我们使用了 Lancaster 词干提取算法，它是最强大最新的算法之一。检查一下结果，你会看到所有的词都是小写，单词 statistician 变成了相应的词根 stat。做得不错！

4.8.3 词性标注

标注或 POS-Tagging（Part of Speech Tagging，词性标注）是在词与它的词性之间建立关联。标注之后，能知道句子中哪些词是动词、形容词、名词等，也能知道它们在什么位置。即使这样，NLTK 完成这个复杂的操作也是非常轻松：

```
In: import nltk
    print (nltk.pos_tag(nltk_tokens))

Out: [('The', 'DT'), ('coolest', 'NN'), ('job', 'NN'), ('in', 'IN'),
      ('the', 'DT'), ('next', 'JJ'), ('10', 'CD'), ('years', 'NNS'),
      ('will', 'MD'), ('be', 'VB'), ('statisticians', 'NNS'), ('.', '.'),
      ('People', 'NNS'), ('think', 'VBP'), ('I', 'PRP'), ("'m", 'VBP'),
      ('joking', 'VBG'), (',', ','), ('but', 'CC'), ('who', 'WP'),
      ('would', 'MD'), ("'ve", 'VB'), ('guessed', 'VBN'), ('that', 'IN'),
      ('computer', 'NN'), ('engineers', 'NNS'), ('would', 'MD'),
      ("'ve", 'VB'),  ('been', 'VBN'), ('the', 'DT'), ('coolest', 'NN'),
      ('job', 'NN'), ('of', 'IN'), ('the', 'DT'), ('1990s', 'CD'),
      ('?', '.')]
```

使用 NLTK 的语法，你将会得到单词 The 表示定冠词（DT），coolest 和 job 表示名词（NN），in 表示连词等。给出的词性关联非常详细；如果是动词，还有 6 种可能的标注，具体如下：

- take: VB（动词，基本形式）
- took:VBD（动词，过去式）
- taking: VBG（动词，动名词）
- taken:VBN（动词，过去分词）
- take:VBP（动词，一般现在时）
- takes: VBZ（动词，第三人称一般现在时）

如果你需要句子更为详细的视图，可以使用解析树标记算法来理解句子的语义结构。解析树标记算法在数据科学中很少使用，但它对逐句分析却非常有用。

4.8.4 命名实体识别

命名实体识别（Named Entity Recognition, NER）的目标是识别与人、组织和位置相关的词。让我们使用一个例子做进一步解释：

```
In: import nltk
    text = "Elvis Aaron Presley was an American singer and actor. Born in \
            Tupelo, Mississippi, when Presley was 13 years old he and his \
            family relocated to Memphis, Tennessee."
    chunks = nltk.ne_chunk(nltk.pos_tag(nltk.word_tokenize(text)))
    print (chunks)

Out:  (S
       (PERSON Elvis/NNP)
       (PERSON Aaron/NNP Presley/NNP)
      was/VBD
      an/DT
      (GPE American/JJ)
      singer/NN
      and/CC
      actor/NN
      ./.
      Born/NNP
      in/IN
      (GPE Tupelo/NNP)
      ,/,
      (GPE Mississippi/NNP)
      ,/,
      when/WRB
      (PERSON Presley/NNP)
      was/VBD
      13/CD
      years/NNS
      old/JJ
      he/PRP
      and/CC
      his/PRP$
      family/NN
      relocated/VBD
      to/TO
      (GPE Memphis/NNP)
      ,/,
      (GPE Tennessee/NNP)
      ./.)
```

使用NLTK对Elvis维基页面的摘要进行分析和命名实体识别。NER识别出来的一些实体名有：

- Elvis Aaron Presley: PERSON（人）
- American-GPE（地理政治实体）
- Tupelo, Mississippi-GPE（地理政治实体）
- Memphis, Tennessee-GPE（地理政治实体）

4.8.5 停止词

停止词（stopword）是文本中包含信息很少、使用频率又很高的词（比如：the、it、is、as和not）。我们常常需要去除停止词，这经常发生在特征选择阶段。如果去除它们，特征选择过程所用的时间会更短，消耗的内存会更少，有时所获得的效果会更精确。删除停止词将减少文本的总体熵，从而使得特征中信号更加明显并且更加容易表示文本。

sklearn提供了英文停止词的列表。对于其他语言，请查看NLTK包：

```
In: from sklearn.feature_extraction import text
    stop_words = text.ENGLISH_STOP_WORDS
```

```
    print (stop_words)

Out: frozenset(['all', 'six', 'less', 'being', 'indeed', 'over', 'move',
                'anyway', 'four', 'not', 'own', 'through', 'yourselves',
                'fify', 'where', 'mill', 'only', 'find', 'before', 'one',
                'whose', 'system', 'how', ...

In: from nltk.corpus import stopwords
    print(stopwords.words('english'))

Out: ['i', 'me', 'my', 'myself', 'we', 'our', 'ours', 'ourselves',
      'you', 'your', 'yours', 'yourself', 'yourselves', 'he', 'him',
      'his', 'himself', 'she', 'her', 'hers', 'herself', 'it', 'its',
      'itself', 'they', 'them', 'their', 'theirs', 'themselves', 'what',
      'which', 'who', 'whom', 'this', 'that', 'these', '...

In: print(stopwords.words('german'))
Out: ['aber', 'alle', 'allem', 'allen', 'aller', 'alles', 'als', 'also',
      'am', 'an', 'ander', 'andere', 'anderem', 'anderen', 'anderer',
      'anderes', 'anderm', 'andern', 'anderr', 'anders', 'auch',
      'auf', 'au', ...
```

4.8.6 一个完整的数据科学例子——文本分类

现在，这里给出一个完整的例子，需要将每个文本分到它所属的正确类别。我们使用 20newsgroup 数据集，它在第 1 章里已经介绍过了。为了使事情变得更加真实，并且避免分类器对数据过拟合，将去除电子邮件的标题、脚注（比如签名）和引用。在这个例子中，目标是对来自两个相似类别 sci.med 和 sci.space 的文本进行分类，使用准确率（Accuracy）来估计分类的效果。

```
In: import nltk
    from sklearn.datasets import fetch_20newsgroups
    from sklearn.feature_extraction.text import TfidfVectorizer
    from sklearn.linear_model import SGDClassifier
    from sklearn.metrics import accuracy_score
    from sklearn.datasets import fetch_20newsgroups
    import numpy as np
    categories = ['sci.med', 'sci.space']
    to_remove = ('headers', 'footers', 'quotes')
    twenty_sci_news_train = fetch_20newsgroups(subset='train',
                          remove=to_remove, categories=categories)
    twenty_sci_news_test = fetch_20newsgroups(subset='test',
                         remove=to_remove, categories=categories)
```

让我们从最容易的方法开始，使用 Tfidf 对文本数据进行预处理。记住 Tfidf 是文档中词的频率乘以所有文档的逆频率。分值越高显示该词在当前的文档中使用得越多，而在其他文档中用得较少（也就是文档的关键字）：

```
In: tf_vect = TfidfVectorizer()
    X_train = tf_vect.fit_transform(twenty_sci_news_train.data)
    X_test = tf_vect.transform(twenty_sci_news_test.data)
    y_train = twenty_sci_news_train.target
    y_test = twenty_sci_news_test.target
```

现在，使用线性分类器（SGDClassifier）来执行分类任务。最后一项要做的事情就是打印分类精度：

```
In: clf = SGDClassifier()
    clf.fit(X_train, y_train)
    y_pred = clf.predict(X_test)
```

```
    print ("Accuracy=", accuracy_score(y_test, y_pred))

Out: Accuracy= 0.878481012658
```

87.8%的准确率已经是一个非常好的结果。整个程序的代码行不到20行。现在，让我们看一下能否做得更好。在这一章中，我们已经学习了去除停止词、分词和词干提取等预处理操作。让我们看看使用它们是否能得到更高的精度：

```
In: def clean_and_stem_text(text):
        tokens = nltk.word_tokenize(text.lower())
        clean_tokens = [word for word in tokens if word not in stop_words]
        stem_tokens = [stemmer.stem(token) for token in clean_tokens]
        return " ".join(stem_tokens)
    cleaned_docs_train = [clean_and_stem_text(text) for text in
                          twenty_sci_news_train.data]
    cleaned_docs_test = [clean_and_stem_text(text) for text in
                         twenty_sci_news_test.data]
```

函数clean_and_stem_text主要进行单词的小写转换、分词、词干提取和重建数据集中的每一个文档。最后，采用前面例子中相同的预处理方法（Tfidf）和分类器（SGDClassifier）处理数据：

```
In: X1_train = tf_vect.fit_transform(cleaned_docs_train)
    X1_test = tf_vect.transform(cleaned_docs_test)
    clf.fit(X1_train, y_train)
    y1_pred = clf.predict(X1_test)
    print ("Accuracy=", accuracy_score(y_test, y1_pred))

Out: Accuracy= 0.893670886076
```

这个处理过程需要的时间更长，但是准确率提高了1.5%。Tfidf参数的精确调整和分类器参数的交叉验证选择，最终会将分类准确率提高到90%以上。到目前为止，我们对它的分类性能还是挺满意的，但是你可以试着突破这个分类记录。

4.9 无监督学习概览

到目前为止，我们见到的所有算法，每个样本或观测值都有它自己的目标标号或目标值。在其他的一些情况下，数据集是无标号的，为了提取数据的结构，你需要使用无监督的方法。本节我们将介绍两种聚类方法，它们都是最常用的无监督学习方法之一。

注意：要记住，术语“聚类”和“无监督学习”通常被认为是同义词，尽管实际上无监督学习的含义更广。

4.9.1 K均值算法

我们将要介绍的第一个方法是K均值算法，尽管它有不可避免的缺点，但是它是最常用的聚类算法。在信号处理中，它与向量量化是等价的，即从码本中选择最好的码字以更好地近似输入观测值（词）。

算法需要提供参数K，它表示聚类的数目。有时这可能是一个限制，因为你首先不得不确定当前数据集的确切聚类数。

K均值按照EM（期望最大化）方法进行迭代。在第一个阶段，它将每个训练样本赋给离它最近的聚类中心；在第二个阶段，它将聚类的中心移到属于该聚类中心的所有样本点的中心（为减小失真）。聚类中心将进行随机初始化。因此，有时为了不陷入局部最优，需要将算法运行多次。

上面介绍的就是该算法背后的原理；现在，让我们看看它的实际操作。为了更好地介绍其运行过程，本节使用两个二维虚拟数据集。两个数据集都包含 2000 个样本，所以你也能够了解大概的处理时间。

现在，让我们创建这两个人工数据集并通过绘图来表示它们：

```
In: %matplotlib inline
    import numpy as np
    import matplotlib.pyplot as plt
    from sklearn import datasets
    N_samples = 2000
    dataset_1 = np.array(datasets.make_circles(n_samples=N_samples,
                         noise=0.05, factor=0.3)[0])
    dataset_2 = np.array(datasets.make_blobs(n_samples=N_samples,
                         centers=4, cluster_std=0.4, random_state=0)
    plt.scatter(dataset_1[:,0], dataset_1[:,1], c=labels_1,
                alpha=0.8, s=64, edgecolors='white')
   plt.show()
```

这是我们创建的第一个数据集，由同心圆环上的点组成（由于数据表示的聚类不是球形的，这是一个相当棘手的问题）：

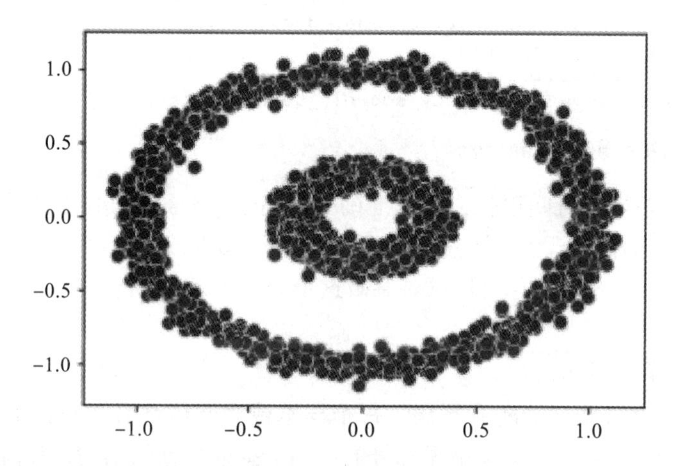


```
In: plt.scatter(dataset_2[:,0], dataset_2[:,1], alpha=0.8, s=64,
                c='blue', edgecolors='white')
    plt.show()
```

这是第二个数据集，由分离的气泡点组成：

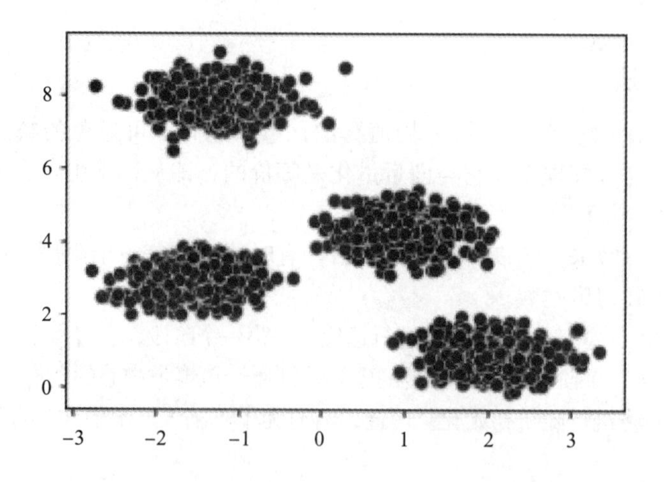

现在该使用K均值算法了。在这个例子中，我们设置K=2看看效果如何：

```
In: from sklearn.cluster import KMeans
    K_dataset_1 = 2
    km_1 = KMeans(n_clusters=K_dataset_1)
    labels_1 = km_1.fit(dataset1).labels
    plt.scatter(dataset_1[:,0], dataset_1[:,1], c=labels_1,
                alpha=0.8, s=64, edgecolors='white')
    plt.scatter(km_1.cluster_centers_[:,0], km_1.cluster_centers_[:,1],
                s=200, c=np.unique(labels_1), edgecolors='black')
    plt.show()
```

关于这个问题得到的结果如下：

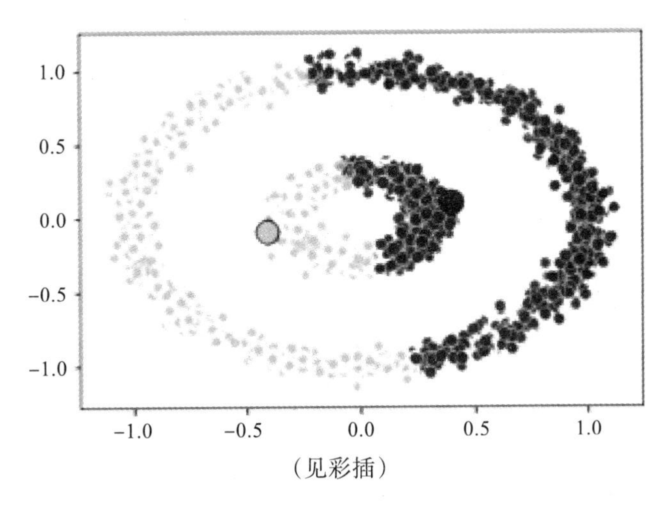

（见彩插）

如你所见，K均值算法在这个数据集上的表现并不好，因为它期望一个球形的数据聚类。对于这个数据集，在使用K均值聚类之前应该先使用核PCA。

现在，让我们看看它在球形聚类数据上的表现如何。基于我们对问题和轮廓数目的了解，设K = 4：

```
In: K_dataset_2 = 4
    km_2 = KMeans(n_clusters=K_dataset_2)
    labels_2 = km_2.fit(dataset2).labels
    plt.scatter(dataset_2[:,0], dataset_2[:,1], c=labels_2,
                alpha=0.8, s=64, edgecolors='white')
    plt.scatter(km_2.cluster_centers_[:,0], km_2.cluster_centers_[:,1],
          marker='s', s=100, c=np.unique(labels_2), edgecolors='black')
    plt.show()
```

我们在第二个数据集上得到的结果要好一些，如下图所示为K均值算法在斑团数据集上的聚类结果（K = 4）。

正如所料，画图结果很好。在查看无标号数据集时，几何中心和聚类数都和我们想象的一样。现在来看看是否有其他的聚类方法，可以帮助我们解决非球形的聚类问题。

提示：在实际例子中，可以考虑使用轮廓系数了解如何明确界定一个聚类，它用于估计聚类内部的一致性，适用于不同的聚类结果，甚至可以估计监督学习中的类结构。在以下网址会了解到更多的关于轮廓系数的知识：http://scikit-learn.org/stable/modules/clustering.html#silhouette-coefficient。

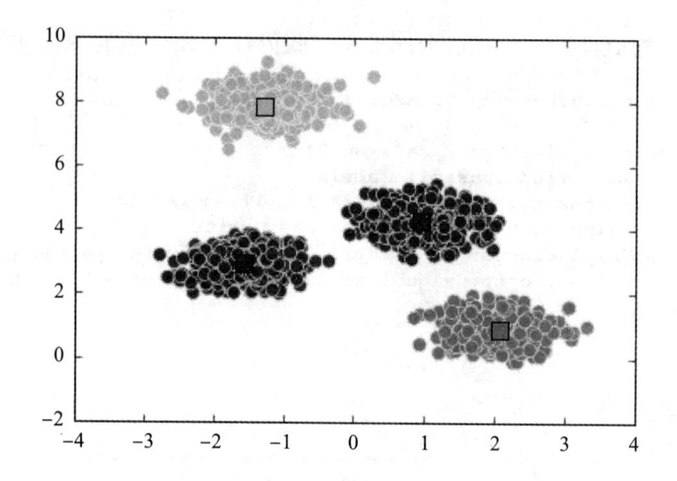

4.9.2　基于密度的聚类技术——DBSCAN

下面我们将向你介绍 DBSCAN 算法（一个基于密度的聚类技术）。它是一个非常简单的技术。它选择一个随机样本点；如果该点在稠密区域（即它超过 N 个邻域），它开始增长聚类，包括所有的邻域以及邻域的邻域，直到它达到那一点，它再找不到更多的邻域。如果这一点不在稠密区域，那它被分为噪声。然后随机地选择另一个无标号的点重新开始这个过程。这个技术对非球形聚类表现得非常好，对球形数据同样能很好地胜任。输入仅仅是一个邻域半径参数（eps 参数，即被考虑为邻域的两个点之间的最大距离），对每个点而言，输出是聚类的成员标号。

注意： 标记为 −1 的样本点被 DBSCAN 算法分类为噪声。

让我们来看一个具体的例子（基于前面介绍过的数据集）：

```
In: from sklearn.cluster import DBSCAN
    dbs_1 = DBSCAN(eps=0.25)
    labels_1 = dbs_1.fit(dataset1).labels
    plt.scatter(dataset_1[:,0], dataset_1[:,1], c=labels_1,
                alpha=0.8, s=64, edgecolors='white')
    plt.show()
```

现在使用 DBSCAN 算法对聚类进行正确定位：

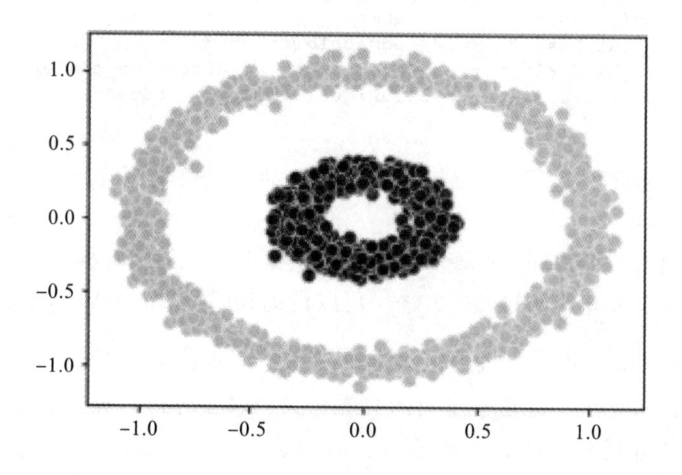

现在得到的结果非常好。没有数据点被分类为噪声（在标号集中仅仅出现0和1）。

```
In: np.unique(labels_1)

Out: array([0, 1])
```

让我们再看看其他数据集上的效果：

```
In: dbs_2 = DBSCAN(eps=0.5)
    labels_2 = dbs_2.fit(dataset2).labels
    plt.scatter(dataset_2[:,0], dataset_2[:,1], c=labels_2,
                alpha=0.8, s=64, edgecolors='white')
    plt.show()

In: np.unique(labels_2)

Out: array([-1,  0,  1,  2,  3])
```

DBSCAN 需要花费一些时间选择最好的参数设置，它检测到4个聚类并将少数几个点分类为噪声（因为标号集中包含 -1）。

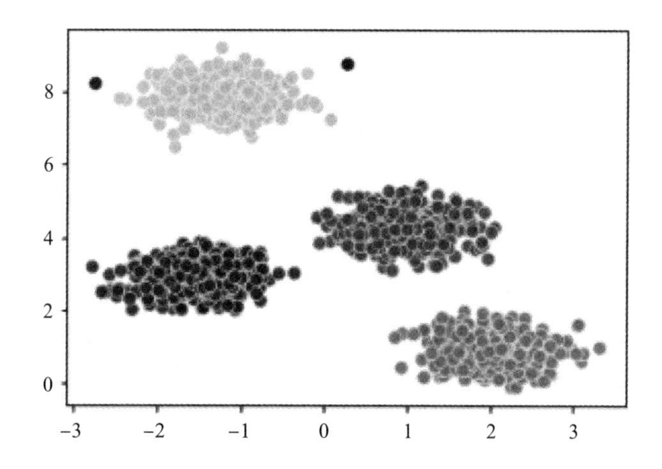

注意：在这一节的最后，我们需要重点注意的是，在介绍K均值聚类和DBSCAN的基本思想时，我们经常使用的是欧氏距离，在这些函数中它是默认的距离度量（如果其他距离度量合适的话也可以使用）。在实际应用中，要记住将每个特征进行标准化（z-标准化），使每个特征对最终的失真具有同等贡献。如果数据集没有标准化，那么具有较大支持的特征将对输出标号具有更大的决策权，这不是我们希望的结果。

4.9.3 隐含狄利克雷分布

而对文本来说，理解文档集中的主题词，一个非常流行的无监督学习方法就是隐含狄利克雷分布（Latent Dirichlet Allocation, LDA）。

注意：另一个算法，线性判别分析（Linear Discriminant Analysis），也缩写成LDA，但是这两个算法是完全不相关的。

LDA 用于从一系列文档中提取同质词或主题词。算法背后的数学非常高深，这里我们将会看到它的实际含义。

让我们从一个例子开始，解释为什么 LDA 如此流行，当处理文本时，为什么其他的无监督方法不够好。比如，K-kmeans 和 DBSCAN，为每个样本提供了一个硬决策，每个点被分给一个互斥的划分中。相应地，文档经常一起描述了覆盖的主题（考虑一下莎士比亚的书；它们混合了悲剧、浪漫和冒险）。任何在文本文档上的硬决策一定都是错的。相反，LDA 输出组成该文档的主题的混合，显示该文档在多大程度上表示那些主题。

让我们使用一个例子解释它是如何工作的。我们将在 20-newsgroup 数据集的两类上（汽车和医药）训练算法，在前面的章节（准备工具和数据集）上，我们已经使用了相同的数据集：

```
In: import nltk
    Import gensim
    from sklearn.datasets import fetch_20newsgroups
    def tokenize(text):
        return [token.lower() \
                for token in gensim.utils.simple_preprocess(text) \
                if token not in gensim.parsing.preprocessing.STOPWORDS]

    text_dataset=fetch_20newsgroups(categories=['rec.autos','sci.med'],
                                    random_state=101,
                                    remove=('headers', 'footers', 'quotes'))
    documents = text_dataset.data
    print("Document count:", len(documents))

Out: Document count: 1188
```

构成数据集的 1188 个文档，每个文档的内容都可以用字符串表示。比如，第一个文档包含如下文本：

```
In: documents[0]

Out: 'nI have a new doctor who gave me a prescription today for something
     called nSeptra DS. He said it may cause GI problems and I have a
     sensitive stomach nto begin with. Anybody ever taken this antibiotic.
     Any good?  Suggestions nfor avoiding an upset stomach?  Other tips?n'
```

文档清楚地表明它是关于医药的；但是对算法而言实际上并不重要。现在让我们分词，并对数据集中包含的所有词建立一个词典。记住分词操作也清楚停止词并且将每个词转化为小写：

```
In: processed_docs = [tokenize(doc) for doc in documents]
    word_dic = gensim.corpora.Dictionary(processed_docs)
    print("Num tokens:", len(word_dic))

Out: Num tokens: 16161
```

数据集仅仅包含一万六千个不同的词。现在该对非常普通的词和非常稀少词进行过滤了。在该步骤中，我们将保留至少出现 10 次的词，并且不超过文档的 20%。现在我们有了每个文档的词袋表示（Bag of Wrods, BoW）；也就是，将每个文档表示成一个词典，该词典包含文档中每个词出现的次数。文本中每个词的位置丢失了，就好像你把文档中的所有词放在一个袋子中一样。结果，根据这种方法表示的特征并没有抓住了文本中的所有信号，但是大部分情况下，它对于生成一个模型来说已经足够：

```
In: word_dic.filter_extremes(no_below=10, no_above=0.2)
    bow = [word_dic.doc2bow(doc) for doc in processed_docs]
```

最后是 LDA 的核心类。在这个例子中，我们在数据集上创建一个 LDA，仅仅包含 2 个主题。我们也提供其他的参数以便算法能够收敛（如果不这样的话，你将会得到一个Python解释器给出的警告）。注意，如果该算法运行在包含多个CPU核的机器上将会加速这个运行过程。如果它不能执行的话，请在相同的参数下使用单进程类gensim.models.ldamodel.LdaModel。

```
In: lda_model = gensim.models.LdaMulticore(bow, num_topics=2,
                                           id2word=word_dic, passes=10,
                                           iterations=500)
```

最后，几分钟后，模型就训练好了。为了观察词与主题之间的联系，运行如下代码：

```
In: lda_model.print_topics(-1)

Out: [(0, '0.011*edu + 0.008*com + 0.007*health + 0.007*medical +
       0.007*new + 0.007*use + 0.006*people + 0.005*time +
       0.005*years + 0.005*patients'), (1, '0.018*car + 0.008*good +
       0.008*think + 0.008*cars + 0.007*msg + 0.006*time +
       0.006*people + 0.006*water + 0.005*food + 0.005*engine')]
```

正如你所见，算法扫描完所有的文档并且学习到的主要主题是汽车和医药。注意到该算法并没有为主题提供一个简短的名称，而提供的是它们的组成（从低到高的数字在每个主题中显示每个词的权重）。我们也注意到有些词在两个主题中都出现了；它们是一些模棱两可的词，在两种意义下都可以使用。

最后，让我们看看该算法在一个未见的文档上如何工作。为了使事情简单些，让我们创建一个包含两个主题的句子，比如"I've shown the doctor my new car. He loved its big wheels!"。然后，生成新文档的词袋表示之后，LDA将为每个主题产生一个分值：

```
In: new_doc = "I've shown the doctor my new car. He loved its big wheels!"
    bow_doc = word_dic.doc2bow(tokenize(new_doc))
    for index, score in sorted(lda_model[bow_doc], key=lambda tup:
    -1*tup[1]):
    print("Score: {}t Topic: {}".format(score,
         lda_model.print_topic(index, 5)))

Out: Score: 0.5047402389474193   Topic: 0.011*edu + 0.008*com +
            0.007*health + 0.007*medical + 0.007*new
     Score: 0.49525976105258074  Topic: 0.018*car + 0.008*good +
            0.008*think + 0.008*cars + 0.007*msg
```

两个主题的分值都是0.5左右，这意味着该句子包含的主题car和medicine大致相当。这里我们所展示的仅仅是包含两个主题的例子；但是借助于高性能库Gensim，相同的实现能在几个小时里分配多个进程来处理整个英文维基百科。

Word2Vec算法提供了一种不同于LDA的方法，一个非常新的用于在向量中嵌入词模型。与LDA相比，Word2Vec追踪句子中词的位置，另外有上下文帮助更好地消除词与词之间的歧义。Word2Vec使用类似于深度学习的方法进行训练，但是Gensim库提供的实现使得它的训练和使用都更加容易。注意到LDA旨在理解文档中的主题，但是Word2Vec工作在词的层次并试图理解低维空间中词与词之间的语义关系（也就是，为每个词创建一个n维的向量）。让我们看一个例子使得这个事情更清晰。

我们将使用电影评论训练Word2Vec模型。通过简单地将组成语料库的句子传给Word2Vec的构建器，然后训练就可以开始了，最终，多个线程（workers）将在训练任务上并行运行：

```
In: from gensim.models import Word2Vec
    from nltk.corpus import movie_reviews
    w2v = Word2Vec(movie_reviews.sents(), workers=4)
    w2v.init_sims(replace=True)
```

代码的最后一行简单地固定住模型，不允许再更新。这将带来一个另外的大受欢迎的好处：降低对象内存的使用印记。

可视化表示词的向量比较复杂；因此，让我们看看一些相似度（也就是，在低维子空间的相似词）。这里我们将让模型提供与词 “house” and “countryside” 最相似的 5 个词（还包括相似分值）。这仅仅是一个例子，为输入语料库中的所有词提取相似词也是可以的：

```
In: w2v.wv.most_similar('house', topn=5)

Out: [('apartment', 0.8799251317977905),
      ('body', 0.8719735145568848),
      ('hotel', 0.8618944883346558),
      ('head', 0.848749041557312),
      ('boat', 0.8469674587249756)]

In: w2v.vw.most_similar('countryside', topn=5)

Out: [('motorcycle', 0.9531803131103516),
      ('marches', 0.9499938488006592),
      ('rural', 0.9467764496803284),
      ('shuttle', 0.9466159343719482),
      ('mining', 0.9461280107498169)]
```

WordVec 是如何做到的呢？简单地在低维向量空间计算一个相似分值。实际上，为了观察每个词的向量表示，可以这样做：

```
In: w2v.wv['countryside']

Out: array([-0.09412272,  0.07695948, -0.14981066,  0.04894404,
            -0.03712097, -0.17099065, -0.0379245 , -0.05336253,
             0.06084964, -0.01273731, -0.03949985, -0.06456301,
            -0.03289359, -0.06889232,   0.02217194, ...
```

数组由 100 维组成；当训练模型时，你可以设定参数 size 来增加或减小它，缺省地设置它为 100。

在我们前面使用的 most_similar 方法中，你可以指定负词的使用（也就是，减去类似的词）。一个经典的例子是在没有 queen 的情况下查找 woman 和 king 的类似词。排名最高的结果，毫无疑问是 man：

```
In: w2v.wv.most_similar(positive=['woman', 'king'], negative=['queen'],
                        topn=3)

Out: [('man', 0.8440324068069458),
      ('girl', 0.7671926021575928),
      ('child', 0.7635241746902466)]
```

借助于向量表示，该模型也提供了在类似词的集合中确认非匹配词；也就是，哪个词不匹配当前的上下文（在这个例子中，上下文是 bedroom）？

```
In: w2v.wv.doesnt_match(['bed', 'pillow', 'cake', 'mattress'])

Out: 'cake'
```

最终，所有前面的词都建立在相似分值的基础上。该模型也提供了词与词之间的相似度的初始分值；这里给出的一个例子是 woman 和 girl 以及 woman 和 boy 之间的相似度。第一个相似度较高，但是第二个并不是零，因为这两个词都与我们所说的“人”相关：

```
In: w2v.wv.similarity('woman', 'girl'), w2v.similarity('woman', 'boy')

Out: (0.90198267746062233, 0.82372486297773828)
```

4.10 小结

在本章中，我们介绍了机器学习的基本知识。我们从一些简单但仍然非常有效的分类器（线性和 logistic 回归模型、朴素贝叶斯和 K 近邻）开始，然后转入更高级的分类器算法（SVM）。解释了如何将弱分类器组合在一起（组合分类器、随机森林和梯度树提升），还涉及了三个很棒的梯度提升分类器：XGboost、LightGBM 和 CatBoost。最后，简要地介绍了一些大数据处理、聚类和自然语言处理方面的算法。

下一章将介绍使用 Matplotlib 进行可视化的基础知识，以及如何使用 pandas 进行探索性数据分析，并使用 Seaborn 得到漂亮的可视化结果，以及如何设置 web 服务器来按需提供信息。

第5章
可视化、发现和结果

在探索了机器学习之后，我们来看一个同样重要的主题，我们将演示如何利用Python进行可视化，这将丰富你的数据科学项目。可视化有着非常重要的作用，能帮助传达从数据和学习过程中得到的结果和发现。

在本章中，你将学到如下内容：

- matplotlib包中基本pyplot函数的使用
- 利用pandas数据框进行探索性数据分析
- 使用Seaborn创建漂亮的交互式图表
- 对前几章讨论的机器学习和优化过程进行可视化
- 理解变量的重要性，用可视化方法表达变量与目标之间的关系
- 建立预测服务器，使用HTTP协议接收和提供预测服务

5.1 matplotlib基础介绍

可视化是数据科学的一个基本方面，能够使数据科学家更好、更有效地向合作组织、数据专家以及非数据专家表达他们的发现。提供信息表达原则背后的具体细节、制作迷人的可视化效果已经超出了本书的范围，但我们可以推荐一些资源。

了解基本的可视化规则可以访问网页：http://lifehacker.com/5909501/how-to-choose-the-best-chart-for-your-data。我们也推荐阅读爱德华·塔夫特（Edward Tufte）教授关于解析设计和可视化方面的著作。

我们提供了一系列快速、直接的基本方法，可以让你使用Python进行可视化，也可在创建特定图表时随时参考。将所有代码片段视为进行可视化的基础模块，通过使用我们将要介绍的大量的参数选择，你可以将这些模块组织成不同的结构和特征。

matplotlib是进行绘图的Python工具包。最初由John Hunter创建，它的开发用来弥补Python与具有图形功能的外部软件（如MATLAB或gnuplot）之间的不足。深受MATLAB的工作原理和函数的影响，matplotlib提供了类似的语法。特别是能与MATLAB完美兼容的matplotlib.pyplot模块，它是数据表示和分析必不可少的图形工具，也是我们介绍的核心。得益于它在探索性分析中的识别能力，更主要的是它流畅、好用的绘图函数，MATLAB确

实是数据分析和科学界的可视化标准工具。

每个 pyplot 命令都对最初的实例化图形进行一次改变。一旦设定了一幅图形，所有附加的命令将在这幅图上操作。因此，很容易进行图形表示的增量式改进和丰富。我们给出的所有例子都以注释模块的方式表示，于是稍后你可以绘制自己的图形，然后查找本书示例中使用的具体命令。

使用 pyplot.figure() 命令，可以初始化一个新的视图，尽管它可以调用绘图命令并自动启动。而使用 pyplot.show() 命令，将关闭正在操作的图形，然后新建一个图形。

在开始进入一些可视化例子之前，我们导入必要的工具包：

```
In: import numpy as np
    import matplotlib.pyplot as plt
    import matplotlib as mpl
```

这样，我们总是用 plt 表示类似 MATLAB 的 pyplot 模块，通过 mpl 的帮助信息可以访问全部 matplotlib 函数集合。

提示：如果使用 Jupyter Notebook，需要使用魔术命令 %matplotlib inline。在单元中输入上面的命令并运行，这样 matplotlib 的绘图就能直接显示在 Notebook 页面中，而不是在弹出窗口中绘图（默认情况下，matplotlib 的 GUI 后端是 TkAgg 后端）。如果你喜欢使用像 Qt（https://www.qt.io/）一样的其他后端（它们常和 Python 科学发行版一起发布）只需要运行魔术命令：%matplotlib Qt。

5.1.1 曲线绘图

第一个例子需要你使用 pyplot 进行函数绘图。函数绘图很简单，只需要获得一系列 x 坐标值，并通过特定函数将它们映射到 y 轴。由于映射结果存储在两个分离的向量中，plot 函数用曲线表示它们，如果映射点足够多，则曲线表示方式的精确度会更好（50 个点就是不错的采样数）。

```
In: import numpy as np
    import matplotlib.pyplot as plt
    x = np.linspace(0, 5, 50)
    y_cos = np.cos(x)
    y_sin = np.sin(x)
```

使用 NumPy 的 linspace() 函数，创建一个从 0 到 5 等间距、具有 50 个样本的数字序列，使用此序列映射余弦函数和正弦函数的 y 值。其过程如下：

```
In: plt.figure() # initialize a figure
    plt.plot(x,y_cos) # plot series of coordinates as a line
    plt.plot(x,y_sin)
    plt.xlabel('x') # adds label to x axis
    plt.ylabel('y') # adds label to y axis
    plt.title('title') # adds a title
    plt.show() # close a figure
```

这是你的第一幅绘图。

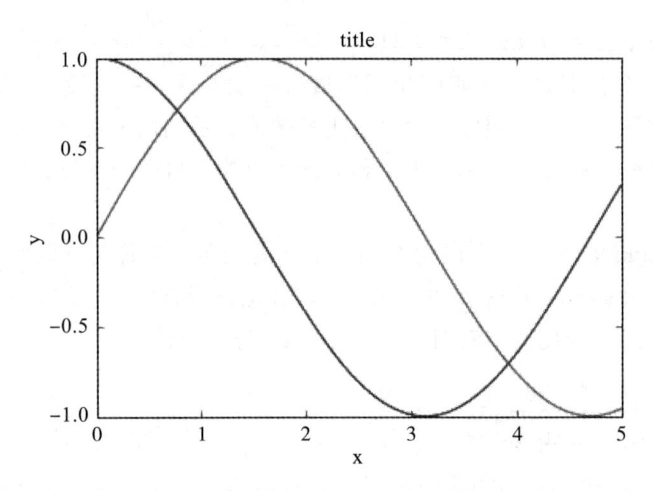

pyplot.plot 命令能按顺序绘制更多曲线，每条曲线根据内部颜色机制采用不同的颜色表示，也可以通过声明喜爱的颜色序列来定制颜色。想定制曲线颜色，matplotlib 需要利用包含颜色序列的列表。

```
In: list(mpl.rcParams['axes.prop_cycle'])

Out: [{'color': '#1f77b4'},
      {'color': '#ff7f0e'},
      {'color': '#2ca02c'},
      {'color': '#d62728'},
      {'color': '#9467bd'},
      {'color': '#8c564b'},
      {'color': '#e377c2'},
      {'color': '#7f7f7f'},
      {'color': '#bcbd22'},
      {'color': '#17becf'}]
```

提示：#1f77b4, #ff7f0e, #2ca02c 和其他字符串都是用十六进制表示的颜色。为了弄清楚它们的显示效果，你可以访问 colorhexa 网站（https://www.colorhexa.com/），它提供了每种颜色表示的有用信息。

也可以利用 cycler 函数设置图像颜色，它的输入参数是字符串表示的颜色顺序列表：

```
In: mpl.rcParams['axes.prop_cycle'] = mpl.cycler('color',
                                                 ['blue', 'red', 'green'])
```

此外，如果没有任何其他信息，plot 命令会假定你要画一条线。因此，它会将所有提供的点连接成一条曲线。如果你添加一个新的像 '.' 这样的参数，即 plt.plot(x,y_cos,'.')，表明你想绘制一系列的分割的点（表示线的字符串是 '-'，我们很快就会在另一个例子中展示）。

这样，如果按之前提出的那样定制了 rcParams['axes.prop_cycle']，那么下一幅图中将首先画一条蓝色的曲线，第二条是红色，第三条是绿色。然后，重新开始这种颜色循环。我们把决定权留给你。本章中所有示例都将遵循标准的颜色顺序，但你可以自由地尝试更好的颜色设置。

注意，也可以通过 pyplot 中的 title、xlabel 和 ylabel 命令设置图像的标题和 X、Y 坐标轴的标注。

5.1.2　绘制分块图

第二个例子将告诉你如何在一个图像窗口上创建更多的图形面板（子窗口），并在每个面板上画图。也可以尝试使用不同的颜色、尺寸和样式来个性化设置曲线。示例如下：

```
In: import matplotlib.pyplot as plt
    # defines 1 row 2 column panel, activates figure 1
    plt.subplot(1,2,1)
    plt.plot(x,y_cos,'r--')
    # adds a title
    plt.title('cos')
    # defines 1 row 2 column panel, activates figure 2
    plt.subplot(1,2,2)
    plt.plot(x,y_sin,'b-')
    plt.title('sin')
    plt.show()
```

如下图所示，在两个不同的图形面板上显示余弦曲线和正弦曲线：

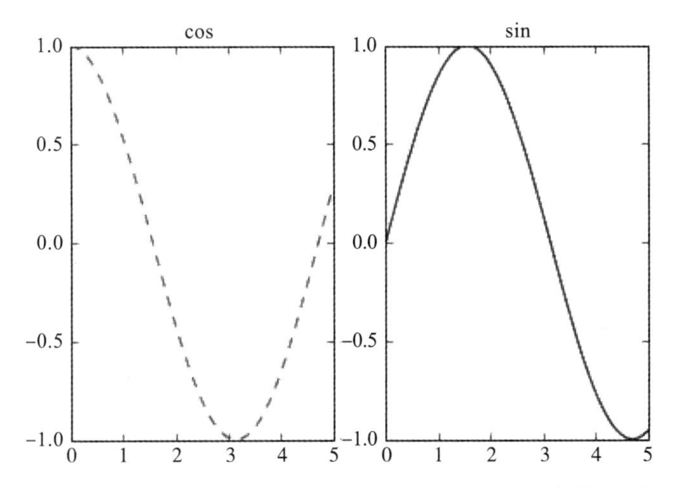

subplot 命令接受形如 subplot(nrows, ncols, plot_number) 的参数格式。因此，它根据参数 nrows 和 ncols 制定一定数量的绘图空间，然后在第 plot_number 区域上画图（从左边的第 1 个区域开始计数）。

还可以将 plot 命令与另一个字符串参数配合使用，这些参数用于定义曲线的颜色和曲线类型。字符串参数是以下代码的组合，你可以从以下链接中找到：

- http://matplotlib.org/api/lines_api.html#matplotlib.lines.Line2D.set_linestyle：表示不同的线型。
- http://matplotlib.org/api/colors_api.html：提供了基本内置颜色的完整概述。该页面还指出颜色参数可以使用 HTML 颜色名称或十六进制字符串，也可以使用 RGB 元组定义你想要的颜色，元组中每种颜色的取值范围是 [0, 1]。例如，一个有效的颜色参数是：color = (0.1, 0.9, 0.9)，它表示创建的颜色包含 10% 的红色、90% 的绿色和 90% 的蓝色。
- http://matplotlib.org/api/markers_api.html：列出了所有可以采用的点标记类型。

5.1.3　数据中的关系散点图

散点图将两变量以点的形式画在一个平面上，可以帮助找出两个变量之间的关系。如果要表示分组和簇，散点图也非常有效。下面这个例子将创建三个数据簇，并在散点图中以不同的形状和颜色表示它们。

```
In: from sklearn.datasets import make_blobs
    import matplotlib.pyplot as plt
    D = make_blobs(n_samples=100, n_features=2,
```

```
                        centers=3, random_state=7)
    groups = D[1]
    coordinates = D[0]
```

由于我们要画三个不同的分组数据，必须使用三个不同的 plot 命令。每个命令指定了不同的颜色和形状（字符串参数分别为 'ys', 'm*', 'rD'，其中第一个字母表示颜色，第二个字符表示标记类型）。也请注意，每一个绘图实例都有一个标签（label）参数，该标签为每个分组分配名称，后继会使用 legend 命令进行标注：

```
In: plt.plot(coordinates[groups==0,0],
             coordinates[groups==0,1],
             'ys', label='group 0') # yellow square
    plt.plot(coordinates[groups==1,0],
             coordinates[groups==1,1],
             'm*', label='group 1') # magenta stars
    plt.plot(coordinates[groups==2,0],
             coordinates[groups==2,1],
             'rD', label='group 2') # red diamonds
    plt.ylim(-2,10) # redefines the limits of y axis
    plt.yticks([10,6,2,-2]) # redefines y axis ticks
    plt.xticks([-15,-5,5,-15]) # redefines x axis ticks
    plt.grid() # adds a grid
    plt.annotate('Squares', (-12,2.5)) # prints text at coordinates
    plt.annotate('Stars', (0,6))
    plt.annotate('Diamonds', (10,3))
    plt.legend(loc='lower left', numpoints= 1)
    # places a legend of labelled items
    plt.show()
```

代码运行结果是一幅散点图，其中包含三组具有不同标记的数据点。

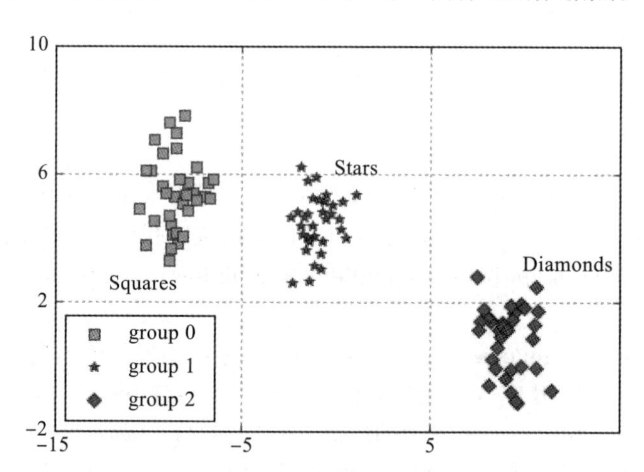

我们还使用命令 pyplot.legend 添加图例，使用命令 pyplot.xlim 和 pyplot.ylim 限定两个坐标轴的幅度，使用命令 plt.xticks 和 plt.yticks 加上设定的刻度列表来设置精确的坐标轴刻度。使用命令 pyplot.grid 将图形准确地划分为 9 个网格区域，使你能更好地确定各分组的位置，然后使用注解命令 pyplot.annotate 输出每个分组的名称。

5.1.4 直方图

直方图可以有效地表示变量的分布。这里，我们将可视化两个标准分布，二者都具有单位标准差，其中一个分布的均值为 0，另一个均值为 3.0。

```
In: import numpy as np
    import matplotlib.pyplot as plt
    x = np.random.normal(loc=0.0, scale=1.0, size=500)
    z = np.random.normal(loc=3.0, scale=1.0, size=500)
    plt.hist(np.column_stack((x,z)),
             bins=20,
             histtype='bar',
             color = ['c','b'],
             stacked=True)
    plt.grid()
    plt.show()
```

对于分类问题，联合分布可以对数据提供不同的见解：

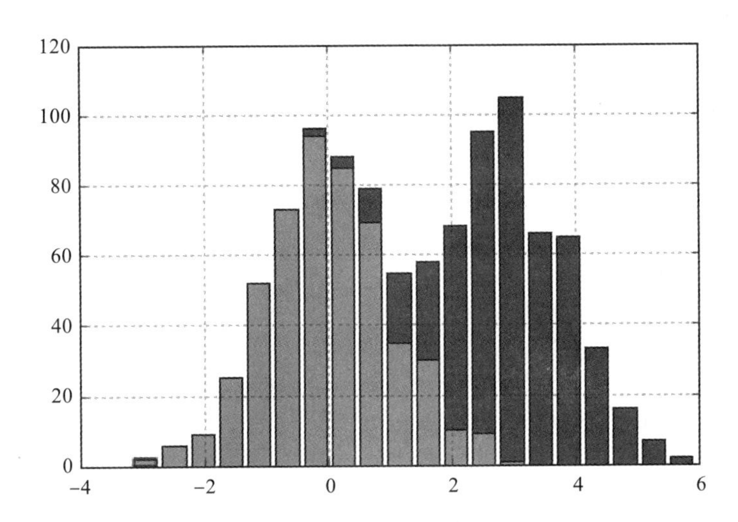

有几种方法可以对直方图进行个性化设置，以便更深入地了解数据分布。首先，通过改变柱状条的数量，你会改变分布离散化的过程（离散化是将连续函数或一系列值转化为一个约简的、可统计的数字集合，参见 https://en.wikipedia.org/wiki/Diseretization）。一般情况下，10 到 20 个柱状条更有利于对分布的理解，尽管柱状条数量与数据集大小和分布本身都密切相关。例如，Freedman-Diaconis 规则规定，直方图中最佳的柱状条数量取决于柱状条的宽度，柱状条宽度可采用四分位间距（IQR）和观测数量进行计算。

$$h = 2*IQR*n^{-1/3}$$

利用计算得到的柱状条宽度 h，将数据最大值与最小值之差除以 h 就可以计算出柱状条数量：

$$bins = (\max-\min) / h$$

也可以将图的可视化类型从柱状改变成阶梯状，只需要修改参数 histtype = 'bar' 修改为 histtype = 'step'。通过将布尔参数 stacked 修改为 False，曲线不会叠加到重叠部分的柱状条上，但还能清楚地看到分开的柱状条。

5.1.5　柱状图

柱状图对比较不同类别的定量非常有用，它可以设置成水平或垂直方向，用来表示均值估计和误差带。柱状图可以用来表现预测量的各种统计属性，也能表示它们与目标变量的关系。

在接下来的例子中，我们呈现了 Iris 数据集四个变量的均值和标准差。

```
In: from sklearn.datasets import load_iris
    import numpy as np
    import matplotlib.pyplot as plt
    iris = load_iris()
    average = np.mean(iris.data, axis=0)
    std = np.std(iris.data, axis=0)
    range_ = range(np.shape(iris.data)[1])
```

我们准备用两个分块图来表示上述统计信息，一个使用水平柱状图（plt.barh），另一个使用垂直柱状图（plt.bar）。标准差使用误差条来表示，根据柱状图的方向分别采用参数 xerr 和 yerr 来设置：

```
In: plt.subplot(1,2,1) # defines 1 row, 2 columns panel, activates figure 1
    plt.title('Horizontal bars')
    plt.barh(range_,average, color="r",
             xerr=std, alpha=0.4, align="center")
    plt.yticks(range_, iris.feature_names)
    plt.subplot(1,2,2) # defines 1 row 2 column panel, activates figure 2
    plt.title('Vertical bars')
    plt.bar(range_,average, color="b", yerr=std, alpha=0.4, align="center")
    plt.xticks(range_, range_)
    plt.show()
```

现在将水平柱状图和垂直柱状图在同一幅图中显示：

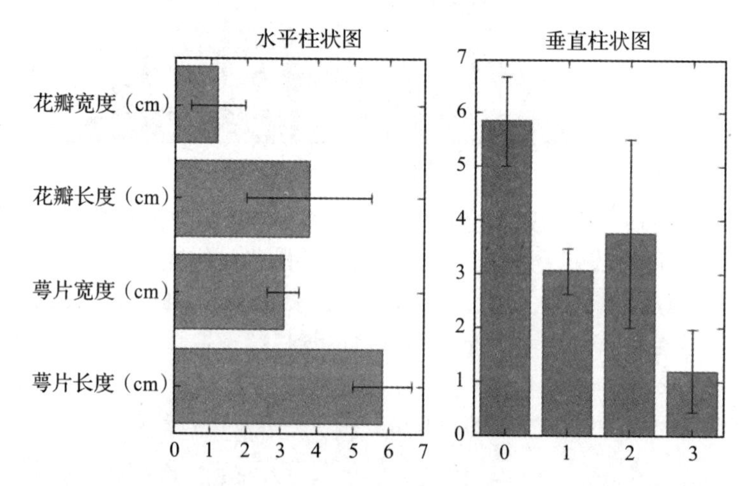

重要的是要注意 plt.xticks 命令的使用（纵轴使用 plt.yticks 命令）。它的第一个参数表示设置在坐标轴上的详细刻度数，第二个参数表示放置在刻度上的标签。

另一个有趣的参数是 alpha，它用来设置柱状条的透明度。alpha 参数是一个范围从 0.0 到 1.0 的浮点数，0.0 表示全透明，1.0 表示纯色。

5.1.6　图像可视化

最后一个可能的可视化是关于图像的。当处理图像数据时，使用 plt.imgshow 命令非常有用。以 Olivetti 数据集为例，它是一个开源的图像数据集，40 个人分别提供 10 幅不同时间拍摄的图像。而且这些图像都具有不同的表情，这使得人脸识别算法的测试更有挑战性。图像以像素强度为特征向量，因此，再次调整向量以使它们类似于像素矩阵就显得非常重要。设置插值参数为“nearest”有助于平滑图像：

```
In: from sklearn.datasets import fetch_olivetti_faces
    import numpy as np
    import matplotlib.pyplot as plt
    dataset = fetch_olivetti_faces(shuffle=True, random_state=5)
    photo = 1
    for k in range(6):
        plt.subplot(2, 3, k+1)
        plt.imshow(dataset.data[k].reshape(64, 64),
                   cmap=plt.cm.gray,
                   interpolation='nearest')
        plt.title('subject '+str(dataset.target[k]))
        plt.axis('off')
    plt.show()
```

绘制的整个图像面板如下：

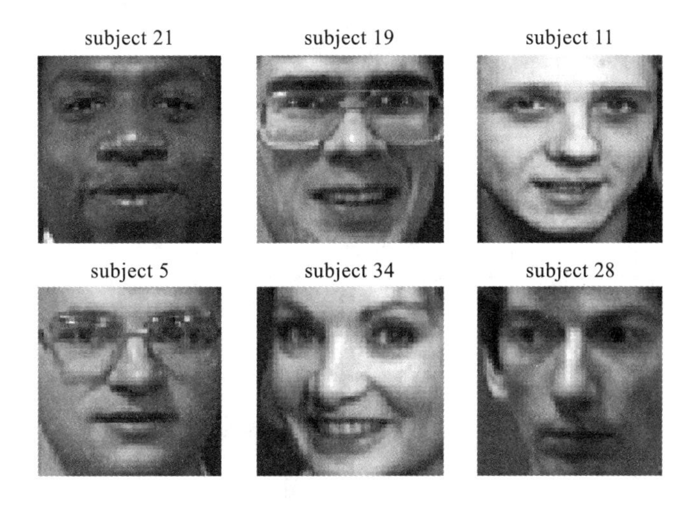

可视化可应用于手写体数字或文字识别。绘制 Scikit-learn 手写体数字数据集中的前 9 个数字，设置两个坐标轴的范围，并使像素与网格对齐（使用提供最小值和最大值列表的 extent 参数）。

```
In: from sklearn.datasets import load_digits
    digits = load_digits()
    for number in range(1,10):
        fig = plt.subplot(3, 3, number)
        fig.imshow(digits.images[number],
                   cmap='binary',
                   interpolation='none',
                   extent=[0,8,0,8])
        fig.set_xticks(np.arange(0, 9, 1))
        fig.set_yticks(np.arange(0, 9, 1))
        fig.grid()
    plt.show()
```

打印其中的单个图像，就能得到相应数字的简单特写。

```
In: plt.imshow(digits.images[0],
               cmap='binary',
               interpolation='none',
               extent=[0,8,0,8])
# Extent defines the images max and min
# of the horizontal and vertical values
plt.grid()
```

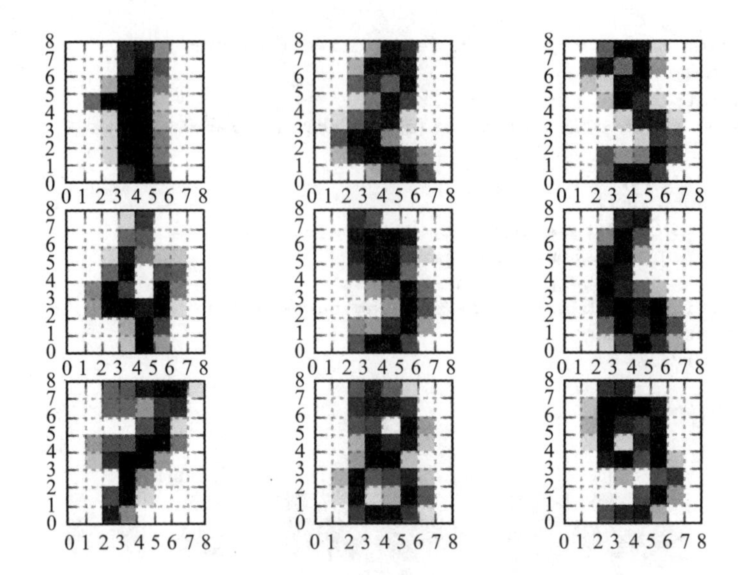

生成的图像清晰地突出了其像素构成及灰度级别：

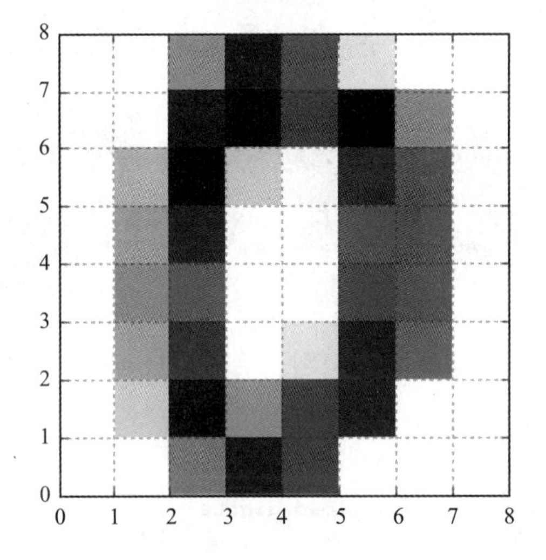

5.1.7　pandas 的几个图形示例

尽管许多机器学习算法通过适当的超参（hyper-parameter），可以最好地学习如何将数据映射到目标结果，但是如果了解数据中隐藏的微妙问题，机器学习算法的表现还可以进一步提高。这不是简单的检测数据缺失或异常的问题。有时弄清数据中是否有聚类或非正常分布（例如多模态分布）是最重要的。描述变量之间关系的数据图，也有助于建立更新和更好的特征，从而建立更好的预测模型。

刚刚描述的实践过程就称为探索性数据分析，如果具备以下特点它会非常高效：

- 它应该速度很快，允许探索、开发新想法并测试，然后重新开始新的探索和开发。
- 它应该是图形化的，为了更好地以一个整体来表示数据，不管数据的维数有多高。

pandas 数据框提供了很多 EDA 工具，可以为你的探索提供帮助。但是，首先必须将数据放到数据框中。

```
In: import pandas as pd
    print ('Your pandas version is: %s' % pd.__version__)
    from sklearn.datasets import load_iris
    iris = load_iris()
    iris_df = pd.DataFrame(iris.data, columns=iris.feature_names)
    groups = list(iris.target)
    iris_df['groups'] = pd.Series([iris.target_names[k] for k in groups])

Out: Your pandas version is: 0.23.1
```

注意：检查 pandas 版本。本代码在 pandas 0.23.1 版下测试通过，也适用于它之后的版本。

后面几节的例子中，我们都会用到 iris_df 数据框。

pandas 包的可视化实际上依赖于 matplotlib 函数。它只不过是为其他复杂的绘图指令提供了一个方便的包装。这提供了速度和简单性两个方面的优势，这也正是 EDA 过程的核心价值。相反，如果目标是使用漂亮的可视化来最好地表示结果，你可能会发现自定义 pandas 图形输出却不那么容易。因此，当创建特定的图形输出很重要时，最好直接使用 matplotlib 基础指令。

箱线图与直方图

数据分布始终应该是检查数据的首要方面。箱线图描绘了分布的主要数字特征，能够帮助你找到分布中的异常值。为了获得箱线图的简要概览，在数据框上使用 boxplot 方法：

```
In: boxplots = iris_df.boxplot(return_type='axes')
```

以下是数据集所有数值变量的箱线图：

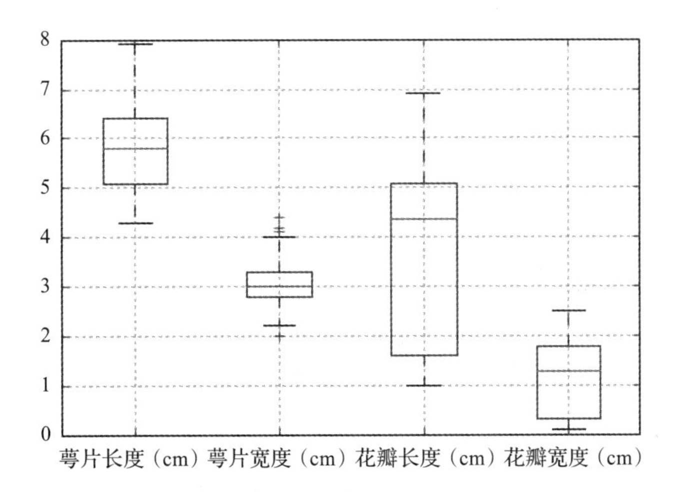

如果数据中已经包含分组情况（通过分类变量或者无监督学习方式得到），箱线图只需要指出分类变量，并声明你需要根据分组来分隔数据（在分组变量的字符串名称后使用“by+ 参数”来设置）：

```
In: boxplots = iris_df.boxplot(column='sepal length (cm)',
                               by='groups',
                               return_type='axes')
```

运行代码后，得到分组箱线图如下。

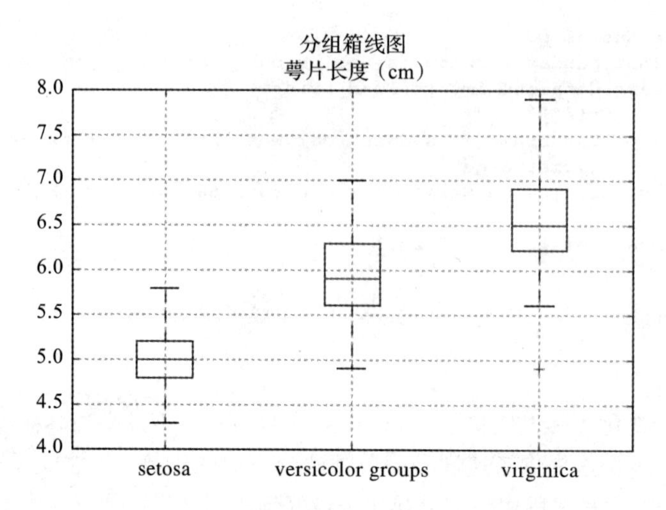

通过这种方式，可以快速确定一个变量是否有利于进行分组判别。不管怎么说，箱线图还不能像直方图和密度图那样提供分布的完整视图。例如，通过直方图和密度图能够刻画出分布是否有峰或谷：

```
In: densityplot = iris_df.plot(kind='density')
```

上述代码能够打印数据集中所有数值变量的分布：

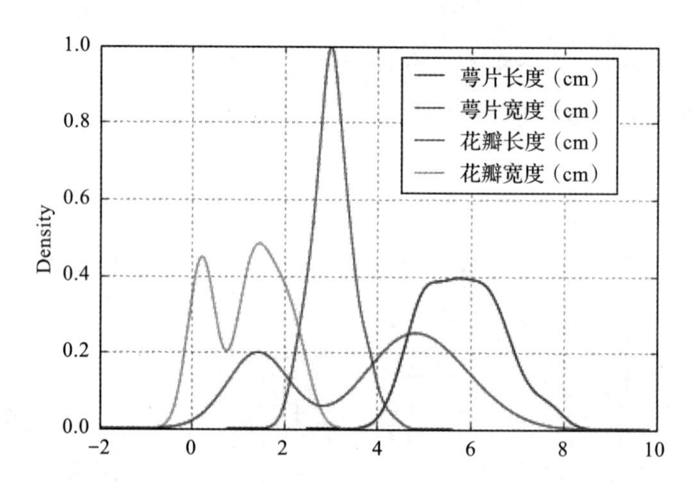


```
In: single_distribution = iris_df['petal width (cm)'].plot(kind='hist',
                                                            alpha=0.5)
```

下面是用直方图表示的结果分布。

直方图和密度图都可以通过 plot 命令获得。这种方法允许表示整个数据集，特定分组变量（需要提供字符串形式的名称列表，进行一些花式索引），甚至单个变量。

散点图

散点图可以有效地用来了解变量是否具有非线性关系，因此获得变量最可能的变换来实现它们的线性化。如果使用的是线性或 Logistic 回归等基于线性组合的算法，指出如何使变量关系更加线性化，将有助于获得更好的预测能力。

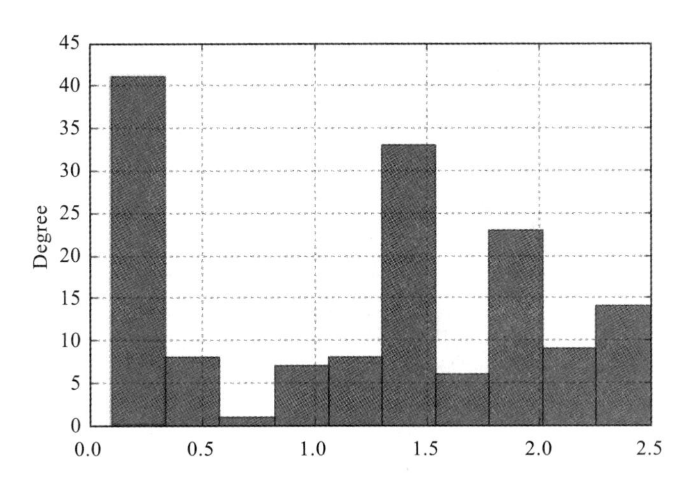


```
In: colors_palette = {0: 'red', 1: 'yellow', 2:'blue'}
    colors = [colors_palette[c] for c in groups]
    simple_scatterplot = iris_df.plot(kind='scatter', x=0, y=1, c=colors)
```

运行代码，将会出现一幅绘制良好的散点图。

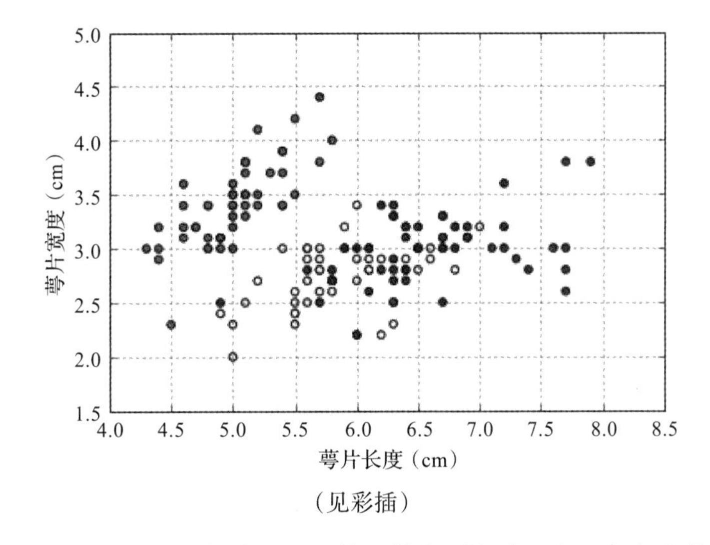

（见彩插）

散点图可以转换成六边形的箱式图。此外，散点图有助于实现点密度的可视化，从而通过使用数据集中的部分变量或维数揭示隐藏在数据之后的自然分类，这些维数可以通过主成分分析（PCA）或其他降维算法获得：

```
In: hexbin = iris_df.plot(kind='hexbin', x=0, y=1, gridsize=10)
```

这是得到的六边形箱式图：

参数 gridsize 表示图形中单个网格将汇聚的数据点数量。更大的数字将创建大型网格单元，而较小的数字将创建小型单元。

散点图是双变量的。因此，每组变量组合都需要一个单独的图形表示。如果变量数量较少（否则，可视化会变得凌乱），可以使用 pandas 命令自动绘制散点图矩阵（使用核密度估计 'kde'，以绘制表对角线上每个特征的分布）：

```
In: from pandas.plotting import scatter_matrix
    colors_palette = {0: "red", 1: "green", 2: "blue"}
```

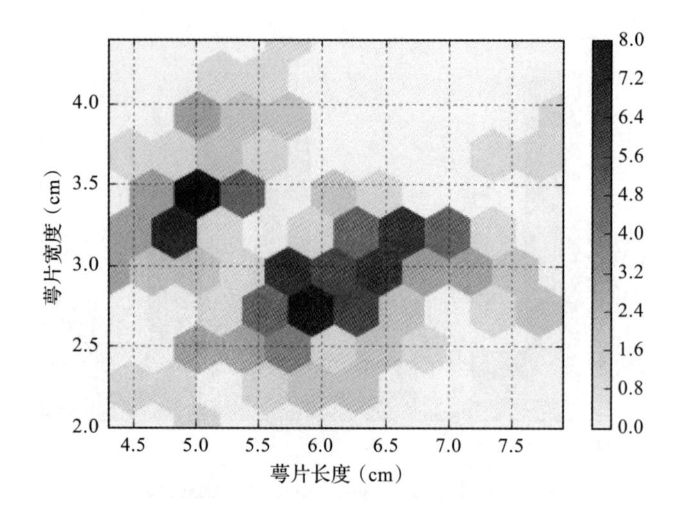


```
colors = [colors_palette[c] for c in groups]
matrix_of_scatterplots = scatter_matrix(iris_df,
                                        alpha=0.2,
                                        figsize=(6, 6),
                                        color=colors,
                                        diagonal='kde')
```

运行前面的代码，将得到一个完整的散点矩阵图，对角线位置为分布密度图。

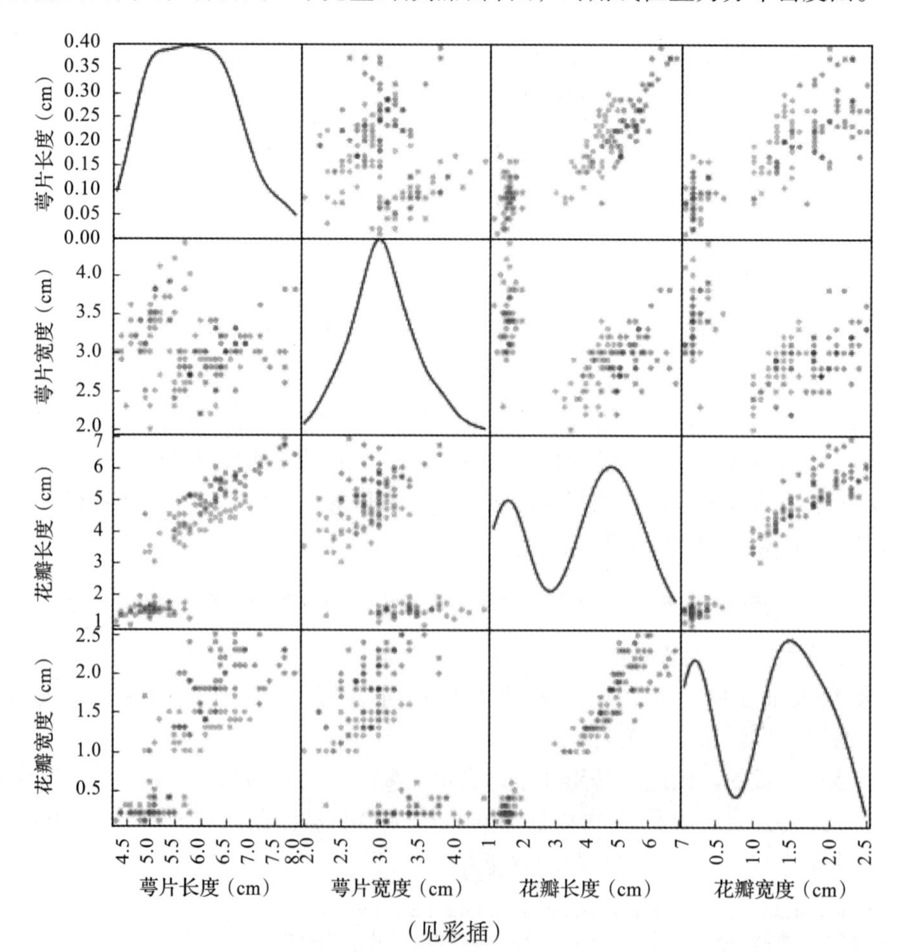

（见彩插）

有几个参数单位是可以控制散点图矩阵的不同方面。参数 alpha 控制透明度，参数 figsize 提供了矩阵的宽度和高度（单位：英寸）。最后，color 接受了一个颜色列表，表示图中的每个点的颜色，因此实现了数据中不同分组的描述。另外，在 diagonal 参数中选择“ kde”或“ hist”，在散点图矩阵对角线上可以将各变量表示为密度曲线或直方图（速度更快）。

5.1.8 通过平行坐标发现模式

散点图矩阵可以表示特征的联合分布。因此，它有助于定位数据中的分组，并验证它们的可分性。另一个有助于实现这个任务的绘图方式是平行坐标，它提供了最具分组识别变量的线索。

将各观测量相对于所有可能的变量（在横坐标方向任意排列）绘制成平行线，平行坐标会有助于发现是否有观测流分组到你的分类中，也有助于了解能将数据流进行最佳分类的变量（最有用的预测变量）。本质上，为了使图有意义，图中的特征应与 iris 数据集具有相同的尺度，否则需要将它们归一化：

```
In: from pandas.tools.plotting import parallel_coordinates
    pll = parallel_coordinates(iris_df,'groups')
```

前面的代码将输出以下平行坐标：

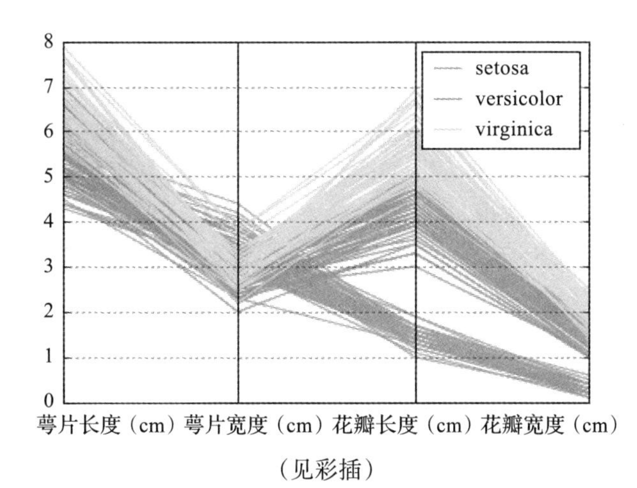

（见彩插）

parallel_coordinates 是 pandas 中的一个函数，它只需要使用 data 数据框和表示变量名称的字符串作为参数就可以正常工作，变量名称包含用来测试可分性的分组信息。这就是要把它添加到数据集中的原因。然而，当你使用 DataFrame.drop('variable name',axis=1) 方法完成探索之后，别忘了删除它。

5.2 封装 matplotlib 命令

上一节我们看到 pandas 能够加速可视化数据探索过程，因为它封装的单个命令在 matplotlib 中将需要整个代码段来实现。这背后的理念是：除非你需要定制和配置特殊的可视化，否则使用“封装器”可以更快地创建标准图形。

为了实现特殊的表示和应用，pandas 和其他一些软件包将 matplotlib 低级指令封装为更加人性化的命令：

- Seaborn 软件包能够扩展可视化性能，它提供了一系列能够用来寻找趋势和辨别分组的统计绘图。
- ggplot 是一个流行的 R 语言库接口。ggplot2（http://ggplot2.org/）是 Leland Wilkinson 在 *Grammar of Graphics* 一书中所提出的图形语法的具体实现。ggplot 的 R 语言库还在持续开发，提供了很多功能。ggplot 的 Python 版本（http://ggplot.yhathq.com/）具备很多基本功能（ggplot.yhathq.com/docs/index.html），它的完整的开发还正在进行中（https://github.com/yhat/ggplot）。
- MPLD3（http://mpld3.github.io/）利用 JavaScript 库 D3.js 进行图形操作，它能够将 matplotlib 输出轻松地转换成 HTML 代码，这些代码可以使用浏览器、Jupyter Notebook 等工具或互联网网站来呈现。
- Bokeh(bokeh.pydata.org/en/latest/) 是一个交互式的可视化软件包，它利用 JavaScript 和浏览器显示输出结果。它能很好地替代 D3.js，因为你只需要 Python 就能利用 JavaScript 的功能，以交互式的方式快速表示数据。

下面，我们将重点介绍 Seaborn，提供一些它们在数据科学项目可视化应用中的基础知识。

5.2.1　Seaborn 简介

Seaborn 由 Michael Waskom 创建的 matplotlib 高级封装库，目前托管在 PyData 网站（http://seaborn.pydata.org/）。它使用完整的 PyData 栈封装低级的 matplotlib 命令，能够将 Numpy 和 pandas 等系统的数据结构与 Scipy 和 StatModels 中的统计方法相融合，将数据表示成有吸引力的图表。得益于它的内置主题以及专为显示数据中的模式而设计的调色板，Seaborn 特别注意绘图的美学实现。

如果系统中没有安装 Seaborn（Anaconda 发行版默认包含 Seaborn），可以使用 pip 和 conda 命令进行安装。（注意，conda 版本安装过程可能比直接从 PyPI 安装的 pip 版本要慢）：

```
$> pip install seaborn
$> conda install seaborn
```

本书示例所使用的 Seaborn 包的版本为 0.9。

你可以加载 Seaborn 包，并把它设置为默认的 matplotlib 形式：

```
In: import seaborn as sns
    sns.set()
```

Seaborn 足以将所有基于 matplotlib 的表示转换成具有视觉吸引力的图表：

```
In: x = np.linspace(0, 5, 50)
    y_cos = np.cos(x)
    y_sin = np.sin(x)
    plt.figure()
    plt.plot(x,y_cos)
    plt.plot(x,y_sin)
    plt.xlabel('x')
    plt.ylabel('y')
    plt.title('sin/cos functions')
    plt.show()
```

图形输出结果如下：

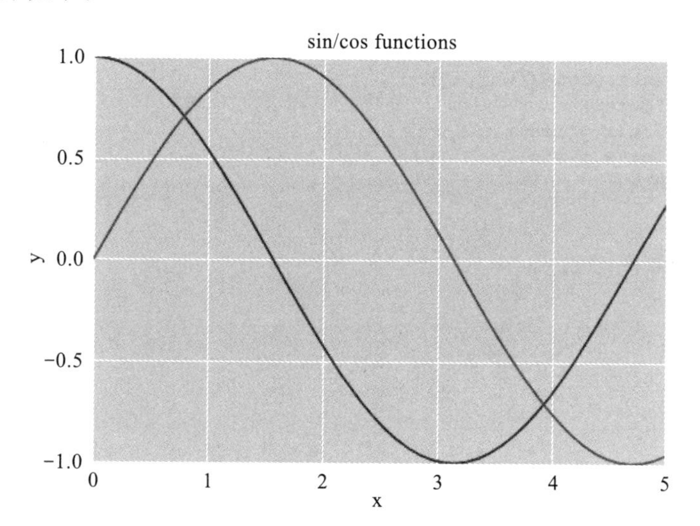

你能够从前面见到的任何图表中得到有趣的结果，甚至那些使用 pandas 图形方法生成的图表（毕竟，pandas 也是基于 matplotlib 来创建图形的）。

Seaborn 有五种预设的背景样式：

- darkgrid（灰色网格）
- whitegrid（白色网格）
- dark（灰色）
- white（白色）
- ticks（带刻度线）

系统默认使用 darkgrid。可以使用 set_style 命令及样式名称来设置背景样式，然后运行画图命令：

```
In: sns.set_style('whitegrid')
```

在确定背景样式时，要选择最有助于传递信息的背景样式。你可以使用 axes_style 函数在图内部指定一种样式：

```
In: with sns.axes_style('whitegrid'):
        # Your plot commands here
        pass
```

有些样式变化可能会产生没有意义的图表边框，可以使用 despine 命令删除图表上边框和右边框：

```
In: sns.despine()
```

另外，可以设置参数 left=True 来删除左边框，使用 offset 参数去除坐标轴，设置 trim=True 修剪图形。以上这些操作使用 matplotlib 命令是不可能实现的。

Seaborn 另一种有用的控制方式是控制图的尺度。图表的度量尺度（包括线的粗细、字号等）称为上下文（context），用户可以选择的上下文有：self-explicative-paper、notebook 和 talk。例如，如果图形要在 PPT 中显示，创建图形之前可以运行如下代码：

```
In: sns.set_context("talk")
```

让我们看看这些命令在原始正弦 / 余弦图上的效果。

```
In: sns.set_context("talk")
    with sns.axes_style('whitegrid'):
        plt.figure()
        plt.plot(x,y_cos)
        plt.plot(x,y_sin)
        plt.show()
    sns.set()
```

以上代码将绘制图形如下：

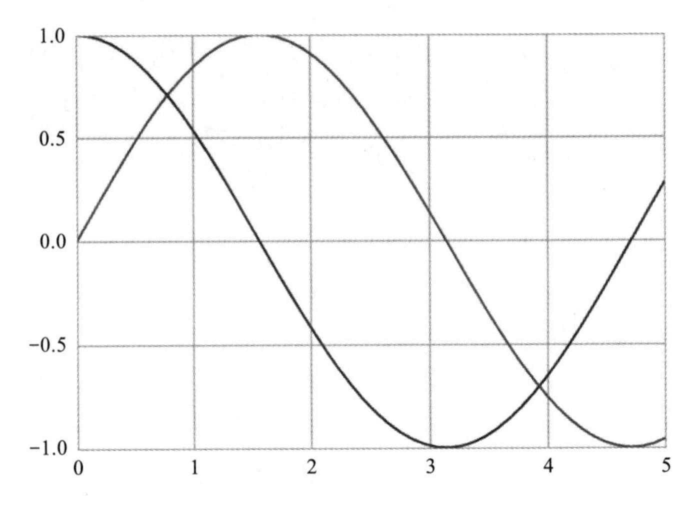

同样，选择合适的颜色也能使图像增色不少。为此 Seaborn 提供了 color_palette() 命令，无参数调用时该函数只会返回当前调色板的 RGB 数值。它还接受 Seaborn 调色板和 matplotlib 色图提供的颜色名称作为参数，还能接受用户自定义调色板的颜色列表，可以是任何 matplotlib 允许的格式（比如 RGB 元组、十六进制颜色代码和 HTML 颜色名称）。

```
In: current_palette = sns.color_palette()
    print (current_palette)
    sns.palplot(current_palette)
```

运行代码后，可将当前调色板以数值和颜色的方式进行可视化：

```
[(0.2980392156862745, 0.4470588235294118, 0.6901960784313725), (0.3333333333333333, 0.6588235294117647, 0.40784313725490196), (0.7686274509803922, 0.3058823529411765, 0.3215686274509804), (0.5058823529411764, 0.4470588235294118, 0.6980392156862745), (0.8, 0.7254901960784313, 0.4549019607843137), (0.39215686274509803, 0.7098039215686275, 0.803921568627451)]
```

上面我们提到过一些可选用的调色板。首先，Seaborn 默认的调色板包括以下几种：

- deep
- muted
- bright
- pastel
- dark
- colorblind

还需要添加 hls、husl 颜色空间和所有 matplotlib 色图，色图名称后面加上 _r 表示色图取反，或者名称后面加 _d 表示颜色加深。

提示：matplotlib 色图的名称和示例可以在网页 http://matplotlib.org/examples/color/colormaps_reference.html 上找到。

hls 颜色空间是图像 RGB 数值的自动转换，因为 hls 的视觉亮度不均匀（例如，采用同样的亮度，黄色和绿色感觉更明亮，而蓝色感觉偏暗），这种图像表示会影响人的直观感受。

husl 调色板作为 hls 的替代，对人眼感觉更友好，详细解释见 http://www.husl-colors.org/。

最后，可以使用 Color Brewer 工具创建个性化调色板。Color Brewer 工具可以在线获取（http://colorbrewer2.org/），也可以从 Jupyter Notebook 应用程序中添加。在 Notebook 单元调用 choose_colorbrewer_palette 函数，就会启动一个交互式工具。为了使 Color Brewer 工具工作，最重要的是定义参数 data_type，它是一个表示调色板特性的字符串，data_type 的参数包括：

- 'sequential'：使用连续值表示调色板
- 'diverging'：表示对比度
- 'qualitative'：如果只想分辨不同类别可以选用此参数

创建并使用定制连续调色板的过程如下：

```
In: your_palette = sns.choose_colorbrewer_palette('sequential')
```

完整的调色板显示如下：

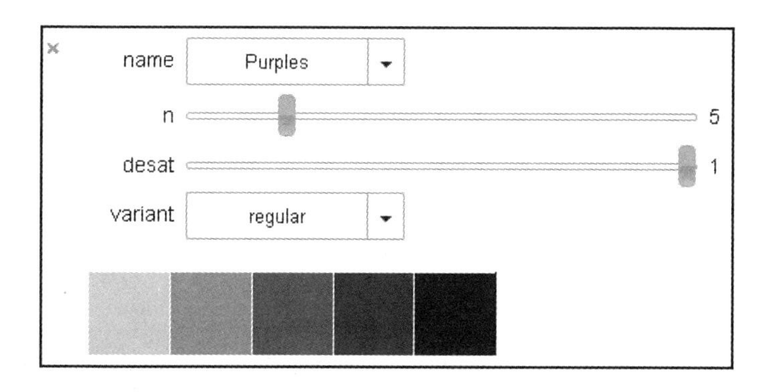

设置好颜色后，参数 your_palette 会变成由 RGB 值构成的列表：

```
In: print(your_palette)

Out:[(0.91109573770971852, 0.90574395025477683, 0.94832756940056306),
     (0.7764706015586853, 0.77908498048782349, 0.88235294818878174),
     (0.61776242186041452, 0.60213766261643054, 0.78345253116944269),
     (0.47320263584454858, 0.43267974257469177, 0.69934642314910889),
     (0.35681661753093497, 0.20525952297098493, 0.58569783322951374)]
```

调色板参数选择完毕，只需要调用函数 sns.set_palette(your_palette)，就能使用调色板定义的颜色绘制图表。

如果绘图时只想使用某些特定的颜色，使用“with”进行声明，将图表嵌入到颜色设置的代码下面就够了，正如前面看到的背景样式设置一样。相反，如果你确定所有的绘图都使用某一种调色板，请使用 set_palette 函数进行设置。

颜色调色板由六种颜色组成，能帮你分辨至少六种趋势或类别。如果需要分辨更多类别，只需要在 hls 调色板上进行操作，指出想使用的颜色数量。

```
In: new_palette=sns.color_palette('hls', 10)
    sns.palplot(new_palette)
```

得到的结果调色板如下：

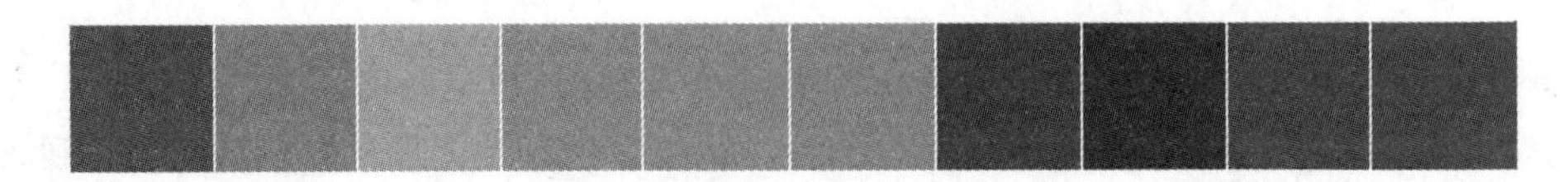

最后，我们来总结一下 Seaborn 中的背景和颜色。Seaborn 以更聪明的方式使用 matplotlib 提供的函数，结果图表可以使用任何来自 matplotlib 的基本命令进一步修改，或者被 MPLD3、Bokeh 软件包进一步转换为 JavaScript。

5.2.2　增强 EDA 性能

Seaborn 不仅使你的图表更漂亮、更易于控制，它还为 EDA 提供了新的工具，帮助你发现变量分布或变量间的关系。

在进行下一步之前，让我们先加载 Seaborn 工具包，并且将 Iris 和 Boston 数据集转换成 pandas 数据框的格式：

```
In: import seaborn as sns
    sns.set()

    from sklearn.datasets import load_iris
    iris = load_iris()
    X_iris, y_iris = iris.data, iris.target
    features_iris = [a[:-5].replace(' ','_') for a in iris.feature_names]
    target_labels = {j: flower \
                     for j, flower in enumerate(iris.target_names)}
    df_iris = pd.DataFrame(X_iris, columns=features_iris)
    df_iris['target'] = [target_labels[y] for y in y_iris]

    from sklearn.datasets import load_boston
    boston = load_boston()
    X_boston, y_boston = boston.data, boston.target
    features_boston = np.array(['V'+'_'.join([str(b), a])
                               for a,b in zip(boston.feature_names,
                               range(len(boston.feature_names)))])
    df_boston = pd.DataFrame(X_boston, columns=features_boston)
    df_boston['target'] = y_boston
    df_boston['target_level'] = pd.qcut(y_boston,3)
```

对于 Iris 数据集，目标变量已转换成鸢尾花种类的描述文本。波士顿房价数据集的目标变量是住房屋房价的中位数，它是连续值，使用 pandas 的 qcut 函数将该数据三等分，分别代表低、中、高三种房价。

Seaborn 能够帮助进行数据探索，首先表现在给出离散值或分类变量与数值变量之间的关系，这可以通过 catplot 函数实现：

```
In: with sns.axes_style('ticks'):
        sns.catplot(data=df_boston, x='V8_RAD', y='target', kind='point')
```

你会发现 Seaborn 在探索类似图像时很有见地，因为图像明确标出了目标变量级别及其方差：

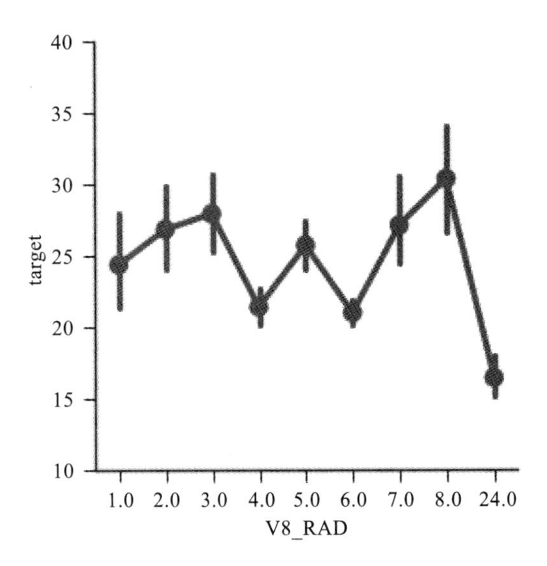

在上面的例子中，距离高速公路的便利指数是离散值，将它与目标变量进行对比，能够检测它们之间关系的函数形式和每个级别上的关联方差。

如果是数值变量之间的对比，Seaborn 能够给出一个增强的散点图，图中融合回归拟合曲线。当它们不是线性关系时，曲线趋势能够指出可能的数据变化：

```
In: with sns.axes_style("whitegrid"):
        sns.regplot(data=df_boston, x='V12_LSTAT', y="target", order=3)
```

拟合曲线能够立即进行显示：

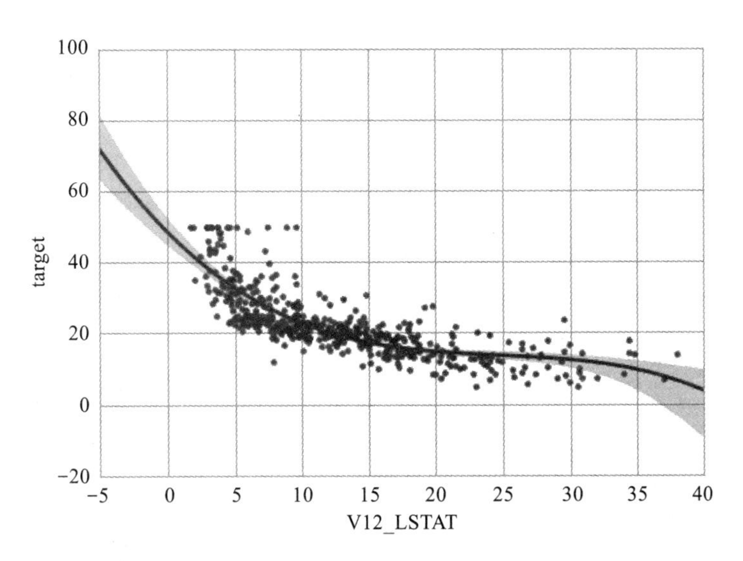

Seaborn 中的 regplot 函数可以绘制任意阶的回归视图（图示为一个二阶多项式拟合）。使用标准线性回归、鲁棒回归和逻辑回归是一个检验特征。

如果还有必要考虑数据分布，jointplot 函数可以在散点图旁边增加视图进行多屏显示：

```
In: with sns.axes_style("whitegrid"):
        sns.jointplot("V4_NOX", "V7_DIS",
                      data=df_boston, kind='reg',
                      order=3)
```

jointplot 函数绘制出如下图表：

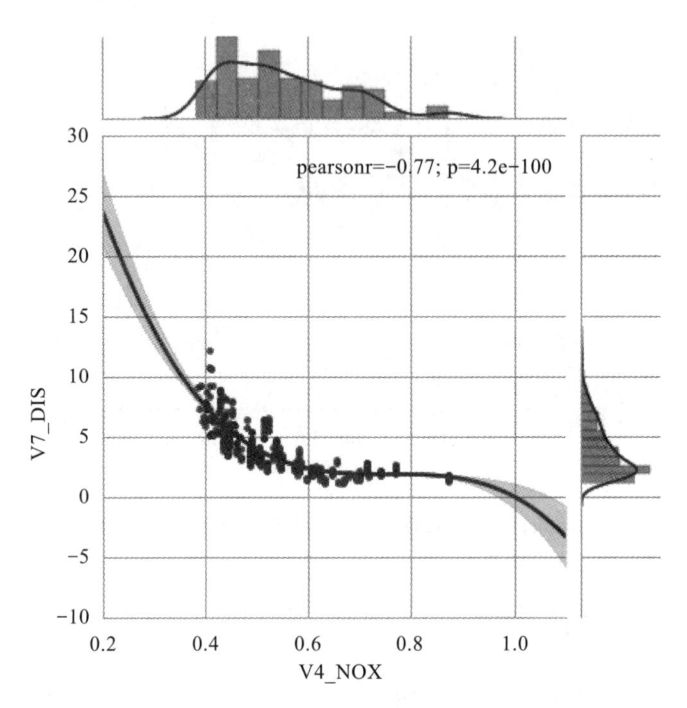

jointplot 函数不但是联合变量关系表示的理想形式，通过设置 kind 参数它也能表示简单的散点图或密度图（kind= 'scatter' 或者 kind = 'kde'）。

如果目标是发现区分类别的特征因素，FacetGrid 可以通过对比的方式绘图，帮助理解哪里存在差异。例如，我们可以观察鸢尾花类别的散点图，看它们是否占据特征空间的不同位置：

```
In: with sns.axes_style("darkgrid"):
        chart = sns.FacetGrid(df_iris, col="target_level")
        chart.map(plt.scatter, "sepal_length", "petal_length")
```

上述代码打印出一个精细的图像面板，表示基于分组的特征比较：

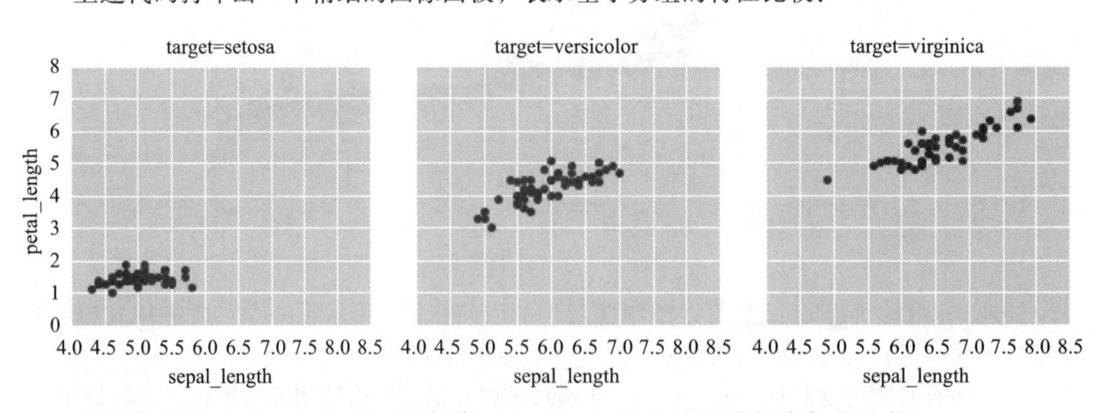

使用分布（sns.distplot）或回归斜率（sns.regplot）也可以进行类似的比较。

```
In: with sns.axes_style("darkgrid"):
        chart = sns.FacetGrid(df_iris, col="target")
        chart.map(sns.distplot, "sepal_length")
```

第一个比较是基于分布的：

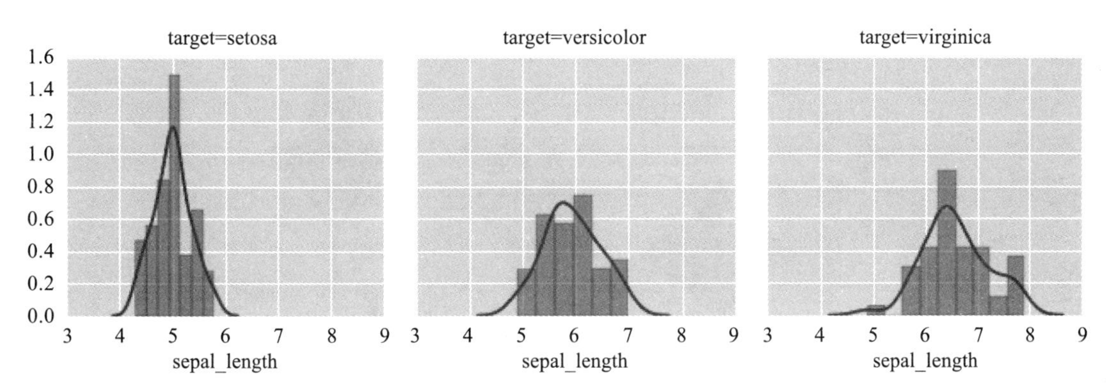

后接下来的比较是基于线性回归拟合线的：

```
In: with sns.axes_style("darkgrid"):
        chart = sns.FacetGrid(df_boston, col="target_level")
        chart.map(sns.regplot, "V4_NOX", "V7_DIS")
```

这是基于回归的特征比较图：

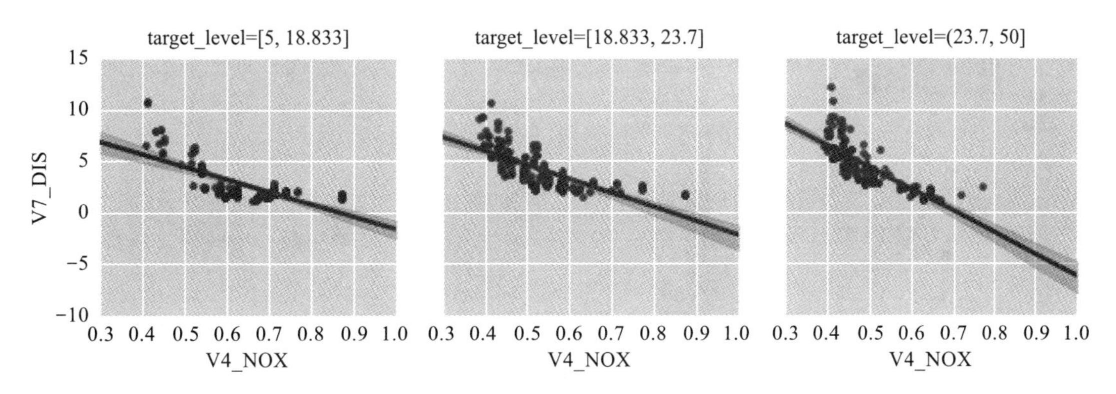

为评估各类别的数据分布，Seaborn 提供了另一种工具 violin plot(https://en.wikipedia.org/wiki/Violin_plot)。violin plot 是一种简单的箱线图，它的箱体形状取决于密度估计，因而从视觉上传递的信息更为直观：

```
In: with sns.axes_style("whitegrid"):
        ax = sns.violinplot(x="target", y="sepal_length",
                            data=df_iris, palette="pastel")
        sns.despine(offset=10, trim=True)
```

上述代码生成了小提琴图，它可以从数据集得到有趣的发现：

最后，Seaborn 提供了 pairplot 命令，它是创建散点图矩阵更好的方式。该命令中参数 hue 可以定义分组的颜色；diag_kind 参数可以设置对角线上的图形类型，diag_kind="hist" 表示直方图，diag_kind="kde" 表示核密度估计。

```
In: with sns.axes_style("whitegrid"):
        chart = sns.pairplot(data=df_iris, hue="target", diag_kind="hist")
```

上述代码为数据集输出了一个完整的矩阵散点图：

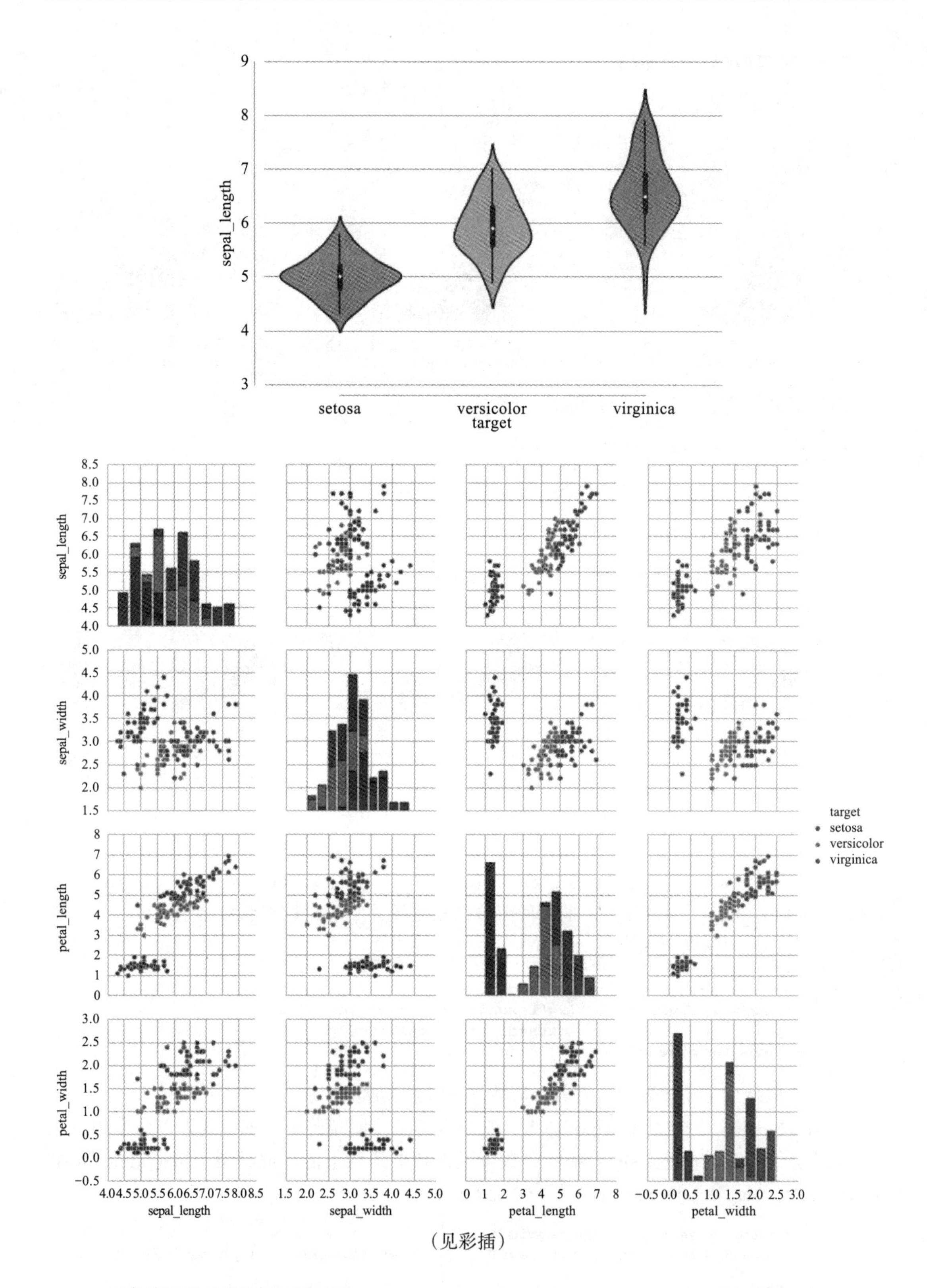

（见彩插）

5.3 高级数据学习表示

一些有用的表示不是直接从数据得出的，可以通过机器学习程序获得。机器学习程序告诉我们算法怎么运行，并对每个预测器的作用有更精确的概述。特别是学习曲线，它能提供快速诊断以改进模型。它还能帮助找出模型是否需要更多的观测量，或需要增加变量。

5.3.1　学习曲线

学习曲线是一种有用的诊断图形，它描述了机器学习算法相对可用观测量数量的表现。它的主要思想是将算法的训练性能与交叉验证结果进行比较，训练性能主要是指样本内误差或准确率，交叉验证通常采用十折交叉验证方法。

就训练效果而言，开始时对训练结果的期待应该高，然后会下降。然而，根据假设的偏离（Bias）和偏差（Variance）水平不同，你会发现不同的表现：

- 高的假设偏离倾向于以平均性能开始，当遇到更多复杂数据时性能迅速降低，然后，无论增加多少实例都保持在相同的水平。
- 低的假设偏离在样本多时能够更好地泛化，但是对于相似的复杂数据结构算法的性能是受限的。
- 高的假设偏差往往开始时性能很好，然后随着增加更多的实例，性能也慢慢降低。性能降低的原因是它有很高的容量用来记录训练样本的特点。

至于交叉验证，我们注意到两个表现：

- 高假设偏离往往从低性能开始，但它的增长非常迅速，直到达到几乎与训练相同的性能。然后，它停止增长。
- 高假设偏差往往从非常低的性能开始。然后，平稳又缓慢地提高性能，这是因为更多的实例有助于提高泛化能力。它很难达到样本内性能，在它们之间总有一段差距。

能够立刻判断机器学习方案是否表现为高假设偏离或高假设偏差，有助于你决定如何改进机器学习算法。Scikit-learn 提供了 learning_curve 类，使计算所有用于可视化绘图的统计数据变得更简单，尽管绘图还需要一些另外的计算和命令：

```
In: import numpy as np
    from sklearn.learning_curve import learning_curve, validation_curve
    from sklearn.datasets import load_digits
    from sklearn.linear_model import SGDClassifier

    digits = load_digits()
    X, y = digits.data, digits.target
    hypothesis = SGDClassifier(loss='log', shuffle=True,
                               n_iter=5, penalty='l2',
                               alpha=0.0001, random_state=3)
    train_size, train_scores, test_scores = learning_curve(hypothesis, X,
                              y, train_sizes=np.linspace(0.1,1.0,5), cv=10,
                               scoring='accuracy',
                               exploit_incremental_learning=False,
                               n_jobs=-1)
    mean_train  = np.mean(train_scores,axis=1)
    upper_train = np.clip(mean_train + np.std(train_scores,axis=1),0,1)
    lower_train = np.clip(mean_train - np.std(train_scores,axis=1),0,1)
    mean_test = np.mean(test_scores,axis=1)
    upper_test = np.clip(mean_test + np.std(test_scores,axis=1),0,1)
    lower_test = np.clip(mean_test - np.std(test_scores,axis=1),0,1)
    plt.plot(train_size,mean_train,'ro-', label='Training')
    plt.fill_between(train_size, upper_train,
                     lower_train, alpha=0.1, color='r')
    plt.plot(train_size,mean_test,'bo-', label='Cross-validation')
    plt.fill_between(train_size, upper_test, lower_test,
```

```
                    alpha=0.1, color='b')
    plt.grid()
    plt.xlabel('sample size') # adds label to x axis
    plt.ylabel('accuracy') # adds label to y axis
    plt.legend(loc='lower right', numpoints= 1)
    plt.show()
```

根据不同的样本大小，很快就能得到一幅学习曲线图：

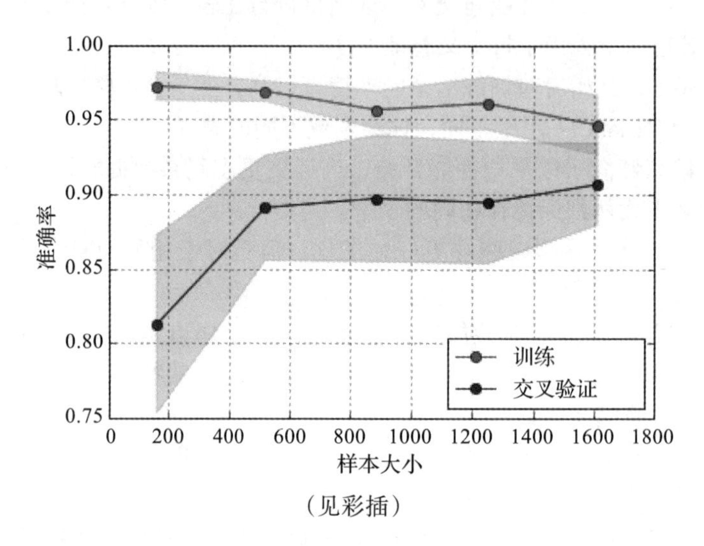

（见彩插）

learning_curve 类需要以下输入：

- 存储在列表中的一系列训练集大小。
- 使用的交叉验证折数和误差度量。
- 要测试的机器学习算法（参数估计器）。
- 预测变量（参数 x）和目标结果（参数 y）。

learning_curve 函数的结果产生三个数组，第一个数组包含有效的训练集大小，第二个数组装有每次交叉验证迭代的训练得分，最后一个数组是交叉验证的得分。

训练和交叉验证都使用均值和标准差，这两个参数在图中既可以显示曲线趋势，也可以表示曲线变化，还可以提供记录的性能稳定性方面的信息。

5.3.2　确认曲线

学习曲线作用在不同的样本规模上，验证曲线则表示训练和交叉验证性能与超级参数数值之间的关系。正如学习曲线所要考虑的，这里可以做出类似的考虑，尽管可视化会让你进一步了解参数的优化过程，以视觉的方式建议你应该关注的超参数空间。

```
In: from sklearn.learning_curve import validation_curve
    testing_range = np.logspace(-5,2,8)
    hypothesis = SGDClassifier(loss='log', shuffle=True,
                               n_iter=5, penalty='l2',
                               alpha=0.0001, random_state=3)
    train_scores, test_scores = validation_curve(hypothesis, X, y,
                                 param_name='alpha',
                                 param_range=testing_range,
                                 cv=10, scoring='accuracy', n_jobs=-1)
    mean_train  = np.mean(train_scores,axis=1)
    upper_train = np.clip(mean_train + np.std(train_scores,axis=1),0,1)
```

```
lower_train = np.clip(mean_train - np.std(train_scores,axis=1),0,1)
mean_test = np.mean(test_scores,axis=1)
upper_test = np.clip(mean_test + np.std(test_scores,axis=1),0,1)
lower_test = np.clip(mean_test - np.std(test_scores,axis=1),0,1)
plt.semilogx(testing_range,mean_train,'ro-', label='Training')
plt.fill_between(testing_range, upper_train, lower_train,
                 alpha=0.1, color='r')
plt.fill_between(testing_range, upper_train, lower_train,
                 alpha=0.1, color='r')
plt.semilogx(testing_range,mean_test,'bo-', label='Cross-validation')
plt.fill_between(testing_range, upper_test, lower_test,
                 alpha=0.1, color='b')
plt.grid()
plt.xlabel('alpha parameter') # adds label to x axis
plt.ylabel('accuracy') # adds label to y axis
plt.ylim(0.8,1.0)
plt.legend(loc='lower left', numpoints= 1)
plt.show()
```

经过计算，会得到如下形式的参数验证曲线：

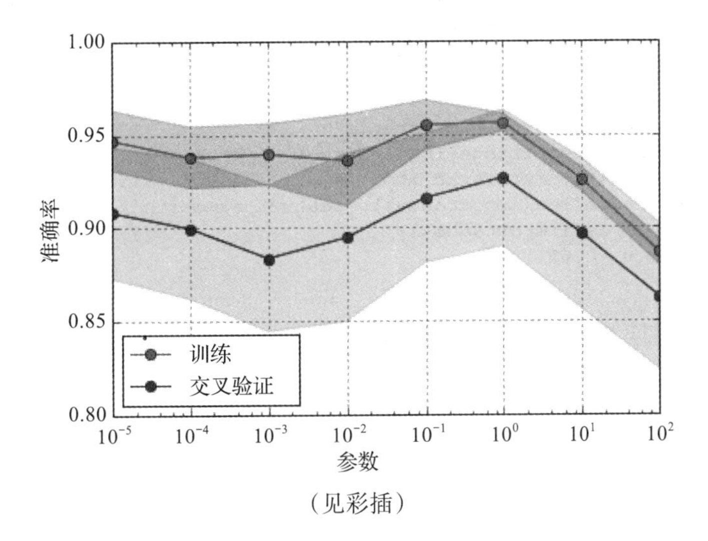

（见彩插）

validation_curve 类的语法与前面见到的 learning_curve 类相似，但是参数 param_name 和 param_range 应分别由超参数和要测试的范围来提供。至于结果，训练和测试结果都保存在数组中。

5.3.3　随机森林的特征重要性

正如本书第 3 章得出的结论，选择合适的变量可以改进学习过程，例如减少学习中的噪声、方差估计和巨大的计算负荷。集成方法——特别是 RandomForests 方法，可以提供一个不同的视角，来认识变量与数据集中的其他变量一起工作时所承担的角色。

这里我们将演示如何提取 RandomForests 模型和 ExtraTrees 模型的重要性。1984 年 Breiman Friedman 等人出版了 *classification and Regression Trees*，本书最先提出了重要性的计算方法。这是一本真正的经典著作，为分类树奠定了坚实的基础。在这本书中重要性被描述为“ gini 重要性”或“平均不纯度减少”，它是指特定变量在集成树上平均节点不纯度的总减少量。换句话说，“平均不纯度减少”是在该变量上节点分裂的总误差减少与通过每个节点样本数的乘积。

值得注意的是，对于这种重要性计算方法，不仅误差减少依赖于误差度量（分类问题使用 Gini 或熵，回归问题使用 MSE），而且树头部的分裂更为重要，因为它们要处理更多的样本。

只需要几个简单的步骤，我们将学会如何获得这些信息，并将其投影到一个清晰的可视化视图中：

```
In: from sklearn.datasets import load_boston
    boston = load_boston()
    X, y = boston.data, boston.target
    feature_names = np.array([' '.join([str(b), a]) for a,b in
                             zip(boston.feature_names,range(
                             len(boston.feature_names)))])
    from sklearn.ensemble import RandomForestRegressor
    RF = RandomForestRegressor(n_estimators=100,
                              random_state=101).fit(X, y)
    importance = np.mean([tree.feature_importances_ for tree in
                         RF.estimators_],axis=0)
    std = np.std([tree.feature_importances_ for tree in
                 RF.estimators_],axis=0)
    indices = np.argsort(importance)
    range_ = range(len(importance))
    plt.figure()
    plt.title("Random Forest importance")
    plt.barh(range_,importance[indices],
             color="r", xerr=std[indices], alpha=0.4, align="center")
    plt.yticks(range(len(importance)), feature_names[indices])
    plt.ylim([-1, len(importance)])
    plt.xlim([0.0, 0.65])
    plt.show()
```

代码会绘制如下图表，突显模型的重要特征：

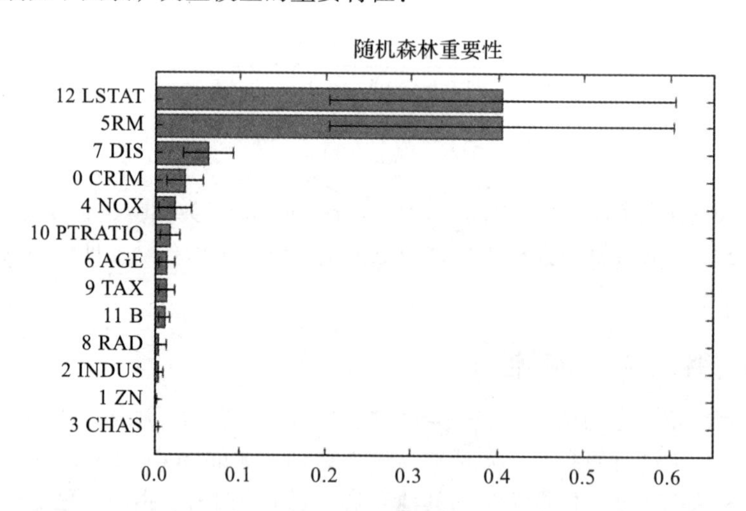

对于每一个估计器（在本例中有 100 个），算法都估计一个得分以对每个变量的重要性进行排序。随机森林（RandomForest）模型是由包含许多分枝的复杂的决策树组成的。如果随意将某个变量的原始数值进行置换，置换模型与原始模型的预测精确性差别较大，则认为这个变量是重要的。

重要性向量根据估计器的数量进行平均，估计器的标准偏差通过列表理解的方法进行计算（变量重要性分配及标准差）。现在，根据重要性评分（向量指数）进行分类，结果投影到一个条形图上，条形误差柱表示标准偏差。

在 LSTAT 分析中，一个地区低层社会人口的百分比与每户平均房间数（RM）是随机森林模型最关键的变量。

5.3.4 GBT 部分依赖关系图形

对特征重要性的估计能帮助你做出最佳特征选择，以确定模型中该使用哪种特征。有时候，你需要理解为什么某些变量在预测特定结果时是重要的。梯度提升树（GBT）方法通过控制分析中所有其他变量的影响，提供了一个清晰的观测变量与预测结果关系的视图。这些信息可以帮助对因果关系动力学的理解，能提供比使用非常有效的探索性数据分析方法更深入的见解：

```
In: from sklearn.ensemble.partial_dependence import
    plot_partial_dependence
    from sklearn.ensemble import GradientBoostingRegressor
    GBM = GradientBoostingRegressor(n_estimators=100,
                                    random_state=101).fit(X, y)
    features = [5,12,(5,12)]
    fig, axis = plot_partial_dependence(GBM, X, features,
                                        feature_names=feature_names)
```

输出结果为三个图形，它们构成了 RM 和 LSTAT 特征的部分依赖关系图：

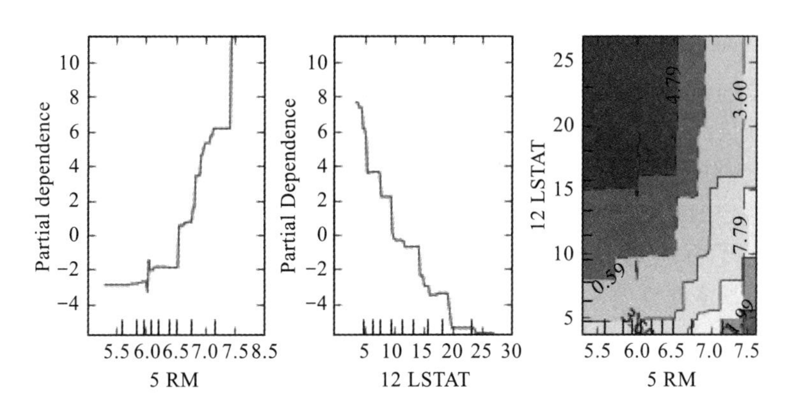

当你制定好分析计划后，plot_partial_dependence 类会自动提供可视化方法。你需要提供一系列特征的索引及其元组，这些特征和元组可以单独地绘制到热图上（坐标轴表示特征，热值对应输出结果）。

在之前的例子中，对房间平均数和低层社会人口比例已经进行了描述，从而展现了预期的行为。有趣的是，热图解释了这两个变量是如何共同作用于结果数值的，事实表明他们并不以任何特定的方式相互影响（它只是单一的爬山算法）。然而，它也表明：当 RM 大于 5 时，LSTAT 是房价结果的强分隔符号。

5.3.5 创建 MA-AAS 预测服务器

在你数据科学工作生涯中，很多时候会发现自己需要一个与正在从事的代码脱钩的预测器。举例如下：

- 你正在开发手机 App，你又想节约内存。
- 你正在非 Python 语言环境下编程（Java、Scala、C、C++ 等），同时需要调用 Python 语言开发的预测器。

- 你正在进行大数据操作，数据模型却在存储数据的同样位置远程训练。

在这些情况下，要是 HTTP 服务提供预测作为服务会很棒，或者更具一般性，机器学习算法作为服务（ML-AAS）。

Bottle 是一个轻量级的 Python Web 框架，是基于 HTTP 服务器的微应用程序开发的基础。它是一个非常简单的 Python 库，提供创建 Web 应用程序的基本对象和函数。同时，它可以与其他所有的 Python 库相配合。在讨论预测作为服务之前，让我们来看一下由 Bottle 创建的“Hello World”程序。注意，下面代码是基于 Python REPL 的脚本，而不是基于 Jupyter Notebook 的：

```
# File: bottle1.py

from bottle import route, run, template

port = 9099

@route('/personal/<name>')
def homepage(name):
    return template('Hi <b>{{name}}</b>!', name=name)

print("Try going to http://localhost:{}/personal/Tom".format(port))
print("Try going to http://localhost:{}/personal/Carl".format(port))

run(host='localhost', port=port)
```

执行代码之前让我们来逐行分析。

（以下文字用数字编号分段显示。）

1. 首先，我们从 Bottle 模块中导入要用到的函数和类。

2. 然后，指定 HTTP 服务器端口。

3. 在这个例子中，我们选择了 9099 端口，可以随意将其更改为其他的端口，但首先要检查是否有其他服务正在使用它（记住，HTTP 是建立在 TCP 协议之上的）。

4. 接下来是定义 API 端点。当 HTTP 调用指定路径作为参数时，用定义的函数配置路由记录。注意，路径中的“name”和下面函数中的参数“name”一样。这意味着“name”是调用参数，可以在 HTTP 调用中选择任何字符串，它将作为参数名传递给函数。

5. 然后，在函数主页返回一个 HTML 代码的模板。简单来说，可以认为是模板函数创建了浏览器中看到的页面。

> **注意：**本例中的模版只是一个普通的 HTML 页面，它可以做得更复杂（可以是包含等待填充的空白模版的页面）。我们使用该框架只是为了得到简单、平常的输出，关于模板的完整描述超出了本节内容的范围。如果你想了解更多信息，请浏览 Bottle 的帮助页面。

6. 最后，在打印函数之后是最核心的运行函数。它是一个阻塞函数，它将在指定的主机和端口上创建 Web 服务器。当你运行上述代码，一旦执行该函数，就可以打开浏览器并指向以下地址 http://localhost:9099/personal/Carl。你还可以在网页上看到如下文字“Hi Carl！”。

当然，将 HTTP 调用中的名字从 Carl 改为 Tom 或其他名字，将会出现一个包含指定名字的不同页面。

注意：在这个例子中，我们只是定义了 /personal/<name> 路由。除非在代码中定义，任何其他的调用都将导致 404 错误。

要结束运行需要在命令行同时按下“Ctrl+C”组合键（这里的 run 函数是阻塞函数）。

现在，让我们来创建一个面向数据科学的服务，我们将创建一个含有表格的 HTML 页面，要求输入萼片长度、萼片宽度、花瓣长度和花瓣宽度来对鸢尾花样本分类。在这个例子中，我们将使用 Iris 数据集来训练 Scikit-learn 分类器。然后，对于每次预测只需调用分类器的 predict 函数，并输出预测结果：

```
# File: bottle2.py

from sklearn.datasets import load_iris
from sklearn.linear_model import LogisticRegression
from bottle import run, request, get, post
import numpy as np

port = 9099

@get('/predict')
def predict():
    return '''
        <form action="/prediction" method="post">
            Sepal length [cm]: <input name="sl" type="text" /><br/>
            Sepal width [cm]: <input name="sw" type="text" /><br/>
            Petal length [cm]: <input name="pl" type="text" /><br/>
            Petal width [cm]: <input name="pw" type="text" /><br/>
            <input value="Predict" type="submit" />
        </form>
    '''

@post('/prediction')
def do_prediction():

    try:
        sample = [float(request.POST.get('sl')),
                  float(request.POST.get('sw')),
                  float(request.POST.get('pl')),
                  float(request.POST.get('pw'))]

        pred = classifier.predict(np.matrix(sample))[0]
        return "<p>The predictor says it's a <b>{}</b></p>"\
               .format(iris['target_names'][pred])
    except:
        return "<p>Error, values should be all numbers</p>"

iris = load_iris()
classifier = LogisticRegression()
classifier.fit(iris.data, iris.target)


print("Try going to http://localhost:{}/predict".format(port))
run(host='localhost', port=port)

# Try insert the following values:
# [ 5.1, 3.5, 1.4, 0.2] -> setosa
# [ 7.0  3.2, 4.7, 1.4] -> versicolor
# [ 6.3, 3.3, 6.0, 2.5] -> virginica
```

导入一些组件之后，这里我们使用 get 装饰器，指定路由只对 HTTP GET 调用有效。装饰器和下面的函数都没有参数，因为所有的特征都要输入 HTML 表格中，供预测函数调用。表格提交后，使用 HTTP POST 传递给预测页面。

现在，我们需要创建调用的路由，可以通过 do_prediction 函数定义，它的装饰器是在 /prediction 页面上的 “post”（正好与 “get” 相反，它只定义 post）。数据被解析并转换成双精度数（默认参数是字符串），然后将特征向量作为全局变量送入分类器以获得预测。返回结果使用一个简单模板。它的对象要求包含所有传递给服务器的参数，包括向路由发送的整个变量。

最后，我们只需要定义全局变量分类器，那是在 Iris 数据集上训练的分类器，最后调用 “run” 函数。这个例子中，我们使用逻辑回归分类器，利用全部 Iris 数据集进行训练，所有参数均为默认值。在实际例子，你可以调整参数以得到最好的分类器。

运行代码，如果一切顺利，你的浏览器指向 http://localhost:9099/predict，你会看到下图所示的表格：

localhost:9099/predict
localhost:9099/predict
Sepal length [cm]:
Sepal width [cm]:
Petal length [cm]:
Petal width [cm]:
Predict

输入数值（5.1, 3.5, 1.4, 0.2），点击 “Predict” 按钮，会被重新定位到 http://localhost:9099/prediction，然后新页面上会显示字符串 “The predictor says it's a setosa”。注意，如果表格中输入数据无效（例如，没有输入数据或者输入的是字符串而不是数字），HTML 页面提示错误。

本节进行到这里，我们已经演示了怎样轻松又快捷地使用 Bottle 创建 HTTP 端点。现在，我们要创建能在任何程序中调用的预测服务。我们将提交特征向量作为 get 调用，以 JSON 格式返回预测值。解决方案的代码如下：

```
# File: bottle3.py

from sklearn.datasets import load_iris
from sklearn.linear_model import LogisticRegression
from bottle import run, request, get, response
import numpy as np
import json

port = 9099

@get('/prediction')
def do_prediction():

    pred = {}

    try:
        sample = [float(request.GET.get('sl')),
                  float(request.GET.get('sw')),
                  float(request.GET.get('pl')),
                  float(request.GET.get('pw'))]

        pred['predicted_label'] =
```

```
            iris['target_names']
[classifier.predict(np.matrix(sample))[0]]
        pred['status'] = "OK"
    except:
        pred['status'] = "ERROR"

    response.content_type = 'application/json'
    return json.dumps(pred)

iris = load_iris()
classifier = LogisticRegression()
classifier.fit(iris.data, iris.target)

print("Try going to http://localhost:{}/prediction\
       sl=5.1&sw=3.5&pl=1.4&pw=0.2".format(port))
print("Try going to http://localhost:{}/prediction\
       sl=A&sw=B&pl=C&pw=D".format(port))
run(host='localhost', port=port)
```

尽管这个解决方案相当简单，我们还是逐步分析一下它。特征输入位置由 get 装饰器在路径“ /prediction”上定义。在那里，我们将访问 GET 数值供预测使用（注意，如果你的分类器需要很多特征，使用 POPST 调用会更好）。与前面的示例一样，会生成预测结果；最后将预测结果与状态键值“ OK”（键名“ status”）插入到 Python 字典中。如果该函数出现异常，则不会产生预测结果，“ status”键中将填入“ ERROR”字符串。然后，我们设置输出格式为 json，将 Python 字典转换为 JSON 字符串。

运行代码之后，可以访问网页地址 http://localhost:9099/prediction，输入特征数值，然后会得到 JSON 格式的预测结果。这里不需要浏览器解释 HTTP 响应，因为预测结果的格式为 JSON。因此，我们可以通过不同应用（ wget、browser 或 curl）或任意编程语言（包括 Python）来调用端点。启动上述代码进行测试，在浏览器中输入网址 http://localhost:9099/predictions l=5.1&sw=3.5&pl=1.4&pw=0.2，会得到有效的结果 JSON{"predicted_label": "setosa", "status": "OK"}。如果参数解释出现错误，得到结果将是 JSON {"status": "ERROR"}。这就是你的第一个 ML-AAS。

Bottle 虽然简单快捷，但还有许多函数等待开发，它还不像其他框架那样完备。如果你的应用需要其他特殊的功能功能，可以试试 Flask 或者 Django 模块。

5.4　小结

本章通过可视化例子概述了数据科学的精要，这些示例包括数据、机器学习过程及其结果的基本和高级图形表示。探讨了 matplotlib 中的 pylab 模块，这是最简单、最快速地访问工具包图形功能的方法，使用 pandas 进行 EDA，并且测试了 Scikit-learn 提供的图形工具。所有的例子都像搭积木一样，通过个性定制很容易为你提供快速的可视化模板。

下一章将要介绍图的概念，它是和预测器、目标矩阵不同的数据科学主题。图是当今数据科学的一个热门话题，期待使用图来深入研究非常复杂的社交网络。

第 6 章

社交网络分析

社交网络分析（Social Network Analysis, SNA）是模拟和研究一组以网络形式存在的社会实体之间关系的方法。这里的实体可以是人、计算机或者网页，关系可以是联系实体的连接（link）或者友情等。

在本章，你会学到如下内容：

- 图（Graph），社交网络通常以图的形式表示
- 从图中获取信息的重要算法
- 大型图的装载、输出和采样

6.1 图论简介

从根本上来说，图是一种表示对象集合关系的数据结构。在这种模式下，对象是图的节点，关系是图形的连接（边）。如果图的每条边是有方向的（从概念上来说，就像城市里的单行道一样），则该图是有向图；否则，是无向图。下表给出了一些著名的图的示例。

图　例	类　型	节　点	边
万维网	有向图	网页	链接
脸书（Facebook）	无向图	人	友情
推特（Twitter）	有向图	人	关注者
IP 网	无向图	主机	电线 / 连接
导航系统	有向图	地点 / 地址	街道
维基百科	有向图	页面	锚链接
科学文献	有向图	论文	引用
马尔可夫链	有向图	状态	输出概率

上述所有图的示例都可以表示为节点之间的关系，就像 MySQL 或者 Postgres 等传统关系数据库管理系统（RDBMS）一样。想知道图数据结构的优点，只要想想在 SQL 中对 Facebook 等社交网络的查询是多么复杂就可以了（想象一种帮助寻找你可能认识的人的推荐系统）：

1. 检查以下查询：

```
Find all people who are friends of my friends, but not my friends
```

2. 将上述查询与下面基于图的查询进行比较：

```
Get all friends connected to me having distance=2
```

3. 现在，让我们看看如何使用 Python 创建图或社交网络。本章我们将大量使用的库是 NetworkX，它能够处理从小型到中等的图，功能足够完整、强大：

```
In: %matplotlib inline
    import networkx as nx
    import matplotlib.pyplot as plt

    G = nx.Graph()
    G.add_edge(1,2)
    nx.draw_networkx(G)
    plt.show()
```

下图是上述代码的可视化，展示了两个节点及由它们连成的边：

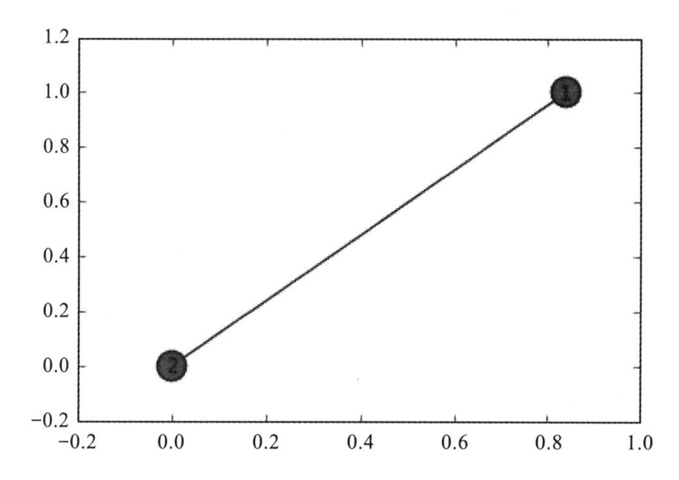

上述命令不言自明，导入模块 NetworkX 后，我们首先定义一个图对象（默认情况下，它是一幅无向图）。然后，在两个节点之间添加边（图本身不带节点，它们会自动创建）。最后，绘制图，图形的布局（节点的位置）由库自动生成。

给图增加其他的节点，使用 .add_note() 方法是非常简单的。例如，如果要添加节点 3 和 4，可以使用如下代码：

```
In: G.add_nodes_from([3, 4])
    nx.draw_networkx(G)
    plt.show()
```

从图形中可以看出，现在我们的图变得越来越复杂了：

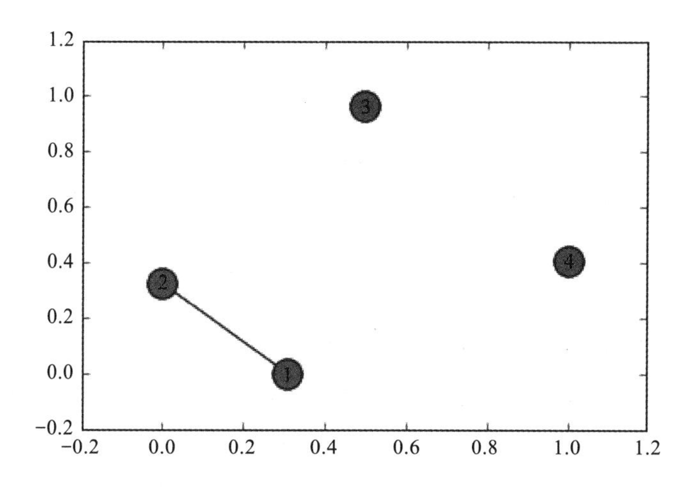

以上代码添加了两个节点，但它们并没有与其他节点连接。同样的方法，可以使用以下代码给图增加另外的边：

```
In: G.add_edge(3,4)
    G.add_edges_from([(2, 3), (4, 1)])
    nx.draw_networkx(G)
    plt.show()
```

通过上面的代码，我们已经将图形中的节点连接起来了：

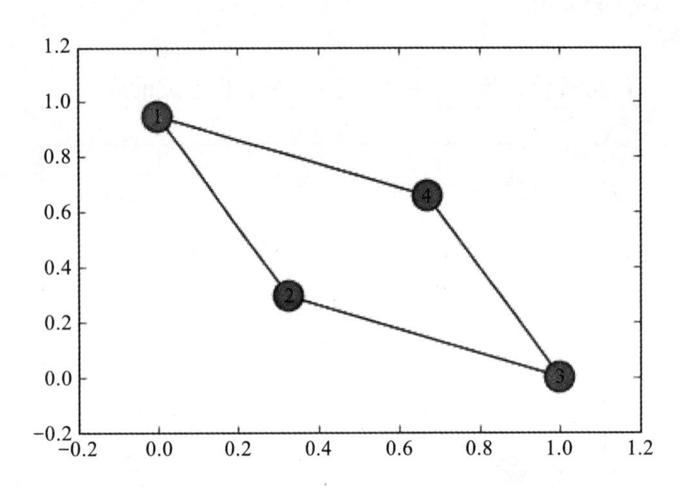

使用 .nodes() 能够获得节点集合，同样，使用 .edges() 能够给出图中边的列表，它们由相连接的节点组成：

```
In: G.nodes()

Out: [1, 2, 3, 4]

In: G.edges()

Out: [(1, 2), (1, 4), (2, 3), (3, 4)]
```

描述图的方法有多种，接下来我们介绍几种最常用的方法。首先，可以使用邻接表（adjacency list）。它列出了每个节点的邻居节点，也就是说，list[0] 以邻接表的形式表示了第一个节点的所有邻居节点：

```
In: list(nx.generate_adjlist(G))

Out: ['1 2 4', '2 3', '3 4', '4']
```

在这种格式中，第一个数字常表示源节点，后面的数字是目标节点，邻接表格式的具体介绍见如下地址：https://networkx.github.io/documentation/stable/reference/readwrite/adjlist.html。

为了使描述更清楚，可以将图表示为列表的字典。这里，节点名称就是字典的键，键值是节点的邻接表：

```
In: nx.to_dict_of_lists(G)

Out: {1: [2, 4], 2: [1, 3], 3: [2, 4], 4: [1, 3]}
```

其次，也可以将图描述为边的集合。输出结果中，每个元组的第三个因素是边的属性，每一个边可以有一个或多个属性（例如权重、基数等）。由于我们创建的图非常简单，下面例子中不包含任何属性。

```
In: nx.to_edgelist(G)

Out: [(1, 2, {}), (1, 4, {}), (2, 3, {}), (3, 4, {})]
```

最后，可以将图描述为 NumPy 矩阵。如果矩阵（i, j）位置的值为 1，则表示节点 i 和 j 之间有一个连接。由于矩阵中只有很少的 1（相对 0 的数目），因此，它通常表示为稀疏矩阵（SciPy）、NumPy 矩阵、pandas 数据框。

注意：矩阵描述具有穷尽性。因此，无向图转换为有向图，连接（i, j）转化成两个连接（i, j）和（j, i）。这种表示称为邻接矩阵（adjacency matrix）或连接矩阵（connection matrix）。

这样，就创建了一个对称矩阵，示例如下：

```
In: nx.to_numpy_matrix(G)

Out: matrix([[ 0., 1., 0., 1.],
             [ 1., 0., 1., 0.],
             [ 0., 1., 0., 1.],
             [ 1., 0., 1., 0.]])

In: print(nx.to_scipy_sparse_matrix(G))

Out:    (0, 1) 1
        (0, 3) 1
        (1, 0) 1
        (1, 2) 1
        (2, 1) 1
        (2, 3) 1
        (3, 0) 1
        (3, 2) 1

In: nx.convert_matrix.to_pandas_adjacency(G)
```

输出结果如下表所示：

	1	2	3	4
1	0.0	1.0	0.0	1.0
2	1.0	0.0	1.0	0.0
3	0.0	1.0	0.0	1.0
4	1.0	0.0	1.0	0.0

当然，如果你想装载一个 NetworkX 图，只需要使用相反的函数（将函数中的“to”改为“from”），你可以从列表字典、边列表以及 NumPy、SciPy 和 pandas 结构中装载 NetworkX 图。

图中节点的重要度量是它的度（degree）。在无向图中，度表示与节点相关联的边的条数。对于有向图，有两种类型的度：入度（in-degree）和出度（out-degree），分别记录指向节点和离开节点的边的数目。让我们为图添加一条边（打破图的平衡），并计算节点的度，具体方法如下：

```
In: G.add_edge(1, 3)
    nx.draw_networkx(G)
    plt.show()
```

得到的图形如下：

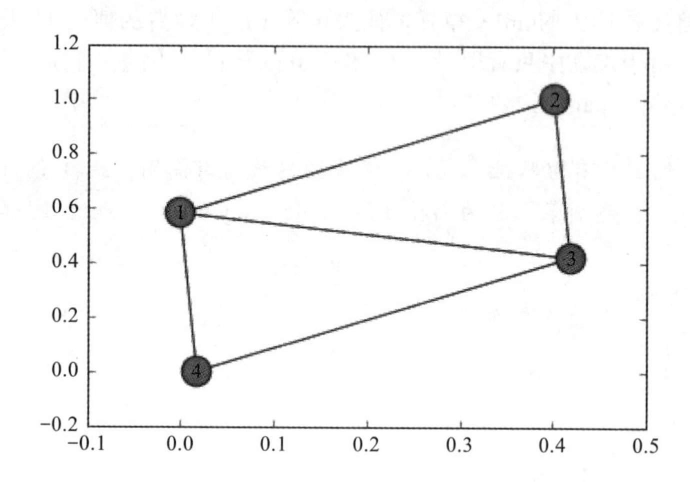

注意： 本章展示的图形可能与你本地计算机上获得的结果图像有所差异，这是因为图像的初始设置是随机参数决定的。

对各节点度的计算结果如下：

```
In: G.degree()

Out: {1: 3, 2: 2, 3: 3, 4: 2}
```

对于大规模的图来说，这种度量是不可行的，因为输出字典对每个节点都需要一个记录。在这种情况下，常常利用节点度的直方图来近似其分布。在下面的例子中，建立了一个具有 10 000 个节点、连接概率是 1% 的随机网络，提取并显示了该网络图节点度的直方图，示例如下：

```
In: k = nx.fast_gnp_random_graph(10000, 0.01).degree()
    plt.hist(list(dict(k).values()))
```

上述代码得到的直方图如下：

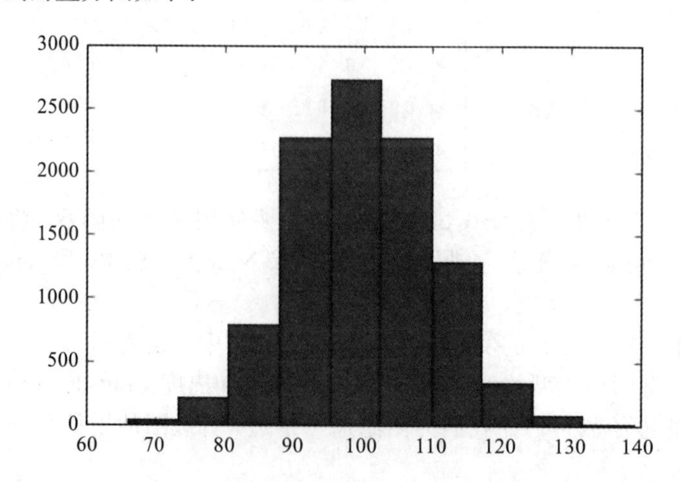

6.2 图的算法

为了从图中获得见解，人们开发了许多算法。在本章中，我们将使用 NetworkX 提供的一幅著名的社交网络图—Krackhardt Kite。它是一种含有 10 个节点的虚拟图，常用于图的算法证明。Krackhardt 是这种结构的创建者，该图具有风筝一样的形状，包含两个不同的区域，在第一个区域（由节点 0 到节点 6 组成）中节点是相互关联的，在第二个区域（节点 7 到节点 9）中节点连接成一个链：

```
In: G = nx.krackhardt_kite_graph()
    nx.draw_networkx(G)
    plt.show()
```

通过下面的图形，你可以查看 Krackhardt Kite 的图形结构：

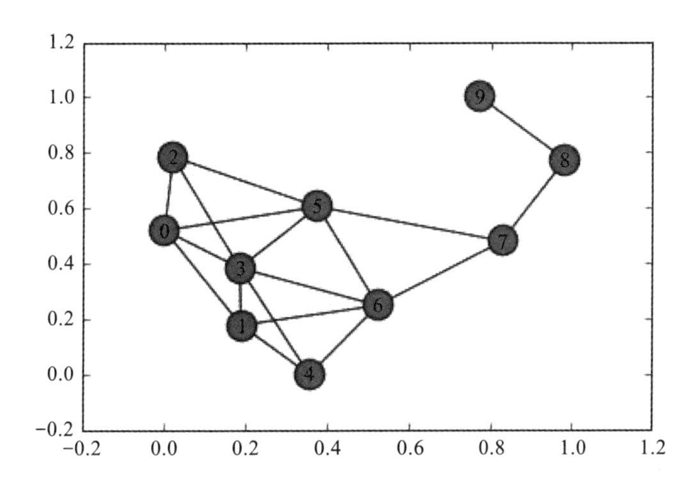

让我们从连通性开始。如果图的两个节点之间至少有一条路径（穿过的点边交替序列），那么这个图是连通的。

如果至少存在一条路径，两个节点之间的最短路径是遍历节点集合最短的那条路径。

注意：在有向图中，路径必须沿着边的方向。

利用 NetworkX 库，检查两个节点之间是否存在路径、计算最短路径及路径长度都很简单。例如，使用如下代码能够检查 Krackhardt Kite 图的连通性，计算节点 1 和节点 9 之间的路径：

```
In: print(nx.has_path(G, source=1, target=9))
    print(nx.shortest_path(G, source=1, target=9))
    print(nx.shortest_path_length(G, source=1, target=9))

Out: True
     [1, 6, 7, 8, 9]
     4
```

该函数只给出了从一个节点到另一个节点的最短路径，如果想得到节点 1 到节点 9 的所有路径该怎么办呢？Jin Yen 提出的算法能够给出答案，该算法通过 NetworkX 中的 shortest_simple_paths 函数来实现。函数返回图中从源节点到目标节点的所有路径，从最短路径到最长路径都包含在内。

```
In: print (list(nx.shortest_simple_paths(G, source=1, target=9)))

Out: [[1, 6, 7, 8, 9], [1, 0, 5, 7, 8, 9], [1, 6, 5, 7, 8, 9],
     [1, 3, 5, 7, 8, 9], [1, 4, 6, 7, 8, 9], [1, 3, 6, 7, 8, 9],
     [1, 0, 2, 5, 7, 8, 9], [...]]
```

最后，NetworkX 提供了另一个方便的函数 all_pairs_shortest_path，它返回一个 Python 字典，包含网络中各节点对之间的最短路径。例如，想查看从节点 5 出发的最短路径，只需要通过关键字 5 查询就可以了：

```
In: paths = list(nx.all_pairs_shortest_path(G))
    paths[5][1]

Out: {0: [5, 0],
      1: [5, 0, 1],
      2: [5, 2],
      3: [5, 3],
      4: [5, 3, 4],
      5: [5],
      6: [5, 6],
      7: [5, 7],
      8: [5, 7, 8],
      9: [5, 7, 8, 9]}
```

和预想的一样，节点 5 与其他节点之间的路径都从节点 5 开始。注意这个结构是一个字典，因此获得节点 a 和节点 b 之间最短路径的方法就是调用 paths[a][b]。在大型网络中要谨慎使用该函数，实际上它在后台会计算所有节点对之间的最短路径，计算复杂度为 $O(N^2)$。

6.2.1 节点中心性的类型

现在我们讨论节点的中心性（centrality），中心性是判定网络中节点重要性的指标，它给出了节点与网络连接的层度。有多种类型的中心性度量指标，接下来我将讨论中介中心性、度中心性、接近中心性和特征向量中心性。

- **中介中心性（betweenness centrality）**：这种类型的中心性以节点的最短路径数目表示节点的重要性。中介中心性高的节点是网络的核心组成部分，有很多最短路径通过中介中心性高的节点。下例中，NetworkX 提供了一种直接的方法来计算所有节点的中介中心性：

```
In: nx.betweenness_centrality(G)

Out: {0: 0.023148148148148143,
      1: 0.023148148148148143,
      2: 0.0,
      3: 0.10185185185185183,
      4: 0.0,
      5: 0.23148148148148148,
      6: 0.23148148148148148,
      7: 0.38888888888888884,
      8: 0.2222222222222222,
      9: 0.0}
```

正如你能想象到的，中介中心性最高的节点是 7。这个节点非常重要，因为它是连接节点 8 和 9 的唯一节点，是它们通向网络的门户。与此相反，节点 9、2 和 4 处在网络的最边缘，它没有出现于网络的任何最短路径上，因此，可以去除这些节点而不影响网络的连接性。

- **度中心性**（degree centrality）：一个节点的度中心性可以简单地理解为与本节点有直接联系的节点占其余节点总数的百分比。需要注意的是，在有向图中每个节点有两个度中心性：入度中心性和出度中心性。让我们来看下面的例子：

```
In: nx.degree_centrality(G)

Out: {0: 0.4444444444444444,
      1: 0.4444444444444444,
      2: 0.3333333333333333,
      3: 0.6666666666666666,
      4: 0.3333333333333333,
      5: 0.5555555555555556,
      6: 0.5555555555555556,
      7: 0.3333333333333333,
      8: 0.2222222222222222,
      9: 0.1111111111111111}
```

正如预期的那样，节点 3 的度中心性最高，因为它的连接数量最多（它与其他 6 个节点相连接）。与此相反，由于与节点 9 连接的只有一条边，节点 9 的度中心性最低。

- **接近中心性**（closeness centrality）：接近中心性反映节点与其他节点之间的接近程度，可以按照如下步骤计算每个节点的接近中心性：计算节点到其他节点最短路径的距离，取其平均值，将平均距离除以最长路径，对以上结果取反。接近中心性的取值范围是 0（表示较大的平均距离）到 1（表示较小的平均距离）。在上面给出的例子中，节点 9 的最短路径距离是 [1，2，3，3，4，4，4，5，5]，最短路径距离的平均值为 3.44，平均值除以最大距离 5，然后再减去 1，从而得到接近中心性 0.31。可以使用如下代码计算图中所有节点的接近中心性：

```
In: nx.closeness_centrality(G)

Out: {0: 0.5294117647058824,
      1: 0.5294117647058824,
      2: 0.5,
      3: 0.6,
      4: 0.5,
      5: 0.6428571428571429,
      6: 0.6428571428571429,
      7: 0.6,
      8: 0.42857142857142855,
      9: 0.3103448275862069}
```

从以上结果可以看出具有高接近中心性的节点是 5、6 和 3。事实上，这些点位于网络的中间，它们平均只需要几次跳跃就能到达其他节点。得分最低的是节点 9，它到达其他节点的平均距离都比较远。

- Harmonic **中心性**（harmonic centrality）：Harmonic 中心性和接近中心性相似，与接近中心性采用相互距离之和的倒数不同，它直接采用相互距离之和作为度量。这样做能够强调极端距离。让我们看看实际网络中 Harmonic 距离的计算情况。

```
In: nx.harmonic_centrality(G)

Out: {0: 6.083333333333333,
      1: 6.083333333333333,
      2: 5.583333333333333,
      3: 7.083333333333333,
      4: 5.583333333333333,
```

```
5: 6.833333333333333,
6: 6.833333333333333,
7: 6.0,
8: 4.666666666666666,
9: 3.4166666666666665}
```

从以上结果可以看出，节点 3 的 Harmonic 中心性最大，节点 5 和节点 6 的数值稍低。再次证明，Harmonic 中心性数值大的节点位于网络中心，它们平均只需要几次跳跃就能到达其他节点。而节点 9 的 Harmonic 中心性最低，它到达其他节点的平均距离最远。

- **特征向量中心性**（eigenvector centrality）：如果一个有向图，用节点表示网页，边表示页面的链接。该图稍作修改就是著名的 PageRank，PageRank 指标由 Larry Page 发明，是谷歌的核心排名算法。它从一个随机浏览者的角度给每个节点一个重要性度量。如果把图当作一个马尔科夫链，图就表示与最大特征值对应的特征向量。因此从这个角度来看，这种概率度量表示访问一个节点的静态分布概率。让我们来看下面的例子：

```
In: nx.eigenvector_centrality(G)

Out: {0: 0.35220918419838565,
      1: 0.35220918419838565,
      2: 0.28583482369644964,
      3: 0.481020669200118,
      4: 0.28583482369644964,
      5: 0.3976909028137205,
      6: 0.3976909028137205,
      7: 0.19586101425312444,
      8: 0.04807425308073236,
      9: 0.011163556091491361}
```

本例中，根据特征向量中心性度量，节点 3 和 9 分别是分值最高和最低的。与度中心性相比，特征值中心性度量给出了浏览者在网络中的静态分布，它不但考虑每一个节点的直接相连接的邻居（如度中心性），还要考虑整个网络结构。如果用图表示网页和它们的链接，这样就能得出最可能或最不可能访问的网页。

最后，我们将介绍聚集系数（clustering coefficient）。简单来说，聚集系数表示节点的邻居节点的比例（即存在三元组或三角形的可能比例）。聚集系数越高表示网络的小世界效应越高。之所以这样命名，是因为它代表了节点聚集在一起的程度。让我们来看下面的例子：

```
In: nx.clustering(G)

Out: {0: 0.6666666666666666,
      1: 0.6666666666666666,
      2: 1.0,
      3: 0.5333333333333333,
      4: 1.0,
      5: 0.5,
      6: 0.5,
      7: 0.3333333333333333,
      8: 0.0,
      9: 0.0}
```

较高的聚集系数出现在图中具有高连通性的区域，较低的聚集系数出现在图中连通性低的区域。

6.2.2 网络划分

现在，让我们来看看将网络划分为多个子网络的方法。一个最常用的算法是 Louvain 方法，它是专门用来从大规模图（具有百万个节点）中精确地检测社区（community）的方法。首先介绍模块化度量（modularity measure），它是一种图（非面向节点的图）结构的度量，其正式的数学定义非常复杂，超出了本书的范围（读者可以通过以下网站获得更多信息：https://sites.google.com/site/findcommunities/）。它是网络社区划分质量的直观测量，模块度分值区间是 -0.5 到 +1.0，该数值越高表示划分出的社区结构越好（具有紧密的组内连通性，以及稀疏的组间连通性）。

Louvain 方法是一个两步迭代算法，首先进行局部优化，然后进行全局优化，接着再进行局部优化，依此类推。

1. 在第一步中，算法对小社区的模块度进行局部最大化。

2. 然后，它将同一个社区聚合为一个节点，分层建一个以社区为节点的图。

3. 算法不断重复这两个步骤，直到得到最大的全局模块度。

为了一窥该算法在实例中的应用，首先需要创建一幅更大的图，我们考虑建立一个具有 100 个节点的随机网络。

1. 本例使用 powerlaw 算法创建图，powerlaw 算法能够保持最大的平均聚类。

2. 图中新增的节点附加两个参数，随机边数 m 和组成三角形的概率 p。

3. NetworkX 库不提供创建图的源代码，它包含在名为 community.py 的单独模块中。下面的例子给出了该算法的实现过程：

```
In: import community
    # Module for community detection and clustering

    G = nx.powerlaw_cluster_graph(100, 1, .4, seed=101)
    partition = community.best_partition(G)

    for i in set(partition.values()):
        print("Community", i)
        members = [nodes for nodes in partition.keys()
                   if partition[nodes] == i]
        print(members)

    values = [partition.get(node) for node in G.nodes()]
    nx.draw(G, pos=nx.fruchterman_reingold_layout(G),
            cmap = plt.get_cmap('jet'),
            node_color = values,
            node_size=150,
            with_labels=False)
    plt.show()
    print ("Modularity score:", community.modularity(partition, G))

Out: Community 0
     [0, 46, 50, 61, 73, 74, 75, 82, 86, 96]
     Community 1
     [1, 2, 9, 16, 20, 28, 29, 35, 57, 65, 78, 83, 89, 93]
     [...]
     Modularity score: 0.7941026425874911
```

程序的第一个输出是从图中检测出的社区列表（每个社区都是节点的集合），本例共检测出八个社区。需要强调的是我们没有指定输出社区的数目，它是由算法自动确定的。与其他聚类算法不同（例如，k-means 算法需要类别数作为已知参数），这是一个非常好的特性。

然后，我们将图打印输出，为每个社区分配不同的颜色，可以看出边缘节点上的颜色一致性很好。

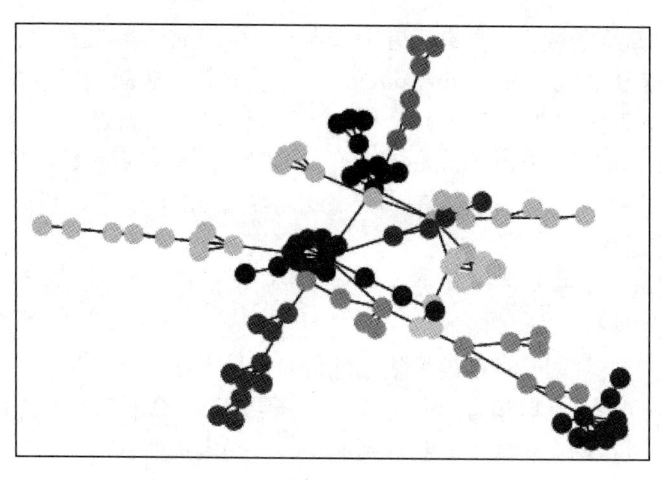

（见彩插）

最后，算法返回该方案的模块度数值：0.79（这是一个相当高的分值）。

最后一个算法是图的着色。着色是一种图形化的方法，用来给节点分配标签，邻居节点必须有不同的标签或颜色。为了解释这个算法的重要性，我们将举一个实际的例子。电信网络由分布在世界各地不同频率的天线组成。假设每个天线都是一个节点，把频率作为节点的标签。如果天线的距离小于规定的距离——比如会引起干扰的距离，将这样的节点用边来相连。如果需要找到分配不同频率的最小数目（尽量降低公司成本），同时还要避邻近天线之间的干扰（给连接节点分配不同频率），我们能够找到这样的解决方案吗？图着色算法就能给出解决方法。

理论上，这类算法的求解是 NP 难题，虽然有许多近似算法能快速获得次优解，但几乎不可能找到最优解。NetworkX 实现了一个着色问题的贪婪算法。函数返回一个包含每个节点（键）和颜色（键值）的字典。例如，让我们看看上述示例中图的颜色分配情况，接着我们看看它是怎样着色的：

```
In: G = nx.krackhardt_kite_graph()
    d = nx.coloring.greedy_color(G)
    print(d)
    nx.draw_networkx(G,
       node_color=[d[n] for n in sorted(d.keys())])
    plt.show()

Out:{3: 0, 5: 1, 6: 2, 0: 2, 1: 1, 2: 3, 4: 3, 7: 0, 8: 1, 9: 0}
```

图的示意图如下，每个连接节点使用不同的颜色表示：

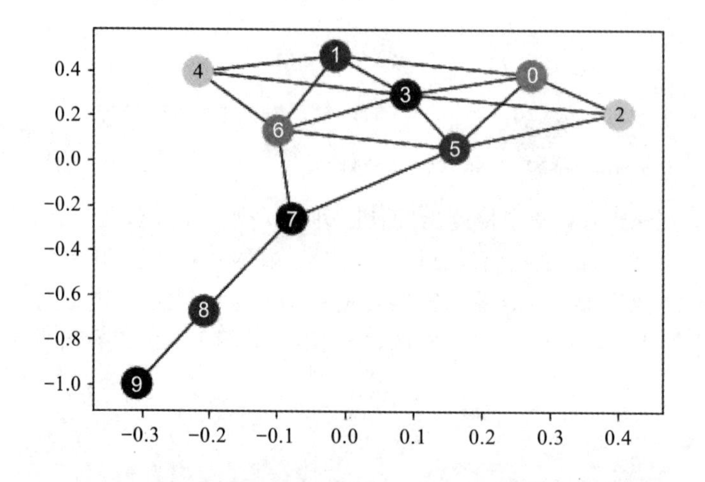

和预期的一样，连接节点具有不同的颜色。对于这种网络配置，似乎只需要四种颜色就可以了。它是一个电信网络，那意味着四个频率就可以避免干扰。

6.3 图的装载、输出和采样

除了 NetworkX，还可以采用其他软件对图和网络进行生成和分析，其中一个最好的开源跨平台软件是 Gephi。Gephi 是一种可视化工具，不需要特殊的编程技巧，可以在 http://gephi.github.io 网站上免费获得。

和机器学习数据集一样，图也有自己的标准格式以进行存储、加载和交换等操作。这样，就可以使用 NetworkX 进行图的创建，然后输出到文件中，再使用 Gephi 进行装载和分析。

最常用的一种图格式是图建模语言（Graph Modeling Language, GML）。现在，让我们通过示例看看如何将图转存为 GML 文件：

```
In: dump_file_base = "dumped_graph"

    # Be sure the dump_file file doesn't exist
    def remove_file(filename):
        import os
        if os.path.exists(filename):
        os.remove(filename)

G = nx.krackhardt_kite_graph()

# GML format write and read
GML_file = dump_file_base + '.gml'
remove_file(GML_file)

to_string = lambda x: str(x)
nx.write_gml(G, GML_file, stringizer=to_string)
to_int = lambda x: int(x)
G2 = nx.read_gml(GML_file, destringizer = to_int)
assert(G.edges() == G2.edges())
```

在前面的代码中，我们做了如下操作：

1. 我们删除了转储文件，如果该文件确实存在的话。
2. 接着，我们创建一幅 Kite 图，然后对图进行转储和装载。
3. 最后，对原始图和加载图的结构进行比较，确定它们是一样的。

除了 GML，还有多种图格式，每种格式都有不同的特点。需要注意的是，有些格式会去除部分网络信息（如边、节点等属性）。与 write_gml 及 read_gml 函数类似，对于其他格式也有相应的函数：

- 邻接表（read_adjlist 和 write_adjlist）
- 多行邻接表（read_multiline_adjlist 和 write_ multiline_adjlist）
- 边列表（read_edgelist 和 write_edgelist）
- GEXF (read_gexf 和 write_gexf)
- Pickle (read_gpickle 和 write_gpickle)
- GraphML (read_graphml 和 write_graphml)
- LEDA (read_leda 和 parse_leda)
- YAML (read_yaml 和 write_yaml)
- Pajek (read_pajek 和 write_pajek)
- GIS Shapefile (read_shp 和 write_shp)

- JSON (load/loads 和 dump/dumps 提供了 JSON 对象的序列化操作)

本章最后一个主题是图的采样（sampling）。为什么要对图进行采样呢？那是因为直接处理大规模的图有时候是不可行的（处理时间与图的大小成正比）。因此，最好对图进行采样，创建一个在小尺度情形下应用的算法，然后在全尺度问题上进行测试。图的采样方法有多种，这里我们将介绍三种最常用的技术。

第一种技术称为节点采样（node sampling），节点的有限子集以及它们的连接形成了采样集合。第二种技术称为连接采样（link sampling），连接子集形成采样集合。这两种方法都简单、快速，但它们有可能创建一个不同结构的网络。第三种方法是滚雪球采样（snowball sampling），初始节点、它的所有邻居、它邻居的邻居（以这种方式不断扩大选集，直到达到最大的遍历深度）形成采样集合。换言之，这样的挑选就像滚雪球一样。

注意：也可以对已经遍历的连接进行二次采样。也就是说，在输出集合中每个连接都以概率 p 被选择。

滚雪球采样方法并没有包含在 NetworkX 库中，但是可以在 snowball_sampling.py 文件中找到它的实现。

在下面的例子中，我们将对 LiveJournal 网络进行二次采样，初始节点是 ID 为 alberto 的人，然后分别递归扩展两次（第一个例子）和三次（第二个例子）。在第二种情况下，每一个连接具有 20% 的选择概率，从而降低了检索时间。示例如下：

```
In: import snowball_sampling
    import matplotlib.pyplot as plot
    my_social_network = nx.Graph()
    snowball_sampling.snowball_sampling(my_social_network, 2, 'alberto')
    nx.draw(my_social_network)
    ax = plot.gca()
    ax.collections[0].set_edgecolor("#000000")
    plt.show()

Out:  Reching depth 0
      new nodes to investigate: ['alberto']
      Reching depth 1
      new nodes to investigate: ['mischa', 'nightraven', 'seraph76',
      'adriannevandal', 'hermes3x3', 'clymore', 'cookita', 'deifiedsoul',
      'msliebling', 'ph8th', 'melisssa', '______eric_', 'its_kerrie_duhh',
      'eldebate']
```

采样代码的结果如下：

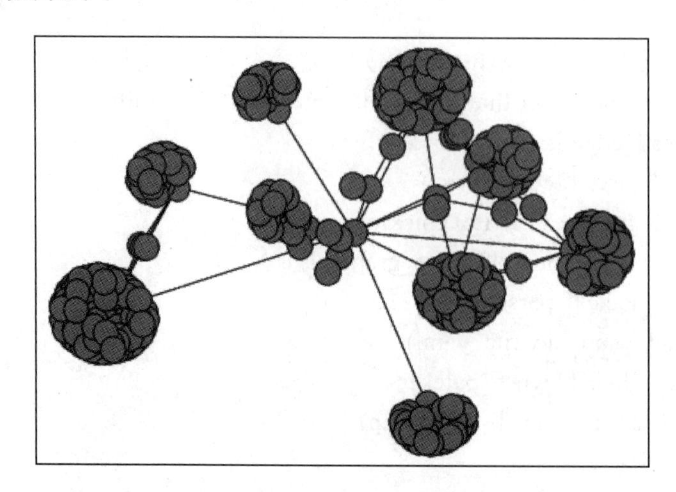

现在我们将继续使用特定的采样率 0.2：

```
In: my_sampled_social_network = nx.Graph()
    snowball_sampling.snowball_sampling(my_sampled_social_network, 3,
                                        'alberto', sampling_rate=0.2)
    nx.draw(my_sampled_social_network)
    ax = plot.gca()
    ax.collections[0].set_edgecolor("#000000")
    plt.show()

Out:  Reching depth 0
      new nodes to investigate: ['alberto']
      Reching depth 1
      new nodes to investigate: ['mischa', 'nightraven', 'seraph76',
      'adriannevandal', 'hermes3x3', 'clymore', 'cookita', 'deifiedsoul',
      'msliebling', 'ph8th', 'melisssa', '______eric_', 'its_kerrie_duhh',
      'eldebate']
      Reching depth 2
      new nodes to investigate: ['themouse', 'brynna', 'dizzydez', 'lutin',
      'ropo', 'nuyoricanwiz', 'sophia_helix', 'lizlet', 'qowf', 'cazling',
      'copygirl', 'cofax7', 'tarysande', 'pene', 'ptpatricia', 'dapohead',
      'infinitemonkeys', 'noelleleithe', 'paulisper', 'kirasha',
'lenadances',
      'corianderstem', 'loveanddarkness', ...]
```

得到的图形更加详细：

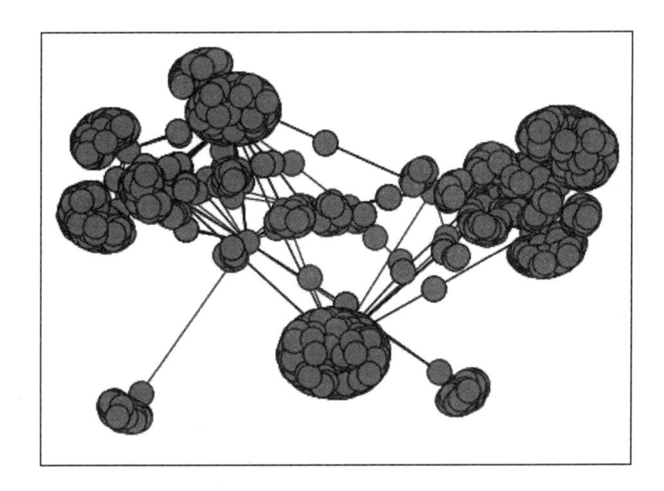

6.4　小结

在本章，我们学习了什么是社交网络——包括它的创建、修改和表示，还有关于社交网络的重要度量及节点。最后，我们讨论了大型图的装载、保存以及处理方法。

到本章为止，已经介绍了几乎所有基本的数据科学算法（我们在第 4 章讨论了机器学习技术，本章讨论了社交网络分析方法）。我们将在下一章“深度学习进阶”中，讨论最先进和最尖端的深度学习和神经网络技术。

第 7 章
深度学习进阶

本章将介绍深层模型，我们将展示三个如何构建深层模型的示例。更具体地说，你在本章中将学到以下内容：

- 深度学习的基础知识
- 如何优化深度网络
- 深度网络的速度、复杂度、准确性问题
- 如何利用 CNN 进行图像分类
- 如何使用预训练网络进行分类和迁移学习
- 如何使用 LSTM 对序列数据进行操作

我们将使用 Keras 软件包（https://keras.io/），它是用于深度学习的高级 API，可以使深度学习神经网络构建变得更容易并且更易于理解，因为它的特点就像搭乐高积木，只不过这里的积木是指神经网络的组成元素。

7.1 走近深度学习

深度学习（deep learning）是使用神经网络的经典机器学习方法的扩展——与传统的构建几层网络（所谓的浅层网络）不同，我们可以堆叠数百层的网络来创建一个精心设计但更强大的学习器。深度学习是目前最流行的人工智能（AI）方法之一，因为它非常有效并且有助于解决模式识别中的许多问题，例如目标识别或序列识别，这些任务使用标准机器学习工具似乎是不可完成的。

神经网络的思想来自于人类中枢神经系统，系统中多个可以处理简单信息的节点（神经元）连接在一起形成一个能处理复杂信息的网络。事实上，神经网络之所以如此命名，是因为它可以自动和自适应地学习模型节点的权重，而且给定足够复杂的网络架构，它们能够模拟任何非线性函数。深度学习中，节点经常称为单元（unit）或者神经元（neuron）。

让我们看一下深度学习网络结构的构建方法及其组成，首先看一个用于分类问题的小型深层架构，它由如下图所示的三层网络组成。

该网络具有以下特征：

- 它有三层。左边称为输入层，右边称为输出层，中间称为隐藏层。通常，神经网络总会有一个输入层和一个输出层，同时还会有 0 个或者多个隐藏层，当隐藏层数为 0 时，整个网络就变成一个逻辑回归系统。

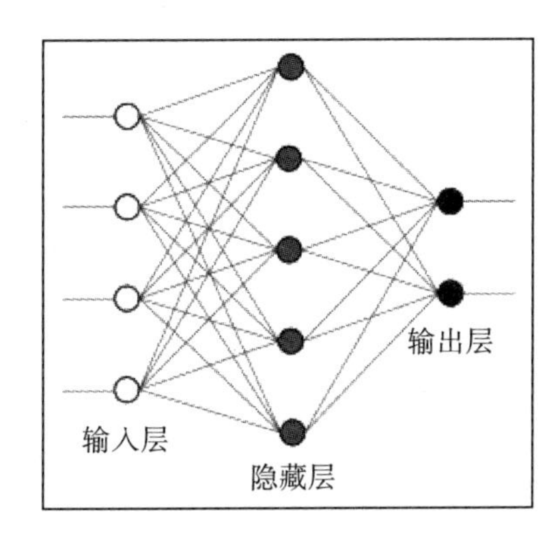

- 输入层由 4 个神经元组成。这意味着每个观测向量由 5 个数值特征组成，即观测矩阵有 5 列。注意，特征必须是限定范围内的数值形式，为了实现更好的数值收敛，理想的观测特征范围是 [0, +1]，有时候 [−1,+1] 也是可以的。因此，分类特征需要经过预处理以转换成数值形式。
- 输出层由 2 个神经元组成。这意味着我们想要区分两个输出类别（即执行一个二分类）。对于回归问题，输出层只有一个神经元。
- 隐藏层由 5 个神经元组成。需要注意的是，并没有特定的规则规定深层结构中隐藏层的数量和每个隐藏层应该拥有的节点数。这些参数留给科学家去设置，他们通常需要一些优化和调优的方法使模型达到最佳效果。
- 每个连接都有一个与之关联的权重。这些权重会在算法学习的过程中得以优化。

注意： 输入层的每个神经元都与下一层的所有神经元相连接。同一层中的神经元不会相互连接，层间距离大于 1（不相邻层）的神经元也不会相连。

在本示例中，信息流是向前传递的，即从输入层通过隐藏层，最终到达输出层。在有些文献中，这种网络也称为前馈神经网络（feed-forward neural network）。

神经网络是怎样生成最后的预测结果呢？让我们逐步分析它是如何工作的。

1. 从隐藏层的顶部神经元开始，它对第一层的输出向量（输入层的观测向量）和网络连接权重向量执行一个点积运算，这里的权重向量是指第一层与隐藏层第一个神经元之间的连接权重。

2. 然后使用神经元的激活函数对上述结果进行变换。

3. 对隐藏层中的所有神经元都重复这样的操作。

4. 最后，可以利用同样的方式计算隐藏层和输出层之间的前馈传播数值，从而生成神经网络的输出。

这个过程看起来十分简单，实际上却是由多个十分复杂的并行的任务组成。最后，我们需要对激活函数进行说明：什么是激活函数？为什么需要激活函数？激活函数有助于使二元决策更加分离（它使得决策边界是非线性的，因此有助于更好地分离示例），它反映了每一个神经元的属性或特性。理想情况下，尽管我们通常都按层来设置激活函数，每一个神经元应该具有不同的激活函数。

典型的激活函数有 sigmoid、tanh（双曲正切）和用于分类问题的 softmax 等，其中最受欢迎的激活函数是 ReLU（修正线性单元）。ReLU 实际上是一个取最大值的函数，输出结果是 0 或者输入之间的最大值，这里的输入是指上一层的输出结果与连接权重之间的点积。

激活函数和神经元数量、隐藏层数一样都是深度网络的参数，应该让科学家去优化这些参数，以获得深度网络更好的性能。

训练多层神经网络是很困难的任务，因为有大量的参数需要调试（有时候是数百万个）。给连接分配权重的常用方法是使用类似梯度下降的方法，它称为反向传播，因为它将误差值从输出层传播回输入层，根据网络中梯度误差的比例更新每个权重。初始权重是随机分配的，但是几步之后，这些参数应该逐渐收敛于最优值。

这只是对深度学习和神经网络的简短介绍，如果你对该主题感兴趣，并想要进行深入研究，推荐观看 Packt 出版社的系列视频，从中可以得到对深度学习更好的解释，并掌握学习过程中一些好的技巧。

- “Deep Learning with Python”视频（https://www.packtpub.com/big-data-and-business-intelligence/deep-learning-python-video）
- “Deep Learning with TensorFlow”视频（https://www.packtpub.com/big-data-and-business-intelligence/deep-learning-tensorflow-video）

现在来看一些实例：如何使用神经网络解决分类问题。在这个例子中，我们将会用到 Theano 和 Keras 两个深度学习框架。Theano 是一个使用低层原语的 Python 库，通常用于深度学习，可以利用当前 GPU 和数值加速技术来高效地处理多维数组。Keras 是一个高级、快速和模块化的 Python 库，能使神经网络在不同的数值计算框架上运行，如 TensorFlow、Microsoft Cognitive Tool（之前的名称为 CNTK）或 Theano。

7.2　使用 CNN 进行图像分类

现在让我们将深度神经网络应用于图像分类问题。在这里，我们将尝试从图像中预测交通标志。对于这个任务，我们将使用卷积神经网络（Convolutional Neural Network，CNN），CNN 能够利用图像中相邻像素之间的空间相关性，这也是深度学习在处理这类问题时的最好方法。

注意：数据集的下载地址：http://benchmark.ini.rub.de/ection=gtsrbsubsection=dataset。非常感谢免费发布数据集的团队，如果要使用该数据集请引用如下文献：

J Stallkamp, M Schlipsing J Salmen, C Igel. The German Traffic Sign Recognition Benchmark: A multi-class classification competition[C]. IEEE International Joint Conference on Neural Networks, pages 1453–1460. 2011.

首先，下载数据集，然后解压缩。数据集的文件名是 GTSRB_Final_Training_Images.zip，解压缩后将得到一个名为 GTSRB 的新目录，其中包含了 Jupyter Notebook 位于同一目录中的所有图像。

接下来，导入 Keras 并检查后端是否配置正确。本章中，我们将使用 TensorFlow 后端，并在该后端测试所有代码。

注意：后端选择是可逆的。如果你想从 TensorFlow 切换到另一个后端，请按照这里的指南操作：https://keras.io/backend。使用 Keras 编写的脚本无论使用何种后端都可以成功运行（但计算时间和最小化错误的性能可能不同）。

要检查后端，请运行以下代码，检查操作是否执行成功、所得到的输出结果与这里报告的结果是否匹配。

```
In: import keras

Out: Using TensorFlow backend.
```

现在是开始处理的时候了，因此我们必须为这个任务定义一些静态参数。主要有两个参数：我们想要识别的不同交通标志的数量（即分类的数量）和图片的大小。第一个参数分类的数量是 43，也就是说我们有 43 个不同的交通标志要识别。

第二个参数是图像大小，这个参数很重要，因为输入图像可以是不同的大小和形状，我们需要将它们调整到一个标准的尺寸，以便在我们的深度网络中运行。我们选择 32×32 像素作为标准尺寸：它足够小，可以识别标志，同时，也不需要太多的内存（每个灰度图像仅使用 1024 字节或 1KB）。增加图像尺寸意味着增加保存数据集所需的内存，也会增加深度网络的输入层节点和必要的计算时间。在很多文献中，32×32 是只有一个项目图像的标准选择。因此，在我们的例子中，我们有充分的理由决定使用这种图像尺寸。

```
In: N_CLASSES = 43
    RESIZED_IMAGE = (32, 32)
```

现在，我们必须读取图像并调整它们的大小，创建观测矩阵以及标签数组。为此，我们执行以下步骤：

1. 导入处理所需的模块。最重要的模块是 Scikit-learning 或 sklearn，它包含处理图像的大量函数。

2. 逐个读取图像。图像类别标签包含在路径中。例如，图像 GTSRB/Final_Training/Images/00000/00003_00024.ppm 的标签是 00000，也就是 0；图像 GTSRB/Final_Training/Images/00025/00038_00005.ppm 的标签是 00025，也就是 25。标签存储为标签编码数组，该数组长 43 个单元，其中只有一个单元的值为 1，其他单元均为 0。

3. 图像以 PPM（便携式 PixMap）格式存储，它以无损的方式将像素存储在图像中。图像处理包 Scikit-image 或者 skimage（https://scikitimage.org /）使用 imread 函数就能读取 PPM 格式的图像。如果你的系统中尚未安装 Scikit-image 软件包，只需在 shell 中键入以下内容：conda install scikit-image 或 pip install -U scikit-image。imread 函数的返回对象是 3D NumPy 数组。

4. 3D NumPy 数组是图像的像素表示，它包含红色、蓝色和绿色三个通道，然后将该数组转换为灰度图像。在这里，图像首先转换为 LAB 颜色空间的（参见 https://hidefcolor.com/blog/colormanagement/what-is-lab-color-space，相对其他颜色空间，LAB 色彩的感知更加线性化，这意味着相同的颜色变化量会产生相同的视觉重要性影响），然后保持第一个包含亮度信息的通道。同样，这种操作很容易用 skimage 来完成。最后，我们得到一个包含图像像素的一维 NumPy 数组。

5. 再一次使用 skimage 中的函数，将图像尺寸调整为 32×32 像素。

6. 最后，将所有图像压缩成四维矩阵：第一维用于检索数据集中的图像；第二维和第三维分别代表图像的高度和宽度；最后一个维度是图像通道。这样，对于 39 208 幅图像数据集，每幅图包含 32×32 个灰度像素，那么观测矩阵的形状为（39208, 32, 32, 1）。

7. 图像标签被压缩成二维矩阵。其中，第一维是图像的索引，第二维是图像类别。因为有同样的图像数量以及 43 个可能的类别，所以标签矩阵的形状为（39208, 43）。

所有 7 个步骤可以转化为如下代码：

```
In: import matplotlib.pyplot as plt
    import glob
    from skimage.color import rgb2lab
    from skimage.transform import resize
    from collections import namedtuple
    import numpy as np
    np.random.seed(101)
    %matplotlib inline

    Dataset = namedtuple('Dataset', ['X', 'y'])

    def to_tf_format(imgs):
        return np.stack([img[:, :, np.newaxis] for img in imgs],
                        axis=0).astype(np.float32)

    def read_dataset_ppm(rootpath, n_labels, resize_to):
        images = []
        labels = []
        for c in range(n_labels):
            full_path = rootpath + '/' + format(c, '05d') + '/'
            for img_name in glob.glob(full_path + "*.ppm"):
                img = plt.imread(img_name).astype(np.float32)
                img = rgb2lab(img / 255.0)[:,:,0]
                if resize_to:
                    img = resize(img, resize_to, mode='reflect',
                                 anti_aliasing=True)
                label = np.zeros((n_labels, ), dtype=np.float32)
                label[c] = 1.0
                images.append(img.astype(np.float32))
                labels.append(label)
        return Dataset(X = to_tf_format(images).astype(np.float32),
                       y = np.matrix(labels).astype(np.float32))

    dataset = read_dataset_ppm('GTSRB/Final_Training/Images', N_CLASSES,
                               RESIZED_IMAGE)
    print(dataset.X.shape)
    print(dataset.y.shape)

Out: (39209, 32, 32, 1)
     (39209, 43)
```

数据集由将近 40 000 个图像组成，经过颜色空间变换和图像大小调整之后，让我们看看第一幅图像是什么样子的：

```
In: plt.imshow(dataset.X[0, :, :, :].reshape(RESIZED_IMAGE))
    print("Label:", dataset.y[0, :])

Out: Label: [[1. 0. 0. 0. 0. 0. 0. 0. 0. 0. 0. 0. 0. 0. 0. 0. 0. 0. 0. 0.
             0. 0. 0. 0. 0. 0. 0. 0. 0. 0. 0. 0. 0. 0. 0. 0. 0. 0. 0. 0.
             0. 0. 0.]]
```

绘制的样本图像如下：

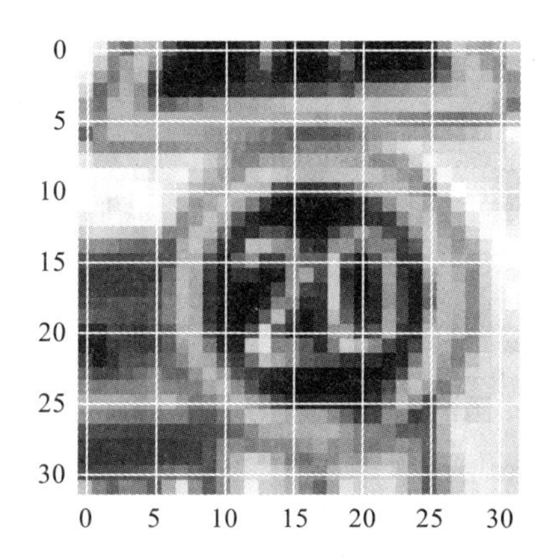

即使图像的清晰度很低，只有 32 × 32 像素，我们也可以立即识别出它所表示的标志符号。到目前为止，重塑操作似乎使图像更易于理解，甚至对人类也是如此。再次注意，标签是 43 维向量，由于此图像属于第一个类别（即 00000 类），因此标签向量的第一个元素不为空。

另一幅不同类别的图像如下图所示。它是数据集中第 1000 幅图像，其类别号为 2（事实上，它是一个不同的标志符号）。

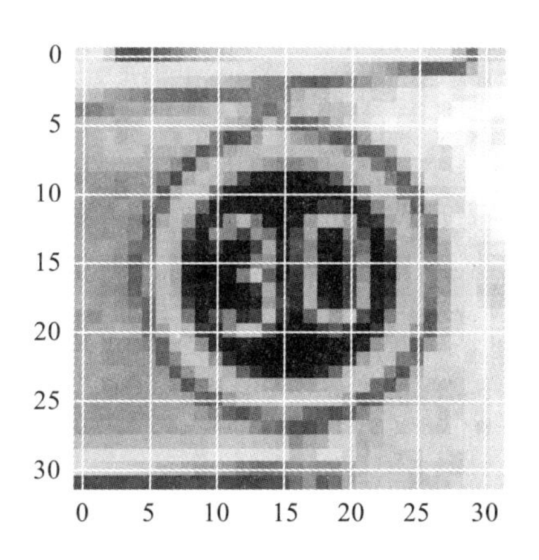

现在将数据集拆分为训练集和测试集。我们使用 Scikit-learn 随机分离并打乱图像顺序。在这个单元格中，我们选择数据集中 25% 的数据作为测试集，即将近 10 000 幅图像，留下其他 29 000 多幅图像用于训练深度网络：

```
In: from sklearn.model_selection import train_test_split
    idx_train, idx_test = train_test_split(range(dataset.X.shape[0]),
                                           test_size=0.25,
                                           random_state=101)
    X_train = dataset.X[idx_train, :, :, :]
    X_test = dataset.X[idx_test, :, :, :]
    y_train = dataset.y[idx_train, :]
    y_test = dataset.y[idx_test, :]

    print(X_train.shape)
    print(y_train.shape)
    print(X_test.shape)
    print(y_test.shape)

Out: (29406, 32, 32, 1)
     (29406, 43)
     (9803, 32, 32, 1)
     (9803, 43)
```

下面是创建卷积深层网络的时候了。我们从一个简单易懂的神经网络开始，然后转向一些较复杂但更精确的神经网络。

使用 Keras 创建深层网络非常简单：你必须按顺序逐层定义网络结构。Keras 对象需要在名为 Sequential 的序列中定义各层神经网络。这里，我们将创建一个三层深度网络：

1. 输入层，定义为 2D 卷积层（实际上是图像和卷积核之间的卷积操作），包含 32 个形状为 3×3 像素的滤波器和一个 ReLU 类型的激活层。

2. 使前一层的输出变扁平的层。也就是说，将方形的观测矩阵展开，用来创建 1D 数组。

3. 密集输出层，使用由 43 个单元组成的 softmax 激活函数，每个单元代表一个类别。

然后对模型进行编译，最后将其拟合到训练数据。在此操作中，我们选择了以下参数：

- 优化器：最简单的优化器 SGD
- 批量大小：每批 32 幅图像
- epoch 数：10

以下代码将生成刚刚描述的模型：

```
In: from keras.models import Sequential
    from keras.layers.core import Dense, Flatten
    from keras.layers.convolutional import Conv2D
    from keras.optimizers import SGD
    from keras import backend as K
    K.set_image_data_format('channels_last')
    def cnn_model_1():
        model = Sequential()
        model.add(Conv2D(32, (3, 3),
                  padding='same',
                  input_shape=(RESIZED_IMAGE[0], RESIZED_IMAGE[1], 1),
                  activation='relu'))
        model.add(Flatten())
        model.add(Dense(N_CLASSES, activation='softmax'))
        return model

    cnn = cnn_model_1()
    cnn.compile(loss='categorical_crossentropy',
               optimizer=SGD(lr=0.001, decay=1e-6),
               metrics=['accuracy'])
    cnn.fit(X_train, y_train,
            batch_size=32,
            epochs=10,
            validation_data=(X_test, y_test))

Out: Train on 29406 samples, validate on 9803 samples
     Epoch 1/10
     29406/29406 [==============================] - 11s 368us/step -
     loss: 2.7496 - acc: 0.5947 - val_loss: 0.6643 - val_acc: 0.8533
     Epoch 2/10
     29406/29406 [==============================] - 10s 343us/step -
     loss: 0.4838 - acc: 0.8937 - val_loss: 0.4456 - val_acc: 0.9001
     [...]
     Epoch 9/10
     29406/29406 [==============================] - 10s 337us/step -
     loss: 0.0739 - acc: 0.9876 - val_loss: 0.2306 - val_acc: 0.9553
     Epoch 10/10
     29406/29406 [==============================] - 10s 343us/step -
     loss: 0.0617 - acc: 0.9897 - val_loss: 0.2208 - val_acc: 0.9574
```

最终的精度在训练集上接近 99%，在测试集上达到 96%。我们的模型有点过拟合，但是，让我们看看该模型在测试集上的混淆矩阵和分类报告。我们还将打印混淆矩阵的 log2 以便更好地识别分类错误。

为此，首先需要对分类标签进行预测，然后应用 argmax 算子选择最有可能的类别：

```
In: from sklearn.metrics import classification_report, confusion_matrix

    def test_and_plot(model, X, y):
        y_pred = cnn.predict(X)
        y_pred_softmax = np.argmax(y_pred, axis=1).astype(np.int32)
        y_test_softmax = np.argmax(y, axis=1).astype(np.int32).A1
        print(classification_report(y_test_softmax, y_pred_softmax))
        cm = confusion_matrix(y_test_softmax, y_pred_softmax)
        plt.imshow(cm, interpolation='nearest', cmap=plt.cm.Blues)
        plt.colorbar()
        plt.tight_layout()
        plt.show()
        # And the log2 version, to emphasize the misclassifications
        plt.imshow(np.log2(cm + 1), interpolation='nearest',
                   cmap=plt.get_cmap("tab20"))
        plt.colorbar()
```

以下是诊断图，它们提供了对模型性能的证明：

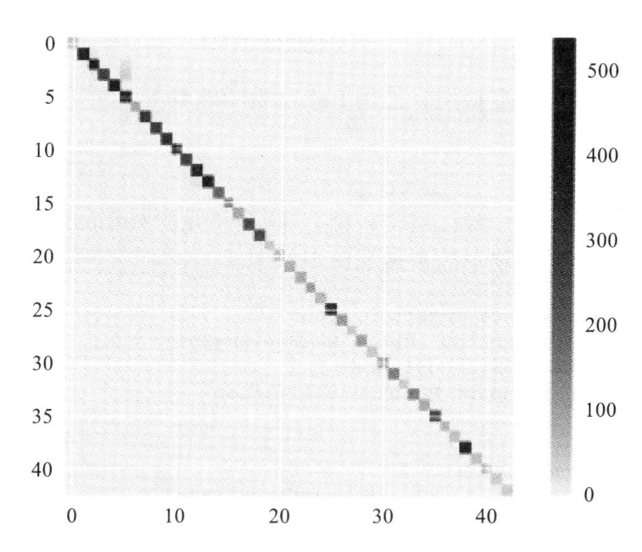

下面是混淆矩阵的 log2 版本：

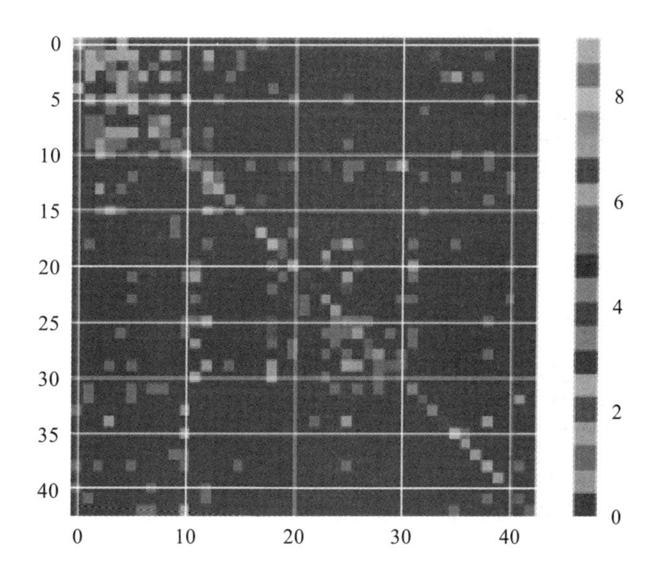

分类效果看起来已经很好了。我们能不能对模型进行改进并避免过拟合呢？答案是肯定的，下面是我们采用的方法：

- 丢弃层：这相当于正则化，它可以防止过拟合。基本上来说，在训练过程的每一步，都有部分单元关闭激活，因此该层的输出不仅仅依赖其中的一些单元。
- 批量标准化层：通过减去批数据的均值再除以标准差，在该层实现 z 标准化。它对于重新定位数据非常有用，并且在每个步骤上放大 / 衰减信号。
- 最大池化层：这是一个非线性变换，对卷积核下的区域采用最大滤波器，对输入进行下采样。它用于选择最大特征，最大特征可以处于同类中稍微不同的位置。

除此之外，还可以改变深度网络结构和训练属性。也就是，优化器（及其参数）、批量大小和迭代数。在下一单元中，改进的深度网络的各层结构如下：

1. 卷积层，使用 32 个 3×3 滤波器和 ReLU 激活函数。
2. 批量标准化层。
3. 紧跟批量标准化层的另一个卷积层。
4. 丢弃层，丢弃概率为 0.4。
5. 扁平化层。
6. 具有 512 个单元的密集连接层，使用 ReLU 激活函数。
7. 批量标准化层。
8. 丢弃层，丢弃概率为 0.5。
9. 输出层；与前面的例子一样，这是一个有 43 个单元的 softmax 密集连接层。

这个深度网络在我们数据集上的表现如何呢？

```
In: from keras.layers.core import Dropout
    from keras.layers.pooling import MaxPooling2D
    from keras.optimizers import Adam
    from keras.layers import BatchNormalization

    def cnn_model_2():
        model = Sequential()
        model.add(Conv2D(32, (3, 3), padding='same',
                         input_shape=(RESIZED_IMAGE[0], RESIZED_IMAGE[1], 1),
                         activation='relu'))
        model.add(BatchNormalization())
        model.add(Conv2D(32, (3, 3),
                         padding='same',
                         input_shape=(RESIZED_IMAGE[0], RESIZED_IMAGE[1], 1),
                         activation='relu'))
        model.add(BatchNormalization())
        model.add(MaxPooling2D(pool_size=(2, 2)))
        model.add(Dropout(0.4))
        model.add(Flatten())
        model.add(Dense(512, activation='relu'))
        model.add(BatchNormalization())
        model.add(Dropout(0.5))
        model.add(Dense(N_CLASSES, activation='softmax'))
        return model

    cnn = cnn_model_2()
    cnn.compile(loss='categorical_crossentropy',
    optimizer=Adam(lr=0.001, decay=1e-6), metrics=['accuracy'])
    cnn.fit(X_train, y_train,
            batch_size=32,
            epochs=10,
```

```
            validation_data=(X_test, y_test))

Out: Train on 29406 samples, validate on 9803 samples
     Epoch 1/10
     29406/29406 [==============================] - 24s 832us/step -
     loss: 0.7069 - acc: 0.8145 - val_loss: 0.1611 - val_acc: 0.9584
     Epoch 2/10
     29406/29406 [==============================] - 23s 771us/step -
     loss: 0.1784 - acc: 0.9484 - val_loss: 0.1065 - val_acc: 0.9714
     [...]
     Epoch 10/10
     29406/29406 [==============================] - 23s 770us/step -
     loss: 0.0370 - acc: 0.9878 - val_loss: 0.0332 - val_acc: 0.9920

     <keras.callbacks.History at 0x7fd7ac0f17b8>
```

该模型在训练集的精度与测试集上的精度相当，都在 99% 左右。也就是说，100 幅图像中对 99 幅给出了正确的分类标签！这个网络更长，它需要更多的内存和计算能力，但它不太容易过拟合，而且性能更好。

现在让我们看看分类报告和混淆矩阵（完整的报告和 log2 版本的报告）：

```
In: test_and_plot(cnn, X_test, y_test)

Out:
                precision    recall  f1-score   support
           0         1.00      0.97      0.98        67
           1         1.00      0.98      0.99       539
           2         0.99      1.00      0.99       558
          [..........]
          38         1.00      1.00      1.00       540
          39         1.00      1.00      1.00        60
          40         1.00      1.00      1.00        85
          41         0.98      0.96      0.97        47
          42         1.00      1.00      1.00        53
 avg / total         0.99      0.99      0.99      9803
```

以下是结果的可视化表示：

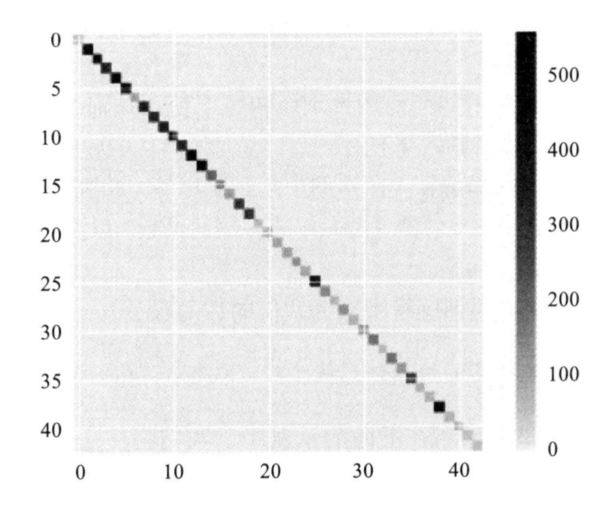

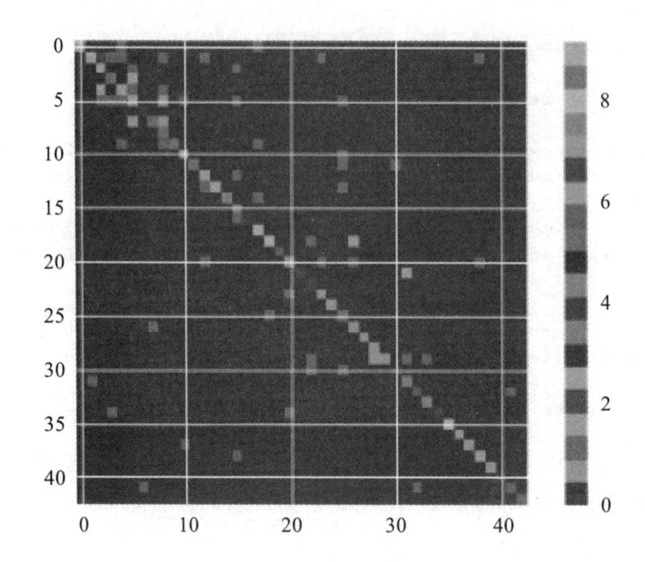

显然，错误分类的数量已经显著降低。现在，我们通过改变参数，尝试改进这个深度网络。

7.3 使用预训练模型

正如在前面的示例中所看到的，增加网络的复杂性也会增加训练网络的时间和存储空间。有时候，我们不得不承认我们没有足够强大的机器来尝试所有的组合。在这种情况下，我们能做什么呢？

基本上，我们可以做两件事：

- 简化网络，即通过删除参数和变量来简化网络。
- 使用预先训练的网络，该网络已经被足够强大的机器训练过。

在这两种情况下，我们将在次优条件下工作，因为深度网络不会像我们可以使用的那个那样强大。更具体地说，在第一种情况下，网络因为参数较少，所以不太精确。在第二种情况下，我们必须处理别人的设定和训练集。虽然这不容易做到，但预训练模型也可以用你的数据集进行微调，在这种情况下，网络将不会对参数进行随机初始化。虽然这很有趣，但是这个操作超出了本书的范围。

在本节中，我们将快速展示如何使用预训练模型，使用预训练模型是一种常见的方法。请记住，预训练模型可以在多种情况下使用：

- 特征增强，在模型中增加特征（在本例中为预测标签）和观测向量。
- 迁移学习，将更多的特征（来自模型一层或多层的系数）以及观测向量添加到模型中。
- 预测。也就是说，计算标签。

现在我们来看看如何使用预训练模型来为我们的目的服务。

注意：对于 Keras，多种类型的预训练模型可以从 here: https://keras.io/applications 下载。

让我们先下载一些测试图像。在下面的示例中，我们将使用由 Caltech 提供的数据集，数据集下载地址为 http://www.vision.caltech.edu/Image_Datasets/Caltech101/。

注意：感谢数据集的作者，建议阅读他们相应的论文，即 L Fei-Fei, R Fergus, P Perona. One-Shot learning of object categories [C]. IEEE Trans. Pattern Recognition and Machine Intelligence。

数据集包含一些属于 101 个类别的图像，数据集格式为 tar.gz。

现在，建立一个新的 Notebook，导入我们将要使用的模块。在本例中，我们将使用 InceptionV3 预训练网络，它能够很好地识别图像中的对象。该模型由 Google 开发，其输出结果与人眼识别的水平相当。

1. 首先，导入建立网络所需的函数，对输入进行预处理，并提取预测：

```
In: from keras.applications.inception_v3 import InceptionV3
    from keras.applications.inception_v3 import preprocess_input
    from keras.applications.inception_v3 import decode_predictions
    from keras.preprocessing import image
    import numpy as np
    import matplotlib.pyplot as plt
    %matplotlib inline

Out: Using TensorFlow backend.
```

2. 现在，加载这个巨大的网络及其系数：

```
In: model = InceptionV3(weights='imagenet')
```

3. 下一步（也是最后一步）是创建一个预测函数。在这种情况下，我们将预测前三个标签：

```
In: def predict_top_3(model, img_path):
    img = image.load_img(img_path, target_size=(299, 299))
    plt.imshow(img)
    x = image.img_to_array(img)
    x = np.expand_dims(x, axis=0)
    x = preprocess_input(x)
    preds = model.predict(x)
    print('Predicted:', decode_predictions(preds, top=3)[0])
```

基本上，此函数将图像加载并调整大小为 299×299 像素（这是 InceptionV3 预训练网络的默认输入大小），并将图像转换为模型的正确格式。之后，它预测图像的所有标签并选择（打印）其中的前三个。

现在使用预训练模型，看看它对示例图像的预测效果如何，并根据概率输出前三个预测类别：

```
In: predict_top_3(model, "101_ObjectCategories/umbrella/image_0001.jpg")
```

我们要预测的图像和前三个预测类别的结果如下：

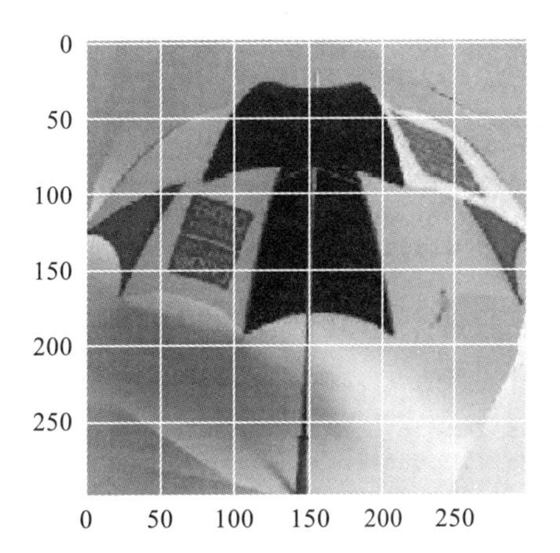

```
Out: Predicted: [('n04507155', 'umbrella', 0.88384396),
                ('n04254680', 'soccer_ball', 0.07257448),
                ('n03888257', 'parachute', 0.012849103)]
```

这是一个很好的结果。第一个预测类别是雨伞（概率得分为 88%），接下来是足球和降落伞。现在让我们测试一个更难的图像，其标签不包括在 InceptionV3 训练集中：

```
In: predict_top_3(model, "101_ObjectCategories/bonsai/image_0001.jpg")
```

以下是图像及其前三个预测类别的结果：

```
Out: Predicted: [('n02704792', 'amphibian', 0.20315942),
                ('n04389033', 'tank', 0.07383019),
                ('n04252077', 'snowmobile', 0.055828683)]
```

正如所预期的，由于它不在预定义的类别中，所以网络无法识别它的正确标签“盆景（bonsai）”。

提示：事实上，通过所谓的迁移学习技术（transfer learning technique），预训练模型可以学习识别全新的类别。迁移学习技术超出了本书讨论的范围，但是你可以在 Keras 的博客阅读相关内容：https://blog.keras.io/building-powerful-image-classification-models-using-very-little-data.html。

最后，让我们看看如何从中间层中提取特征，步骤如下。

1. 第一步，验证标签名称：

```
In: print([l.name for l in model.layers])

Out: ['input_1', 'conv2d_1', 'batch_normalization_1',
     ..........
     'activation_94', 'mixed10', 'avg_pool', 'predictions']
```

2. 可以选择任意一层提取特征。我们将在 softmax 预测之前选择一层。让我们创建一个对象 Model，其输出是 avg_pool 层：

```
In: from keras.models import Model
    feat_model = Model(inputs=model.input,
                       outputs=model.get_layer('avg_pool').output)

    def extract_features(feat_model, img_path):
```

```
    img = image.load_img(img_path, target_size=(299, 299))
    x = image.img_to_array(img)
    x = np.expand_dims(x, axis=0)
    x = preprocess_input(x)
    return feat_model.predict(x)
```

3. 最后，为了提取图像的特征，调用前面定义的特征提取函数，并指定要处理的图像名称：

```
In: f = extract_features(feat_model,
                         "101_ObjectCategories/bonsai/image_0001.jpg")
    print(f.shape)
    print(f)

Out: (1, 2048)
     [[0.12340261 0.0833823 0.7935947 ... 0.50869745 0.34015656]]
```

你可以检查一下，avg_pool 层包含 2048 个单元，上述函数的输出正好是 2048 维的数组。现在，可以将此数组与你选择的其他特征数组连接起来了。

7.4 处理时间序列

本章最后一个例子是处理时间序列。更具体地说，我们将看到如何处理可变长度序列的文本。

有些数据科学算法使用词袋方法处理文本。也就是说，它们不关心词语的位置及其在文本中的位置，它们只关心词语存在与否（也可能会关心它们出现的频率）。相反，一类特殊的深度网络专门用于对序列进行操作，其中顺序很重要。

下面是几个时间序列的例子：

- 根据历史数据预测未来的股票价格。在这种情况下，输入是数字序列，输出是一个数字。
- 预测市场行情是上涨还是下跌。在这种情况下，给定一个数字序列，我们要预测一个类别（市场行情是上涨或下跌）。
- 将英文文本翻译成法语。在这种情况下，输入序列被转换为另一个序列。
- 聊天机器人。在这种情况下，输入和输出是同一种语言序列。

对于这个例子，我们将做一些简化。我们尝试检测电影评论的情感倾向。在该具体示例中，输入数据是词语序列（词语的顺序很重要），输出是二分类标签（其情感是正面的还是负面的）。

首先，我们要导入数据集。幸运的是，Keras 已经包含了这个数据集，并且已经预先编入索引。也就是说，每个评论不是由词语组成的，而是由字典的索引组成的。此外，它可以只选择顶部词语，通过此代码我们选择包含前 25 000 个词语的字典：

```
In: from keras.datasets import imdb
    ((data_train, y_train),
     (data_test, y_test)) = imdb.load_data(num_words=25000)
```

让我们来看看数据的形状及其内部结构：

```
In: print(data_train.shape)
    print(data_train[0])
    print(len(data_train[0]))

Out: (25000,)
     [1, 14, 22, 16, 43, 530, .......... 19, 178, 32]
     218
```

首先，有 25 000 条评论，即观测值。其次，每个评论由 1 到 24 999 之间的数字序列组成：1 表示序列的开始，而最后一个数字表示词语不在字典里。注意，每个评论的大小都不相同，例如，第一个评论在长度上就包含 218 个词语。

现在是时候将所有序列修剪或填充到特定大小了。对于 Keras 来说，这是很容易完成的事，对于填充来说，只需要添加整数 0 就可以了：

```
In: from keras.preprocessing.sequence import pad_sequences
    X_train = pad_sequences(data_train, maxlen=100)
    X_test = pad_sequences(data_test, maxlen=100)
```

现在我们的训练数据是矩形矩阵。修剪或填充完成后的第一个元素变为如下形式：

```
In: print(X_train[0])
    print(X_train[0].shape)

Out: [1415, .......... 19, 178, 32]
     (100,)
```

这个观察向量，最后只保留了 100 个词语。总的来说，现在所有的观察向量都是 100 维。现在来创建一个时间深度模型来预测评论的情感。

这里提出的模型有三层：

1. 嵌入层。原始字典设置为 25 000 个词语，构成嵌入层的单元数量（即层的输出）是 256。

2. LSTM 层。LSTM（Long Short-Term Memory）表示长短时记忆，它是最强大的序列深度模型之一。凭借它的深层架构，它能够从序列里近处和远处的词语中提取信息（网络也因此得名）。在这个例子中，单元格的数量设置为 256（也是前一层的输出维数），用于正则化的丢弃率（dropout）为 0.4。

3. 带有 sigmoid 激活函数的密集连接层。这是二元分类器所需要的。

执行此操作的代码如下：

```
In: from keras.models import Sequential
    from keras.layers import LSTM, Dense
    from keras.layers.embeddings import Embedding
    from keras.optimizers import Adam
    model = Sequential()
    model.add(Embedding(25000, 256, input_length=100))
    model.add(LSTM(256, dropout=0.4, recurrent_dropout=0.4))
    model.add(Dense(1, activation='sigmoid'))
    model.compile(loss='binary_crossentropy',
    optimizer=Adam(),
    metrics=['accuracy'])
    model.fit(X_train, y_train,
              batch_size=64,
              epochs=10,
              validation_data=(X_test, y_test))

Out: Train on 25000 samples, validate on 25000 samples
     Epoch 1/10
     25000/25000 [==============================] - 139s 6ms/step -
     loss:0.4923 - acc:0.7632 - val_loss:0.4246 - val_acc:0.8144
     Epoch 2/10
     25000/25000 [==============================] - 139s 6ms/step -
     loss:0.3531 - acc:0.8525 - val_loss:0.4104 - val_acc: 0.8235
     Epoch 3/10
     25000/25000 [==============================] - 138s 6ms/step -
     loss:0.2564 - acc:0.9000 - val_loss:0.3964 - val_acc: 0.8404
```

```
...
Epoch 10/10
25000/25000 [==============================] - 138s 6ms/step -
loss:0.0377 - acc:0.9878 - val_loss:0.8090 - val_acc:0.8230
```

该模型在 25 000 条评论测试数据集上的精度是可以接受的，因为使用一个简单的模型，正确分类的精度就超过了 80%。如果你愿意改进它，那么可以尝试建立更加复杂的架构，但请记住，增加网络的复杂性意味着内存占用、网络训练和预测的时间也会增加。

7.5 小结

在本章中，我们看到了深度网络的基础和一些高级模型。我们了解了神经网络的工作原理，以及浅层网络和深度学习网络之间的区别。然后，我们学会了怎样建立用于交通标志图像分类的深度网络。我们还使用预训练网络预测图像的类别。使用影评中的文本来检测电影评论的情感也是深度学习的一部分。

深度学习模型确实非常强大，但代价是要处理很多自由度和训练许多系数，这需要手头有大量的数据。

在下一章中，当数据量太大而无法由单台计算机解决和处理时，我们将看到 Spark 如何为我们提供帮助。

第8章

基于 Spark 的大数据分析

世界上存储的数据量正在以准指数的方式增长。如今，对于数据科学家来说，每天处理几 TB 的数据已经是很平常的要求了。而且使事情更复杂的是，这意味着必须处理来自许多不同异构系统的数据。此外，尽管你必须处理大量数据，但是业务的期望还是要求在短时间内生成模型，就像你在小数据集上进行的简单操作一样。

在结束关于数据科学概论的旅程之前，我们不能忽视数据科学中处理大数据的关键要求。因此，我们将向你介绍一种新的处理大量数据的方法，通过多台计算机进行扩展，从而获取数据、处理数据并构建有效的机器学习算法。通过我们的概要介绍，处理大量数据并生成有效的机器学习模型将不再困难。

本章，你将学到如下内容：

- 理解分布式框架，介绍 Hadoop、MapReduce 和 Spark 技术
- 从 PySpark 开始，PySpark 是 Spark 的 Python API 接口
- 使用弹性分布式数据集进行实验，这是一种对大数据进行操作的新方法
- 在 Spark 中进行分布式系统变量的定义和共享
- 使用 Spark 中的数据框处理数据
- 在 Spark 中应用机器学习算法

在本章的最后，给定一个适当的机器集群，无论手头的数据规模如何，你都将能够面对任何数据科学问题。

8.1 从独立机器到大量节点

处理大数据不仅仅是数据规模的问题，它实际上是一个多方面的现象。实际上，根据 3V 模型（volume、velocity 和 variety），可以使用三个（正交）准则对大数据处理系统进行分类：

- 要考虑的第一个准则是系统处理数据的速度（velocity）。虽然几年前，速度用来表示系统处理一批作业的能力，但是现在速度用来表示系统能否提供流数据的实时输出。
- 第二个准则容量（volume），也就是说可以处理多少信息。它可以用数据的行数或特征数表示，也可以只用字节数计算。在流数据中，指到达系统的数据的吞吐量。
- 最后一个准则是多样性（variety），也就是源数据的类型多种多样。几年前，这种变化受到结构化数据集的限制，但是现在，数据可以是结构化（表格、图像等）、半结构化（JSON、XML 等）和非结构化（网页、社交数据等）。通常，大数据系统会尝试处理尽可能多的相关来源并混合各种来源。

除了上述 3V 模型准则，在过去几年中又出现了许多个 V，大家试图用这些 V 来解释大数据的其他特征。其中一些特征如下：

- 准确性（Veracity）：提供数据中包含的异常、偏差和噪声；最终，表明氏数据的准确性。
- 波动性（Volatility）：指示数据可用于提取有意义信息的时间。
- 有效性（Validity）：数据的正确性。
- 价值（Value）：表示从数据中获得的投资回报。

近年来，这样的 V 在大幅增加。现在，许多公司发现他们保留的数据有巨大的价值，可以货币化，他们想从数据中提取信息。技术挑战已经转移到拥有足够的存储和处理能力，以便能够使用不同的输入数据流快速、大规模地提取有意义的见解。

当前，即使是最新、最昂贵的计算机，它的磁盘、内存和 CPU 的数量也是有限的。每天处理 TB（或 PB）级的信息，并且能够及时生成模型，这似乎非常困难。此外，独立服务器需要同时复制数据和处理软件；否则，它可能成为系统的孤点。

因此，大数据的工作已经从独立机器转移到集群。集群由数量不等的便宜节点组成，这些节点通过高速互联网连接。通常，一些集群专用于存储数据（大硬盘、小 CPU 和少量内存），而其他集群则致力于处理数据（功能强大的 CPU、中等大小的内存和小型硬盘）。此外，如果正确设置了集群，它可以确保可靠性（没有单点故障）和高可用性。

8.1.1　理解为什么需要分布式框架

构建集群的最简单方法是将一些节点用作存储节点，将其他节点用作处理节点。这种配置似乎很容易使用，因为我们不需要复杂的框架来处理。实际上，许多小型集群都是以这种方式构建的：一些服务器存储数据（还有数据的副本），另一组服务器用来处理数据。虽然这看起来是一个很好的解决方案，但是由于多种原因造成这种方案并不是很常用：

- 它只适用于令人尴尬的并行算法。如果算法要使用处理服务器的共享公共存储区，则不能使用此方法。
- 如果一个或多个存储节点宕机，则不能保证数据一致性。（考虑一个节点及其副本同时宕机的情况，或者一个节点刚完成写操作还未进行复制就宕机了。）
- 如果处理节点宕机，我们却无法跟踪正在执行的进程，从而难以在另一个节点上恢复处理过程。
- 如果网络出现故障，则在网络恢复正常后很难预测这种情况。

崩溃事件（甚至不止一个）很可能发生，这是一个事实，要求必须事先考虑这种情况并妥善处理以确保数据操作的连续性。此外，当使用廉价硬件或更大的集群时，几乎可以肯定的是至少有一个节点会出现故障。到目前为止，绝大多数集群框架都使用名为 Divide et Impera（拆分和征服）的方法：

- 数据节点有专门的模块，数据处理节点也有一些专用模块（也称为 worker）。
- 数据在数据节点上复制，一个节点是主机（Master），确保写入和读取操作都成功。
- 处理步骤分布在 worker 节点之间。它们不共享任何状态（除非存储在数据节点中），它们的主机确保所有任务都以正确的顺序执行。

8.1.2　Hadoop 生态系统

Apache Hadoop 是一种非常流行的软件框架，用于在集群上进行分布式存储和分布式处理。它的优势在于其价格（免费的）、灵活性（它是开源的，虽然它是用 Java 编写的，也可以被其他编程语言使用）、可扩展性（它可以处理由数千个节点组成的集群）和健壮性（它受 Google 发表的一篇论文的启发，自 2011 年就开始存在），这些优势使其成为处理大数据的事实标准。此外，Apache 基金会的许多其他项目都扩展了其功能。

Hadoop 架构

从逻辑上讲，Hadoop 由两部分组成：分布式存储（HDFS）和分布式处理（YARN 和 MapReduce）。虽然代码非常复杂，但 Hadoop 整体架构相当容易理解。客户端可以通过两个专用模块访问存储和处理系统；如下图所示，这两个系统负责所有工作节点的作业分配。

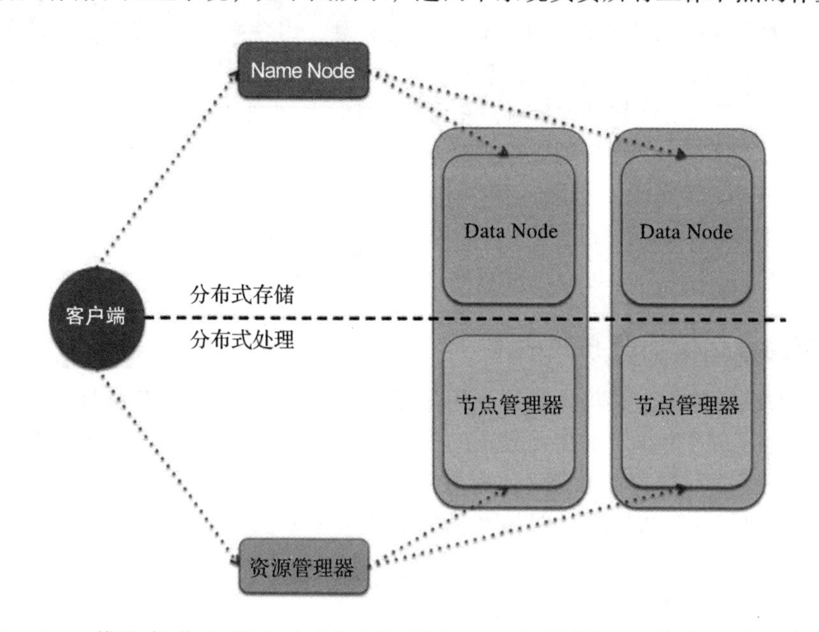

所有 Hadoop 模块都作为服务（或实例）运行；也就是说，一个物理或虚拟节点可以运行很多 Hadoop 模块。通常，小型集群的所有节点都同时运行分布式计算和处理服务；大型集群最好将这两个功能分离，使各节点只处理专门的任务。

我们将详细了解这两层提供的功能。

Hadoop 分布式文件系统

Hadoop 分布式文件系统（HDFS）是一种容错的分布式文件系统，设计用于在低成本硬件上运行，并且能够处理非常大的数据集（数量级为数百 PB 到 EB）。虽然 HDFS 需要快速网络连接来跨节点传输数据，但延迟不会像传统文件系统那样低（可能是几秒钟）；因此，HDFS 专为批处理和高吞吐量而设计。每个 HDFS 节点都包含部分文件系统数据；在其他实例中也会复制相同的数据，这可确保高吞吐量访问和容错。

HDFS 的架构是主从式（master-slave）。如果主服务器（称为 NameNode）坏掉，则有一个辅助 / 备份节点准备接管。所有其他实例都是从属节点（DataNodes）；如果其中一个坏掉不会有太大问题，因为 HDFS 的设计已经考虑到了这一点，因此没有数据丢失（它被冗余复制），并且相应操作很快重新分配给幸存的节点。DataNode 包含数据块，保存在 HDFS 中的每个文件被分解为块（chunk 或 block），每个块大小通常为 64 MB，然后在一组 DataNode

中分发和复制。分布式文件系统中 NameNode 仅存储文件的元数据；它不存储任何实际数据，而只是存储如何访问文件的正确指示，这些文件在它管理的多个 DataNode 节点中。

要求读取文件的客户端必须首先联系 NameNode，NameNode 将返回一个表，表中包含块的有序列表及其位置（比如在 DataNodes 中）。此时，客户端应单独联系 DataNodes，下载所有块并重建文件（将块附加在一起）。

要写文件的客户端应该先联系 NameNode，NameNode 将首先决定如何处理请求，然后更新其记录并使用 DataNode 的有序列表来回复客户端，其中包含写入文件的每个块的位置。现在，客户端将连接 DataNode 并将数据块上载，如 NameNode 回复中所报告的那样。命名空间查询（比如列出目录内容、创建文件夹等）完全由 NameNode 通过访问其元数据信息来处理。

此外，NameNode 还负责正确处理 DataNode 故障（如果没有收到心跳包，则标记为宕机），并将其数据重新复制到其他节点。

虽然这些操作很长并且难以稳定地实现，但由于有许多库和 HDFS shell，它们对用户完全透明。用户在 HDFS 上的操作方式与用户目前在文件系统上的操作非常相似，这是 Hadoop 的一大优势：隐藏其复杂性并让用户简单地使用它。

MapReduce

MapReduce 是在最早版本的 Hadoop 中实现的编程模型。它是一个非常简单的模型，旨在以并行批处理方式处理分布式集群上的大型数据集。MapReduce 的核心由两个可编程函数（执行过滤的映射器 Mapper 和执行聚合的归约器 Reducer）和一个将对象从映射器移动到合适归约器上的 shuffler 组成。谷歌于 2004 年发表了一篇关于 MapReduce 的论文（https://ai.google/research/pubs/pub62），几个月后又获得了专利授权。

具体来说，以下是 Hadoop 实现 MapReduce 的步骤：

- 数据分块（Data chunker）：从文件系统读取数据并将其拆分为块（chunk）。块是输入数据集的一部分，通常是固定大小的块（比如从 DataNode 读取的 HDFS 块）或其他更合适的分割。例如，如果我们想要统计文本文件中的字符、单词和行的数量，那么文本中的行就是很好的分割。
- 映射器（Mapper）：对每块数据生成一系列键值对。每个映射器实例将相同的映射函数应用于不同的数据块。继续采用前面关于文本的例子，在这一步骤中每行生成三个键值对：一个表示行内包含的字符数（键名可以简单地认为是字符串 chars），一个表示行内包含的单词数（在这种情况下，键名不能相同，所以我们采用 words），一个表示行数，且总是一行（这里键名为 lines）。
- Shuffler：从可用归约器的键和数量来看，shuffler 将具有相同键的所有键值对分配给相同的归约器。通常，此操作计算键的散列，将其除以归约器的数量，并使用余数指出特定的归约器。这应确保每个归约器键的数量都相当。此功能不是用户可编程的，而是由 MapReduce 框架提供的。
- 归约器（Reducer）：每个归约器接收一组特定键的所有键值对，并且可以产生零个或多个聚合结果。在该示例中，连接到键 words 的所有值都到达一个归约器，它的工作就是将所有的数值都加起来。对于其他键也会发生相同的情况，这样就产生了三个最终值：字符数、单词数和行数。请注意，这些结果可能在不同的归约器上。

- 输出写入器（Output writer）：归约器的输出写在文件系统（或 HDFS）上。在默认的 Hadoop 配置中，每个归约器都会写一个文件（part-r-00000 是第一个归约器的输出，part-r-00001 是第二个归约器的输出，依此类推）。要获得文件的完整结果，应该将归约器的所有输出文件连接起来。

从视觉上看，这个操作可以简单地通过下图进行传达和理解：

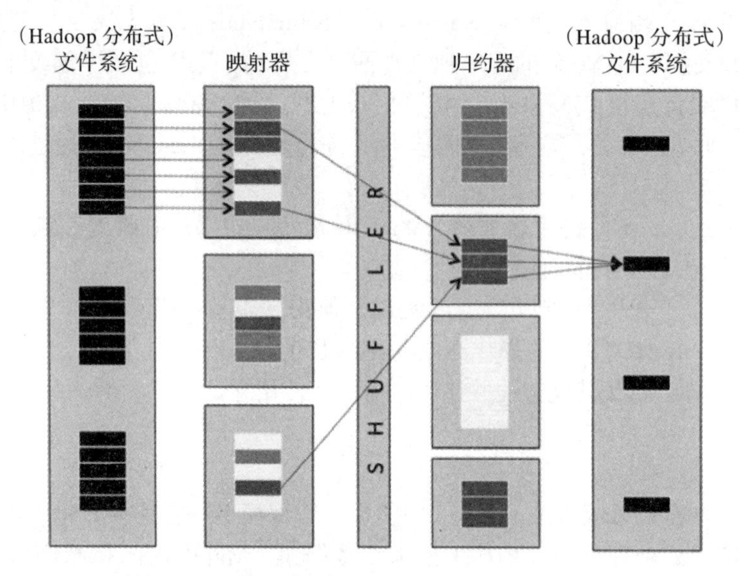

在映射步骤之后，每个映射器实例都可以运行一个可选步骤：组合器。如果可能的话，它基本上能预测映射器上的归约步骤，并且通常用于减少要混洗（shuffle）的信息量，这加速了该过程。在前面的示例中，如果映射器处理输入文件的多行，则在可选的组合器步骤期间，它可以预先聚合结果，并输出较少数量的键值对。例如，如果映射器处理每个块中的 100 行文本，那么当信息可以聚合为三个时，为什么还要输出 300 个键值对（100 个字符数、100 个单词数、100 个行数）？这其实就是组合器的目标。

在 Hadoop 提供的 MapReduce 实现中，shuffle 操作是分布式的，可以优化通信成本，可以为每个节点运行多个映射器和归约器，从而充分利用节点上可用的硬件资源。此外，由于可以将同一任务分配给多个计算节点（worker），Hadoop 基础架构提供冗余和容错机制。

Apache Spark 介绍

Apache Spark 是 Hadoop 的演变，在过去几年中变得非常流行。与 Hadoop 及其采用 Java 语言和批处理设计方式相比，Spark 能够以快速简便的方式生成迭代算法。此外，它还具有非常丰富的支持多种编程语言的 API 套件，原生支持许多不同类型的数据处理（机器学习、流式传输、图形分析和 SQL 等）。

Apache Spark 是一个集群框架，专为快速和通用的大数据处理而设计。速度的改进是由于每个作业之后的数据保存在内存中，而不是像 Hadoop、MapReduce 和 HDFS 那样存储在文件系统上（除非你想这样做）。由于内存提供的延迟和带宽比物理磁盘性能更高，这使得迭代工作（比如 K-means 聚类算法）越来越快。因此，运行 Spark 的集群需要为每个节点提供大容量的 RAM 内存。

虽然 Spark 是在 Scala（像 Java 一样运行在 JVM 上）上开发的，但它有多种编程语言的 API，包括 Java、Scala、Python 和 R。在本书中，我们重点关注基于 Python 的实现。

Spark 可以通过两种不同的方式运行：

- 独立模式（Standalone mode）：它在本地计算机上运行。在这种情况下，最大并行化程度是本地计算机 CPU 的核心数，可用内存大小也与本地计算机内存完全相同。
- 集群模式（Cluster mode）：它使用集群管理器（如 YARN）在多个节点的集群上运行。在这种情况下，最大并行化程度是组成集群的所有节点的核心数，内存大小是每个节点的内存大小之和。

PySpark

为了使用 Spark 或 PySpark 的功能（PySpark 包含 Spark 的 Python API），我们需要实例化一个名为 SparkContext 的特殊对象。SparkContext 告诉 Spark 如何访问集群，它包含一些特定应用程序的参数。在虚拟机提供的 Jupyter Notebook 中变量 SparkContext 已经可用，SparkContext 也称为 sc（它是 IPython Notebook 启动时的默认选项）。下一节让我们看看 PySpark 包含的具体内容。

8.2 PySpark 入门

Spark 使用的数据模型为弹性分布式数据集 RDD（Resilient Distributed Dataset），它是可以并行处理的元素的分布式集合。RDD 可以通过现有集合（如 Python 列表）或外部数据集来创建，外部数据集以文件形式存储在本地计算机、HDFS 或其他源上。

8.2.1 设置本地 Spark 实例

从头开始全部安装 Apache Spark 并非易事。这通常需要在能访问云的计算机集群上完成，因此需要委托专门的技术专家（即数据工程师）来安装。这可能是一种限制，因为你可能无法访问这样的环境，并在其中测试本章将要学习的内容。

但是，为了测试本章的内容，实际上不需要进行太复杂的安装。通过使用 Docker（https://www.docker.com/），你可以通过自己计算机上的 Linux 服务器（计算机系统是 Linux、MacOS 或者 Windows 也没有关系）来访问 Spark 的安装，以及 Jupyter Notebook 和 PySpark。

实际上，这主要是因为 Docker。Docker 允许操作系统级的虚拟化，也称为容器化（containerization）。容器化意味着允许计算机运行多个隔离的文件系统实例，其中每个实例都与另一个实例分开（虽然共享相同的硬件资源），就好像它们分别是单独的计算机一样。基本上，在 Docker 中运行的任何软件都封装在一个完整、稳定、事先定义好的文件系统中，该文件系统完全独立于运行 Docker 的文件系统。使用 Docker 容器意味着代码将按照你希望的方式完美地运行（正如本章所述）。命令执行一致性是 Docker 成为最佳解决方案的主要原因：只需将你使用的容器移动到服务器中，创建一个 API 来访问你的解决方案（我们在第 5 章讨论过这个主题，那里我们介绍了 Bottle 包）。

以下是你需要采取的步骤：

1. 首先，从安装适合你的系统的 Docker 软件开始。根据你使用的操作系统，可以从下表找到你所需要的软件：

Windows	https://docs.docker.com/docker-for-windows/
Linux	https://docs.docker.com/engine/getstarted/
macOS	https://docs.docker.com/docker-for-mac/

安装过程非常简单，你也可以在下载软件的页面上找到更多有用的信息。

2. 安装完成后，我们可以使用以下页面上的 Docker 镜像 https://github.com/jupyter/docker-stacks/tree/master/pyspark-notebook。它包含完整的 Spark 安装，可以通过 Jupyter Notebook 访问，还可以使用 Miniconda 安装最新版本的 Python 2 和 Python 3。你可以在以下页面找到该镜像的更多内容：http://jupyterdocker-stacks.readthedocs.io/en/latest/using/selecting.html#jupyterpyspark-notebook。

3. 此时，只需打开 Docker 界面。将会出现一个 shell 窗口，窗口有 ASCII 格式的鲸鱼标识和 IP 地址。记下这个 IP 地址（在我们的例子中 IP 地址为 192.168.99.100）。现在，在 shell 中运行以下命令：

```
$> docker run -d -p 8888:8888 --name spark jupyter/pyspark-notebook
start-notebook.sh -NotebookApp.token=''
```

4. 如果你更注重安全性，而不是简单使用，只需输入如下命令：

```
$> docker run -d -p 8888:8888 --name spark jupyter/pyspark-notebook
start-notebook.sh -NotebookApp.token='mypassword'
```

用你的密码替换 mypassword 占位符。请注意，Jupyter Notebook 启动时将会要求输入密码。

5. 运行上述命令后，Docker 将开始下载 pyspark-notebook imamge（这需要等待一段时间）。为它指定名称 spark，将 Docker 镜像上的 8888 端口复制到计算机上的 8888 端口，然后执行 start-notebook.sh 脚本，设置 Notebook 的密码为空（这样使用前面记录的 IP 地址和 8888 端口就能立即访问 Jupyter）。

此时，唯一要做的事情就是在浏览器地址栏中输入：

```
http://192.168.99.100:8888/
```

也就是说，在浏览器中要输入启动时 Docker 给出的 IP 地址和冒号，然后是表示端口号的 8888，随后 Jupyter 就会立刻出现。

6. 作为简单的测试，你可以立即新建一个 Notebook 并按以下方式测试：

```
In: import pyspark
    sc = pyspark.SparkContext('local[*]')

    # do something to prove it works
    rdd = sc.parallelize(range(1000))
    rdd.takeSample(False, 5)
```

7. 同样值得提醒的是，你可以使用命令停止 Docker 机器，甚至可以利用命令销毁 Docker。这个 shell 命令会停止 spark：

```
$> docker stop spark
```

在容器停止后，为了销毁容器，请使用以下命令（顺便说一下，你将丢失容器中的所有工作）：

```
$> docker rm spark
```

如果你的容器尚未销毁，为了让暂时停止的容器再次运行，只需使用以下 shell 命令：

```
$> docker start spark
```

另外你需要知道，你在 Docker 机器上的工作目录是 /home/jovyan，你可以直接从 Docker shell 获得它的内容列表：

```
$> docker exec -t -i spark ls /home/jovyan
```

还可以执行其他任何 Linux bash 命令。

值得注意的是，你还可以将数据复制到容器中或从容器中复制数据（否则，你的工作只会保留在计算机的操作系统中）。我们假设你需要将文件（file.txt）从 Windows 桌面复制到 Docker 机器：

```
$> docker cp c:/Users/Luca/Desktop/spark_stuff/file.txt
spark:/home/jovyan/file.txt
```

同样，也可以进行反向拷贝：

```
$> docker cp spark:/home/jovyan/test.ipynb
c:/Users/Luca/Desktop/spark_stuff/test.ipynb
```

确实就这么简单，只需几个步骤就可以拥有一个本地运行的 Spark 环境，在这个环境中就可以运行你所有的实验了（显然，它只使用一个节点，它将受限于单个 CPU 的功能）。

8.2.2　弹性分布式数据集实验

现在让我们创建一个包含整数 0 到 9 的弹性分布式数据集（Resilient Distributed Dataset，RDD）。为此，我们可以使用 SparkContext 对象提供的 parallelize 方法：

```
In: numbers = range(10)
    numbers_rdd = sc.parallelize(numbers)
    numbers_rdd

Out: PythonRDD[2672] at RDD at PythonRDD.scala:49
```

如你所见，不能简单地打印输出 RDD 的内容，因为它被拆分为多个分区（分布在集群中）。默认的分区数是 CPU 数量的两倍（因此，VM 提供的分区数是 4），但可以使用 parallelize 方法的第二个参数进行手动设置。

要打印输出 RDD 中的数据，应该调用 collect 方法。请注意，此操作在集群上运行时会收集节点上的所有数据；因此，节点需要有足够的内存来存储这些数据：

```
In: numbers_rdd.collect()

Out: [0, 1, 2, 3, 4, 5, 6, 7, 8, 9]
```

要查看数据集中的部分数据，请使用 take 方法，只需要指出想要查看的元素数量。请注意，由于它是分布式数据集，因此无法保证元素的顺序与插入时的顺序相同：

```
In: numbers_rdd.take(3)

Out: [0, 1, 2]
```

要读取文本文件，我们可以使用 SparkContext 提供的 textFile 方法。它允许读取 HDFS 文件和本地文件，并根据换行符来拆分文本，因此，RDD 的第一个元素是文本文件的第一行（使用第一个方法）。请注意，如果使用的是局部路径，则组成集群的所有节点都应通过相同的路径访问同一个文件。为此，我们首先下载威廉·莎士比亚的所有戏剧：

```
In: import urllib.request
    url = "http://www.gutenberg.org/files/100/100-0.txt"
    urllib.request.urlretrieve(url, "shakespeare_all.txt")

In: sc.textFile("file:////home//jovyan//shakespeare_all.txt").take(6)

Out: ['',
'Project Gutenberg's The Complete Works of William Shakespeare, by William',
'Shakespeare', '',
'This eBook is for the use of anyone anywhere in the United States and',
'most other parts of the world at no cost and with almost no restrictions']
```

要将 RDD 的内容保存到磁盘上，可以使用 RDD 提供的 saveAsTextFile 方法：

```
In: numbers_rdd.saveAsTextFile("file:////home//jovyan//numbers_1_10.txt")
```

RDD 仅支持两种类型的操作：

- 转换（Transformation）：将数据集转换为不同类型的数据集。转换的输入和输出都是 RDD，因此，可以将多个转换链接在一起，接近编程中的函数类型。而且，转换是惰性的，换句话说，它们不会直接计算出结果。
- 动作执行（Action）：从 RDD 中返回相应的值，例如元素的求和和计数，或者只收集所有的元素。由于需要输出结果，动作执行是执行系列（惰性）转换的触发器。

典型的 Spark 程序由一组转换组成，最后再加一个动作执行。默认情况下，每个动作执行都会运行 RDD 上的所有转换（即每个转换后的中间状态都未保存）。但是，如果想缓存（cache）已转换元素的值，可以使用 RDD 上的 persist 方法越过此运行过程，persist 方法允许内存和磁盘两个级别的缓存。

在下面的示例中，我们将对 RDD 中的所有值进行平方，然后将它们求和。这个算法可以通过映射器进行元素平方运算，然后是通过 reducer 进行数组求和。在 Spark 中，map 方法是一个转换器，因为它只是按元素来转换数据，reduce 是一个动作执行，因为它使用所有的元素创建一个新的数值。

让我们分步来解决这个问题，看看我们可以采用的多种方式。首先，我们从用于转换（映射）所有数据的函数开始：我们先定义一个函数，其返回值为输入参数的平方，然后将此函数传递给 RDD 中的 map 方法，最后，我们收集（collect）RDD 中的元素：

```
In: def sq(x):
        return x**2
    numbers_rdd.map(sq).collect()

Out: [0, 1, 4, 9, 16, 25, 36, 49, 64, 81]
```

虽然输出是正确的，但 sq 函数占用了大量空间；我们可以通过 lambda 表达式更简洁地重写这个转换，如下：

```
In: numbers_rdd.map(lambda x: x**2).collect()

Out: [0, 1, 4, 9, 16, 25, 36, 49, 64, 81]
```

你还记得为什么我们需要调用 collect 来打印转换后的 RDD 数值吗？这是因为 map 方法不会跳到 action（动作执行），只是惰性地进行计算。另一方面，reduce 方法是一个 action（动作执行），因此，将 reduce 步骤添加到前面的 RDD 中会输出一个数值。对于 map 和 reduce 方法，它们使用一个函数作为参数，函数应该有两个参数（左值和右值），并且具有一个返回值。在本例中，它可以是使用 def 定义的详细（verbose）函数或者是一个匿名（lambda）函数：

```
In: numbers_rdd.map(lambda x: x**2).reduce(lambda a,b: a+b)

Out: 285
```

为了更进一步简化，我们可以使用 sum 动作而不是 reducer：

```
In: numbers_rdd.map(lambda x: x**2).sum()

Out: 285
```

现在我们进入下一步，介绍一下键值对。尽管 RDD 可以包含任何类型的对象（目前我们知道的有整数和文本中的行），但是当 RDD 元素是由键和值组成的元组时，可以进行一些操作。

举个例子，将 RDD 中的数字按奇数和偶数进行分组，然后分别计算两组数字的总和。对于 MapReduce 模型，根据键（奇数或偶数）来映射每个数字会很有效，然后对每个键再使用 sum 操作进行归约（reduce）。

我们可以从 map 操作开始：首先创建一个数字标记函数，如果输入数字是偶数就输出 even（偶数），否则就输出 odd（奇数）。然后，通过键值映射为每个数字创建一个键值对，其中键是数字的标记，值是数值本身：

```
In: def tag(x):
        return "even" if x%2==0 else "odd"

    numbers_rdd.map(lambda x: (tag(x), x)).collect()

Out: [('even', 0),
      ('odd', 1),
      ('even', 2),
      ('odd', 3),
      ('even', 4),
      ('odd', 5),
      ('even', 6),
      ('odd', 7),
      ('even', 8),
      ('odd', 9)]
```

为了对每个键分别进行归约，现在可以使用 reduceByKey 方法（它不是 Spark Action）。作为参数，我们传递的函数需要应用于每个键对应的所有数值，在本例中，我们将对所有的数值求和。最后，我们应调用 collect 方法来打印结果：

```
In: numbers_rdd.map(lambda x: (tag(x), x) ) \
            .reduceByKey(lambda a,b: a+b).collect()

Out: [('even', 20), ('odd', 25)]
```

现在，让我们列举一些 Spark 中最重要的方法，这不是一个详细的 Spark 方法指南，只包含那些最常用的方法。

我们从转换（Transformation）方法开始；它们作用于 RDD，最后生成的还是 RDD：

- map(function)：数据集中的每个元素经过用户自定义的函数转换形成一个新的 RDD。
- flatMap(function)：与 map 方法类似，输入 RDD 的每个元素经用户函数作用，最终输出为“扁平化”的 RDD。该方法适用于每个输入值能映射到 0 个或多个输出元素时。比如，要计算单词在文本中出现的次数，我们应该将每个单词映射到一个键值对（单词为键，1 是值），按照这种方式可以为文本中的每行创建多个键值对。
- filter(function)：返回一个新数据集，该数据集是由选择函数返回为 true 的源元素组成的。
- sample(withReplacement, fraction, seed)：RDD 数据集 bootstrap 抽样，以指定的随机种子从 RDD 中有放回或无放回地随机抽样，其数量是原数据集的一部分。
- distinct()：对 RDD 中的元素进行去重。
- coalesce(numPartitions)：减少 RDD 中的分区数量。
- repartition(numPartitions)：更改 RDD 中的分区数。此方法总是对网络中的所有数据进行混洗。
- groupByKey()：对输入数据集中的每个 key 进行操作，生成具有该 key 的值序列。
- reduceByKey(function)：根据输入 RDD 的 key 进行聚合，然后对每组的值使用 reduce 函数。
- sortByKey(ascending)：根据键的升序或降序对 RDD 中的元素进行排序。
- union(otherRDD)：将两个 RDD 合并在一起。
- intersection(otherRDD)：返回两个 RDD 的交集，输出 RDD 仅由输入 RDD 和参数 RDD 中都出现的值组成。
- join(otherRDD)：对两个 RDD 进行连接，将具有相同 key 的数据进行输出，返回一个新的数据集。

与 SQL 中的 join 函数类似，也可以使用以下方法：cartesian、leftOuterJoin、rightOuterJoin 和 fullOuterJoin。

现在，我们来看看 PySpark 中最常用的动作执行有哪些？请注意，执行会触发 RDD 处理链中的所有变换：

- reduce(function)：使用函数聚合 RDD 中的元素，并生成输出值。
- count()：它返回 RDD 中的元素数。
- countByKey()：返回一个 Python 字典，每个键与 RDD 中具有该键的元素数相关联。
- collect()：返回转换后 RDD 的所有元素。
- first()：返回 RDD 的第一个值。
- take(N)：返回 RDD 的前 N 个值。
- takeSample(withReplacement, N, seed)：使用参数所提供的随机种子，有放回或无放回地随机抽取 RDD 中的 N 个元素。
- takeOrdered(N, ordering)：先对 RDD 中的元素进行升序或降序排序，输出排序后的前 N 个元素。
- saveAsTextFile(path)：将 RDD 数据集以一组文本文件的形式保存到指定目录中。

还有一些既不属于变换也不是动作执行的方法。

- cache()：对 RDD 中的元素进行缓存，因此，将来对相同 RDD 计算时，可以将其作为起点重新使用。

- persist(storage)：与 cache 方法作用相同，但是你可以指定存储 RDD 元素的位置（内存、磁盘，或两者均可）。
- unpersist()：撤销 persist 或 cache 操作。

现在我们来看一个例子，使用 RDD 进行一些文本统计计算，从大文本集（莎士比亚戏剧）中提取最常用的词语。使用 Spark，计算文本统计的算法应包含如下过程：

1. 在 RDD 上读取和并行化输入文件。可以使用 SparkContext 提供的 textFile 方法完成此操作。

2. 对于输入文件的每一行，返回三个键值对，分别包含字符数、单词数和行数。因为每个输入行都会生成三个输出，在 Spark 中这是 flatMap 操作。

3. 对每个键，我们将所有的数值求和。这可以通过 reduceByKey 方法来完成。

4. 最后，收集结果。在本例中，我们可以使用 collectAsMap 方法，它收集 RDD 中的键值对，返回一个 Python 字典。请注意这是一个 action（动作执行），因此，RDD 的转换链将会执行并返回结果：

```
In: def emit_feats(line):
        return [("chars", len(line)), \
        ("words", len(line.split())), \
        ("lines", 1)]

print((sc.textFile("file:////home//jovyan//shakespeare_all.txt")
            .flatMap(emit_feats)
            .reduceByKey(lambda a,b: a+b)
            .collectAsMap()))

Out: {'chars': 5535014, 'words': 959893, 'lines': 149689}
```

要确定文本中最常用的词语，请按照下列步骤操作：

1. 使用 textFile 方法在 RDD 上读取和并行化输入文件。

2. 对于每一行，提取所有词语。我们可以使用 flatMap 方法和正则表达式来完成此操作。

3. 现在，文本中的每个词语（即 RDD 中的每个元素）都映射到一个键值对：键是小写的词语，值常常为 1。这是一个 map 操作。

4. 调用 reduceByKey 方法，统计每个词语（键）在文本（RDD）中出现的次数。输出是键值对，其中键是词语，值是词语在文本中出现的次数。

5. 把键和值翻转，创建一个新的 RDD。这是一个 map 操作。

6. 将 RDD 按降序排序，提取第一个元素。这是一个执行动作，可以使用 takeOrdered 方法在一次操作中完成。

我们实际上可以进一步改进解决方案，将第二步和第三步折叠在一起（将每个词语 flatMap 为一个键值对，其中键是小写的词语，值是该词的出现次数），也可以将第五步和第六步合二为一（将 RDD 中的元素按数值进行排序，即键值对的第二个元素，取排序后的第一个元素）：

```
In: import re
    WORD_RE = re.compile(r"[\w']+")
    print((sc.textFile("file:////home//jovyan//shakespeare_all.txt")
```

```
            .flatMap(lambda line: [(word.lower(), 1) for word in
                                   WORD_RE.findall(line)])
            .reduceByKey(lambda a,b: a+b)
            .takeOrdered(1, key = lambda x: -x[1])))

Out: [('the', 29998)]
```

8.3 跨集群节点共享变量

当我们处理分布式环境时，有时需要跨节点共享信息，以便所有节点都可以使用一致的变量进行操作。Spark 提供两种变量来处理这种情况：只读变量和只写变量。由于不再确保共享变量是可读写的，这也会降低一致性要求，管理这种情况的艰巨任务就落在开发人员的肩上。由于 Spark 具有非常好的灵活性和适应性，通常很快就能得到一个解决方案。

8.3.1 只读广播变量

广播变量是指驱动（driver）节点与集群中所有节点共享的变量，driver 节点是指我们的配置中运行 IPython Notebook 的节点。广播变量是只读变量，变量由一个节点广播，如果其他节点修改了变量，也不会再读回 driver 节点。

现在我们通过一个简单的例子看看它是如何工作的：我们想将一个数据集进行独热编码，数据集仅包含字符串表示的性别信息。虚拟数据集仅包含一个特征，它可以是男性（M）、女性（F）或未知（U）(如果该信息缺失)。具体来说，我们希望所有节点都使用定义好的独热编码，如下面的字典中所示：

```
In: one_hot_encoding = {"M": (1, 0, 0), "F": (0, 1, 0),
                        "U": (0, 0, 1)}
```

在我们的方案中，首先在映射函数内广播 Python 字典，调用 SparkContext（即 sc）提供的 broadcast 方法；使用其 value 属性，我们就可以访问此广播变量了。执行此操作后，我们得到一个通用的 map 函数，可以在任何独热映射字典上工作：

```
In: bcast_map = sc.broadcast(one_hot_encoding)
    def bcast_map_ohe(x, shared_ohe):
        return shared_ohe[x]
    (sc.parallelize(["M", "F", "U", "F", "M", "U"])
         .map(lambda x: bcast_map_ohe(x, bcast_map.value))
         .collect())
```

广播变量保存在构成集群的所有节点的内存中；因此，它们从不会共享大量的数据，因为这样会使各节点的内存占满，而无法进行后续处理。

如果想删除广播变量，请对其使用 unpersist 方法，该操作将在所有节点上释放该广播变量的内存：

```
In: bcast_map.unpersist()
```

8.3.2 只写累加器变量

可以在 Spark 集群中共享的另一种变量是累加器。累加器属于只写变量，这些变量可以累加在一起，通常用于实现求和或计数。只有驱动（driver）节点，也就是运行 IPython Notebook 的节点，可以读取累加器的值，其他节点都无法读取累加器的值。让我们用一个例子看看它是如何工作的：我们要处理一个文本文件，在处理文件的同时要得到其中有多少行是空行。当然，我们可以通过两次扫描数据集来完成此操作（使用两个 Spark 作业），第一个作业用来计算空行数，第二个作业用来做真正的文本处理，但是这个解决方案并不是很有效。根据这个方案，你要经历处理文本文档的所有必需步骤，并计算文档行数。

所需要的步骤如下：

1. 首先，从网上下载要处理的文本文件：柯南·道尔爵士的《福尔摩斯历险记》，该文件由古腾堡项目（Project Gutenberg）提供。

```
In: import urllib.request
    url = "http://gutenberg.pglaf.org/1/6/6/1661/1661.txt"
    urllib.request.urlretrieve(url, "sherlock.tx")
```

2. 然后我们实例化一个累加器变量（初始值为 0），使用 map 方法处理输入文件的每一行，每发现一个空行就给累加器加 1。与此同时，我们也可以对每一行文本做一些处理。例如，在下面的代码中，我们只是将每一行文本返回 1，用这种方式计算整个文件包含的行数。

3. 在处理结束时，我们将得到两条信息：第一条信息是行数，它是 RDD 转换后 count() 动作的结果；第二条信息是累加器属性 value 所表示的空行数。请记住，这两个信息都是在一次扫描数据集后获得的：

```
In: accum = sc.accumulator(0)
    def split_line(line):
        if len(line) == 0:
            accum.add(1)
        return 1

    filename = 'file:////home//jovyan//sherlock.txt'
    tot_lines = (
        sc.textFile(filename)
        .map(split_line)
        .count())

    empty_lines = accum.value
    print("In the file there are %d lines" % tot_lines)
    print("And %d lines are empty" % empty_lines)

Out: In the file there are 13053 lines
     And 2666 lines are empty
```

8.3.3 同时使用广播和累加器变量——示例

尽管广播变量和累加器变量是非常简单又很受限的变量（一个是只读变量，另一个是只写的变量），它们还是能积极地用于创建复杂的操作。例如，我们尝试在分布式环境中的鸢尾花（iris）数据集上应用不同的机器学习算法。我们按以下步骤创建 Spark 作业：

- 读取数据集，并将其广播到所有节点（由于数据集很小，能够装入各节点的内存）。
- 在每个节点上对数据集使用不同的分类器，在完整数据集上返回分类器名称及其准确率分数。请注意，为了使这个示例保持简单，我们不会进行任何预处理、训练集与测试集拆分或超参数优化。
- 如果分类器抛出异常，即字符串表示错误信息以及分类器名称表示错误，应存储在累加器中。

- 最终输出为一个列表，包含执行分类任务且没有出错的分类器名称及其准确率分数。

作为第一步，我们加载 iris 数据集，将其广播到集群中的所有节点：

```
In: from sklearn.datasets import load_iris
    bcast_dataset = sc.broadcast(load_iris())
```

现在我们继续编码，创建一个自定义的累加器。它将包含一个元组列表，用于存储分类器名称和其经历的异常。自定义累加器是由 AccumulatorParam 类派生的，它至少应包含两个方法：zero（在初始化时调用）和 addInPlace（在累加器上使用 add 方法时会调用此方法）。

下面的代码给出了创建累加器的最简单的方法，接着将累加器初始化为一个空列表。请记住，这里的加法运算有点棘手：我们需要组合两个元素（一个元组和一个列表），但是我们不知道，哪一个元素是列表，哪一个是元组。因此，我们首先保证两个元素都是列表，然后继续用简单的方式使两个列表连接起来（使用加号运算符）：

```
In: from pyspark import AccumulatorParam
    class ErrorAccumulator(AccumulatorParam):
        def zero(self, initialList):
            return initialList
        def addInPlace(self, v1, v2):
            if not isinstance(v1, list):
                v1 = [v1]
            if not isinstance(v2, list):
                v2 = [v2]
           return v1 + v2

    errAccum = sc.accumulator([], ErrorAccumulator())
```

现在，我们定义一个映射函数：每个节点都应该在广播 iris 数据集上训练、测试和评估分类器。映射函数将接收分类器对象作为参数，并返回一个由元组组成的列表，其中元组包含分类器名称及准确率分数。

如果这样引发了异常，则将分类器名称和以字符串形式描述的异常添加到累加器，并返回一个空列表：

```
In: def apply_classifier(clf, dataset):
        clf_name = clf.__class__.name
        X = dataset.value.data
        y = dataset.value.target
        try:
            from sklearn.metrics import accuracy_score
            clf.fit(X, y)
            y_pred = clf.predict(X)
            acc = accuracy_score(y, y_pred)
            return [(clf_name, acc)]
        except Exception as e:
            errAccum.add((clf_name, str(e)))
            return []
```

最后，我们来到了这个作业的关键。现在从 Scikit-learn 中实例化一些对象（其中一些对象不是分类器，只是为了测试累加器）。将这些对象转换为 RDD，并使用前一个单元格中创建的 map 函数。由于返回值是一个列表，我们可以使用 flatMap 来收集未捕获异常的映射器输出：

```
In: from sklearn.linear_model import SGDClassifier
    from sklearn.dummy import DummyClassifier
    from sklearn.decomposition import PCA
```

```
    from sklearn.manifold import MDS

    classifiers = [DummyClassifier('most_frequent'),
                   SGDClassifier(),
                   PCA(),
                   MDS()]

    (sc.parallelize(classifiers)
     .flatMap(lambda x: apply_classifier(x, bcast_dataset))
     .collect())

Out: [('DummyClassifier', 0.33333333333333331),
      ('SGDClassifier', 0.85333333333333339)]
```

正如预料的那样，输出中只包含真正的分类器。让我们看看哪些分类器产生了错误。不出所料，这里我们发现了前面输出中缺少的两个“分类器”：

```
In: print("The errors are:", errAccum.value)

Out: The errors are: [('PCA', "'PCA' object has no attribute 'predict'"),
     ('MDS', "'MDS' object has no attribute 'predict'")]
```

最后一步，我们要清除掉广播数据集：

```
In: bcast_dataset.unpersist()
```

请记住，在此示例中我们使用了可以广播的小型数据集。对于实际中的大数据问题，你需要从 HDFS 加载数据集并广播 HDFS 的路径。

8.4 Spark 数据预处理

到目前为止，我们已经看到了如何从本地文件系统和 HDFS 加载文本数据。文本文件可以包含非结构化数据（如文本文档）或结构化数据（如 CSV 文件）。至于像包含 JSON 对象一样的半结构化数据，Spark 有一些特殊的方法，可以将文件转换为数据框，Spark 数据框类似于 R 语言和 Python pandas 中的数据框。数据框与 RDBMS（关系数据库管理系统）中的表非常相似，其中设置了表示数据名称和类型的模式（schema）信息。

8.4.1 CSV 文件和 Spark 数据框

我们首先向你展示怎样读取 CSV 文件，并将其转换为 Spark 数据框。只需按照以下示例中的步骤进行操作：

1. 为了导入 CSV 格式的文件，首先需要创建一个 SQL context，可以通过本地 SparkContext 创建 SQLContext 对象：

```
In: from pyspark.sql import SQLContext
    sqlContext = SQLContext(sc)
```

2. 在这个示例中，我们创建了一个简单的 CSV 文件，它是一个包含六行和三列的表，其中缺少一些属性（例如 user_id = 0 的用户的 gender 属性）：

```
In: data = """balance,gender,user_id
    10.0,,0
    1.0,M,1
    -0.5,F,2
    0.0,F,3
```

```
5.0,,4
3.0,M,5
"""
with open("users.csv", "w") as output:
output.write(data)
```

3. 使用 SQLContext 提供的 read.format 方法，我们已经将表格进行格式化，将所有正确的列名包含在变量中。输出变量类型是 Spark 数据框。要将变量进行整洁、格式化地显示，请使用其方法 show：

```
In: df = sqlContext.read.format('com.databricks.spark.csv')\
    .options(header='true', inferschema='true').load('users.csv')
    df.show()

Out: +-------+------+-------+
     |balance|gender|user_id|
     +-------+------+-------+
     |   10.0|  null|      0|
     |    1.0|     M|      1|
     |   -0.5|     F|      2|
     |    0.0|     F|      3|
     |    5.0|  null|      4|
     |    3.0|     M|      5|
     +-------+------+-------+
```

4. 此外，我们可以使用 printSchema 方法查看数据框的模式。我们认识到，在读取 CSV 文件时，每列的类型都是根据数据进行推断的（在前面的示例中，user_id 列数据是长整型，gender 列由字符串组成，balance 列是双精度浮点型）：

```
In: df.printSchema()

Out: root
     |-- balance: double (nullable = true)
     |-- gender: string (nullable = true)
     |-- user_id: long (nullable = true)
```

5. 与 RDBMS 中的表完全相同，我们可以通过选择特定列和按属性过滤数据的方法，对数据框中的数据进行切片和切块。在此示例中，我们要打印用户的 balance、gender 和 user_id 列，要求 gender 列的属性没有缺失，并且 balance 列的数值要大于 0。为此，我们可以使用 filter 和 select 方法：

```
In: (df.filter(df['gender'] != 'null')
     .filter(df['balance'] > 0)
     .select(['balance', 'gender', 'user_id'])
     .show())

Out: +-------+------+-------+
     |balance|gender|user_id|
     +-------+------+-------+
     |    1.0|     M|      1|
     |    3.0|     M|      5|
     +-------+------+-------+
```

6. 我们还可以用类似 SQL 的语言重写前面作业的每一部分。实际上，filter 和 select 方法可以接收 SQL 格式的字符串：

```
In: (df.filter('gender is not null')
     .filter('balance > 0').select("*").show())
```

7. 我们也可以只调用一次 filter 方法：

```
In: df.filter('gender is not null and balance > 0').show()
```

8.4.2　处理缺失数据

数据预处理的一个常见问题是如何处理缺失数据。Spark 数据框与 pandas 数据框类似，提供了大量操作可以处理缺失数据。例如，要实现只包含完整行的数据集，最简单的方法就是丢弃包含缺失信息的行。为此，在 Spark 数据框中我们首先要访问值为 na 的属性，然后调用 drop 方法。输出结果为只包含完整行信息的表：

```
In: df.na.drop().show()

Out: +-------+------+-------+
     |balance|gender|user_id|
     +-------+------+-------+
     |    1.0|     M|      1|
     |   -0.5|     F|      2|
     |    0.0|     F|      3|
     |    3.0|     M|      5|
     +-------+------+-------+
```

如果这样的操作删除了太多行，我们总能确定哪些列是行删除的主要原因（作为 drop 方法的增强子集）：

```
In: df.na.drop(subset=["gender"]).show()
```

此外，如果你想为缺失的每列设置默认值，而不是删除整行数据，可以使用 fill 方法。这需要给 fill 方法传递由列名（作为字典的键）和默认值组成的字典，用字典中的值来替换该列中的缺失数据。

例如，如果要将缺失的 balance 变量设为 0，将缺失的 gender 变量设为 U，只需要执行以下操作：

```
In: df.na.fill({'gender': "U", 'balance': 0.0}).show()

Out: +-------+------+-------+
     |balance|gender|user_id|
     +-------+------+-------+
     |   10.0|     U|      0|
     |    1.0|     M|      1|
     |   -0.5|     F|      2|
     |    0.0|     F|      3|
     |    5.0|     U|      4|
     |    3.0|     M|      5|
     +-------+------+-------+
```

8.4.3　在内存中分组和创建表

与 SQL GROUP BY 语句一样，要将函数应用于行的分组，Spark 可以使用两种类似的方法。在以下示例中，我们要计算每个性别（gender）的余额（balance）平均值：

```
In:(df.na.fill({'gender': "U", 'balance': 0.0})
    .groupBy("gender").avg('balance').show())

Out: +------+------------+
```

```
|gender|avg(balance)|
+------+------------+
|     F|       -0.25|
|     M|         2.0|
|     U|         7.5|
+------+------------+
```

目前我们已经使用过数据框，但是，正如你所见，数据框方法和 SQL 命令之间的差别很小。实际上，使用 Spark 可以将数据框注册为 SQL 表，以充分利用 SQL 的强大功能。该数据库表像 RDD 一样在内存中保存和分布。我们需要提供一个名称来注册数据库表，该名称在后面的 SQL 命令中会用到。本例中，我们决定将其命名为“users”：

```
In: df.registerTempTable("users")
```

通过调用 Spark SQL context 提供的 SQL 方法，我们可以运行任何 SQL 兼容的表：

```
In: sqlContext.sql("""
    SELECT gender, AVG(balance)
    FROM users
    WHERE gender IS NOT NULL
    GROUP BY gender""").show()

Out: +------+------------+
     |gender|avg(balance)|
     +------+------------+
     |     F|       -0.25|
     |     M|         2.0|
     +------+------------+
```

不足为奇的是，通过命令输出的表（以及 users 表本身）的类型是 Spark 数据框：

```
In: type(sqlContext.table("users"))

Out: pyspark.sql.dataframe.DataFrame
```

数据框、表和 RDD 紧密相关，RDD 上的方法都可以用于数据框。请记住，数据框的每一行都是 RDD 的一个元素。让我们详细了解一下，先收集整个表格：

```
In: sqlContext.table("users").collect()

Out: [Row(balance=10.0, gender=None, user_id=0),
      Row(balance=1.0, gender='M', user_id=1),
      Row(balance=-0.5, gender='F', user_id=2),
      Row(balance=0.0, gender='F', user_id=3),
      Row(balance=5.0, gender=None, user_id=4),
      Row(balance=3.0, gender='M', user_id=5)]

In: a_row = sqlContext.sql("SELECT * FROM users").first()
    print(a_row)

Out: Row(balance=10.0, gender=None, user_id=0)
```

输出结果是包含 Row 对象的列表（它们看起来像 Python 的 namedtuple）。我们再深入研究一下。Row 包含多个属性，可以通过属性或字典键的方式来访问它们；也就是说，为了得到第一行的 balance 属性，我们可以从以下方式中选择一种：

```
In: print(a_row['balance'])
    print(a_row.balance)
```

```
Out: 10.0
     10.0
```

另外，可以使用 Row 的 asDict 方法将其收集为 Python 字典。结果中属性名称作为字典的键，属性值作为字典的值：

```
In: a_row.asDict()

Out: {'balance': 10.0, 'gender': None, 'user_id': 0}
```

8.4.4　将预处理后的数据框或 RDD 写入磁盘

要将数据框或 RDD 写入磁盘，我们可以使用 write 方法。我们可以选择要保存的格式。下面的例子中，我们在本地计算机上将其保存为 CSV 文件：

```
In: (df.na.drop().write
     .save("file:////home//jovyan//complete_users.csv", format='csv'))
```

在本地文件系统上检查输出结果，我们立即发现有些内容与预期的不同：此操作会创建多个文件。这些文件中的每一行都包含一些序列化为 JSON 对象的行，把它们合并在一起就形成了完整的输出。由于 Spark 是为处理大型分布式文件设计的，它的 write 操作也为分布式处理进行了调整，每个节点都会写入全部 RDD 的一部分：

```
In: !ls -als ./complete_users.json

Out: total 20
     4 drwxr-sr-x  2 jovyan users 4096 Jul 21 19:48 .
     4 drwsrwsr-x 20 jovyan users 4096 Jul 21 19:48 ..
     4 -rw-r--r--  1 jovyan users   33 Jul 21 19:48
     part-00000-bc9077c5-67de-46b2-9ab7-c1da67ffcadd-c000.csv
     4 -rw-r--r--  1 jovyan users   12 Jul 21 19:48
     .part-00000-bc9077c5-67de46b2-9ab7-c1da67ffcadd-c000.csv.crc
     0 -rw-r--r--  1 jovyan users    0 Jul 21 19:48 _SUCCESS
     4 -rw-r--r--  1 jovyan users    8 Jul 21 19:48 ._SUCCESS.crc
```

为了再次读取文件，我们不必创建一个独立的文件，即使在读取操作中有多个部分也没问题。还可以在 SQL 查询的 FROM 子句中读取 CSV 文件。现在我们尝试打印刚刚写入磁盘的 CSV 文件，而不需要使用数据框来过渡：

```
In: sqlContext.sql("""SELECT * FROM
    csv.`file:////home//jovyan//complete_users.csv`""").show()

Out: +----+---+---+
     | _c0|_c1|_c2|
     +----+---+---+
     | 1.0|  M|  1|
     |-0.5|  F|  2|
     | 0.0|  F|  3|
     | 3.0|  M|  5|
     +----+---+---+
```

除了 JSON 之外，处理结构化的大数据集还有一种非常流行的格式：Parquet 格式。Parquet 是一种列式存储格式，可用于 Hadoop 生态系统。它将数据压缩编码，支持嵌套类型的结构，所有这些特点使它非常高效。Parquet 格式的保存和加载与 CSV 文件非常相似，甚至在本例中，写入磁盘的操作也会生成多个文件：

```
In: (df.na.drop().write
    .save("file:////home//jovyan//complete_users.parquet",
          format='parquet'))
```

8.4.5 Spark 数据框的用法

到目前为止，我们描述了如何从 CSV 和 Parquet 文件中加载数据框，还没有介绍如何从现有的 RDD 中创建数据框。为此，只需要为 RDD 中的每个记录创建一个 Row 对象，并调用 SQL Context 的 create 数据框方法。最后，可以将其注册为临时表，以充分利用 SQL 语法的强大功能：

```
In: from pyspark.sql import Row
    rdd_gender = \
    sc.parallelize([Row(short_gender="M", long_gender="Male"),
    Row(short_gender="F", long_gender="Female")])
    (sqlContext.createDataFrame(rdd_gender)
     .registerTempTable("gender_maps"))

    sqlContext.table("gender_maps").show()

Out: +-----------+------------+
     |long_gender|short_gender|
     +-----------+------------+
     |       Male|           M|
     |     Female|           F|
     +-----------+------------+
```

提示：这也是 CSV 文件操作的首选方式。首先，使用 sc.textFile 读取文件；然后，使用 split 方法、Row 构造函数和 create 数据框方法创建最终的数据框。

如果内存中有多个数据框，或者有多个数据框要从磁盘加载，则可以将这些数据框连接起来，并使用经典 RDBMS 的所有可用操作。在本例中，我们可以将从 RDD 中创建的数据框连接起来，RDD 包含存储在 Parquet 文件中的 users 数据集。结果令人吃惊：

```
In: sqlContext.sql("""
    SELECT balance, long_gender, user_id
    FROM parquet.`file:////home//jovyan//complete_users.parquet`
    JOIN gender_maps ON gender=short_gender""").show()

Out: +-------+-----------+-------+
     |balance|long_gender|user_id|
     +-------+-----------+-------+
     |    3.0|       Male|      5|
     |    1.0|       Male|      1|
     |    0.0|     Female|      3|
     |   -0.5|     Female|      2|
     +-------+-----------+-------+
```

由于数据表加载在内存中，所以最后一步要清理数据，释放保存它们的内存空间。调用 sqlContext 提供的 tableNames 方法，我们能得到当前在内存的所有表的列表。然后，将表的名称作为参数，使用 dropTempTable 方法就可以释放指定的表了。在此之后，如果再引用这些表都将产生错误：

```
In: sqlContext.tableNames()

Out: ['gender_maps', 'users']

In: for table in sqlContext.tableNames():
        sqlContext.dropTempTable(table)
```

从 Spark 1.3 开始，在进行数据科学运算时，数据框已经成为操作数据集的首选方式。

8.5　基于 Spark 的机器学习

到本章这里，我们看一下工作中的主要任务：创建模型来预测数据集中缺失的一个或多个属性。对于这项任务，我们可以使用一些机器学习方法来建模，Spark 在这方面能够提供很大的帮助。

MLlib 是 Spark 的机器学习库，虽然它是用 Scala 和 Java 语言编写的，它的函数也可以在 Python 中使用。MLlib 包含分类、回归、推荐算法以及一些降维和特征选择的例程，同时它还具有多种文本处理的功能。所有这些功能都能处理大数据集，利用集群中所有节点的强大力量来实现其目标。

截至目前，它有两个主要软件包：MLlib 和 ML，其中 MLlib 主要处理 RDD 数据，ML 则处理数据框。由于 ML 性能良好，已成为数据科学中表示数据的最流行的方法，开发人员都愿意为该分支做出贡献和改进；而 MLlib 只是保持可用，并没有进一步发展。MLlib 乍一看似乎是一个完整的库，但是，在开始使用 Spark 之后，你会注意到默认包中既没有统计计算库也没有数值计算库。在这里，SciPy 和 NumPy 可以来帮你，值得再次强调的是它们对数据科学至关重要。

在本节中，我们试着探索 pyspark.ml 包的功能；到目前为止，与最先进的 Scikit-learn 库相比，它还处于早期阶段，但是它在未来肯定有很大的潜力。

注意：Spark 是一个高级、分布式、具有复杂组件的软件，只用于大数据和具有多个节点的集群上。实际上，如果数据集能够装入内存，那么使用只关注数据科学问题的库会更方便，比如 Scikit-learn 或者类似的库。在单个节点上为小型数据集运行 Spark，可能比 Scikit-learn 的同类算法慢五倍。

8.5.1　在 KDD99 数据集上运行 Spark

让我们使用真实数据集 KDD99 来进行说明。KDD99 数据集竞赛的目标是创建一个网络入侵检测系统，该系统能够识别网络连接是否是恶意的。此外，数据集中存在许多不同的攻击类型，我们的目标就是根据数据集中的流量特征准确地预测这些攻击。

值得一提的是，此数据集在发布后的几年内，为入侵检测系统（IDS）开发出色的解决方案起了很大作用。正因为如此，数据集中的所有攻击类型如今都能非常容易地检测出来，所以它不再用于 IDS 的开发。数据集中的特征包括协议类型（tcp、icmp 和 udp）、目标主机的网络服务类型（http、smtp 等）、数据包大小、协议中有效的标志和尝试成为 root 用户的次数等。

注意：有关 KDD99 竞赛和数据集的更多信息，请访问：http://kdd.ics.uci.edu/databases/kddcup99/kddcup99.html。

尽管这是一个经典的多类别分类问题，我们还是会深入研究它，向你展示如何利用 Spark 来完成此项任务。

8.5.2　读取数据集

首先，让我们下载并解压缩数据集。由于我们所有的分析都运行在一个小型虚拟机上，为了减少工作量，我们仅使用原始训练数据集的 10%（解压缩后大小为 75 MB）。如果你想尝试使用完整的训练数据集（解压缩后大小为 750 MB），可以取消以下代码片段中的注释行，并下载完整数据。我们使用 bash 命令下载训练数据集、测试数据集（47 MB）和数据特征名称：

```
In: !mkdir datasets
    !rm -rf ./datasets/kdd*
    # !wget -q -O datasets/kddtrain.gz \
    # http://kdd.ics.uci.edu/databases/kddcup99/kddcup.data.gz
    !wget -q -O datasets/kddtrain.gz \
    http://kdd.ics.uci.edu/databases/kddcup99/kddcup.data_10_percent.gz
    !wget -q -O datasets/kddtest.gz \
    http://kdd.ics.uci.edu/databases/kddcup99/corrected.gz
    !wget -q -O datasets/kddnames \
    http://kdd.ics.uci.edu/databases/kddcup99/kddcup.names
    !gunzip datasets/kdd*gz
```

现在，打印数据集的前几行，了解一下数据格式。很明显，它是一个不含标题的典型 CSV 文件，每行用点（句号）结尾。此外，我们可以看到一些字段是数字，有很少字段是文本，目标变量包含在最后一个字段中：

```
In: !head -3 datasets/kddtrain

Out:
0,tcp,http,SF,181,5450,0,0,0,0,0,1,0,0,0,0,0,0,0,0,0,0,8,8,0.00,0.00,0.00,0
.00,1.00,0.00,0.00,9,9,1.00,0.00,0.11,0.00,0.00,0.00,0.00,0.00,normal.
0,tcp,http,SF,239,486,0,0,0,0,0,1,0,0,0,0,0,0,0,0,0,0,8,8,0.00,0.00,0.00,0.
00,1.00,0.00,0.00,19,19,1.00,0.00,0.05,0.00,0.00,0.00,0.00,0.00,normal.
0,tcp,http,SF,235,1337,0,0,0,0,0,1,0,0,0,0,0,0,0,0,0,0,8,8,0.00,0.00,0.00,0
.00,1.00,0.00,0.00,29,29,1.00,0.00,0.03,0.00,0.00,0.00,0.00,0.00,normal.
```

为了使用原命名字段创建数据框，我们应该首先读取 kddnames 文件中包含的标题。目标字段简单地命名为 target。读取并解析文件后，打印问题中数据特征的数量（注意目标变量并不是一个特征）以及前十个特征名称：

```
In: with open('datasets/kddnames', 'r') as fh:
        header = [line.split(':')[0]
                  for line in fh.read().splitlines()][1:]
        header.append('target')

    print("Num features:", len(header)-1)
    print("First 10:", header[:10])

Out: Num features: 41
     First 10: ['duration', 'protocol_type', 'service', 'flag',
     'src_bytes', 'dst_bytes', 'land', 'wrong_fragment', 'urgent', 'hot']
```

然后，我们来创建两个独立的 RDD，一个用于训练数据，另一个用于测试数据：

```
In: train_rdd = sc.textFile('file:////home//jovyan//datasets//kddtrain')
    test_rdd = sc.textFile('file:////home//jovyan//datasets//kddtest')
```

现在，我们需要解析每个文件的每一行以创建数据框。我们先将 CSV 文件的每一行拆分为单独的字段，然后将每个数值转换为浮点类型，并将每个文本转换为字符串，再删除每行末尾的点。

最后一步，通过 sqlContext 提供的 create 数据框方法，我们可以为训练集和测试集创建两个带有列名的 Spark 数据框：

```
In: def line_parser(line):
        def piece_parser(piece):
            if "." in piece or piece.isdigit():
                return float(piece)
            else:
                return piece
    return [piece_parser(piece) for piece in line[:-1].split(',')]

    train_df =
sqlContext.createDataFrame(train_rdd.map(line_parser),header)
    test_df = sqlContext.createDataFrame(test_rdd.map(line_parser), header)
```

到目前为止，我们只编写了 RDD 到数据框的转换器；接下来介绍一个动作，来看看数据集中有多少观测量，同时也可以检查前面代码的正确性：

```
In: print("Train observations:", train_df.count())
    print("Test observations:", test_df.count())

Out: Train observations: 494021
     Test observations: 311029
```

虽然只使用了 KDD99 数据集的十分之一，我们仍然需要处理近 50 万行的数据。我们可以清楚地看到，数据行数再乘以特征数量 41，我们将在超过 2000 万数值的观测矩阵上训练分类器。对 Spark 来说，这不算是大数据集，完整的 KDD99 数据集也不是大数据集；世界各地的开发人员已经使用 Spark 处理 PB 级和有数十亿条记录的数据了。如果这些数字看起来很大，不要觉得害怕，因为 Spark 就是用来应对这样的大数据的。

现在，我们看看数据在数据框中的模式。具体来说，我们想要确定哪些字段是数值，哪些字段是字符串（为简洁起见，对结果进行了截断输出）：

```
In: train_df.printSchema()

Out: root
      |-- duration: double (nullable = true)
      |-- protocol_type: string (nullable = true)
      |-- service: string (nullable = true)
      |-- flag: string (nullable = true)
      |-- src_bytes: double (nullable = true)
      |-- dst_bytes: double (nullable = true)
      ...
      |-- target: string (nullable = true
```

8.5.3　特征工程

从可视化分析结果可以看出，KDD99 数据集只有四个字段是字符串：protocol_type、service、flag 和 target（不出所料，这是多分类目标标签）。

由于我们将使用基于树的分类器，所以希望将每个级别的文本编码为数字。可以使用 Scikit-learn 库中的 sklearn.preprocessing.LabelEncoder 对象完成此操作。它相当于 Spark 中 pyspark.ml.feature 包里的 StringIndexer。

我们需要使用 Spark 对这四个变量进行编码，然后将四个 StringIndexer 对象链接起来形成一个级联：每个对象都对应数据框的一个特定列，输出带有附加列的数据框（类似于 map

操作）。映射过程是按频率顺序自动进行的：Spark 对所选列中每个级别的计数进行排名，将最常见的级别映射为 0，下一个级别映射为 1，依此类推。请注意，为计算每个级别的出现次数，此操作将遍历数据集一次。如本章开头所示，如果映射关系已知，那么广播它再使用 map 操作会更高效。

注意：一般来说，pyspark.ml.feature 包中的所有类都能用于从数据框中提取、转换和选择特征。它们在数据框中读取一些列，并另外创建一些列。

类似地，我们可以使用独热编码来生成数值观测矩阵。使用独热编码在数据框中将会产生多个输出列，每个分类特征的每个级别都对应数据框的一列。Spark 提供了 pyspark.ml.feature.OneHotEncoderEstimator 类来完成这项工作。

提示：在 Spark 2.3.1 中，Python 提供的特征操作见以下详尽列表：https：//spark.apache.org/docs/latest/ml-features.html（所有这些操作都可以在 pyspark.ml.feature 包中找到）。这些操作的名称都是非常直观的，其中有几个例外，将在内联和稍后的文本中进行解释。

回到示例，我们现在想将每个类别变量中的级别编码为离散数字。正如已经解释的那样，编码时每个变量使用一个 StringIndexer 对象。此外，我们也可以使用 ML 的管道（pipeline，也称为工作流），并将这些过程设置为管道的工作阶段（stage）。

然后，只需要调用管道的 fit 方法，就可以拟合所有索引数据了。在管道的内部，将按顺序拟合所有阶段上的对象。完成 fit 操作后，会创建一个新对象，我们将其称为已拟合管道。调用此新对象的 transform 方法将依次调用所有阶段上的元素（已拟合），每个元素都在前一个元素完成后调用。在下面的代码片段中，你将看到正在运行的管道。请注意，管道由多个转换构成。因此，由于没有任何执行动作，实际上也就不执行任何操作。在输出的数据框中，你会发现新增加了四列，它们与原始类别变量的列名相同，只是带有 _cat 后缀：

```
In: from pyspark.ml import Pipeline
    from pyspark.ml.feature import StringIndexer

    cols_categorical = ["protocol_type", "service", "flag","target"]
    preproc_stages = []
    for col in cols_categorical:
        out_col = col + "_cat"
        preproc_stages.append(
            StringIndexer(
                inputCol=col, outputCol=out_col, handleInvalid="skip"))

    pipeline = Pipeline(stages=preproc_stages)
    indexer = pipeline.fit(train_df)
    train_num_df = indexer.transform(train_df)
    test_num_df = indexer.transform(test_df)
```

让我们再深入研究一下管道。这里我们将看到管道中的各个阶段：未拟合的管道和已拟合的管道。请注意，Spark 和 Scikit-learn 中的管道差别较大。在 Scikit-learn 中，fit 方法和 transform 方法被同一个对象调用；而在 Spark 中，fit 方法则生成一个新对象（通常，新对象名称带有 Model 后缀，就像 Pipeline 和 PipelineModel 一样），这个对象可以调用 transform 方法。这种差异来自闭包——拟合的对象易于跨进程和集群分发：

```
In: print(pipeline.getStages(), '\n')
    print(pipeline)
    print(indexer)

Out: [StringIndexer_44f6bd05e502a8ace0aa,
     StringIndexer_414084eb873c15c387cd,
     StringIndexer_4ca38a4ad6ffeb6ddc95,
     StringIndexer_489c92cd030c80c6f677]

     Pipeline_46a68853ff9dcdece078
     PipelineModel_4f61afaf96ccc4be4b02
```

从数据框中提取一些列就像在 SQL 查询中使用 SELECT 一样简单。现在，我们为所有数字特征建立一个名称列表。在标题名称中，我们删除类别名称，并用编码过的数字名称替换它们。最后，由于我们只需要特征，所以要去除目标变量及对应的数字变量：

```
In: features_header = set(header) \
    - set(cols_categorical) \
    | set([c + "_cat" for c in cols_categorical]) \
    - set(["target", "target_cat"])
    features_header = list(features_header)
    print(features_header)
    print("Total numerical features:", len(features_header))

Out: ['flag_cat', 'count', 'land', 'serror_rate', 'num_compromised',
     'num_access_files', 'dst_host_srv_serror_rate', 'src_bytes',
     'num_root', 'srv_serror_rate', 'num_shells', 'diff_srv_rate',
     'dst_host_serror_rate',
     'rerror_rate', 'num_file_creations', 'same_srv_rate',
     'service_cat',
     'num_failed_logins', 'duration', 'dst_host_diff_srv_rate', 'hot',
     'is_guest_login', 'dst_host_same_srv_rate', 'num_outbound_cmds',
     'su_attempted', 'dst_host_count', 'dst_bytes',
     'srv_diff_host_rate',
     'dst_host_srv_count', 'srv_count', 'root_shell',
     'srv_rerror_rate',
     'wrong_fragment', 'dst_host_rerror_rate', 'protocol_type_cat',
     'urgent',
     'dst_host_srv_rerror_rate', 'dst_host_srv_diff_host_rate',
     'logged_in',
     'is_host_login', 'dst_host_same_src_port_rate']
     Total numerical features: 41
```

这里要用 VectorAssembler 类来帮助我们构建特征矩阵。我们只需要传递两个参数，一个是要选择的列，一个是数据框中要创建的新列。我们将输出列简单地命名为 features。在训练集和测试集上都执行此转换操作，然后只选择我们感兴趣的两列：features 和 target_cat：

```
In: from pyspark.ml.feature import VectorAssembler

    assembler = VectorAssembler(
        inputCols=features_header,
        outputCol="features")
    Xy_train = (assembler
                .transform(train_num_df)
                .select("features", "target_cat"))
    Xy_test = (assembler
               .transform(test_num_df)
               .select("features", "target_cat"))
```

此外，VectorAssembler 的默认行为是生成 DenseVectors 或 SparseVectors。本例中，由于特征向量包含许多零，它将返回一个稀疏向量。要查看输出的内容，我们可以打印其中的第一行。请注意，这是一个动作执行操作。因此，在打印结果之前需要运行作业：

```
In: Xy_train.first()

Out: Row(features=SparseVector(41, {1: 8.0, 7: 181.0, 15: 1.0, 16: 2.0, 22:
       1.0, 25: 9.0, 26: 5450.0, 28: 9.0, 29: 8.0, 34: 1.0, 38: 1.0,
       40: 0.11}), target_cat=2.0)
```

8.5.4　训练学习器

最后，我们来到了任务的关键部分：训练分类器。分类器包含在 pyspark.ml.classification 包中，本例中我们使用的是随机森林分类器。对于 Spark 2.3.1，你可以在以下页面找到大量算法 https://spark.apache.org/docs/2.3.1/ml-classification-regression.html。该算法列表非常完整，包括线性模型、SVM、朴素贝叶斯和集成树。请注意，并非所有这些算法都能够处理多分类问题，算法也可能具有不同的参数，要经常查看与在用版本对应的算法文档。除了分类器之外，Spark 2.3.1 实现的具有 Python 接口的其他学习器如下：

- 聚类（pyspark.ml.clustering 包）：Kmeans
- 推荐算法（pyspark.ml.recommendation 包）：ALS（基于交替最小二乘的协同过滤推荐算法）

我们回到 KDD99 挑战赛的目标。现在，我们实例化一个随机森林分类器并设置相应参数。要设置的参数有 featuresCol（特征矩阵的列数）、labelCol（数据框中包含目标标签的列）、seed（使实验可重复的随机种子）以及 maxBins（树的每个节点中用于分割特征的最大分箱数）。森林中树的数量默认值为 20，每棵树最大深度为 5 级。此外，默认情况下分类器在数据框中创建三个输出列：rawPrediction（用于存储每个可能标签的预测分数）、probability（用于存储每个标签的可能性）和 prediction（最可能的标签）：

```
In: from pyspark.ml.classification import RandomForestClassifier
    clf = RandomForestClassifier(
        labelCol="target_cat", featuresCol="features",
        maxBins=100, seed=101)
    fit_clf = clf.fit(Xy_train)
```

即使在这种情况下，已经训练的分类器也属于不同的对象。与以前一样，已训练的分类器与分类器名称相同，只是添加一个后缀 Model：

```
In: print(clf)
    print(fit_clf)
Out: RandomForestClassifier_4c47a18a99f683bec69e
     RandomForestClassificationModel
     (uid=RandomForestClassifier_4c47a18a99f683bec69e) with 20 trees
```

已训练好的分类器对象（即 RandomForestClassificationModel），可以调用 transform 方法。我们同时在训练集和测试集上预测分类标签，并打印测试集的第一行。正如分类器中所定义的，预测结果将在名为 prediction 的列中找到：

```
In: Xy_pred_train = fit_clf.transform(Xy_train)
    Xy_pred_test = fit_clf.transform(Xy_test)
```

```
    print("First observation after classification stage:")
    print(Xy_pred_test.first())

Out: First observation after classification stage:
     Row(features=SparseVector(41, {1: 1.0, 7: 105.0, 15: 1.0, 16: 1.0, 19:
     0.01, 22: 1.0, 25: 255.0, 26: 146.0, 28: 254.0, 29: 1.0, 34: 2.0}),
     target_cat=2.0, rawPrediction=DenseVector([0.0152, 0.0404, 19.6276,
     0.0381, 0.0087, 0.0367, 0.034, 0.1014, 0.0641, 0.0051, 0.0105, 0.0053,
     0.002, 0.0005, 0.0026, 0.0009, 0.0018, 0.0009, 0.0009, 0.0006, 0.0013,
     0.0006, 0.0008]), probability=DenseVector([0.0008, 0.002, 0.9814,
     0.0019,
     0.0004, 0.0018, 0.0017, 0.0051, 0.0032, 0.0003, 0.0005, 0.0003,
     0.0001,
     0.0, 0.0001, 0.0, 0.0001, 0.0, 0.0, 0.0, 0.0001, 0.0, 0.0]),
     prediction=2.0)
```

8.5.5 学习器性能评价

在任何数据科学任务中，下一步都是检查学习器在训练和测试数据集上的性能表现。在此任务中我们选择 F1 分数作为评价指标，因为它兼顾了精确率和召回率。评价准则包含在 pyspark.ml.evaluation 包中；有几种评价准则可供选择，我们选择多分类分类器评估准则：MulticlassClassificationEvaluator。作为评估器的参数，我们需要提供评价指标（精确率、召回率、准确度和 F1 分数等）以及包含真实标签和预测标签的列名称：

```
In: from pyspark.ml.evaluation import MulticlassClassificationEvaluator
    evaluator = MulticlassClassificationEvaluator(
        labelCol="target_cat",
        predictionCol="prediction",
        metricName="f1")
    f1_train = evaluator.evaluate(Xy_pred_train)
    f1_test = evaluator.evaluate(Xy_pred_test)
    print("F1-score train set: %0.3f" % f1_train)
    print("F1-score test set: %0.3f" % f1_test)

Out: F1-score train set: 0.993
     F1-score test set: 0.968
```

结果得到的 F1 分值相当高，分类器在训练集和测试集上的性能还存在较大差异。除了多分类分类器的评估器之外，同一个软件包中还包含回归评估器（评价指标可以是 MSE、RMSE、R2 或 MAE）和二值分类器评估器对象。

8.5.6 机器学习管道的强大功能

到目前为止，我们通过一个个代码单元来建模并显示输出结果。也可以将所有操作形成一个级联，并将这些操作设置为管道的各个阶段。事实上，我们可以将目前所见到的内容（四个标签编码器、矢量构建器和分类器）链接成独立的管道，在训练数据集上学习模型参数，最后在测试数据集上获得预测结果。

这种操作方式更加高效，但是会失去逐步分析的探索能力。建议作为数据科学家的读者，只有完全清楚管道的内部过程才使用端到端管道，而且只用来建立产品模型。为了演示管道与前面见到的代码功能相同，我们使用管道在测试集上计算 F1 分数并打印出来。不出所料，它们的分值完全相同：

```
In: full_stages = preproc_stages + [assembler, clf]
    full_pipeline = Pipeline(stages=full_stages)
    full_model = full_pipeline.fit(train_df)
    predictions = full_model.transform(test_df)
    f1_preds = evaluator.evaluate(predictions)
    print("F1-score test set: %0.3f" % f1_preds)

Out: F1-score test set: 0.968
```

在运行 IPython 记事本的 driver 节点上，我们还可以使用 matplotlib 库来可视化分析结果。例如，要显示分类结果的归一化混淆矩阵（按每类的支持数量进行归一化），我们可以创建以下函数：

```
In: import numpy as np
    import matplotlib.pyplot as plt
    %matplotlib inline

    def plot_confusion_matrix(cm):
        cm_normalized = \
        cm.astype('float') / cm.sum(axis=1)[:, np.newaxis]
        plt.imshow(
            cm_normalized, interpolation='nearest', cmap=plt.cm.Blues)
        plt.title('Normalized Confusion matrix')
        plt.colorbar()
        plt.tight_layout()
        plt.ylabel('True label')
        plt.xlabel('Predicted label')
```

Spark 本身也能够构建混淆矩阵，但是相应的方法包含在 pyspark.mllib 包中。为了使用这个包中的方法，我们必须使用 .rdd 方法将数据框转换为 RDD：

```
In: from pyspark.mllib.evaluation import MulticlassMetrics

    metrics = MulticlassMetrics(
        predictions.select("prediction", "target_cat").rdd)
    conf_matrix = metrics.confusionMatrix()toArray()
    plot_confusion_matrix(conf_matrix)
```

由前面代码产生的混淆矩阵绘制如下：

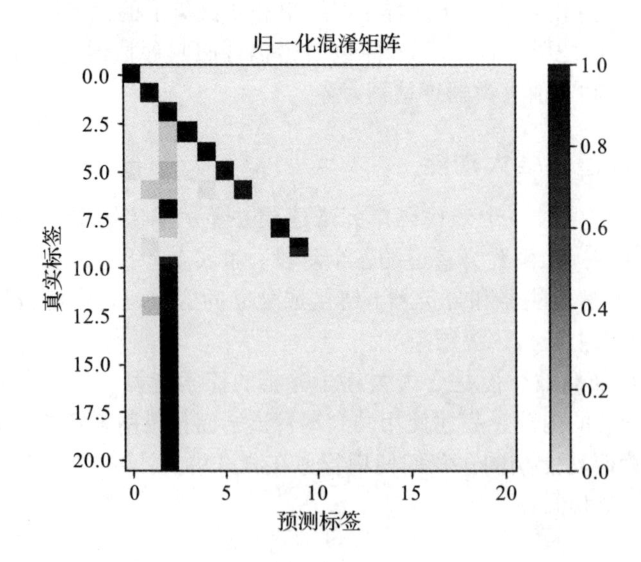

8.5.7　手动调参

虽然分类器的 F1 分数接近 0.97，但是归一化混淆矩阵表明类别很不平衡，分类器只是学会了如何对最常见的类别进行正确分类。为了改进算法结果，我们可以对每类进行重新抽样，这样可以更好地平衡训练数据集。

首先，统计训练集中每个类别的实例数：

```
In: train_composition = (train_df.groupBy("target")
                         .count()
                         .rdd
                         .collectAsMap())
    print(train_composition)

Out: {'neptune': 107201,
      'nmap': 231,
      'portsweep': 1040,
      'back': 2203,
      'warezclient': 1020,
      'normal': 97278,
      ...
      'loadmodule': 9,
      'phf': 4}
```

很明显这个数据集严重不平衡。我们通过对样本稀少的类别进行过采样（上采样）、对样本过多的类别进行欠采样（下采样）来提高模型的性能。在此示例中，我们创建一个训练集，其中每个类别至少有 1000 个样本，但最多可以有 25000 个样本。为此，我们将执行以下步骤：

1. 首先创建欠采样率 / 过采样率，在整个集群中广播该变量。然后对训练集的每一行进行 flatMap 操作，以适当的方式对其重采样：

```
In: def set_sample_rate_between_vals(cnt, the_min, the_max):
        if the_min <= cnt <= the_max:
            # no sampling
            return 1
        elif cnt < the_min:
            # Oversampling: return many times the same observation
            return the_min/float(cnt)
        else:
            # Subsampling: sometime don't return it
            return the_max/float(cnt)
    sample_rates = {k:set_sample_rate_between_vals(v, 1000, 25000)
                    for k,v in train_composition.items()}
    sample_rates

Out: {'neptune': 0.23320677978750198,
      'nmap': 4.329004329004329,
      'portsweep': 1,
      'back': 1,
      'warezclient': 1,
      'normal': 0.2569954152017928,
      ...
      'loadmodule': 111.11111111111111,
      'phf': 250.0}

In: bc_sample_rates = sc.broadcast(sample_rates)

    def map_and_sample(el, rates):
        rate = rates.value[el['target']]
```

```
            return [el]*int(rate)
        else:
            import random
            return [el] if random.random() < rate else []

    sampled_train_df = (train_df
                        .rdd
                        .flatMap(
                         lambda x: map_and_sample(x,
                                        bc_sample_rates))
                        .toDF()
                        .cache())
```

2. 数据框变量 samples_train_df 中的这些重采样数据集要被缓存，我们将在超参数优化步骤中多次使用它。它应该很容易装入内存，因为其行数比原始数据集要少：

```
In: sampled_train_df.count()

Out: 96559
```

3. 为了了解数据集的内容，我们可以打印它的第一行。数值打印得相当快，不是吗？当然，因为数据已经缓存，打印过程自然就又快又好：

```
In: sampled_train_df.first()

Out: Row(duration=0.0, protocol_type='tcp', service='http',
     flag='SF',
     src_bytes=210.0, dst_bytes=624.0, land=0.0,
     wrong_fragment=0.0,
     urgent=0.0, hot=0.0, num_failed_logins=0.0, logged_in=1.0,
     num_compromised=0.0, root_shell=0.0, su_attempted=0.0,
     num_root=0.0,
     num_file_creations=0.0, num_shells=0.0, num_access_files=0.0,
     num_outbound_cmds=0.0, is_host_login=0.0, is_guest_login=0.0,
     count=18.0,
     srv_count=18.0, serror_rate=0.0, srv_serror_rate=0.0,
     rerror_rate=0.0,
     srv_rerror_rate=0.0, same_srv_rate=1.0, diff_srv_rate=0.0,
     srv_diff_host_rate=0.0, dst_host_count=18.0,
     dst_host_srv_count=109.0,
     dst_host_same_srv_rate=1.0, dst_host_diff_srv_rate=0.0,
     dst_host_same_src_port_rate=0.06,
     dst_host_srv_diff_host_rate=0.05,
     dst_host_serror_rate=0.0, dst_host_srv_serror_rate=0.0,
     dst_host_rerror_rate=0.0, dst_host_srv_rerror_rate=0.0,
     target='normal')
```

4. 现在我们使用刚才创建的管道，进行预测并输出新解决方案的 F1 分数：

```
In:  full_model = full_pipeline.fit(sampled_train_df)
     predictions = full_model.transform(test_df)
     f1_preds = evaluator.evaluate(predictions)
     print("F1-score test set: %0.3f" % f1_preds)

Out: F1-score test set: 0.967
```

5. 在具有 50 棵树的分类器上进行测试。为此，我们另外建立一个名为 refined_pipeline 的管道，并用新分类器来替换管道的最后一个阶段。即使削减了训练集的大小，其性能似乎还是一样的：

```
In: clf = RandomForestClassifier(
         numTrees=50, maxBins=100, seed=101,
         labelCol="target_cat", featuresCol="features")
    stages = full_pipeline.getStages()[:-1]
    stages.append(clf)
    refined_pipeline = Pipeline(stages=stages)
    refined_model = refined_pipeline.fit(sampled_train_df)
    predictions = refined_model.transform(test_df)
    f1_preds = evaluator.evaluate(predictions)
    print ("F1-score test set: %0.3f" % f1_preds )

Out: F1-score test set: 0.968
```

关于 Spark 模型调参的示例到这里就结束了。最终测试为我们提供了公平的模型评估，能得到产品中模型的有效性。

8.5.8 交叉验证

在尝试了许多不同的配置后，我们可以继续进行手动优化并找到合适的模型。这样做会导致浪费大量时间（以及代码的可重用性），也会造成模型在测试集上的过拟合。于是，交叉验证成为超参数优化的正确选择。现在我们看看 Spark 是如何执行这项重要任务的。

首先，由于训练集数据将被多次使用，我们可以将它缓存。因此，在所有转换操作后就调用 cache 方法：

```
In: pipeline_to_clf = Pipeline(
         stages=preproc_stages + [assembler]).fit(sampled_train_df)
    train = pipeline_to_clf.transform(sampled_train_df).cache()
    test = pipeline_to_clf.transform(test_df)
```

使用交叉验证进行超参数优化要用到的类包含在 pyspark.ml.tuning 包中。有两个元素是必不可少的：参数的网格图（可以使用 ParamGridBuilder 构建）和实际的交叉验证过程（由 CrossValidator 类运行）。

在这个例子中，我们想要设置分类器的一些参数，这些参数在整个交叉验证过程中不会改变。与 Scikit-learn 完全一样，这些参数都是在创建分类器对象时设置的，本例中参数包括列名、随机种子和最大分箱数量等。

然后，借助参数网格构建器，我们能确定每次迭代时交叉验证算法应改变哪些参数。本例中，我们通过改变随机森林中树的深度和数量来检验分类器的性能，每棵树的最大深度从 3 到 12（增量为 3），森林中树的数量为 20 或 50。最后，在设置了参数网格图、要测试的分类器以及折数之后，我们使用 fit 方法启动交叉验证。参数评估器非常重要：经过交叉验证它能告诉我们哪个是最好的模型。请注意，此次交叉验证操作可能需要运行 15～20 分钟（因为有 4*2*3=24 个模型要训练和测试）：

```
In: from pyspark.ml.tuning import ParamGridBuilder, CrossValidator

    rf = RandomForestClassifier(
        cacheNodeIds=True, seed=101, labelCol="target_cat",
        featuresCol="features", maxBins=100)
    grid = (ParamGridBuilder()
            .addGrid(rf.maxDepth, [3, 6, 9, 12])
            .addGrid(rf.numTrees, [20, 50])
            .build())
    cv = CrossValidator(
        estimator=rf, estimatorParamMaps=grid,
        evaluator=evaluator, numFolds=3)
    cvModel = cv.fit(train)
```

最后，我们可以使用交叉验证模型预测标签，像之前使用管道或分类器本身一样。本例中，经过交叉验证选择的分类器相比前面的例子性能略好，使得分类器 F1 分数突破了 0.97：

```
In: predictions = cvModel.transform(test)
    f1_preds = evaluator.evaluate(predictions)
    print("F1-score test set: %0.3f" % f1_preds)

Out: F1-score test set: 0.970
```

此外，通过绘制归一化的混淆矩阵，你能立即明白此方案能够发现更多种类的攻击，甚至是不太常见的攻击：

```
In: metrics = MulticlassMetrics(
        predictions.select("prediction", "target_cat").rdd)
    conf_matrix = metrics.confusionMatrix().toArray()
    plot_confusion_matrix(conf_matrix)
```

这次输出的是归一化混淆矩阵，图中了显示了最容易发生预测错误的位置：

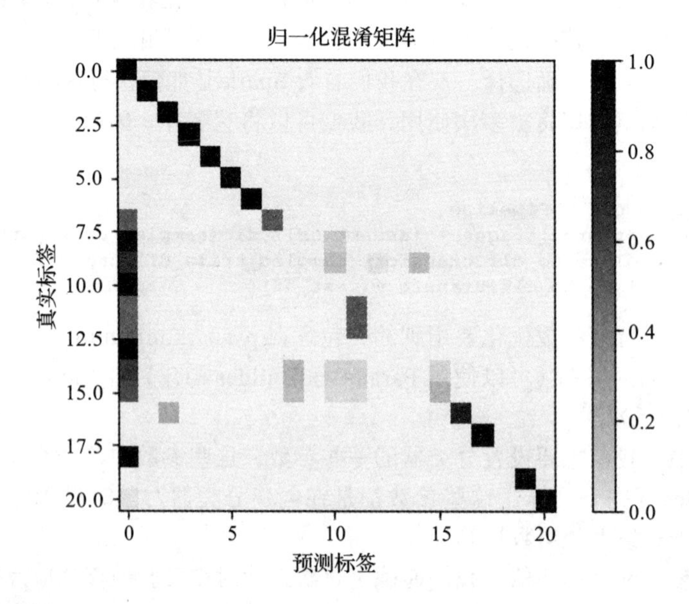

8.5.9 最后的清理

现在，我们就要完成分类任务了。要记得清除所有用过的变量，并从缓存（cache）中清除创建的临时表：

```
In: bc_sample_rates.unpersist()
    sampled_train_df.unpersist()
    train.unpersist()
```

清空 Spark 内存后，就可以关闭 Jupyter Notebook 了。

8.6 小结

在本章中，我们介绍了 Hadoop 生态系统，包括 Hadoop 架构、HDFS 和 PySpark。在此之后，我们开始设置本地 Spark 实例。在跨集群节点共享变量之后，我们使用 RDD 和数据框在 Spark 中进行数据处理。

在本章后面部分，我们学习了基于 Spark 的机器学习，包括读取数据集、训练学习器、机器学习管道的强大功能和交叉验证，还在示例数据集上测试了我们所学的知识。

到这里，我们就结束了基于 Python 的数据科学基础知识学习。下一章是附录，用来更新和增强你的 Python 基础。总而言之，通过学习本书的所有章节，我们完成了数据科学项目之旅，本书涉及科学项目的所有关键步骤，并向你展示了使用 Python 成功运行自己项目的所有基本工具。作为学习工具，不管你的数据集是小还是大，本书伴随你完成数据科学的各个阶段，从数据加载到机器学习和可视化，介绍了避免常见陷阱的最佳实践和方法。作为参考书，本书涉及各种命令和软件包，为你提供简单、清晰的说明和示例，如果你的项目用到这些内容，可以为你的工作节省大量时间。

从现在开始，Python 肯定会在你的项目开发中发挥更重要的作用，我们很高兴能在你掌握 Python 数据科学的道路上相伴一程。

附录

增强 Python 基础

前面章节用到的示例代码不要求你精通 Python，但是，我们通常假定你已经具备一些 Python 知识，至少应该了解 Python 脚本的基础知识，特别是应该知道一些数据结构如列表和字典，懂得类对象的工作原理。

如果你对刚才提到的内容不够自信，或者掌握的 Python 语言的知识十分薄弱，建议阅读本书之前先学习一些在线教程，例如：趣味编程网站 Code Academy 上的课程 http://www.codecademy.com/en/tracks/python，或者谷歌公司的 Python 课程 https://developers.google.com/edu/python/，或者 Kaggle 提供的在线课程 https://www.kaggle.com/learn/python。这些课程都是免费的，只需要几个小时的学习就能获得阅读本书的全部基础知识。如果你更喜欢通过图书来学习 Python 基础知识，推荐阅读 Jake Vanderplas 著作的图书 *Whirlwind Tour of Python*（https://github.com/jakevdp/WhirlwindTourOfPython），该书能让你收获所有必需的 Python 基础知识：从变量赋值到包的导入。在这个简短又富有挑战性的章节中，我们还准备了一些 Python 学习笔记，目的是强调 Python 语言的重要性，增强它在数据科学应用中至关重要的各方面的知识。

附录中将介绍如下内容：

- 高效数据科学家应该了解的 Python 知识
- 学习 Python 最好的视频资源
- 学习 Python 最好的代码资源
- 学习 Python 最好的阅读资源

A.1 学习清单

下面是数据科学家都需要熟练掌握的基础 Python 数据结构。撇开那些真正的基础知识（数字、运算方法、字符串、布尔值、变量赋值和比较），这个清单确实很简短。我们将内容简化处理，主要介绍数据科学项目中反复用到的数据结构。记住，这些主题很有挑战性，如果想写出高效的代码，掌握这些数据结构是很有必要的：

- 列表
- 字典
- 类、对象和面向对象编程
- 异常

- 迭代器和生成器
- 条件语句
- 解析
- 函数

根据你 Python 语言的实际水平，可以将上述内容作为补习或学习清单。而且，还要检验所有的示例代码，本书前面的内容还会遇到这些代码。

A.1.1 列表

列表是元素的集合，这些元素可以是整数、浮点数、字符串，甚至可以是任何对象。另外，列表中可以混合不同类型的对象，因而比只允许一种数据类型的数组更加灵活。

可以使用方括号来创建列表，也可以使用函数 list() 构造列表：

```
a_list = [1, 2.3, 'a', True]
an_empty_list = list()
```

下面是一些方便又好记的常用列表操作方法：

- 索引：使用 [ ] 访问列表中第 i 个元素。

注意：列表从 0 开始索引，第一个元素的位置为 0。

```
a_list[1]
# prints 2.3
a_list[1] = 2.5
# a_list is now [1, 2.5, 'a', True]
```

- 列表分片：在 [ ] 内注明起始和结束位置得到列表分片（分片结果不含结束位置的元素）。

```
a_list[1:3]
# prints [2.3, 'a']
```

- 列表分片：也可以使用步长进行列表分片，冒号分割的标记符号形式为“ start: end: skip”，这样每隔一定的步长获得一个列表元素。

```
a_list[::2]
# returns only odd elements: [1, 'a']
a_list[::-1]
# returns the reverse of the list: [True, 'a', 2.3, 1]
```

- 列表增长：使用 append() 函数在列表末尾增加元素。

```
a_list.append(5)
# a_list is now [1, 2.5, 'a', True, 5]
```

- 列表长度：使用 len() 函数获取列表的长度。

```
len(a_list)
# prints 5
```

- 删除元素：使用 del 指令删除指定位置上的元素。

```
del a_list[0]
# a_list is now [2.5, 'a', True, 5]
```

- 合并列表：使用“+”号合并列表，形式如下：

```
a_list += [1, 'b']
# a_list is now [2.5, 'a', True, 5, 1, 'b']
```

- 分解列表：将列表赋值给一个变量序列而不是单个变量。

```
a, b, c, d, e, f = [2.5, 'a', True, 5, 1, 'b']
# a now is 2.5, b is 'a' and so on
```

列表是可以改变的数据结构，因此总是可以增加、删除和修改它的元素。不能修改的列表称为元组，它使用圆括号表示，而列表使用的则是方括号。

```
tuple(a_list)
# prints (2.5, 'a', True, 5, 1, 'b')
```

A.1.2　字典

字典是一种可以快速查找的表，它通过键与数值相关联。就像书的目录一样，它通过键能够立即跳转到你需要的内容。键和值属于不同的数据类型。键的唯一要求是能够散列化（这是一个相当复杂的概念；简单地说，就是键要尽可能简单，因此，不要使用字典或列表作为键）。

可以使用大括号创建字典，格式如下：

```
b_dict = {1: 1, '2': '2', 3.0: 3.0}
```

下面是一些方便又好记的常用字典操作方法：

- 访问键值：使用 [ ] 和键名对字典进行索引操作。

```
b_dict['2']
# prints '2'
b_dict['2'] = '2.0'
# b_dict is now {1: 1, '2': '2.0', 3.0: 3.0}
```

- 插入或替换键值：使用 [ ] 索引操作可以为字典插入或替换键值。

```
b_dict['a'] = 'a'
# b_dict is now {3.0: 3.0, 1: 1, '2': '2.0', 'a': 'a'}
```

- 字典长度：使用 len() 函数能够获得字典元素的数目。

```
len(b_dict)
# prints 4
```

- 删除元素：使用 del 指令加上想删除的元素。

```
del b_dict[3.0]
# b_dict is now {1: 1, '2': '2.0', 'a': 'a'}
```

字典和列表一样都是可以修改的数据结构。还需要注意，如果要访问的元素键不存在，则会产生一个 KeyError 异常。

```
b_dict['a_key']

Traceback (most recent call last): File "<stdin>", line 1, in <module>
KeyError: 'a_key'
```

针对这种情况，一种简单的解决方法是先检查元素是否在字典中：

```
if 'a_key' in b_dict:
 b_dict['a_key']
else:
 print("'a_key' is not present in the dictionary")
```

另外，还可以使用 .get 方法。如果键在字典中，它会返回键值，否则返回“None”。

```
b_dict.get('a_key')
```

最后，可以使用 collections 模块的数据结构 defaultdict，它从来不会产生 KeyError，因为它使用无参数的函数进行实例化，为不存在的键提供默认值。

```
from collections import defaultdict
c_dict = defaultdict(lambda: 'empty')
c_dict['a_key']
# requiring a nonexistent key will always return the string 'empty'
```

defaultdict 函数可以使用 def 或 lambda 命令来定义，接下来的一节将进行详细解释。

A.1.3 定义函数

函数是一组指令的集合，通常接收特定的输入，并产生与这些输入相关的特定输出。函数可以定义成一行可执行语句，格式如下：

```
def half(x):
    return x/2.0
```

函数也可以是一组包含很多指令的程序段，如下所示：

```
import math
def sigmoid(x):
    try:
        return 1.0 / (1 + math.exp(-x))
    except:
        if x < 0:
            return 0.0
        else:
            return 1.0
```

最后，还可以使用 lambda 动态定义匿名函数。lambda 是一个可以在代码内部任何位置定义的简单函数，不像 def 开头的语句那样构造具体的函数名称。lambda 函数需要输入参数，然后用冒号连接可执行命令，lamda 表达式必须在同一行。(lambda 函数不包含 return 命令，表达式就是 lambda 函数的返回值。)

lambda 函数可以作为另一个函数的参数，如前面提到的 defaultdict 函数，或者使用 lambda 表示一个单行函数。下面的例子中，我们定义了一个函数，返回 lambda 函数与第一个参数的和。

```
def sum_a_const(c):
    return lambda x: x+c

sum_2 = sum_a_const(2)
sum_3 = sum_a_const(3)
print(sum_2(2))
print(sum_3(2))
# prints 4 and 5
```

调用函数需要写出函数名，在后面的括号内加上参数：

```
half(10)
# prints 5.0
sigmoid(0)
# prints 0.5
```

使用函数，你集合重复程序化的输入和输出，而不让他们计算干涉与主程序执行的任何方式。事实上，除非声明变量是全局变量，否则函数中的所有变量都将被处理，而主程序将只接收 return 命令返回的变量。

注意：另外，如果将列表（只是列表而不是变量）传递给一个函数，这个列表将被修改，甚至没有返回，除非你复制它。想复制一个列表，可以使用 copy 或 deep copy 函数（从 copy 包中导入），或者只是对列表使用 [:] 操作符。

为什么会发生这种情况？因为列表是特别的数据结构，只能通过地址而不是整个对象来引用。因此，给函数传递列表时，实际上只传递了一个地址到计算机内存，函数将在那个地址上进行操作，修改实际的列表：

```
a_list = [1,2,3,4,5]

def modifier(L):
    L[0] = 0

def unmodifier(L):
    M = L[:] # Here we are copying the list
    M[0] = 0

unmodifier(a_list)
print(a_list)
# you still have the original list, [1, 2, 3, 4, 5]

modifier(a_list)
print(a_list)
# your list have been modified: [0, 2, 3, 4, 5]
```

A.1.4　类、对象和面向对象

类是方法和属性的集合。简单地说，属性是指对象的变量（例如，员工类的每一个实例都有姓名、年龄、薪水和津贴等，它们都是属性）。方法是修改属性的简单函数（例如，设置员工姓名、年龄，从数据库或 CSV 列表读取信息）。类的创建需要使用 class 关键字。下面的示例中，我们创建一个表示增长器的类，这个对象的目的是追踪整数数值，最后实现增加 1：

```
class Incrementer(object):
 def __init__(self):
 print ("Hello world, I'm the constructor")
 self._i = 0
```

在 def 中缩排的内容都是类方法。本例中，名为 __init__ 的方法设置内部变量 i 为 0（它看起来很像前面介绍过的函数）。仔细看方法的定义，它的参数是 self（这是对象本身），每个内部变量的访问都是通过 self 进行的。此外，__init__ 不仅仅是一种方法，它也是一种构造函数（当创建对象时）。事实上，当我们创建 Incrementer 对象，这种方法会被自动调用，过程如下：

```
i = Incrementer()
# prints "Hello world, I'm the constructor"
```

现在，让我们创建 increment() 方法，将内部计数器增加 1 并返回当前状态。在类定义中包含这个方法：

```
def increment(self):
    self._i += 1
    return self._i
```

然后，运行下面的代码：

```
i = Incrementer()
print (i.increment())
print (i.increment())
print (i.increment())
```

上面的代码会输出如下结果：

```
Hello world, I'm the constructor
1
2
3
```

最后，让我们看一下怎样创建能够接收参数的方法。我们现在创建 set_counter 方法，用来设置内部变量 _i。

在类的定义中增加如下代码：

```
def set_counter(self, counter):
 self._i = counter
```

然后，运行如下代码：

```
i = Incrementer()
i.set_counter(10)
print (i.increment())
print (i._i)
```

上面的程序会输出如下结果：

```
Hello world, I'm the constructor
11
11
```

注意：需要注意上面最后一行访问内部变量的代码。在 Python 中，对象的内部属性默认都是公有的，这些属性可以从外部读、写或改变。

A.1.5 异常

异常和错误是密切相关的，但它们属于不同的概念。异常很容易处理，下面是一些关于异常的例子：

```
0/0

Traceback (most recent call last): File "<stdin>", line 1, in <module>
ZeroDivisionError: integer division or modulo by zero

len(1, 2)

Traceback (most recent call last): File "<stdin>", line 1, in <module>
TypeError: len() takes exactly one argument (2 given)

pi * 2

Traceback (most recent call last): File "<stdin>", line 1, in <module>
NameError: name 'pi' is not defined
```

上例中，产生了三种不同类型的异常（异常原因可以查看程序块的最后一行）。可以使用 try/except 语句捕获并处理异常，方法如下：

```
try:
 a = 10/0
except ZeroDivisionError:
 a = 0
```

可以使用多个 except 语句处理多个异常，最后可以使用“all-the-other”异常 case 句柄。这种情况下，程序结构如下：

```
try:
    <code which can raise more than one exception>
except KeyError:
    print ("There is a KeyError error in the code")
except (TypeError, ZeroDivisionError):
    print ("There is a TypeError or a ZeroDivisionError error in the code")
except:
    print ("There is another error in the code")
```

最后，非常有必要说一下用 finally 表示的终止语句，finally 子句是在任何情况下都会执行的语句。如果你想清理代码（关闭文件、释放资源等），使用这种语句就非常方便。不管是否发生错误，finally 语句都会独立执行。这种情况下，代码的形式如下：

```
try:
    <code that can raise exceptions>
except:
    <eventually more handlers for different exceptions>
finally:
    <clean-up code>
```

A.1.6 迭代器和生成器

在列表和字典内进行循环非常简单。注意在字典中，迭代是基于键的，可以通过如下例子进行说明：

```
for entry in ['alpha', 'bravo', 'charlie', 'delta']:
    print (entry)

# prints the content of the list, one entry for line

a_dict = {1: 'alpha', 2: 'bravo', 3: 'charlie', 4: 'delta'}
for key in a_dict:
    print (key, a_dict[key])

# Prints:
# 1 alpha
# 2 bravo
# 3 charlie
# 4 delta
```

另一方面，如果你需要在一个序列上迭代，或者生成一个对象，可以使用生成器。使用生成器最大的优点是不用一开始就创建和存储完整的序列。相反，每一次调用生成器都会创建一个对象。下面看一个简单的例子，我们在不事先存储完整列表的情况下创建了一个数字序列生成器。

```
def incrementer():
    i = 0
```

```
    while i<5:
        yield(i)
        i +=1

for i in incrementer():
    print (i)

# Prints:
# 0
# 1
# 2
# 3
# 4
```

A.1.7　条件语句

条件语句能够实现程序分支，因而在数据科学中也经常使用。最常用的是 if 语句，它与其他编程语言中的 if 测试语句基本相同。举例如下：

```
def is_positive(val):
 if val< 0:
 print ("It is negative")
 elif val> 0:
 print ("It is positive")
 else:
 print ("It is exactly zero!")

is_positive(-1)
is_positive(1.5)
is_positive(0)

# Prints:
# It is negative
# It is positive
# It is exactly zero!
```

第一个条件使用 if 进行测试，如果有其他的条件则由 elif（即 " else if" ）测试，最后默认的操作由 else 处理。

注意： 除了开头的 if 测试及相关语句外，elif 语句和 else 语句不是必需的。

A.1.8　列表解析和字典解析

列表解析和字典解析都是简短的一行命令，必要的时候还会使用迭代方法和条件语句。

```
a_list = [1,2,3,4,5]
a_power_list = [value**2 for value in a_list]
# the resulting list is [1, 4, 9, 16, 25]

filter_even_numbers = [value**2 for value in a_list if value % 2 == 0]
# the resulting list is [4, 16]

another_list = ['a','b','c','d','e']
a_dictionary = {key:value for value, key in zip(a_list, another_list)}
# the resulting dictionary is {'a': 1, 'c': 3, 'b': 2, 'e': 5, 'd': 4}
```

zip 函数接受相同长度的多个列表作为输入，并使用相同的索引在同一时间遍历每个元素，这样你就可以将每个列表的第一个元素匹配在一起，以此类推。

解析是一种对迭代器中的数据进行快速过滤和转换的方法。

A.2　学习 Python 的视频、代码和阅读资料

如果上面的补习课程和学习清单还不能满足你的学习，你需要更多的资源来学习 Python 知识。我们将推荐更多的免费在线资源。通过观看视频教程，你可以试验一些复杂的、与教材不同的示例，在困难的任务中挑战自我，与其他数据科学家和 Python 专家进行交流。

A.2.1　慕课

近几年流行起来的慕课（MOOC），通过在线平台提供了世界范围内最好的大学和专家的免费课程。可以在以下几个平台找到 Python 课程：Coursera（https://www.coursera.org/）、Edx（https://www.edx.org/）、Udacity（https://www.udacity.com）。另一不错的资源是 MIT 的开放课程资源（https://ocw.mit.edu/courses/electrical-engineering-and-computer-science/6-00sc-introduction-to-computer-science-and-programming-spring-2011/）。访问这些站点可以找到正在开设的各种 Python 课程。我们推荐一个免费、随时可用、完全由自己掌握进度的课程，由谷歌研究院主任 Peter Norvig 主讲，课程能把你的 Python 知识提高到更高的水平。

A.2.2　PyCon 和 PyData

Python 大会（PyCon）是一个在世界不同地点举行的年度盛会，会议旨在推动 Python 语言的使用和推广，会议通常会举办教程、动手演示和培训等专题。你可以查看 http://www.pycon.org/ 网站，查看将要举行的 PyCon 大会的时间和地点。如果不能参会，可以在 https://www.youtube.com/ 上搜索，很多有趣的会议视频都在该网站发布。无论如何，出席并观看真正的演示是一种不同的感受，所以我们强烈建议你参加这样的会议，它确实值得参加。同样，PyData 是致力于数据分析的 Python 开发者和用户的社区，在世界各地举办许多活动。你可以查看即将举办的活动（前往出席），或者检查是否对过去的活动感兴趣。与 PyCon 大会一样，PyData 的视频报告也常上传到 YouTube，或者 PyDataTV 等专门的频道。

A.2.3　交互式 Jupyter

有时候，你需要一些书面说明和亲自测试示例代码的机会。Jupyter 是一种像 Python 一样的开放工具，通过 Notebook 的交互式页面能够满足这两项需求，既能找到书面的解释说明，也可以直接进行代码测试。Jupyter 是数据科学的真正主力，所以本书一直都在对 Jupyter 及其内核进行讲解。它使你轻松运行 Python 脚本，并在要处理的数据上评估脚本的效果。

Jupyter 的 Python 内核（由于 Jupyter 可以运行多种编程语言）在 GitHub 上提供了完整的 Notebook 目录，可以通过以下网址查看 https://github.com/jupyter/jupyter/wiki/A-gallery-of-interesting-Jupyter-Notebooks。其中，目录的一部分是关于“通用 Python 编程”的，另外有一部分是“统计、机器学习和数据科学”的相关内容，这些地方有很多 Python 脚本的示例，学习过程中能够从中得到不少启发。

A.2.4　别害羞，勇于接受实际挑战

如果想将自己的 Python 编码能力提高到一个新的水平，我们建议你去参加 Kaggle 竞赛。Kaggle（http://www.kaggle.com/）是一个预测建模和分析的竞赛平台，它将竞赛编程思

想应用到数据科学中（参与者根据提供的规定编程），给参与者提出有挑战性的数据问题，要求他们提供可行的解决方案并在测试集上进行评估。测试集的结果部分公开，部分是不公开的。对 Python 初学者来说，最有意思的是有机会参与解决没有明确解决方案的现实问题，这就需要你编程给出可行的解决方法，尽管有些问题非常些简单或幼稚（我们强烈建议你在尝试解决复杂问题之前，先从简单的练习赛开始）。这样，初学者就会遇到有趣的教程、优秀的代码、数据科学家帮助社区和非常聪明的解决方案，这些方案来自其他数据科学家或者 Kaggle 的官方博客“no free hunch”(http://blog.kaggle.com/)。

你或许想知道怎样为自己找到合适的挑战项目。只需要查看正在进行或已经举行过的竞赛项目（https://www.kaggle.com/competitions），寻找每一个以知识作为奖励的比赛。你会惊讶地发现这是一个理想的平台，能够学习到其他数据科学家是怎样进行 Python 编程的，你可以立即使用本书中学到的知识进行实践。

推荐阅读

计算机时代的统计推断
算法、演化和数据科学
COMPUTER AGE STATISTICAL INFERENCE

统计反思
用R和Stan例解贝叶斯方法

文本数据管理与分析
信息检索与文本挖掘的实用导论
TEXT DATA MANAGEMENT AND ANALYSIS

Python机器学习
PYTHON MACHINE LEARNING
SECOND EDITION

大数据分析
原理与实践
BIG DATA ANALYSIS
PRINCIPLE AND PRACTICE

大数据管理系统
原理与技术
DATABASE MANAGEMENT SYSTEMS FOR BIG DATA

Python深度学习
基于PyTorch

Python数据分析
与挖掘实战

Python数据分析
与数据化运营